高 等 院 校 信 息 技 术 规 划 教 材

数据库原理及技术

钱雪忠 王燕玲 林挺 编著

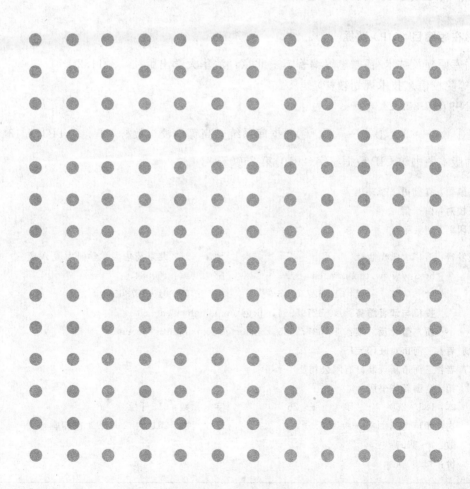

清华大学出版社
北京

内 容 简 介

本书重点介绍了数据库系统的基本概念、基本原理和基本设计方法,同时基于 SQL Server、Oracle、MySQL 介绍了数据库应用技术。本书对传统的数据库理论和应用进行了精炼,保留实用部分,使其更为通俗易懂,更为简明与实用。

全书由三部分共 10 章组成,主要内容包括数据库系统概述、数据模型、关系数据库理论、SQL 语言、关系数据库设计理论、数据库安全保护、数据库设计、SQL Server 应用技术、Oracle 应用技术、MySQL 应用技术和课程实验等。

本书内容循序渐进、深入浅出,理论章节有适量的习题,技术章节给出了较多的实例,便于读者练习与巩固所学知识。

本书可作为计算机各专业及信息类、电子类等相关专业的本科、专科"数据库原理及应用"、"数据库原理及技术"类课程的教材,同时也可供参加自学考试人员、数据库应用系统开发设计人员、工程技术人员及其他相关人员参阅。

图书在版编目(CIP)数据

数据库原理及技术/钱雪忠等编著. —北京:清华大学出版社,2011.2
(高等院校信息技术规划教材)
ISBN 978-7-302-24268-0

Ⅰ. ①数… Ⅱ. ①钱… Ⅲ. ①数据库系统-高等学校-教材 Ⅳ. ①TP311.13

中国版本图书馆 CIP 数据核字(2010)第 250056 号

责任编辑:袁勤勇 李玮琪
责任校对:白 蕾
责任印制:何 芊

出版发行:清华大学出版社   地   址:北京清华大学学研大厦 A 座
         http://www.tup.com.cn   邮   编:100084
社 总 机:010-62770175   邮   购:010-62786544
投稿与读者服务:010-62795954,jsjjc@tup.tsinghua.edu.cn
质 量 反 馈:010-62772015,zhiliang@tup.tsinghua.edu.cn
印 刷 者:三河市君旺印装厂
装 订 者:三河市新茂装订有限公司
经   销:全国新华书店
开   本:185×260   印   张:26   字   数:615 千字
版   次:2011 年 2 月第 1 版   印   次:2011 年 2 月第 1 次印刷
印   数:1~3000
定   价:38.00 元

产品编号:039230-01

前言

数据库技术是计算机科学技术中发展最快的领域之一,也是应用最广的技术之一,它已成为计算机信息系统与应用系统的核心技术和重要基础。

随着计算机技术的飞速发展及其应用领域的扩大,特别是计算机网络和 Internet 的发展,基于计算机网络和数据库技术的信息管理系统、应用系统得到了飞速的发展与深入广泛的应用。当前,计算机的计算模式已由单用户→主从式或主机/终端式结构→C/S结构→B/S结构发展到了 Web 服务、网格与云计算时代,然而数据库及其技术一直都是它们的后台与基础,并在发展中被不断赋予新的能力。目前,数据库技术已真正成为社会各行各业人员进行数据管理的必备技能。数据库技术相关的基本知识和基本技能必然是计算机及相关专业的必学内容。

数据库原理及应用技术类课程就是为学生全面掌握数据库技术而开设的专业基础课程。它现已是计算机各专业、信息类、电类专业等的必修课程。该课程的主要目的是使学生在较好地掌握数据库系统原理的基础上,利用理论联系实际来较全面、透彻地掌握数据库应用技术。这也是本书的目标。

本书具有循序渐进、深入浅出、抓住要点、精选内容的特点,围绕数据库系统的基本原理与应用技术两个核心点展开。全书由 3 部分组成,共 10 章。

第 1 部分原理篇包括第 1~6 章。第 1 章集中地介绍了数据库系统的基本概念、基本知识与基本原理,其内容包括数据库系统概述、数据模型、数据库系统结构、数据库系统的组成、数据库技术的研究领域及其发展等;第 2 章借助数学的方法,较深刻、透彻地介绍了关系数据库理论,其内容包括关系模型、关系数据结构及形式化定义、关系的完整性、关系代数、关系演算等;第 3 章介绍了实用的关系数据库标准语言 SQL,其内容包括 SQL 语言的基本概念与特点、SQL 语言的数据定义、数据查询、数据更新、数据控制、视图等功能及嵌入式 SQL 语言应用初步;第 4 章是关于关系数据库设计理论方面的内容,主要介绍了规范化问题的提出、规范化、数据依赖的公理系统等知识;第 5 章是关于数据库统一管理与控制方面的内容,主要介绍了数据库的安全性、完整性控制、并发控制与封锁、数据库的恢复等知识;第 6 章介绍数据库设计方面的概念与开发设计过程,包括数据库设计概述及规范化数据库开发设计六步骤等。

第 2 部分技术篇包括第 7~9 章,重点介绍了 Oracle 数据库管理系统。第 7 章以 SQL Server 2005 实用数据库系统为背景,介绍了数据库系统的基本操作与应用技能;第 8 章以 Oracle 实用数据库系统为背景,介绍了 Oracle 数据库系统的操作与应用技能,其内容包括创建与管理数据库、表、视图、存储过程、触发器等;第 9 章以 MySQL 实用数据库系统为背景,介绍了 MySQL 数据库系统的基本操作。

第 3 部分实验篇包括第 10 章。这部分以 SQL Server 数据库系统为背景,设计了课程实验内容。

本书内容精练、核心、实用,适合数据库原理及应用技术类课程的教学需要。

本书在内容编排、叙述方式、图示释义等方面具有特色,力图使书本理论知识深入浅出,更适合教与学;数据库应用技术是基于目前主流的三大数据库管理系统来初步介绍的,浅显易懂,使读者易于入门、能基本把握本书的内容,起到引导学习的作用。

本书理论部分每章除有基本知识外,还有章节要点、小结、适量的练习题等,以配合对知识点的掌握。讲授时可根据学生、专业、课时等情况对内容进行适当取舍,带有" * "的章节内容是取舍的首选对象。本书提供了 PPT 演示稿、三大数据库书本介绍内容之外的其他内容,请见本书相关资料(可从清华大学出版社网站下载)。

本书可作为计算机各专业及信息类、电子类专业等的数据库相关课程教材,同时也可供参加自学考试人员、数据库应用系统开发设计人员、工程技术人员及其他相关人员参阅。

本书由钱雪忠、王燕玲、林挺等主编,参编人员有钱雪忠(江南大学物联网工程学院)、王燕玲(洛阳师范学院)、林挺(天津科技大学经济与管理学院)、陈国俊(江南大学太湖学院)、李京、马晓梅、程建敏、徐毅、桑庆兵、黄建华、黄学光、王萌等。本书在编写过程中,得到了江南大学物联网工程学院数据库课程组教师们的大力协助与支持,使编者获益良多,谨此表示衷心的感谢。

由于时间仓促,编者水平有限,书中难免有错误、疏漏和欠妥之处,敬请广大读者与同行专家批评指正。

联系方式 E-mail:qxzvb@163.com,xzqian@jiangnan.edu.cn。

钱雪忠
于江南大学蠡湖校区
2010 年 10 月

目录 *contents*

第1部分 原 理 篇

第2部分 技 术 篇

第 3 部分　实　验　篇

第 1 部分

原 理 篇

第1章

绪　论

本章要点

　　本章从数据库的基本概念与知识出发,依次介绍了数据库系统的特点、数据模型的三要素及其常见数据模型、数据库系统的内部体系结构等重要概念与知识。本章的另一重点是围绕数据库管理系统(DataBase Management System,DBMS)介绍其功能、组成与操作,还介绍了数据库技术的研究点及其发展变化情况。

1.1　数据库系统概述

　　数据库技术自从 20 世纪 60 年代中期产生以来,无论是理论,还是应用方面都已变得相当重要和成熟了,成为计算机科学的重要分支。数据库技术是计算机领域里发展最快的学科之一,也是应用很广、实用性很强的一门技术。目前,数据库技术已从第一代的网状、层次数据库系统,第二代的关系数据库系统,发展到了以面向对象模型为主要特征的第三代数据库系统。

　　随着计算机技术的飞速发展及其应用领域的扩大,特别是计算机网络和 Internet 的发展,基于计算机网络和数据库技术的信息管理系统、各类应用系统均得到了突飞猛进的发展。如事务处理系统(TPS)、地理信息系统(GIS)、联机分析系统(OLAP)、决策支持系统(DSS)、企业资源规划(ERP)、客户关系管理(CRM)、数据仓库(DW)和数据挖掘(DM)等系统都是以数据库技术作为其重要支撑的。可以说,只要有计算机的地方,就存在数据库技术。因此,数据库技术的基本知识和基本技能成为信息社会人们的必备知识。

1.1.1　数据、数据库、数据库管理系统、数据库系统

　　数据、数据库、数据库管理系统、数据库系统是与数据库技术密切相关的四个基本的且有关联的概念。

1. 数据

(1) 数据的定义

数据(Data)是用来记录信息的可识别的符号,是信息的具体表现形式。

（2）数据的表现形式

数据是数据库中存储的基本对象。数据在大多数人的第一印象中就是数字。其实数字只是数据的一种最简单的表现形式，是数据的一种传统和狭义的理解。按广义的理解来说，数据的种类有很多，如文字、图形、图像、声音、视频、语言以及学校学生的档案管理等，这些都是数据，都可以转化为计算机可以识别的标识，并以数字化后的二进制形式存入计算机中。

为了了解世界、交流信息，人们需要描述各种事物。在日常生活中，一般是直接用自然语言描述的。在计算机中，为了存储和处理这些事物，就要抽出人们对这些事物感兴趣的特征组成一个记录来对它们进行描述。例如，在学生档案中，如果人们最感兴趣的是学生的姓名、性别、年龄、出生年月，那么就可以这样来描述一名学生：（赵一，女，23，1982.05），数据库中的数据主要以这样的记录形式存在。

（3）数据与信息的联系

上面表示的学生记录就是一个数据。对于此记录来说，要表示特定的含义，就必须对它给予解释说明，数据解释的含义称为数据的语义（即信息），数据与其语义是不可分的。可以这样认为：数据是信息的符号表示或载体，信息则是数据的内涵，是对数据的语义解释。

再如，"小明今年 12 岁了"，因为数据"12"被赋予了特定的语义"岁"，所以它才具有表达年龄信息的功能。

2. 数据库

数据库（DataBase，DB），从字面意思来说就是存放数据的仓库。具体而言就是长期存放在计算机内的、有组织可共享的数据集合，可供多个用户共享，数据库中的数据按一定的数据模型进行组织、描述和储存，具有尽可能小的冗余度和较高的数据独立性以及易扩展性。

数据库具有以下两个比较突出的特点。

（1）把在特定的环境中与某应用程序相关的数据及其联系集中在一起，并按照一定的结构形式进行存储，即集成性。

（2）数据库中的数据能被多个应用程序、多类用户共同使用，即共享性。

3. 数据库管理系统

数据库管理系统（DataBase Management System，DBMS）是数据库系统的核心组成部分，是对数据进行管理的大型系统软件，用户在数据库系统中的一些操作（如，数据定义、数据操纵、数据查询和数据控制）都是由数据库管理系统来实现的。

数据库管理系统主要包括以下几个功能。

（1）数据定义

DBMS 提供数据定义语言（Data Definition Language，DDL），用户通过它可以方便地对数据库中的数据对象（包括表、视图、索引、存储过程、触发器等）进行定义。定义相关的数据库系统的结构和有关的约束条件。

（2）数据操纵

DBMS 提供数据操纵语言（Data Manipulation Language，DML），用户通过它可以操纵数据来实现对数据库的一些基本操作，如查询、插入、删除和修改等。其中，国际标准数据库操作语言——SQL 语言，就是 DML 的一种。

（3）数据库的运行管理

这一功能是数据库管理系统的核心所在。DBMS 通过对数据库在建立、运用和维护时提供统一管理和控制，以保证数据安全、正确、有效地正常运行。DBMS 主要通过数据的安全性控制、完整性控制、多用户应用环境的并发性控制和数据库数据的系统备份与恢复四个方面来实现对数据库的统一控制功能。

（4）数据库的建立和维护功能

数据库的建立和维护功能包括数据库初始数据的输入和转换功能、数据库的转储、恢复功能、重组织功能和性能监视、分析功能等。

4. 数据库系统

数据库系统（DataBase System，DBS）是指在计算机系统中引入数据库后的系统，其构成主要有数据库（及相关硬件）、数据库管理系统及其开发工具、应用系统、数据库管理员（DataBase Administrator，DBA）和各类用户。其中，数据库的建立、使用和维护的过程由专门的人员来完成，这些人员被称为数据库管理员。

数据库系统如图 1.1 所示。数据库系统在整个计算机系统中的地位如图 1.2 所示。

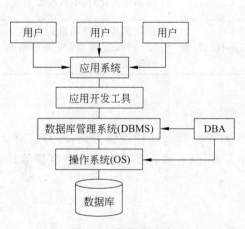

图 1.1　数据库系统

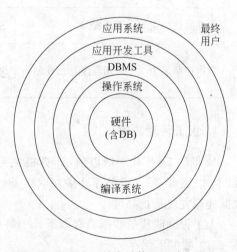

图 1.2　数据库系统在计算机系统中的地位

1.1.2　数据管理技术的产生和发展

谈数据管理技术，先要讲到数据处理，所谓数据处理是指对各种数据进行收集、存储、加工、变换、检索和传播的一系列操作的总和。数据管理则是数据处理的中心问题,为此,数据管理是对数据进行分类、组织、编码、存储、检索和维护的管理操作的总称。就用计算机来管理数据而言,数据管理是指数据在计算机内的一系列操作的总和。

随着计算机技术的发展,特别是在计算机硬件、软件与网络技术发展的前提下,人们对数据处理的要求不断提高,在此情况下,数据管理技术也不断改进。人们借助计算机来进行数据管理虽然只有 65 年的时间,但是数据管理技术已经历了人工管理、文件系统及数据库系统三个发展阶段。这三个阶段的特点及其比较如表 1.1 所示。

表 1.1　数据管理三个阶段的比较

比 较 项 目		人工管理阶段	文件系统阶段	数据库系统阶段
背景	应用背景	科学计算	科学计算、管理	大规模管理
	硬件背景	无直接存取存储设备	磁盘、磁鼓	大容量磁盘
	软件背景	没有操作系统	有文件系统	有数据库管理系统
	处理方式	批处理	联机实时处理、批处理	联机实时处理、分布处理、批处理
特点	数据的管理者	用户(程序员)	文件系统	数据库管理系统
	数据面向的对象	某一应用程序	某一应用	现实世界
	数据的共享程度	无共享,冗余度极大	共享性差,冗余度大	共享性高,冗余度小
	数据的独立性	不独立,完全依赖于程序	独立性差	具有高度的物理独立性和一定的逻辑独立性
	数据的结构化	无结构	记录内有结构、整体无结构	整体结构化,用数据模型描述
	数据控制能力	应用程序自己控制	应用程序自己控制	由数据库管理系统提供数据安全性、完整性、并发控制和恢复能力

1. 人工管理阶段

20 世纪 50 年代中期以前,计算机主要用于科学计算。硬件设施方面,外存只有纸带、卡片、磁带,没有磁盘等直接存取设备;软件方面,没有操作系统和管理数据的软件;数据处理方式是批处理。

人工管理阶段的数据具有以下几个特点。

(1) 数据不保存

由于当时计算机主要用于科学计算,因此对数据保存没有特别的要求,只是在计算某一个题目时将数据输入,用完就退出,对数据不做保存,有时对系统软件也是这样。

(2) 应用程序管理数据

数据没有专门的软件进行管理,需要应用程序自己进行管理,应用程序中要规定数据的逻辑结构和设计物理结构(包括存储结构、存取方法、输入/输出方式等)。因此程序员负担很重。

（3）数据不共享

数据是面向应用的，一组数据只能对应一个程序。如果多个应用程序涉及某些相同的数据，则由于必须各自进行定义，无法进行数据的参照，因此程序间有大量的冗余数据。

（4）数据不具有独立性

数据的独立性包括数据的逻辑独立性和数据的物理独立性。当数据的逻辑结构或物理结构发生变化时，必须对应用程序做相应的修改。

在人工管理阶段，应用程序与数据之间的对应关系如图 1.3 所示。可见二者间一对一的紧密依赖关系。

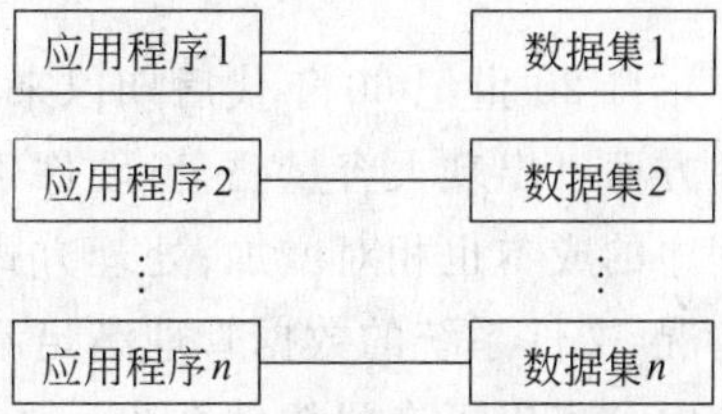

```
应用程序1 ———————— 数据集1
应用程序2 ———————— 数据集2
   ⋮              ⋮
应用程序n ———————— 数据集n
```

图 1.3　人工管理阶段应用程序与数据之间的对应关系

2. 文件系统阶段

20 世纪 50 年代后期到 60 年代中期，这时计算机已大量用于数据的管理。硬件方面：有了磁盘、磁鼓等直接存取存储设备；软件方面：操作系统中已经有了专门的管理软件，一般称为文件系统；处理方式有批处理、联机实时处理。

文件系统阶段的数据具有以下几个特点。

（1）数据长期保存

由于计算机大量用于数据处理，因此数据需要长期保留在外存上反复进行查询、插入、修改和删除等操作。

（2）文件系统管理数据

由专门的软件即文件系统进行数据管理，文件系统把数据组织成相互独立的数据文件，利用"按文件名访问，按记录进行存取"的管理技术，可以对文件进行插入、修改和删除等操作。文件系统实现了记录内的结构性，但大量文件之间整体无结构。程序和数据之间由文件系统提供存取方法进行转换，使应用程序与数据之间有了一定的独立性，程序员可以不必过多地考虑物理细节，将精力集中于应用程序算法上。而且数据在存储上的改变不一定反映在程序上，大大减轻了维护程序的工作量。

（3）数据共享性差，冗余度大

在文件系统中，一个文件基本上对应于一个应用程序，即文件仍然是面向应用的。当不同的应用程序具有部分相同的数据时，也必须建立各自的文件，而不能共享相同的数据，因此数据的冗余度大，浪费存储空间。同时，由于相同数据重复存储、各自管理，容易造成数据的不一致性，给数据的修改和维护带来了困难。

（4）数据独立性差

文件系统中的文件是为某一特定应用服务的，文件的逻辑结构对该应用程序来说是优化的，因此要想对现有的数据增加一些新的应用会很困难，系统不容易扩充。一旦数据的逻辑结构改变，则必须修改应用程序，修改文件结构的定义。应用程序的改变（例如应用程序改用不同的高级语言等）也将引起文件的数据结构的改变。因此数据与程序之间仍缺乏独立性。可见，文件系统仍然是一个不具有弹性的、整体无结构的数据集合，即文件之间是孤立的，不能反映现实世界事物之间的内在联系。在文件系统阶段，应用程序与数据之间的对应关系如图 1.4 所示。可见二者间仍有固定的对应关系。

3. 数据库系统阶段

自 20 世纪 60 年代后期以来,计算机用于管理的规模更为庞大,数据量急剧增长,硬件方面已出现大容量磁盘,硬件价格下降;软件价格则上升,使得编制、维护软件及应用程序的成本也相对增加;处理方式上,联机实时处理要求更多,包括分布处理。鉴于这种情况,文件系统的数据管理满足不了应用的需求,为解决共享数据的需求,随之从文件系统中分离出了专门软件系统——数据库管理系统,用它来统一管理数据。

数据库管理系统阶段应用程序与数据之间的对应关系如图 1.5 所示。

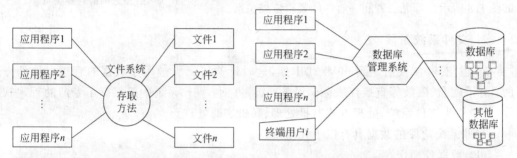

图 1.4　文件系统阶段应用程序与
　　　　数据之间的对应关系

图 1.5　数据库管理系统阶段应用程序与
　　　　数据之间的对应关系

综上所述,随着数据管理技术的不断发展,应用程序不断从底层的、低级的、物理的数据管理工作中解脱出来,能独立地、以较高逻辑级别轻松地处理数据库数据,从而极大地提高了应用软件的生产力,如图 1.6 所示。

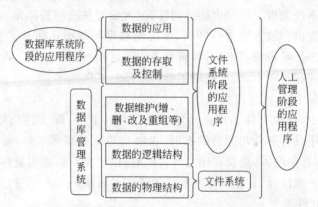

图 1.6　三个阶段应用程序与数据管理的工作任务划分示意图

数据库技术从 20 世纪 60 年代中期产生到现在,仅仅 50 余年的历史,但其发展速度之快、使用范围之广是其他技术所不及的。20 世纪 60 年代末出现了第一代数据库——层次数据库、网状数据库,20 世纪 70 年代出现了第二代数据库——关系数据库。目前,关系数据库系统已逐渐淘汰了层次数据库和网状数据库系统,成为当今最流行的商用数据库系统。

1.1.3　数据库系统的特点

与其他两个数据管理阶段相比,数据库系统阶段数据管理有其自己的特点,主要体现在以下几个方面。

1. 数据结构化

数据结构化是数据库系统与文件系统的根本区别。

在文件系统中,相互独立的文件的记录内部是有结构的。传统文件的最简单的形式是等长同格式的记录集合。例如,一个教师人事记录文件,每个记录都有图 1.7 所示的记录格式。

教师人事记录

教师号	姓名	性别	年龄	政治面貌	籍贯	家庭出身	职称	所在系	家庭成员	奖惩情况

图 1.7　教师人事记录格式示例

其中,前 9 项数据是任何教师都必须具有的,而且基本上是等长的,而各个教师的后两项数据其信息量大小变化较大。如果采用等长记录形式存储教师数据,那么为了建立完整的教师档案文件,每个教师记录的长度都必须等于信息量最多的教师记录的长度,因而会浪费大量的存储空间。所以最好采用变长记录或主记录与详细记录相结合的形式建立文件。例如,将教师人事记录的前 9 项作为主记录,后两项作为详细记录,则教师人事记录变为图 1.8 所示的记录格式。教师王名的记录示例如图 1.9 所示。

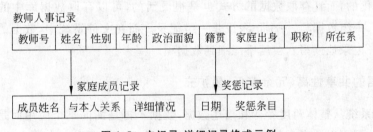

图 1.8　主记录-详细记录格式示例

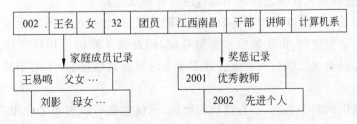

图 1.9　教师王名记录示例

这样就可以节省许多存储空间,灵活性也相对提高了。

但这样建立的文件也有局限性,因为这种结构上的灵活性只是针对一个应用而言的。一个学校或一个组织涉及许多应用,在数据库系统中不仅要考虑某个应用的数据结构,还要考虑整个组织中各种应用的数据结构。例如,一个学校的信息管理系统中不仅要考虑教师的人事管理,还要考虑教师的学历情况、任课管理,同时还要考虑教员的科研管理等应用,可按图 1.10 所示的方式为该校的信息管理系统组织其中的教师数据。

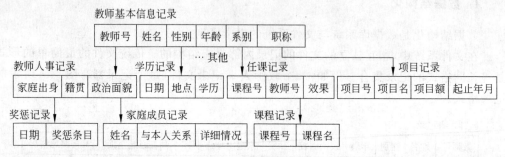

图 1.10 教师数据组织

这种数据组织方式为各部分的管理提供了必要的记录,使数据结构化了。这就要求在描述数据时不仅要描述数据本身,还要描述数据之间的联系。

在文件系统中,尽管其记录内已经有了某些结构,但记录之间没有联系。

数据库系统可以实现整体数据的结构化,是数据库的主要特征之一,也是数据库系统与文件系统的本质区别。

在数据库系统中,数据不再针对某一应用,而是面向全组织,是整体结构化的。不仅数据是结构化的,而且存取数据的方式也是很灵活的,可以存取数据库中的某一个数据项(或字段)、一组数据项、一个记录或是一组记录。而在文件系统中,数据的最小单位是记录(一次一记录地读写),粒度不能细到数据项。

2. 数据的共享性高、冗余度低、易扩充

数据库系统从整体角度看待和描述数据,数据不再是面向某个应用而是面向整个系统的,因此数据可以被多个用户、多个应用共享。数据共享可以大大减少数据冗余,节约存储空间,还能够避免数据之间的不相容性与不一致性。

所谓数据的不一致性是指同一数据有不同拷贝,而它们的值不完全一致。采用人工管理或文件系统管理时,由于数据被重复存储,因此当不同的应用程序使用和修改不同的拷贝时就容易造成数据的不一致。数据库中的数据共享,减少了由于数据冗余造成的不一致现象。

由于数据面向整个系统,是有结构的数据,不仅数据可以被多个应用共享,而且易于增加新的应用,这就使得数据系统弹性大,易于扩充,可以满足各种用户的要求。可以取整体数据的各种子集用于不同的应用系统,当应用需求改变或增加时,只要重新选取不同的子集或加上一部分数据便可以满足新的需求。

3. 数据独立性高

数据独立性包括数据的物理独立性和数据的逻辑独立性两方面。

物理独立性是指用户的应用程序与存储在磁盘上的数据库中数据是相互独立的。也就是说,数据在磁盘上的数据库中怎样存储是由 DBMS 管理的,用户程序不需要了解,它要处理的只是数据的逻辑结构,这样,当数据的物理存储改变时,应用程序不用改变。

逻辑独立性是指用户的应用程序与数据库的整体逻辑结构是相互独立的,也就是说,数据的整体逻辑结构改变了,用户程序也无须修改。

数据独立性是由 DBMS 的三级模式结构与二级映像功能来保证的(这些将在后面介绍)。

数据与程序的独立,把数据的定义从程序中分离出去,加上数据的存取由 DBMS 负责,从而简化了应用程序的编制,大大减少了应用程序的维护和修改工作。

4. 数据由 DBMS 统一管理和控制

数据库的共享是并发的共享,即多个用户可以同时存取数据库中的数据,甚至可以同时存取数据库中的同一个数据。

为此,DBMS 还必须提供以下几个方面的数据控制功能。

(1) 数据的安全性控制

数据的安全性是指保护数据以防止不合法的使用造成的数据泄密和破坏。数据的安全性控制使每个用户只能按规定对某些数据以某些方式进行使用和处理。

(2) 数据的完整性约束

数据的完整性是指数据的正确性、有效性和相容性。完整性约束将数据控制在有效的范围内,或保证数据之间满足一定的关系。

(3) 并发控制

当多个用户的并发进程同时存取、修改数据库时,可能会发生相互干扰而得到错误的结果,或使数据库的完整性遭到破坏,因此必须对多用户的并发操作加以控制和协调。

(4) 数据库恢复

计算机系统的硬件故障、软件故障、操作员的失误以及故意的破坏等都会影响数据库中数据的安全性与正确性,甚至会造成数据库部分或全部数据丢失。DBMS 必须具有将数据库从错误状态恢复到某一已知的正确状态的能力,这就是数据库的恢复功能。

综上所述,数据库是长期在计算机内有组织的、大量的、可共享的数据集合。它可以供各种用户共享,具有最小冗余度和较高的数据独立性。DBMS 在数据库建立、运用和维护时对数据库进行统一控制,以保证数据的完整性、安全性,并在多用户同时使用数据库时进行并发控制,在发生故障后对系统进行恢复。

数据库系统的出现使信息系统从以加工数据的程序为中心转向了以可共享的数据库为中心的新阶段。这样既便于数据的集中管理，又有利于应用程序的研制和维护，提高了数据的利用率和相容性，以及决策的可靠性。

目前，数据库已经成为现代信息系统中不可分离的重要组成部分。具有数百万甚至数十亿字节信息的数据库已经普遍应用于科学技术、工业、农业、商业、服务业和政府部门的信息系统中。20 世纪 80 年代后期，不仅在大型计算机上，而且在多数微机上也配置了 DBMS，使数据库技术得到更加广泛的应用和普及。

数据库技术是计算机领域中发展得最快的技术之一，其发展是沿着数据模型的主线展开的。

1.2　数　据　模　型

对于模型这个概念，人们并不陌生，它是现实世界特征的模拟和抽象。数据模型也是一种模型，它能实现对现实世界数据特征的抽象。现有的数据库系统均是基于某种数据模型的。因此，了解数据模型的基本概念是学习数据库的基础。

数据模型应满足三个方面的要求：一是能比较真实地模拟现实世界；二是容易为人所理解；三是便于在计算机上实现。一种数据模型要很好地满足这三方面的要求在目前尚有困难。在数据库系统设计过程中，针对不同的使用对象和应用目的，往往采用不同类型的数据模型。

不同的数据模型实际上是提供给人们模型化数据和信息的不同工具。根据模型应用的不同目的，可以将这些模型粗分为两类，它们分别属于两个不同的抽象层次。

第一类模型是概念模型，也称信息模型，它是按用户的观点来对数据和信息建模的，主要用于数据库设计。概念模型一般应具有以下能力。

（1）具有对现实世界的抽象与表达能力：能对现实世界本质的、实际的内容进行抽象，而忽略现实世界中非本质的和与研究主题无关的内容。

（2）完整、精确的语义表达力，能够模拟现实世界中本质的、与研究主题有关的各种情况。

（3）易于理解和修改。

（4）易于向 DBMS 所支持的数据模型转换，现实世界抽象成信息世界，是为了便于用计算机处理现实世界中的信息。

概念模型，作为从现实世界到机器（或数据）世界转换的中间模型，它不考虑数据的操作，而只用比较有效的、自然的方式来描述现实世界的数据及其联系。

最著名、最实用的概念模型设计方法是 P. P. S. Chen 于 1976 年提出的"实体—联系模型"（Entity-Relationship Approach，E-R 模型）。

另一类模型是数据模型，主要包括层次模型、网状模型、关系模型、面向对象模型等，它是按计算机系统对数据建模的，主要用于在 DBMS 中对数据的存储、操纵、控制等的实现。

　　数据模型是数据库系统的核心和基础,在各种机器上实现的 DBMS 软件都是基于某种数据模型的(本书后续内容将主要围绕数据模型展开)。

　　为了把现实世界中的具体事物抽象、组织为某一DBMS 支持的数据模型,人们常常首先将现实世界抽象为信息世界,然后将信息世界转换(或数据化)为机器世界。也就是说,首先把现实世界中的客观对象抽象为某一种信息结构,这种信息结构并不依赖于具体的计算机系统,不是某一个 DBMS 支持的数据模型,而是概念级的模型;然后再把概念模型转换为计算机上某一 DBMS 支持的数据模型。而无论是概念模型还是数据模型,都要能较好地刻画与反映现实世界,要与现实世界保持一致。这一过程如图 1.11 所示。

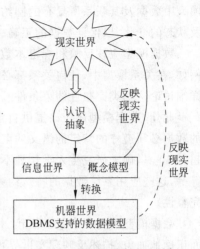

图 1.11　现实世界中客观对象的抽象过程

1.2.1　数据模型的组成要素

　　数据模型是模型中的一种,是现实世界数据特征的抽象,它描述了系统的三个方面,静态特性、动态特性和完整性约束条件。因此,数据模型一般由数据结构、数据操作和数据完整性约束三部分组成,是严格定义的一组概念的集合。

1. 数据结构

　　数据结构用于描述系统的静态特性,是所研究的对象类型的集合。数据模型按其数据结构分为层次模型、网状模型、关系模型和面向对象模型。其所研究的对象是数据库的组成部分,它们包括两类,一类是与数据类型、内容、性质有关的对象,例如,网状模型中的数据项、记录,关系模型中的域、属性、实体关系等;另一类是与数据之间联系有关的对象,例如,网状模型中的系型、关系模型中反映联系的关系等。

　　通常按数据结构的类型来命名数据模型。它有四种结构类型,层次结构、网状结构、关系结构和面向对象结构,它们所对应的数据模型分别命名为层次模型、网状模型、关系模型和面向对象模型。

2. 数据操作

　　数据操作用于描述系统的动态特性,是指对数据库中各种对象及对象的实例允许执行的操作的集合,包括对象的创建、修改和删除,以及对对象实例的检索和更新(如插入、删除和修改)两大类操作及其他有关的操作等。数据模型必须定义这些操作的确切含义、操作符号、操作规则(如优先级)以及实现操作的语言等。

3. 数据完整性约束

　　数据的完整性约束是一组完整性约束规则的集合。完整性约束规则是给定的数据模型中数据及其联系所具有的制约和依存规则,用以限定符合数据模型的数据库状态以及状态的变化,以保证数据的正确、有效、相容。

数据模型应该反映和规定本数据模型必须遵守的基本的、通用的完整性约束条件。例如,在关系模型中,任何关系都必须满足实体完整性和参照完整性两类条件(第 2 章将详细讨论这两类完整性约束条件)。

此外,数据模型还应该提供自定义完整性约束条件的机制,以反映具体应用所涉及的数据必须遵守的特定的语义约束条件。例如,学校的数据库规定大学生入学年龄不得超过 40 岁,硕士研究生入学年龄不得超过 45 岁,学生累计成绩不得有三门以上不及格,等等,这些应用系统数据的特殊约束要求,用户能在数据模型中自己来定义(所谓自定义完整性)。

数据模型的三要素紧密依赖、相互作用形成一个整体,如图 1.12 所示,如此才能全面正确地抽象、描述反映现实世界数据的特征。这里对基于关系模型的三要素示意图说明三点:

(1) 内圈中表及表间连线,代表着数据结构;

(2) 带操作方向的线段代表着动态的各类操作(包括数据库内的更新,数据库内外间的插入、删除及查询等操作),它们代表着数据模型的数据操作要素;

(3) 静态的数据结构及动态的数据操作要满足的制约条件(各椭圆示意)是数据模型的数据完整性约束要素。

还要说明的是,图 1.12 是简单化、逻辑示意的图,数据模型的三要素在数据库中都是严格定义的一组概念的集合。关系数据库中的数据模型可以简单理解为:数据结构是表结构定义及其他数据库对象定义的命令集;数据操作是数据库管理系统提供的数据操作(如操作命令、命令语法规定与参数指定等)命令集;数据完整性约束是各关系表约束的定义及动态操作约束规则等的集合。数据模型的三要素并不抽象,读者细细揣摩即可领会。

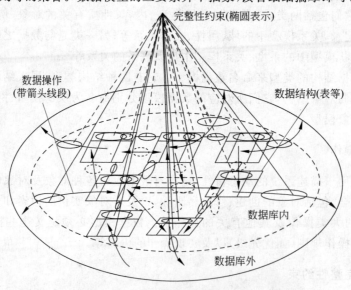

图 1.12　数据模型的三要素示意图

1.2.2　概念模型

概念模型是现实世界到机器世界的一个中间层次。现实世界的事物反映到人的头脑中,人们把这些事物抽象为一种既不依赖于具体的计算机系统,又不为某一 DBMS 支持的概念模型,然后再把概念模型转换为计算机上某一 DBMS 支持的数据模型。概念模型针对于抽象的信息世界,为此先来看信息世界中的一些基本概念。

1. 信息世界中的基本概念

信息世界是现实世界在人们头脑中的反映。信息世界中涉及的概念主要有以下几个。

（1）实体

实体是指客观存在并可以相互区别的事物。它可以是具体的人、事、物、概念等,如一个学生、一位老师、一门课程、一个部门;也可以是抽象的概念或联系,如学生的选课、老师的授课等也可看成是实体(或称联系型实体)。

（2）属性

属性是指实体所具有的某一特性。例如,教师实体可以由教师号、姓名、年龄、职称等属性组成。

（3）码

码是指唯一标识实体的属性集。例如,教师号在教师实体中就是码。

（4）域

域是指属性的取值范围,是具有相同数据类型的数据集合。例如,教师号的域为6 位数字组成的数字编号集合,姓名的域为所有可为姓名的字符串的集合,大学生年龄的域为 15～30 的整数等。

（5）实体型

具有相同属性的实体必然具有共同的特征和性质。用实体名及其属性名集合组成的形式,称为实体型,如教师(教师号、姓名、年龄、职称)。

（6）实体集

实体集是指同型实体的集合。实体集用实体型来定义,每个实体都是实体型的实例或值,例如,全体教师就是一个实体集,即教师实体集＝{'张三','李四',……}。

（7）联系

在现实世界中,事物内部以及事物之间是有关联的。在信息世界中,联系是指实体型与实体型之间(或同型实体集之间)、实体集内实体与实体之间以及组成实体的各属性之间的关系。

两个实体型之间的联系有以下三种。

① 一对一联系

如果实体集 A 中的每一个实体,至多有一个实体集 B 的实体与之发生联系相对应;反之,实体集 B 中的每一个实体,也至多有一个实体集 A 的实体与之相对应,则称实体集 A 与实体集 B 具有一对一联系,记作 $1:1$。

例如,在学校里,一个系只有一个系主任,而一个系主任只在某一个系中任职,则系型与系主任型之间(或说系与系主任之间)具有一对一联系。

② 一对多联系

如果实体集 A 中的每一个实体,实体集 B 中有 $n(n{\geqslant}0)$ 个实体与之发生联系相对应;反之,如果实体集 B 中的每一个实体,实体集 A 中至多只有一个实体与之相对应,则称实体集 A 与实体集 B 具有一对多联系,记作 $1:n$。

例如,一个系中有若干名教师,而每个教师只在一个系中任教,则系与教师之间具有一对多联系。

多对一联系与一对多联系类似,请读者自己给出其定义。

③ 多对多联系

如果实体集 A 中的每一个实体,实体集 B 中有 $n(n{\geqslant}0)$ 个实体与之发生联系相对应;反之,如果实体集 B 中的每一个实体,实体集 A 中也有 $m(m{\geqslant}0)$ 个实体与之相对应,则称实体集 A 与实体集 B 具有多对多的联系,记作 $m:n$。

例如,一门课程同时有若干个教师讲授,而一个教师可以同时讲授多门课程,则课程与教师之间具有多对多联系。

其实,三种联系之间有着一定的关系,一对一联系是一对多联系的特例,即一对多可以用多个一对一来表示,而一对多联系又是多对多联系的特例,即多对多联系可以通过多个一对多联系来表示。

两个实体型之间的三类联系示意和联系表示分别如图 1.13 和图 1.14 所示。

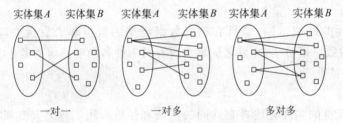

图 1.13　两个实体型之间的三类联系示意图

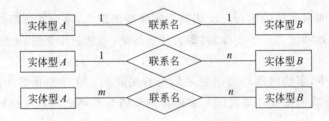

图 1.14　两个实体型之间的三类联系表示图

单个或多个实体型之间也有类似于两个实体型之间的三种联系类型。

例如,对于教师、课程与参考书三个实体型,如果一门课程可以有若干个教师讲授,使用若干本参考书,而每个教师只讲授一门课程,每一本参考书只供一门课程使用,则课程与教师、参考书三者间的联系是一对多的,如图 1.15(a)所示。

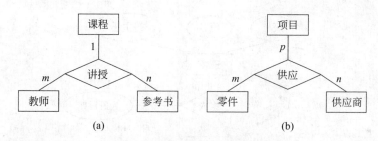

图 1.15 三个实体型之间的三类联系

又如,有三个实体型,项目、零件和供应商,每个项目可以使用多个供应商供应的多种零件,每种零件可由不同供应商供应于不同项目,一个供应商可以给多个项目供应多种零件。为此,这三个实体型间是多对多联系,如图 1.15(b)所示。

要注意的是,三个实体型之间多对多联系与三个实体型两两之间的多对多联系(共有三个)的语义及 E-R 图是不同的。请读者自己陈述三个实体型两两之间的多对多联系的语义及 E-R 图。

同一个实体型对应的实体集内的各实体之间也可以存在一对一、一对多、多对多的联系(可以把一个实体集逻辑看成两个与原来一样的实体集来理解)。例如,同学实体集内部同学与同学之间老朋友的关系可能是多对多的(如图 1.16 所示),这是因为每位同学的老朋友往往有多位。

图 1.16 一个实体型实体之间的多对多联系

2. 概念模型的表示

概念模型的表示方法很多,最常用的是实体-联系方法。该方法用 E-R 图来描述现实世界的概念模型。E-R 图提供了表示实体型、属性和联系的方法。

E-R 图是体现实体型、属性和联系之间关系的表现形式。

实体型:用矩形表示,矩形框内写明实体名。

属性:用椭圆表示,椭圆形内写明属性名。并用无向边将其与相应的实体连接起来。

联系:用菱形表示,菱形框内写明联系名,并用无向边分别与有关实体连接起来,同时在无向边旁标上联系的类型($1:1$、$1:n$ 或 $m:n$)。

图 1.17 为一个班级、学生的概念模型(用 E-R 图表示),班级实体型与学生实体型之间很显然是一对多关系。请读者针对某种实际情况,试着设计反映实际内容的实体及实体联系的 E-R 图。

3. E-R 模型的变换

E-R 模型在数据库概念设计过程中根据需要可进行变换,包括实体类型、联系类型和属性的分裂、合并和增删等,以满足概念模型的设计、优化等需要。

实体类型的分裂包括垂直分割、水平分割两方面。

例如,把教师分裂成男教师与女教师两个实体类型,这是水平分裂;也可以把教师经

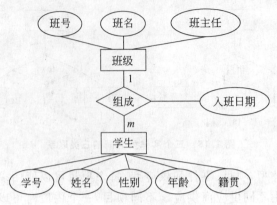

图 1.17　班级的 E-R 图

常变化的属性组成一个实体类型,而把固定不变的属性组成另一个实体类型,这是垂直分裂,如图 1.18 所示。但要注意:在垂直分割时,键必须在分裂后的每个实体类型中出现。

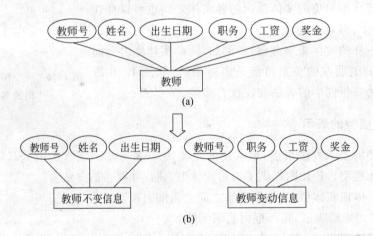

图 1.18　实体类型的垂直分裂

　　实体类型的合并是分裂的逆操作,垂直合并要求实体有相同的键,水平合并要求实体类型相同或相容(对应的属性来自相同的域)。

　　联系类型也可分裂,例如,教师与课程间的"担任"教学任务的联系,可分裂为"主讲"和"辅导"两个新的联系类型,如图 1.19 所示。

　　联系类型的合并是分裂的逆操作,要注意,在联系类型合并时,所合并的联系类型必须是定义在相同的实体类型上的。

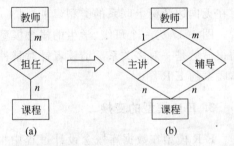

图 1.19　联系类型的分裂

　　实体类型、联系类型和属性的增加与删除是系统管理信息的取舍问题,依赖于管理问题的管理需要。

在数据库领域中,有 4 种最常用的数据模型,它们是被称为非关系模型的层次模型、网状模型、关系模型和面向对象模型。下面简要介绍层次模型、网状模型和关系模型。

1.2.3 层次模型

层次模型是数据库系统中最早出现的数据模型,它用树形结构表示各类实体以及实体间的联系。层次模型数据库系统的典型代表是 IBM 公司的 IMS(Information Management System)数据库管理系统,这是一个曾经被广泛使用的数据库管理系统。现实世界中有一些实体之间的联系本来就呈现出一种很自然的层次关系,如家庭关系、行政关系等。

1. 层次模型的数据结构

在数据库中,对满足以下两个条件的**基本层次联系**的集合称为层次模型。

(1) 有且仅有一个结点无双亲,这个结点称为"根结点"。

(2) 其他结点有且仅有一个双亲。

所谓基本层次联系是指两个记录类型以及它们之间一对多的联系。

在层次模型中,每个结点都表示一个记录类型,记录之间的联系用结点之间的连线来表示,这种联系是父子之间的一对多的联系。这就使得数据库系统只能处理一对多的实体联系。每个记录类型可包含若干个字段,这里,记录类型描述的是实体,字段描述的是实体的属性。各个记录类型及其字段都必须命名,并且名称要求唯一。每个记录类型都可以定义一个排序字段,也称为码字段,如果定义该排序字段的值是唯一的,则它能唯一标识一个记录值。

一个层次模型在理论上可以包含任意有限个记录型和字段,但任何实际的系统都会因为存储容量或实现复杂度而限制层次模型中包含的记录型个数和字段的个数。

若用图来表示,层次模型是一棵倒立的树。结点层次(Level)从根开始定义,根为第一层,根的子女称为第二层,根称为其子女的双亲,同一双亲的子女称为兄弟。

图 1.20 所示为一个系的层次模型。

层次模型对具有一对多的层次关系的描述非常自然、直观、容易理解,这是层次数据库的突出优点。

层次模型的一个基本特点是,任何一个给定的记录值都只有在按其路径查看时,才能显出它的全部意义,没有一个子女记录值能够脱离双亲记录值而独立存在。

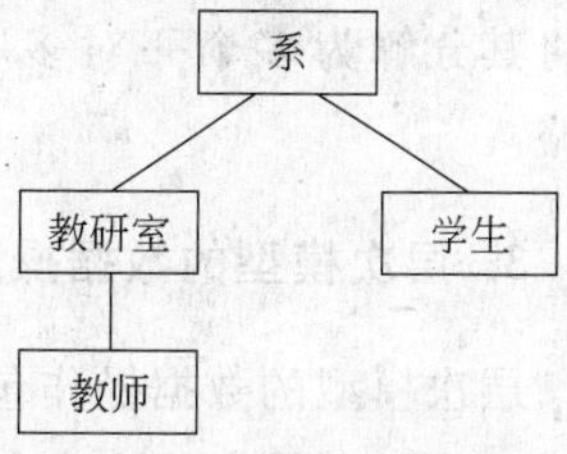

图 1.20 一个层次模型的示例

图 1.21 是图 1.20 的具体化,是一个教师—学生层次数据库模型。该层次数据库有4 个记录型。记录型系是根结点,由系编号、系名、办公地三个字段组成。它有两个子女结点:教研室和学生。记录型教研室是系的子女结点,同时又是教师的双亲结点,它由教研室编号、教研室名两个字段组成。记录型学生由学号、姓名、成绩三个字段组成。记录型教师由教师号、姓名、研究方向三个字段组成。学生与教师是叶结点,它们没有子女结

点。由系到教研室、教研室到教师、系到学生均是一对多联系。

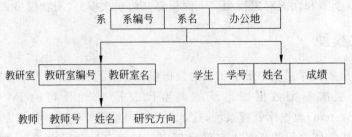

图 1.21　教师—学生数据库模型

图 1.22 所示为图 1.21 所示的数据库模型的一个值。

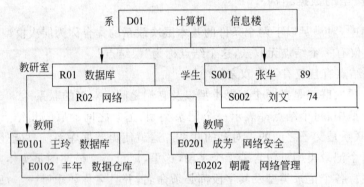

图 1.22　教师—学生数据库的一个值

2. 多对多联系在层次模型中的表示

前面的层次模型只能直接表示一对多的联系,那么另一种常见联系——多对多联系能否在层次模型中表示呢? 答案是肯定的,但是用层次模型来表示多对多联系,必须首先将其分解为多个一对多联系。分解的方法有两种:冗余结点法和虚拟结点法(具体略)。

3. 层次模型的数据操纵与约束条件

层次模型的数据操作包括查询、插入、删除和修改。进行插入、修改、删除操作时要满足层次模型的完整性约束条件。

进行插入操作时,如果没有相应的双亲结点值,那么就不能插入子女结点值。例如,在图 1.22 所示的层次数据库中,若调入一名新教师,但他尚未分配到某个教研室,这时就不能将新教师插入到数据库中。

进行删除操作时,如果删除双亲结点值,则相应的子女结点值也被同时删除。例如,在图 1.22 所示的层次数据库中,若删除数据库教研室,则该教研室所有教师的记录数据将全部丢失。

进行修改操作时,应修改所有相应记录,以保证数据的一致性。

4. 层次模型的存储结构

层次数据库中不仅要存储数据本身,还要存储数据之间的层次联系,层次模型数据的存储常常是和数据之间联系的存储结合在一起的,其常用的实现方法有两种。

(1) 邻接法

按照层次树前序的顺序(即数据结构中树的先根遍历顺序)把所有记录值依次邻接存放,即通过物理空间的位置相邻来体现层次顺序。例如,对于图 1.23(a) 所示的数据库,按邻接法存放图 1.23(b) 中以记录 A1 为首的层次记录实例集,则应用图 1.24 所示的方法来存放。

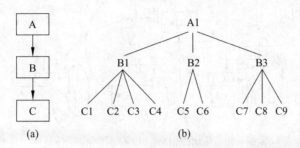

图 1.23 层次数据库及其实例

图 1.24 邻接法

(2) 链接法

用指引元来反映数据之间的层次联系,则如图 1.25 所示,其中,图 1.25(a) 中每个记录设有两类指引元,分别指向最左边的子女和最近的兄弟,这种链接方法称为子女—兄弟链接法;图 1.25(b) 按树的前序顺序链接各记录值,这种链接方法称为层次序列链接法。

5. 层次模型的优缺点

层次模型的优点如下。

(1) 层次模型本身比较简单。

(2) 对于实体间的联系是固定的,且预先定义好的应用系统采用层次模型来实现,其性能较优。

(3) 层次模型提供了良好的完整性支持。

层次模型的缺点主要如下。

(1) 现实世界中很多联系都是非层次性的,例如,多对多联系,一个结点具有多个双亲等,用层次模型表示这类联系的方法很笨拙,只能通过引入冗余数据或创建非自然的数据组织来解决。

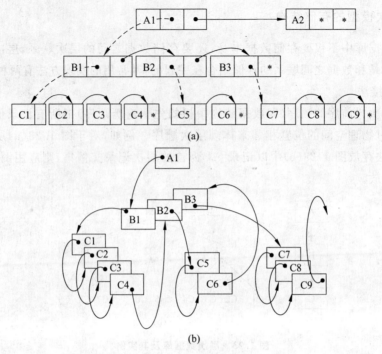

图 1.25　链接法

（2）对插入和删除操作的限制太多、影响太大。

（3）查询子女结点必须通过双亲结点，缺乏快速定位机制。

（4）由于结构严密，层次命令趋于程序化。

1.2.4　网状模型

网状数据模型的典型代表是 DBTG 系统，也称为 CODASYL 系统，它是 20 世纪 70 年代数据系统语言研究会（Conference On Data Systems Language，CODASYL）下属的数据库任务组（Data Base Task Group，DBTG）提出的一个系统方案。若用图表示，网状模型则是一个网络。图 1.26 所示为一个简单的网状模型。

图 1.26　简单的网状模型

在现实世界中，事物之间的联系更多是非层次关系。用层次模型来表示非树形结构很不直接，网状模型则可以克服这一弊病。

1.　网状模型的数据结构

在数据库中，把满足以下两个条件的基本层次联系的集合称为网状模型。

（1）允许一个以上的结点无双亲。

（2）一个结点可以有多于一个的双亲。

网状模型是一种比层次模型更具有普遍性的结构，它去掉了层次模型的两个限制，允许多个结点没有双亲结点,允许结点有多个双亲结点,此外,它还允许两个结点之间有多种联系。因此,网状模型可以更直接地描述现实世界。而层次模型实际上是网状模型的一个特例。

与层次模型一样,网状模型中的每个结点都表示一个记录类型,每个记录类型都可包含若干个字段,结点间的连线表示记录类型之间的一对多的父子联系。

从定义可看出,层次模型中子女结点与双亲结点的联系是唯一的,而在网状模型中,这种联系可以不唯一。

下面以教师授课为例,来说明网状数据库模式是怎样组织数据的。

按照常规语义,一个教师可以讲授若干门课程,一门课程可以由多个教师讲授,因此教师与课程之间是多对多联系。这里引进一个教师授课的联结记录,它由两个数据项组成,即教师号、课程号,表示某个教师讲授一门课程。

这样,教师授课数据库可包含三个记录,教师、课程和授课。

每个教师可以讲授多门课程,显然对教师记录中的一个值,授课记录中可以有多个值与之联系,而授课记录中的一个值,只能与教师记录中的一个值联系。教师与授课之间的联系是一对多联系,联系名为 T-TC。同样,课程与授课之间的联系也是一对多联系,联系名为 C-TC。图 1.27 所示为教师授课数据库的网状数据库模式。

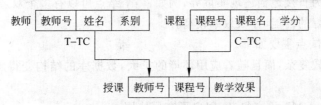

图 1.27　教师授课的网状数据库模式

2. 网状模型的数据操作与完整性约束

网状模型一般没有层次模型那样严格的完整性约束条件,但具体的网状数据库系统对数据操纵都加了一些限制,提供了一定的完整性约束。

DBTG 在模式 DDL 中提供了定义 DBTG 数据库完整性的若干概念和语句,主要如下。

(1) 支持记录码的概念,码即唯一标识记录的数据项的集合,例如,学生记录的学号就是码,因此数据库中不允许学生记录中学号出现重复值。

(2) 保证一个联系中双亲记录和子女记录之间是一对多联系。

(3) 可以支持双亲记录和子女记录之间某些约束条件,例如,有些子女记录要求双亲记录存在才能插入,双亲记录删除时也连同删除。

3. 网状模型的存储结构

网状模型的存储结构中的关键是如何实现记录之间的联系。常用的方法是链接法,包括单向链接、双向链接、环状链接、向首链接等,此外还有其他实现方法,如指引元阵列法、二进制阵列法、索引法等,实现方法依具体系统不同而不同。

教师任课数据库中教师、课程和任课三个记录的值可以分别按某种文件组织方式来存储,记录之间的联系用单向环状链接法实现,如图 1.28 所示。

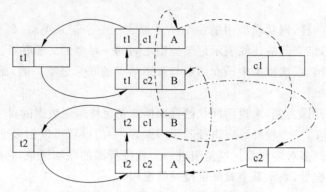

图 1.28　教师-授课-课程的网状数据库实例

4. 网状模型的优缺点

网状模型的优点主要如下。

(1) 能够更为直接地描述现实世界,例如,一个结点可以有多个双亲。

(2) 具有良好的性能,存取效率较高。

网状模型的缺点主要如下。

(1) 结构比较复杂,而且随着应用环境的扩大,数据库的结构变得越来越复杂,不利于最终用户掌握。

(2) 其 DDL、DML 语言复杂,用户不容易使用。

由于记录之间的联系是通过存取路径实现的,应用程序在访问数据时必须选择适当的存取路径,因此,用户必须了解系统结构的细节,从而加重了编写程序的负担。

1.2.5　关系模型

关系模型是目前最重要的一种模型。美国 IBM 公司的研究员 E. F. Codd 于 1970 年发表题为“大型共享系统的关系数据库的关系模型”的论文中首次提出了数据库系统的关系模型。20 世纪 80 年代以来,计算机厂商新推出的数据库管理系统几乎都支持关系模型,非关系系统的产品也大多加上了关系接口。数据库领域当前的研究工作都是以关系方法为基础的。本书的重点是关系数据模型,这里只简单介绍一下关系模型。

关系模型作为数据模型中最重要的一种模型,也有数据模型的三个组成要素,主要体现如下。

1. 关系模型的数据结构

关系模型与层次模型和网状模型不同,关系模型中数据的逻辑结构是一张二维表,它由行和列组成。每一行称为一个元组,每一列称为一个属性(或字段)。下面通过图 1.29 所示的教师登记表来介绍关系模型中的相关术语。

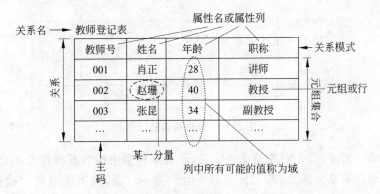

图 1.29 关系模型的数据结构及术语

关系：一个关系对应一张二维表。图 1.29 表示的就是一张教师登记表。

元组：二维表中的一行称为一个元组。

属性：二维表中的一列称为一个属性，对应每一个属性的名字称为属性名。例如上图中表有四列，对应四个属性（教师号，姓名，年龄，职称）。

主码：如果二维表中的某个属性或是属性组可以唯一确定一个元组，则称为主码，也称为关系键，图 1.29 中的教师号，可以唯一确定一个教师，也就成为本关系的主码。

域：属性的取值范围称为域，例如人的年龄一般在 1～120 岁之间，大学生的年龄属性的域为 14～38，性别的域是男和女等。

分量：元组中的一个属性值，例如，教师号对应的值 001、002、003 都是分量。

关系模式：表现为关系名和属性的集合，是对关系的具体描述。一般表示为：

关系名(属性 1,属性 2,…,属性 n)

例如，上面的关系可描述为教师(教师号,姓名,年龄,职称)。

在关系模型中，实体以及实体间的联系都是用关系来表示的。例如，教师、课程、教师与课程之间的多对多联系在关系模型中表示如下。

教师(教师号,姓名,年龄,职称)
课程(课程号,课程名,学分)
授课(教师号,课程号)

关系模型要求关系必须是规范化的，即要求关系必须满足一定的规范条件，这些规范条件中最基本的一条就是，关系的每一个分量都必须是一个不可分的数据项，也就是说，不允许表中还有子表或子列存在。图 1.30 的出产日期是可分的数据项，可以分为年、月、日三个子列。因此，图 1.30 的表就不符合关系模型的要求，必须对其规范化后才能称其为关系。规范化方法为：要么把出产日期看成整体作为 1 列；要么把出产日期分为分开的出产年份、出产月份、出产日 3 列。

2. 关系模型的数据操纵与完整性约束条件

关系模型的操作主要包括查询、插入、删除和修改四类。这些操作必须满足关系的完整性约束条件，即实体完整性、参照完整性和用户定义完整性。

产品号	产品名	型号	出产日期		
			年	月	日
032456	风扇	A134	2004	05	12
…	…	…	…	…	…

图1.30　表中有表的示例

在非关系模型中,操作对象是单个记录,而关系模型中的数据操作是集合操作,操作对象和操作结果都是关系,即若干元组的集合。另一方面,关系模型把对数据的存取路径向用户隐蔽起来,用户只要指出"干什么",而不必详细说明"怎么干"。从而大大地提高了数据的独立性。

3. 关系模型的存储结构

在关系数据模型中,实体及实体间的联系都用关系即二维表来表示。在数据库的物理组织中,表以文件形式存储,通常每一个表对应一种文件结构,也有多个表对应一种文件结构的情况。

4. 关系模型的优缺点

关系模型具有以下优点。

(1) 关系模型与非关系模型不同,它有较强的数学理论基础。

(2) 数据结构简单、清晰,用户易懂易用,不仅用关系描述实体,而且还用关系描述实体间的联系。

(3) 关系模型的存取路径对用户透明,从而具有更高的数据独立性、更好的安全保密性,也简化了程序员的工作和数据库开发和建立的工作。

关系模型具有查询效率不如非关系模型效率高的缺点。因此,为了提高性能,必须对用户的查询进行优化,从而增加了开发数据库管理系统的负担。如今,有强大的查询优化功能,关系模型效率低的缺点已不复存在了。

上述三种数据模型的比较见表1.2。

表1.2　数据模型比较表

比较项	层次模型	网状模型	关系模型
创始	1968年 IBM 公司的 IMS 系统	1969年 CODASYL 的 DBTG 报告(1971年通过)	1970年 E. F. Codd 提出关系模型
典型产品	IMS	IDS/Ⅱ、 IMAGE/3000、 IDMS 等	Oracle、Sybase、DB2、SQL Server 等
盛行时期	20世纪70年代	20世纪70年代到80年代中期	20世纪80年代至今
数据结构	复杂(树形结构),要加树形限制	复杂(有向图结构),结构上无须严格限制	简单(二维表),无须严格限制

比较项	层次模型	网状模型	关系模型
数据联系	通过指针连接记录型，联系单一	通过指针连接记录型，联系多样，较复杂	通过联系表（含外码），联系多样
查询语言	过程式，一次一记录。查询方式单一（双亲到子女）	过程式，一次一记录。查询方式多样	非过程式，一次一集合。查询方式多样
实现难易	在计算机中实现较方便	在计算机中实现较困难	在计算机中实现较方便
数学理论基础	树（研究不规范，不透彻）	无向图（研究不规范，不透彻）	关系理论（关系代数、关系演算），研究深入、透彻

三个世界术语对照见表 1.3。

表 1.3　现实世界、信息世界、机器世界/关系数据库间术语对照表

现实世界	信息世界	机器世界/关系数据库
事物	实体	记录/元组（或行）
若干同类事物	实体集	记录集（即文件）/元组集（即关系）
若干特征刻画的事物	实体型	记录型/二维表框架（即关系模式）
事物的特征	属性	字段（或数据项）/属性（或列）
事物之间的关联	实体型（或实体）之间的联系	记录型之间的联系/联系表（外码）
事物某特征的所有可能值	域	字段类型/域
事物某特征的一个具体值	一个属性值	字段值/分量
可区分同类事物的特征或若干特征	码	关键字段/关系键（或主码）

1.3　数据库系统结构

可以从多种不同的层次或不同的角度来考察数据库系统的结构。从数据库外部的体系结构来看，数据库系统的结构分为集中式结构、分布式结构、客户/服务器和并行结构等；从数据库管理系统内部系统结构来看，数据库系统通常采用三级模式结构。

1.3.1　数据库系统的三级模式结构

数据库系统的三级模式结构是指外模式、模式（或概念模式）和内模式，如图 1.31 所示。

这里所谓的"模式"是指对数据的逻辑或物理的结构（包括数据及数据间的联系）、数据特征、数据约束等的定义和描述，是对数据的一种抽象、一种表示。模式反映的是数据的本质、核心或型的方面，模式是静态的、稳定的、相对不变的。数据的模式表示是人们对数据的一种把握与认识手段，数据库系统的三级模式是人们从三个不同角度对数据的定义和描述，其具体含义如下。

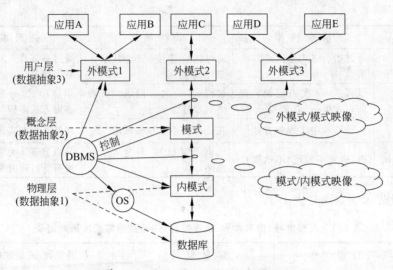

图 1.31　数据库系统的三级模式结构

1. 外模式

外模式(External Schema)也称子模式(SubSchema)或用户模式,是三级模式的最外层,它是数据库用户能够看到和使用的局部数据的逻辑结构和特征的描述。

若普通用户只对整个数据库的一部分感兴趣,则可根据系统所给的模式,用查询语言或应用程序来操作数据库中的那部分数据。所以,可以把普通用户看到和使用的数据库内容称为视图。视图集也称为用户级数据库,它对应于外模式。外模式通常是模式的子集。一个数据库可以有多个外模式。由于它是各个用户的数据视图,因此如果不同的用户在应用需求、看待数据的方式、对数据保密的要求等方面存在差异,则其外模式描述就是不同的,即使对模式中的同一数据,在外模式中的结构、类型、长度、保密级别等都可以有所不同。另一方面,同一外模式也可以为某一用户的多个应用系统所用,但一个应用程序一般只能使用一个外模式。

数据库管理系统提供子模式描述语言(子模式 DDL)来定义子模式。

2. 模式

模式(Schema)又称概念模式,也称逻辑模式,它是数据库中全体数据的逻辑结构和特征的描述,是所有用户的公共数据视图,是数据视图的全部。它是数据库系统三级模式结构的中间层,既不涉及数据的物理存储细节和软硬件环境,也与具体的应用程序和所使用的应用开发工具及高级程序设计语言等无关。

概念模式实际上是数据库数据在逻辑级别上的视图。一个数据库只有一个模式。数据库模式以某一种数据模型为基础,统一、综合考虑了所有用户的需求,并将这些需求有机地结合成一个逻辑整体。在定义模式时,不仅要定义数据的逻辑结构,例如,数据记录由哪些数据项构成,数据项的名字、类型、取值范围等,而且要定义数据之间的联系、定义与数据有关的安全性、完整性要求等。

DBMS 提供模式描述语言(模式 DDL)来定义模式。

3. 内模式

内模式(Internal Schema)也称为存储模式,一个数据库只有一个内模式。它是数据物理结构和存储方式的描述,是数据在数据库内部的表示方式。例如,记录的存储方式是顺序存储、按照 B 树结构存储还是按 hash 方法存储;索引按照什么方式组织;数据是否压缩存储,是否加密;数据的存储记录结构有何规定;等等。

DBMS 提供内模式描述语言(内模式 DDL)来严格地定义内模式。

数据库系统三级模式结构概念比较如表 1.4 所示。

表 1.4 数据库系统三级模式结构概念比较

比较	外模式	模式	内模式
定义	也称子模式或用户模式,还称用户级模式	也称逻辑模式,还称概念级模式	也称存储模式,还称物理级模式
	是数据库用户能够看见和使用的局部数据的逻辑结构和特征的描述	是数据库中全体数据的逻辑结构和特征的描述,它包括:数据的逻辑结构、数据之间的联系和与数据有关的安全性、完整性要求	它是数据物理结构和存储方式的描述
特点 1	是各个具体用户所看到的数据视图,是用户与 DB 的接口	是所有用户的公共数据视图。一般只有 DBA 能看到全部	数据在数据库内部的表示方式
特点 2	可以有多个外模式	只有一个模式	只有一个内模式
特点 3	针对不同用户,有不同的外模式描述。每个用户只能看见和访问所对应的外模式中的数据,数据库中其余数据是不可见的。所以外模式是保证数据库安全性的一种有效措施	数据库模式以某一种数据模型(层状、网状、关系)为基础,统一综合考虑所有用户的需求,并将这些需求有机地结合成一个逻辑整体	以前由 DBA 定义,现在基本由 DBMS 定义
特点 4	面向应用程序或最终用户	由 DBA 定义与管理	由 DBA 定义或由 DBMS 预先设置
DDL	DBMS 提供三种模式的描述语言(DDL)来严格定义三种模式,如子模式 DDL、模式 DDL 和内模式 DDL。子模式 DDL 和用户选用的程序设计语言具有相容的语法,如 Cobol 子模式 DDL。关系数据库三种模式的描述语言统一于 SQL 语言中		

数据库系统的三级模式结构是对数据的三个抽象级别。它把数据的具体组织留给 DBMS,各级用户只需抽象地看待与处理数据,而不必关心数据在计算机中的表示和存储,这样就减轻了用户使用数据库系统的负担。

1.3.2 数据库的二级映像功能与数据独立性

为了能够在内部实现这三个抽象层次的联系和转换,数据库管理系统在这三级模式之间提供了两层映像:外模式/模式映像、模式/内模式映像。

这两层映像保证了数据库系统的数据能够具有较高的逻辑独立性和物理独立性。

1. 外模式/模式映像

模式描述的是数据的全局逻辑结构,外模式描述的是数据的局部逻辑结构。对应于同一个模式可以有任意多个外模式,每个外模式数据库系统都有一个外模式/模式映像,它定义了该外模式与模式之间的对应关系。这些映像定义通常包含在各自外模式的描述中。

当模式改变时,由数据库管理员对各个外模式/模式映像做相应改变,可以使外模式保持不变。应用程序是依据数据的外模式编写的,不必修改,从而保证了数据与程序的逻辑独立性,简称为数据逻辑独立性。

2. 模式/内模式映像

数据库中只有一个模式,也只有一个内模式,所以模式/内模式映像是唯一的,它定义了数据库全局逻辑结构与存储结构之间的对应关系。例如,说明逻辑记录和字段在内部是如何表示的。该映像定义通常包含在模式描述中。当数据库的存储结构改变了,由数据库管理员对模式/内模式映像做相应改变,可以使模式保持不变,从而应用程序也不必改变。保证了数据与程序的物理独立性,简称数据物理独立性。

在数据库的三级模式结构中,数据库模式即全局逻辑结构是数据库的中心与关键,它独立于数据库的其他层次。因此,在设计数据库模式时,应首先确定数据库的逻辑模式。

数据库的内模式依赖于它的全局逻辑结构,但独立于数据库的用户视图即外模式和具体的存储设备。它是将全局逻辑结构中所定义的数据结构及其联系按照一定的物理存储策略进行组织的,以实现较好的时间与空间效率。

数据库的外模式面向具体的应用程序,它定义在逻辑模式之上,但独立于内模式和存储设备。当应用需求发生较大变化时,可修改外模式以适应新的需要。

数据库的二级映像保证了数据库外模式的稳定性,从而从根本上保证了应用程序的稳定性,使得数据库系统具有较高的数据与程序的独立性。数据库的三级模式与二级映像使得数据的定义和描述可以从应用程序中分离出去。又由于数据的存取由 DBMS 管理,用户不必考虑存取路径等细节,从而简化了应用程序的编制,大大减少了应用程序的维护和修改。

1.3.3　数据库管理系统的工作过程

当数据库建立后,用户就可以通过终端操作命令或应用程序在 DBMS 的支持下使用数据库。数据库管理系统控制的数据操作过程基于数据库系统的三级模式结构与二级映像功能,总体操作过程能从其读或写一个用户记录的过程中大体反映出来。

下面就以应用程序从数据库中读取一个用户记录的过程(如图 1.32 所示)来说明该过程。

下面按照步骤来解释运行过程。

(1) 应用程序 A 向 DBMS 发出从数据库中读用户数据记录的命令。

(2) DBMS 对该命令进行语法检查、语义检查,并调用应用程序 A 对应的子模式,检查 A 的存取权限,决定是否执行该命令。如果拒绝执行,则转(10)向用户返回错误信息。

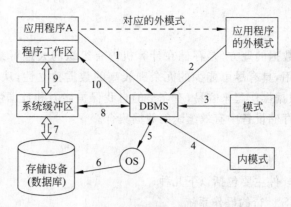

图 1.32 DBMS 读取用户记录的过程示意图

（3）在决定执行该命令后，DBMS 调用模式，依据子模式/模式映像的定义，确定应读入模式中的哪些记录。

（4）DBMS 调用内模式，依据模式/内模式映像的定义，决定应从哪个文件、用什么存取方式、读入哪个或哪些物理记录。

（5）DBMS 向操作系统发出执行读取所需物理记录的命令。

（6）操作系统执行从物理文件中读数据的有关操作。

（7）操作系统将数据从数据库的存储区送至系统缓冲区。

（8）DBMS 依据内模式/模式（模式/内模式映像的反方向看待，并不是另一种新映像，模式/子模式映像也是类似情况）、模式/子模式映像的定义，导出应用程序 A 所要读取的记录格式。

（9）DBMS 将数据记录从系统缓冲区传送到应用程序 A 的用户工作区。

（10）DBMS 向应用程序 A 返回命令执行情况的状态信息。

至此，DBMS 就完成了一次读用户数据记录的过程。DBMS 向数据库写一个用户数据记录的过程经历的环节类似于读的过程，只是基本相反而已。由 DBMS 控制的大量用户数据的存取操作，可以理解为是由许许多多这样的读或写的基本过程组合完成的。

1.4 数据库系统的组成

数据库系统是指计算机系统中引入数据库后的整个人机系统。为此，数据库系统应由计算机硬件、数据库、计算机软件及各类人员组成。

1. 硬件平台

数据库系统对硬件资源提出了较高的要求：要有足够大的内存存放操作系统、DBMS 的核心模块、数据缓冲区和应用程序；要有足够大而快速的磁盘等直接存储设备来存放数据库；要有足够的磁盘空间做数据备份；要求系统有较高的数据通道能力，以提高数据传送率。

2. 数据库

数据库是存放数据的地方,是存储在计算机内有组织的大量可共享的数据集合,可以供多用户同时使用,具有尽可能少的冗余和较高的数据独立性,从而其数据存储的结构形式最优,并且数据操作起来容易,有完整的自我保护能力和数据恢复能力。这里,数据库主要是指物理存储设备中有效组织的数据集合。

3. 软件

数据库系统的软件主要包括以下几种。

(1) 支持 DBMS 运行的操作系统。

(2) DBMS:DBMS 可以通过操作系统对数据库的数据进行存取、管理和维护操作。

(3) 具有与数据库接口的高级语言及其编译系统。

(4) 以 DBMS 为核心的应用开发工具,为特定应用环境开发的数据库应用系统。

4. 用户

用户主要有以下几种:用于进行管理和维护数据库系统的人员——数据库管理员;用于数据库应用系统分析设计的人员——系统分析员和数据库设计人员;用于具体开发数据库应用系统的人员——数据库应用程序员;用于使用数据库系统的人员——最终用户。

其各自的职责分别如下。

(1) 数据库管理员

在数据库系统环境下,有两类共享资源。一类是数据库;另一类是数据库管理系统软件。因此需要有专门的管理机构来监督和管理它们。数据库管理员(DBA)则是这个机构的一个或一组人员,负责全面管理和控制数据库系统。其具体职责如下。

① 决定数据库中的信息内容和结构

数据库中要组织与存放哪些信息,DBA 要全程参与决策,即决定数据库的模式与子模式,甚至于内模式。

② 决定数据库的存储结构和存取策略

DBA 要综合各用户的应用要求,与数据库设计人员共同决定数据的存储结构和存取方法等,以寻求最优的数据存取效率和存储空间利用率,即决定数据库的内模式。

③ 定义数据的安全性要求和完整性约束条件

DBA 的重要职责是保证数据库的安全性与完整性。因此,DBA 负责确定各类用户对数据库的存取权限、数据的保密等级和各种完整性约束要求等。

④ 监控数据库的使用和运行

DBA 要做好日常运行与维护工作,特别是系统的备份与恢复工作。保证系统万一发生各类故障而遭到不同程度破坏时,能及时恢复到最近的某种正确状态。

⑤ 数据库的改进和重组重构

数据库运行一段时间后,大量数据在数据库中变动,会影响系统的运行性能。为此,

DBA 负责定期对数据库进行数据重组织,以期获得更好的运行性能。

当用户的需求增加和改变时,DBA 负责对数据库各级模式进行适当的改进,即数据库的重构造。

(2) 系统分析员和数据库设计人员

系统分析员负责应用系统的需求分析和规范说明,要和最终用户及 DBA 相配合,分析确定系统的软硬件配置,并参与数据库系统的总体设计。

数据库设计人员负责数据库中数据的确定、数据库各级模式的设计。为了合理而良好地设计数据库,数据库设计人员必须深入实践,参加用户需求调查和系统分析。中小型系统中的该人员往往由 DBA 兼任。

(3) 应用程序员

应用程序员负责设计和编写应用系统的程序模块,并进行调试和安装。

(4) 用户

这里的用户是指最终用户。可以分为以下三类。

① 偶然用户。这类用户不经常访问数据库,但每次访问数据库时都往往需要不同的数据库信息,这类用户一般是企业或是组织结构中的高中级管理人员。

② 简单用户。数据库的多数用户都是这类,其主要的工作是查询和修改数据库,一般都是通过应用程序员精心设计并具有良好界面的应用程序存取数据库。银行职员和航空公司的机票出售、预定工作人员都属于这类人员。

③ 复杂用户。复杂用户包括工程师、科学家、经济学家、科学技术人员等具有较高科学技术背景的人员。这类用户一般都比较熟悉数据库管理系统的各种功能,能够直接使用数据库语言访问数据库,甚至能够基于数据库管理系统的 API 自己编制具有特殊功能的应用程序。

1.5* 数据库技术的研究领域及其发展

1.5.1 数据库技术的研究领域

数据库技术的研究领域十分广泛,概括而言,包括以下三个方面。

1. DBMS 系统软件的研制

DBMS 是数据库应用的基础,DBMS 的研制包括研制 DBMS 本身及以 DBMS 为核心的一组相互联系的软件系统,该系统包括工具软件和中间件。研制的目标是提高系统的可用性、可靠性、可伸缩性,以及系统运行性能和用户应用系统开发设计的生产率。

现在使用的 DBMS 主要是国外的产品、国产 DBMS 产品或原型系统,如 COBASE 数据库管理系统、Kingbase ES、PBASE、EASYBASE、Openbase 数据库管理系统和武汉达梦的 DM 系列等,国产 DBMS 产品在商品化、成熟度、性能等方面还有待改进。为此,在国产 DBMS 系统软件的研制方面可谓任重而道远。

2. 数据库应用系统设计与开发的研制

数据库应用系统设计与开发的主要任务是在 DBMS 的支持下,按照应用的具体要求,为某单位、部门或组织设计一个结构合理有效、使用方便高效的数据库及其应用系统。研究的主要内容包括数据库设计方法、设计工具和设计理论研究,数据模型和数据建模的研究,数据库及其应用系统的辅助与自动设计的研究,数据库设计规范和标准的研究等。这一方向可能是今后大部分读者要从事的研究与应用方向。

3. 数据库理论的研究

数据库理论的研究主要集中于关系的规范化理论、关系数据理论等方面。近年来,随着计算机其他领域的不断发展及其与数据库技术的相互渗透与融合,产生了许多新的应用与理论研究方向,如数据库逻辑演绎和知识推理、数据库中的知识发现、并行数据库与并行算法、分布式数据库系统、多媒体数据库系统等。

1.5.2　数据库技术的发展

数据库技术产生于 20 世纪 60 年代中期,由于其在商业领域的成功应用,在 20 世纪 80 年代后,得到了迅速推广,新的应用对数据库技术在数据存储和管理方面提出了更高的要求,从而进一步推动了数据库技术的发展。

1. 数据模型的发展和三代数据库系统

数据模型是数据库系统的核心和基础,数据模型的发展带动着数据库系统不断更新换代。

数据模型的发展可以分为三个阶段,第一阶段为格式化数据模型,包括层次数据模型和网状数据模型,第二阶段为关系数据模型,第三阶段则是以面向对象数据模型为代表的非传统数据模型。按照上述的数据模型三个发展阶段,数据库系统也可以相应地划分为三代。第一代数据库系统为层次与网状数据库系统,第二代数据库系统为关系数据库系统,这两代也常称为传统数据库系统。新一代数据库系统(即第三代)的发展呈现百花齐放的局面,其基本特征包括①没有统一的数据模型,但所用数据模型多具有面向对象的特征;②继续支持传统数据库系统中的非过程化数据存取方式和数据独立性;③不仅更好地支持数据管理,而且能支持对象管理和知识管理;④系统具有更高的开放性。

2. 数据库技术与其他相关技术的结合

将数据库技术与其他相关技术结合,是当代数据库技术发展的主要特征之一,并由此产生了许多新型的数据库系统。

（1）面向对象数据库系统

面向对象数据库系统是数据库技术与面向对象技术相结合的产物。其核心是面向对象数据模型。在面向对象数据模型中,现实世界里客观存在且相互区别的事物被抽象为对象,一个对象由三个部分构成,即变量集、消息集和方法集。变量集中的变量是对事物特性的数据抽象,消息集中的消息是对象所能接收并响应的操作请求,方法集中的方法是操作请求的实现方法,每个方法就是一个执行程序段。

面向对象数据模型的主要优点如下。

① 消息集是对象与外界的唯一接口,方法和变量的改变不会影响对象与外界的交互,从而使应用系统的开发和维护变得容易。

② 相似对象的集合构成类,而类具有继承性,从而使程序复用成为可能。

③ 支持复合对象,即允许在一个对象中包含另一个对象,从而使数据间诸如嵌套、层次等复杂关系的描述变得更为容易。

(2) 分布式数据库系统

分布式数据库系统是数据库技术与计算机网络技术相结合的产物,它具有三大基本特点,即物理分布性、逻辑整体性和场地自治性。物理分布性指分布式数据库中的数据分散存放在以网络相连的多个结点上,每个结点中所存储的数据的集合即为该结点上的局部数据库。逻辑整体性指系统中分散存储的数据在逻辑上是一个整体,各结点上的局部数据库组成一个统一的全局数据库,能支持全局应用。场地自治性指系统中的各个结点上都有自己的数据库管理系统,能对局部数据库进行管理,响应用户对局部数据库的访问请求。

分布式数据库系统体系结构具有灵活、可扩展性好,容易实现对现有系统的集成,既支持全局应用,也支持局部应用,系统可靠性高、可用性好的优点,但其缺点是存取结构复杂,通信开销较大,数据安全性较差。

(3) 并行数据库系统

并行数据库系统就是在并行计算机上运行的、具有并行处理能力的数据库系统,它是数据库技术与并行计算机技术相结合的产物,其产生和发展源于数据库系统中多事务对数据库进行并行查询的实际需求,而高性能处理器、大容量内存、廉价冗余磁盘阵列以及高带宽通信网络的出现则为并行数据库系统的发展提供了充分的硬件支持,同时,非过程化数据查询语言的使用也使系统能以一次一集合的方式存取数据,从而使数据库操作蕴涵了三种并行性,即操作间独立并行、操作间流水线并行和操作内并行。

并行数据库系统的主要目标是通过增加系统中处理器和存储器的数量,来提高系统的处理能力和存储能力,使数据库系统的事务吞吐率更高,对事务的响应速度更快。理想情况下,并行数据库系统应具有线性扩展和线性加速的能力。线性扩展是指当任务规模扩大 n 倍,而系统的处理和存储能力也扩大 n 倍时,系统的性能保持不变。线性加速是指任务规模不变,而系统的处理和存储能力扩大 n 倍时,系统的性能也提高 n 倍。

(4) 多媒体数据库系统

多媒体数据库系统是数据库技术与多媒体技术相结合的产物。多媒体数据库中的数据不仅包含数字、字符等格式化数据,还包括文本、图形、图像、声音、视频等非格式化数据。非格式化数据的数据量一般比较大,结构也比较复杂,有些数据还带有时间顺序、空间位置等属性,这就给数据的存储和管理带来了较大的困难。

对多媒体数据的查询要求往往也各不相同,系统不仅能支持一般的精确查询,还应当能支持模糊查询、相似查询、部分查询等非精确查询。

各种不同媒体的数据结构、存取方法、操作要求、基本功能、实现方法等一般也各不相同,系统应能对各种媒体数据进行协调,正确识别各种媒体数据之间在时间、空间上的关联,同时还应提供特种事务处理和版本管理能力。

（5）主动数据库系统

主动数据库系统是数据库技术与人工智能技术相结合的产物。传统数据库系统只能被动地响应用户的操作请求,而在实际应用中,可能希望数据库系统在特定条件下能根据数据库的当前状态,主动地做出一些反应,如执行某些操作、显示相关信息等。

（6）模糊数据库系统

模糊数据库系统是数据库技术与模糊技术相结合的产物。传统数据库系统中所存储的数据都是精确的,但事实上,客观事物并不总是确定的,不但事物的静态结构方面存在着模糊性,而且事物间互相作用的动态行为方面也存在着模糊性。要真实地反映客观事物,数据库中就应当支持对带有一定模糊性的事物及事物间联系的描述。

模糊数据库系统就是能对模糊数据进行存储、管理和查询的数据库系统,其中,精确数据被看成模糊数据的特例来加以处理。在模糊数据库系统中,不仅所存储的数据是模糊的,而且数据间的联系、对数据的操作等也都是模糊的。

模糊数据库系统具有广阔的应用前景,但其理论和技术尚不成熟,在模糊数据及其之间模糊联系的表示、模糊距离的度量、模糊数据模型、模糊操作和运算的定义、模糊语言、模糊查询方法、实现技术等方面均有待改进。

3. 数据库技术的新应用

数据库技术在不同领域中的应用,也导致了一些新型数据库系统的出现,这些应用领域往往无法直接使用传统数据库系统来管理和处理其中的数据对象。

（1）数据仓库系统

传统数据库系统主要用于联机事务处理,在这样的系统中,人们更多关心的是系统对事务的响应时间及如何维护数据库的安全性、完整性、一致性等问题,系统的数据环境正是基于这一目标而创建的,若以这样的数据环境来支持分析型应用,则会带来一些问题,包括①原数据环境中没有分析型处理所需的集成数据、综合数据和组织外部数据,如果在执行分析处理时再进行数据的抽取、集成和综合,则会严重影响分析处理的效率;②原数据环境中一般不保存历史数据,而这些数据却是分析型处理的重要处理对象;③分析型处理一般花费时间较多且需访问的数据量大,事务处理每次所需时间较短而对数据的访问频率则较高,若两者在同一环境中执行,则事务处理的效率会大打折扣;④若不加限制地允许数据层层抽取,则会降低数据的可信度;⑤系统提供的数据访问手段和处理结果表达方式远远不能满足分析型处理的需求。

数据仓库是面向主题的、集成的、随时间变化的、非易失的数据的集合,用于支持管理层的决策过程。数据仓库系统中另一重要组成部分是数据分析工具,它包括各类查询工具、统计分析工具、联机分析处理工具、数据挖掘工具等。

（2）工程数据库系统

工程数据库是用于存储和管理工程设计所需数据的数据库,一般应用于计算机辅助设计、计算机辅助制造、计算机集成制造等工程领域。

1.6 小 结

本章讲述了数据库的基本概念,介绍了数据管理技术发展的三个阶段及各自的优缺点,说明了数据库系统的优点。

数据模型是数据库系统的核心和基础。本章介绍了组成数据模型的三要素及其内涵、概念模型和三种主要的数据库模型。

概念模型也称信息模型,用于信息世界的建模,E-R 模型是其典型代表,E-R 方法简单、清晰,应用十分广泛。数据模型包括非关系模型(层次模型和网状模型)、关系模型和面向对象模型。本章简要地讲解了层次模型、网状模型、关系模型,而关系模型将在后续章节中做更详细的介绍。

数据库系统的结构包括三级模式和两层映像。数据库系统的这种结构保证了它能够具有较高的逻辑独立性和物理独立性。数据库系统不仅是一个计算机系统,而且是一个人-机系统,人的作用,特别是 DBA 的作用最为重要。

本章新概念较多,要深入而透彻地掌握这些基本概念和基本知识需有一个循序渐进的过程。读者可以在后续章节的学习中,不断对照本章知识加深对这些知识的理解与掌握。

习 题

一、选择题

1. ( )是位于用户与操作系统之间的一层数据管理软件。数据库在建立、使用和维护时由其统一管理、统一控制。

    A. DBMS   B. DB   C. DBS   D. DBA

2. 文字、图形、图像、声音、学生的档案记录、货物的运输情况等,这些都是( )。

    A. DATA   B. DBS   C. DB   D. 其他

3. 目前,( )数据库系统已逐渐淘汰了网状数据库和层次数据库,成为当今最为流行的商用数据库系统。

    A. 关系   B. 面向对象   C. 分布   D. 对象-关系

4. ( )是刻画一个数据模型性质最重要的方面。因此在数据库系统中,人们通常按它的类型来命名数据模型。

    A. 数据结构   B. 数据操纵   C. 完整性约束   D. 数据联系

5. ( )属于信息世界的模型,实际上是现实世界到机器世界的一个中间层次。

    A. 数据模型   B. 概念模型   C. 非关系模型   D. 关系模型

6. 当数据库的( )改变了,由数据库管理员对( )映像做相应改变,可以使( )保持不变,从而保证了数据的物理独立性。

(1) 模式　(2) 存储结构　(3) 外模式/模式　(4) 用户模式　(5) 模式/内模式

　　A. (1)、(3)和(4)　　　　　　　　B. (1)、(5)和(3)

　　C. (2)、(5)和(1)　　　　　　　　D. (1)、(2)和(4)

7. 数据库的三级体系结构即子模式、模式与内模式是对(　　)的三个抽象级别。

　　A. 信息世界　　　　B. 数据库系统　　C. 数据　　　　　　D. 数据库管理系统

8. 英文缩写 DBA 代表(　　)。

　　A. 数据库管理员　　　　　　　　B. 数据库管理系统

　　C. 数据定义语言　　　　　　　　D. 数据操纵语言

9. 模式和内模式(　　)。

　　A. 只能各有一个　　　　　　　　B. 最多只能有一个

　　C. 至少两个　　　　　　　　　　D. 可以有多个

10. 在数据库中存储的是(　　)。

　　A. 数据　　　　　　　　　　　　B. 信息

　　C. 数据和数据之间的联系　　　　D. 数据模型的定义

二、填空题

1. 数据库就是长期储存在计算机内_____、_____的数据集合。

2. 数据管理技术已经历了人工管理阶段、_____和_____三个发展阶段。

3. 数据模型通常都是由_____、_____和_____三个要素组成的。

4. 数据库系统的主要特点：_____、数据冗余度小、具有较高的数据程序独立性、具有统一的数据控制功能等。

5. 用二维表结构表示实体以及实体间联系的数据模型称为_____数据模型。

6. 在数据库的三级模式体系结构中，外模式与模式之间的映像，实现了数据库的_____独立性。

7. 数据库系统是以_____为中心的系统。

8. E-R 图表示的概念模型比_____更一般、更抽象、更接近现实世界。

9. 外模式，亦称为子模式或用户模式，是_____能够看到和使用的局部数据的逻辑结构和特征的描述。

10. 数据库系统的软件主要包括支持_____运行的操作系统以及_____本身。

三、简答题

1. 简述计算机数据管理技术发展的三个阶段。

2. 常用的三种数据模型的数据结构各有什么特点？

3. 试述数据库系统的特点。

4. 试述数据模型的概念、作用和三要素。

5. 试述概念模型的作用。

6. 定义并理解概念模型中的以下术语。

实体、实体型、实体集、属性、码、实体联系图(E-R 图)、三种联系类型

7. 学校有若干个系，每个系有若干班级和教研室，每个教研室有若干教师，每名教师

只教一门课,每门课可由多名教师教;每个班有若干学生,每位学生选修若干课程,每门课程可由若干学生选修。请用 E-R 图画出该学校的概念模型,并注明联系类型。

8. 每种工厂生产的产品由不同的零件组成,有的零件可用于不同的产品。这些零件由不同的原材料制成,不同的零件所用的材料可以相同。一个仓库存放多种产品,一种产品存放在一个仓库中。零件按所属的不同产品分别放在仓库中,原材料按照类别放在若干仓库中(不跨仓库存放)。请用 E-R 图画出此关于产品、零件、材料、仓库的概念模型,并注明联系类型。

9. 分别给出一个层次、网状和关系模型的实例。

10. 试述层次、网状和关系数据库的优缺点。

11. 定义并理解关系模型中的以下术语。

关系、元组、属性、主码、域、分量、关系模式

12. 数据库系统的三级模式结构是什么? 为什么要采用这样的结构?

13. 数据独立性包括哪两个方面? 其含义分别是什么?

14. 数据库管理系统有哪些主要功能?

15. 数据库系统通常由哪几部分组成?

第 2 章

chapter 2

关 系 数 据 库

本 章 要 点

本章主要介绍关系数据库的基本概念,围绕关系数据库模型的三要素展开,利用集合代数、谓词演算等抽象的数学知识,深刻而透彻地介绍了关系数据结构、关系数据库操作及关系数据库完整性等的概念与知识。而抽象的关系代数与基于关系演算的 ALPHA 语言乃是重中之重。

2.1 关 系 模 型

关系数据库应用数学方法来处理数据库中的数据。最早将这类方法用于数据处理的是 1962 年 CODASYL 发表的"信息代数",之后有 1968 年 David Child 提出的集合论数据结构。系统而严谨地提出关系模型的是美国 IBM 公司的 E. F. Codd。由于关系模型简单明了,有坚实的数学基础,一经提出,立即引起了学术界和产业界的广泛重视和响应,从理论与实践两个方面都对数据库技术产生了强烈的冲击。E. F. Codd 从 1970 年起连续发表了多篇论文,奠定了关系数据库的理论基础。

关系模型由关系数据结构、关系操作集合和关系完整性约束组成。

1. 关系模型的数据结构——关系

关系模型的数据结构非常单一,在用户看来,关系模型中数据的逻辑结构是一张二维表。但关系模型的这种简单的数据结构能够表达丰富的语义,描述现实世界的实体以及实体间的各种联系。

2. 关系操作

关系模型给出了关系操作的能力,它利用基于数学的方法来表达关系操作,关系模型给出的关系操作往往不是针对具体的 RDBMS 语言来表述的。

关系模型中常用的关系操作包括选择(select)、投影(project)、连接(join)、除(divide)、并(union)、交(intersection)、差(difference)等查询(query)操作和添加(insert)、删除(delete)、修

改(update)等更新操作两大部分。其中,查询的表达能力是最主要的部分。

关系操作的特点是采用集合操作方式,即操作的对象和结果都是集合。这种操作方式也称为一次一集合方式。

早期的关系操作能力通常用代数方式或逻辑方式来表示,分别称为关系代数和关系演算。关系代数是用对关系的运算(即元组的集合运行)来表达查询要求的方式。关系演算是用谓词来表达查询要求的方式。关系演算又可按谓词变元的基本对象是元组变量还是域变量,分为元组关系演算和域关系演算。关系代数、元组关系演算和域关系演算三种语言在表达功能上是等价的。

关系代数、元组关系演算和域关系演算均是抽象的查询语言,这些抽象的语言与具体的 DBMS 中实现的实际语言并不完全一样。但它们能用作评估实际系统中查询语言能力的标准或基础。实际的查询语言除了提供关系代数或关系演算功能外,还提供了很多附加功能,如集函数、关系赋值、算术运算等。

关系语言是一种高度非过程化的语言,用户不必请求 DBA 为其建立特殊的存取路径,存取路径的选择由 DBMS 的优化机制来完成,此外,用户也不必求助于循环结构就可以完成数据操作。

另外还有一种介于关系代数和关系演算之间的结构化查询语言 SQL(Structured Query Language)。SQL 不但具有丰富的查询功能,而且具有数据定义、数据操纵和数据控制功能,是集查询、DDL、DML、DCL(Data Control Language)于一体的关系数据语言。它充分体现了关系数据语言的特点和优点,是关系数据库的国际标准语言。

因此,关系数据语言可以分成三类。

(1) 关系代数:用对关系的集合运算表达查询要求,如 ISBL。

(2) 关系演算:用谓词表达查询要求,可分为两类:①元组关系演算:谓词变元的基本对象是元组变量,如 APLHA、QUEL;②域关系演算:谓词变元的基本对象是域变量,如 QBE。

(3) 关系数据语言,如 SQL。

这些关系数据语言的共同特点是语言具有完备的表达能力,是非过程化的集合操作语言,功能强,能够嵌入到高级语言中使用。

3. 关系的三类完整性约束

关系模型提供了丰富的完整性控制机制,允许定义三类完整性:实体完整性、参照完整性和用户自定义的完整性。其中,实体完整性和参照完整性是关系模型必须满足的完整性约束条件,应该由关系系统自动支持。用户自定义的完整性是应用领域特殊要求而需要遵循的约束条件,体现了具体领域中的语义约束。

下面将从数据模型的三要素出发,逐步介绍关系模型的数据结构(包括关系的形式化定义及有关概念)、关系的三类完整性约束、关系代数与关系演算操作等内容。SQL 语言将在第 3 章做系统的介绍。

2.2　关系数据结构及形式化定义

在关系模型中,无论是实体还是实体之间的联系,均由单一的结构类型即关系(二维表)来表示。第 1 章已经非形式化地介绍了关系模型及有关的基本概念。关系模型是建立在集合代数的基础上的,下面从集合论的角度来给出关系数据结构的形式化定义。

2.2.1　关系

1. 域

定义 2.1　域(Domain)是一组具有相同数据类型的值的集合。又称为值域(用 D 表示)。域中所包含的值的个数称为域的基数(用 m 表示)。在关系中就是用域来表示属性的取值范围的。

例如,自然数、整数、实数、长度小于 10 字节的字符串集合、1～16 之间的整数都是域。又如,$D_1 = \{张三,李四\}$　　　D_1 的基数 m_1 为 2

$\qquad\qquad D_2 = \{男,女\}$　　　D_2 的基数 m_2 为 2

$\qquad\qquad D_3 = \{19,20,21\}$　　　D_3 的基数 m_3 为 3

2. 笛卡儿积

定义 2.2　给定一组域 D_1、D_2、$\cdots$、D_n(这些域中可以包含相同的元素,既可以完全不同,也可以部分或全部相同),D_1、D_2、$\cdots$、D_n 的笛卡儿积(Cartesian Product)为:

$$D_1 \times D_2 \times \cdots \times D_n = \{(d_1, d_2, \cdots, d_n) \mid d_i \in D_i, i = 1, 2, \cdots, n\}$$

由定义可以看出,笛卡儿积也是一个集合。

(1) 每一个元素 $(d_1, d_2, \cdots, d_n)$ 叫作一个 n 元组(n-tuple),或简称元组(Tuple)。但元组不是 d_i 的集合,元组是由 d_i 按序排列而成的。

(2) 元素中的每一个值 d_i 叫作一个分量(Component)。分量来自相应的域 $(d_i \in D_i)$。

(3) 若 $D_i(i = 1, 2, \cdots, n)$ 为有限集,其基数(Cardinal number)为 $m_i(i = 1, 2, \cdots, n)$,则 $D_1 \times D_2 \times \cdots \times D_n$ 的基数为 n 个域的基数累乘之积,即 $M = \prod\limits_{i=1}^{n} m_i$。

(4) 笛卡儿积可表示为一个二维表。表中的每行对应一个元组,表中的每列对应一个域。例如,上面例子中 D_1 与 D_2 的笛卡儿积:

$D_1 \times D_2 = \{(张三,男),(张三,女),(李四,男),(李四,女)\}$

表示成二维表,如表 2.1 所示。

而 $D_1 \times D_2 \times D_3 = \{(张三,男,19),(张三,男,20),(张三,男,21),(张三,女,19),(张三,女,20),(张三,女,21),(李四,男,19),(李四,男,20),(李四,男,21),(李四,女,$

表 2.1　笛卡儿积 $D_1 \times D_2$

姓名	性别
张三	男
张三	女
李四	男
李四	女

19),(李四,女,20),(李四,女,21)},用二维表表示如表 2.2 所示。

表 2.2 笛卡儿积 $D_1 \times D_2 \times D_3$

姓名	性别	年龄	姓名	性别	年龄
张三	男	19	李四	男	19
张三	男	20	李四	男	20
张三	男	21	李四	男	21
张三	女	19	李四	女	19
张三	女	20	李四	女	20
张三	女	21	李四	女	21

3. 关系

定义 2.3 $D_1 \times D_2 \times \cdots \times D_n$ 的任一子集叫作在域 $D_1, D_2, \cdots, D_n$ 上的关系(Relation),用 $R(D_1, D_2, \cdots, D_n)$ 表示。例如,上例中 $D_1 \times D_2$ 笛卡儿积的子集可以构成关系 T_1,如表 2.3 所示。

R 表示关系的名字,n 是关系的目或元或度(Degree)。

当 $n=1$ 时,称为单元关系;

当 $n=2$ 时,称为二元关系;

…

当 $n=m$ 时,称为 m 元关系。

表 2.3 $D_1 \times D_2$ 笛卡儿积的子集(关系 T_1)

姓名	性别
张三	男
李四	女

关系中的每个元素都是关系中的元组,通常用 t 来表示。

关系是笛卡儿积的子集,反过来,看到某具体关系,也要看到该关系背后必然存在的笛卡儿积,关系内容无论如何变都变化不出其所属于的笛卡儿积,对关系内容的操作实际上就是使关系按照实际的要求从该关系笛卡儿积的一个子集变化到另一子集(否则操作是错误的),这是笛卡儿积概念的意义所在。

关系是笛卡儿积的子集,所以关系也是一个二维表,表的每行对应一个元组,表的每列对应一个域。由于域可以相同,因此为了加以区分,必须对每列起一个唯一的名字,称为**属性**(Attribute)。n 目关系必有 n 个属性。

若关系中的某一属性组的值能唯一地标识一个元组,则称该属性组为**候选码**(Candidate key),关系至少含有一个候选码。

若一个关系有多个候选码,则选定其中一个为主控使用者,称为**主码**(Primary key)。候选码中的诸属性称为**主属性**(Prime attribute)。不包含在任何候选码中的属性称为**非码属性**(Non-key attribute)或**非主属性**。在最简单的情况下,候选码只包含一个属性。在最极端的情况下,关系模式的所有属性组成这个关系模式的候选码,称为**全码**(All-key)。

按照定义,关系可以是一个无限集合。由于笛卡儿积不满足交换律,$(d_1,d_2,\cdots,d_n)\neq$ $(d_2,d_1,\cdots,d_n)$,因此需要对关系做如下限定和扩充。

(1) 无限关系在数据库系统中是无意义的。因此限定关系数据模型中的关系必须是有限集合。

(2) 通过为关系的每个列附加一个属性名的方法取消关系元组的有序性,即$(d_1,d_2,$ $\cdots,d_j,d_i,\cdots,d_n)=(d_1,d_2,\cdots,d_i,d_j,\cdots,d_n)(i,j=1,2,\cdots,n)$。

因此,基本关系具有以下六条性质。

① 列是同质的(Homogeneous),即每一列中的分量是同一类型的数据,来自同一个域。

② 不同的列可出自同一个域,称其中的每一列为一个属性,不同的属性要给予不同的属性名。

③ 列的顺序无所谓,即列的次序可以任意交换。

④ 任意两个元组不能完全相同。

但在大多数实际关系数据库产品中,如 Oracle、Visual FoxPro 等,如果用户没有定义有关的约束条件,则允许关系表中存在两个完全相同的元组。

⑤ 行的顺序无所谓,即行的次序可以任意交换。

⑥ 分量必须取原子值,即每一个分量都必须是不可分的数据项。

关系模型要求关系必须是规范化的,即要求关系模式必须满足一定的规范条件。这些规范条件中最基本的一条就是,关系的每一个分量都必须是不可再分的数据项。规范化的关系称为范式关系。

表 2.4 所示的关系就不规范,存在"表中有表"现象,可将它规范化为表 2.5 所示的关系。

表 2.4　课程关系 C

课程名	学　　时	
	理论	实验
数据库	52	20
C 语言	45	20
数据结构	55	30

表 2.5　课程关系 C

课程名	理论学时	实验学时
数据库	52	20
C 语言	45	20
数据结构	55	30

2.2.2　关系模式

在数据库中要区分型和值两个方面。在关系数据库中,关系模式是型,关系是值。关系模式是对关系的描述,那么一个关系需要描述哪些方面?

首先,关系实际上是一张二维表,表的每一行为一个元组,每一列为一个属性。一个元组就是该关系所设计的属性集的笛卡儿积的一个元素。关系是元组的集合,因此关系模式必须指出这个元组集合的结构,即它由哪些属性组成,这些属性来自哪些域,以及属性和域之间的映像关系。

其次,一个关系通常是由赋予它的元组语义来确定的。元组语义实质上是一个 n 目谓词(n 是属性集中属性的个数)。凡使该 n 目谓词为真的笛卡儿积的元素(或者说凡符合元组语义的那部分元素)的全体就构成了该关系模式的关系。

现实世界随着时间在不断地变化着,因而在不同的时刻,关系模式的关系也会有所变化。但是,现实世界的许多已有事实限定了关系模式所有可能的关系必须满足一定的完整性约束条件。这些约束或者是通过对属性取值范围的限定,例如,职工的年龄小于 65 岁(65 岁以后必须退休),或者通过属性值间的相互关联(主要体现在值的相等与否)反映出来。关系模式应当刻画出这些完整性约束条件(即属性间的数据依赖关系)。

因此一个关系模式应当是一个五元组。

定义 2.4　关系的描述称为关系模式(Relation Schema)。一个关系模式应当是一个五元组。它可以形式化地表示为 $R(U,D,\mathrm{dom},F)$。其中 R 为关系名,U 为组成该关系的属性名集合,D 为属性组 U 中属性所来自的域的集合,dom 为属性向域的映像集合,F 为属性间数据的依赖关系集合。

关系模式的五元组如图 2.1 所示,通过这五个方面,一个关系就被充分地刻画、描述出来了。

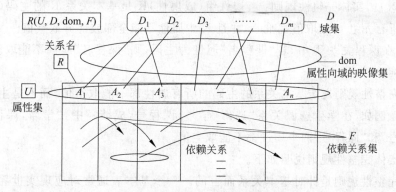

图 2.1　关系模式的五元组示意图

关系模式通常可以简记为 $R(A_1,A_2,\cdots,A_n)$ 或 $R(U)$。其中 R 为关系名,$A_1,A_2,\cdots,$ A_n 为属性名。而域名及属性向域的映像常常直接说明属性的类型、长度等,而属性间数据的依赖关系则常被隐含,在创建关系时要制定的各种完整性约束条件体现了数据间的依赖关系。

关系实际上就是关系模式在某一时刻的状态或内容。也就是说,关系模式是型,关系是它的值。关系模式是静态的、稳定的,而关系是动态的、随时间不断变化的,因为关系操作在不断地更新着数据库中的数据。但在实际使用中,常常把关系模式和关系统称为关系,读者可以从上下文中加以区分。

2.2.3　关系数据库

在关系模型中,实体以及实体间的联系都是用关系来表示的。例如,学生实体、课程实体、学生与课程之间的多对多选课联系都可以分别用一个关系(或二维表)来表示。在一个给定的现实世界领域中,所有实体及实体之间的联系的关系的集合构成该应用领域的一个关系数据库。

关系数据库也有型和值之分。关系数据库的型也称为关系数据库模式,是对关系数据库的描述,是关系模式的集合。关系数据库的值也称为关系数据库,是关系的集合。关系数据库模式与关系数据库通常统称为关系数据库。

2.3 关系的完整性

关系模型的完整性规则是对关系的某种约束条件。关系模型中可以有三类完整性约束:实体完整性(Entity Integrity)、参照完整性(Referential Integrity)和用户定义的完整性(User-defined Integrity)。其中,实体完整性和参照完整性是关系模型必须满足的完整性约束条件,被称作是关系的两个不变性,应该由关系系统自动支持。

1. 实体完整性

规则 2.1 实体完整性规则:若属性组(或属性)K 是基本关系 R 的主码(或称主关键字),则所有元组 K 的取值都唯一,并且 K 中属性不能全部或部分取空值。

例如,在课程关系 T 中,若"课程名"属性为主码,则"课程名"属性不能取空值,并且课程名要唯一。

实体完整性规则规定基本关系的主码的所有属性都不能取空值,而不是主码整体不能取空值。例如,在学生选课关系"选修(学号,课程号,成绩)"中,"学号,课程号"为主码,则"学号"和"课程号"两个属性都不能取空值。

对于实体完整性规则说明如下。

实体完整性规则是针对基本关系而言的。一个基本表通常对应现实世界的一个实体集。例如,课程关系对应于所有课程实体的集合。

现实世界中实体是可区分的,即它们具有某种唯一性标识。相应地,关系模型中以主码作为其唯一性标识。

主码中属性即主属性不能取空值,所谓空值就是"不知道"或"无意义"的值,如果主属性取空值,就说明存在不可标识的实体,即存在不可区分的实体,这与客观世界中实体要求唯一标识相矛盾,因此这个规则不是人们强加的,而是现实世界客观的要求。

2. 参照完整性

现实世界中的实体之间往往存在着某种联系,在关系模型中实体及实体间的联系都是用关系描述的。这样就存在着关系与关系间的引用。先来看两个例子。

例 2.1 学生实体和专业实体可以用下面的关系表示,其中主码用下划线标识。

学生 (<u>学号</u>,姓名,性别,年龄,系别号)、系别 (<u>系别号</u>,系名)

这两个关系之间存在着属性的引用,即学生关系引用了系别关系的主码"系别号"。显然,学生关系中的"系别号"的值必须是确实存在的系的系别号,即系别关系中应该有该系的记录。这也就是说,学生关系中的某个属性的取值需要参照系别关系的属性。

例 2.2 学生,课程,学生与课程之间的多对多联系可以如下三个关系表示。

学生(学号,姓名,性别,年龄,系别号)、课程(课程号,课程名,课时)、选修(学号,课程号,成绩)

这三个关系之间也存在着属性的引用,即选修关系引用了学生关系的主码"学号"和课程关系的主码"课程号"。同样,选修关系中的"学号"值必须是确实存在的学生的学号,即学生关系中必须有该学生的记录;选修关系中的"课程号"的值也必须是确实存在的课程的课程号,即课程关系中必须有该课程的记录。换句话说,选修关系中某些属性的取值要参照其他关系(指学生关系与课程关系)的属性取值。

定义 2.5 设 F 是基本关系 R 的一个或一组属性,但不是关系 R 的码,如果 F 与基本关系 S 的主码 K_s 相对应,则称 F 是基本关系 R 的外码(Foreign key),并称基本关系 R 为参照关系(Referencing relation),基本关系 S 为被参照关系(Referenced relation)或目标关系(Target relation)。关系 R 和 S 可能是相同的关系,即自身参照。

显然,目标关系 S 的主码 K_s 和参照关系的外码 F 必须定义在同一个(或一组)域上。

例如,在例 2.1 中,学生关系的"系别号"与系别关系的"系别号"相对应,因此,"系别号"属性是学生关系的外码,是系别关系的主码。这里系别关系是被参照关系,学生关系为参照关系,如下所示。

$$学生关系 \xrightarrow{\text{系别号}} 系别关系$$

在例 2.2 中,选修关系的"学号"属性与学生关系的"学号"属性相对应,"课程号"属性与课程关系的"课程号"属性相对应,因此"学号"和"课程号"属性分别是选修关系的外码,这里学生关系和课程关系均为被参照关系,选修关系为参照关系,如下所示。

$$学生关系 \xleftarrow{\text{学号}} 选修关系 \xrightarrow{\text{课程号}} 课程关系$$

参照完整性规则是定义外码与主码之间的引用规则,是对外码取值的限定。

规则 2.2 参照完整性规则:若属性(或属性组)F 是基本关系 R 的外码,它与基本关系 S 的主码 K_s 相对应(基本关系 R 和 S 可能是相同的关系),则对于 R 中每个元组在 F 上的值必须为或者取空值(F 的每个属性值均为空值);或者等于 S 中某个元组的主码值。

例如,对于例 2.1 中学生关系中的每个元组的"系别号"属性只能取下面两类值。空值,表示尚未给该学生分配系别;非空值,这时该值必须是系别关系中某个元组的"系别号"的值;表示该学生不可能被分配到一个不存在的系中。即被参照关系"系别"中一定存在一个元组,它的主码值等于该参照关系"学生"中的外码值。

对于例 2.2,按照参照完整性规则,"学号"和"课程号"属性按规则也可以取两类值。空值或目标关系中已经存在的主码值。但由于"学号"和"课程号"是选修关系中的主属性,按照实体完整性规则,它们均不能取空值。因此选修关系中的"学号"和"课程号"属性实际上只能取相应被参照关系中已经存在的主码值。

3. 用户定义的完整性

实体完整性和参照性适用于任何关系数据库系统。除此之外,不同的关系数据库系统根据其应用环境的不同,往往还需要制定一些特殊的约束条件。用户定义的完整性就是针对某一具体应用的关系数据库所制定的约束条件,它反映某一具体应用所涉及的数据必须满足的语义要求。关系模型应提供定义和检验这类完整性的机制,以便用统一的系统的方法处理它们,而不要由应用程序来承担这一功能。

关系完整性约束如图 2.2 所示。

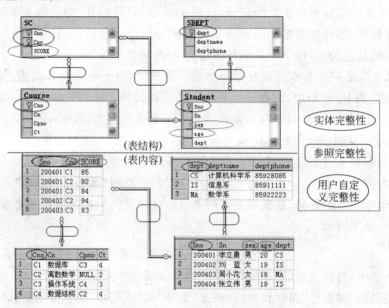

图 2.2 关系完整性约束示意图

2.4 关系代数

关系代数是一种抽象的关系操作语言,用对关系的运算来表达关系操作,关系代数是研究关系数据操作语言的一种较好的数学工具。

关系代数是 E. F. Codd 于 1970 年首次提出的,下一节将要介绍的关系演算是 E. F. Codd 于 1972 年首次提出的,1979 年 E. F. Codd 对关系模型做了扩展,讨论了关系代数中加入空值和外连接的问题。

关系代数以一个或两个关系为输入(或称为操作对象),产生一个新的关系作为其操作结果。即其运算对象是关系,运算结果亦为关系。关系代数用到的运算符包括四类:集合运算符、专门的关系运算符、算术比较符和逻辑运算符,如表 2.6 所示,各种运算操作如图 2.3 所示。

表 2.6 关系代数的运算符

运 算 符		含 义	运 算 符		含 义
集合运算符	∪ ∩ −	并 交 差	比较运算符	> ≥ < ≤ = ≠	大于 大于等于 小于 小于等于 等于 不等于
专门的关系运算符	× σ Π ÷ ∞	广义笛卡儿积 选取 投影 除 连接	逻辑运算符	∧ ∨ ¬	与 或 非

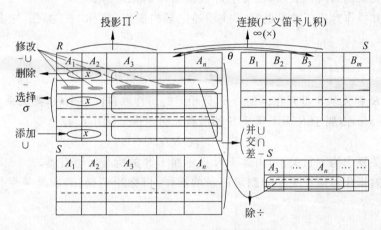

图 2.3 关系代数运算操作示意图

比较运算符和逻辑运算符是用来辅助专门的关系运算符进行操作的,所以关系代数的运算按运算符的不同主要可分为传统的集合运算和专门的关系运算两类。

(1) 传统的集合运算:并、交、差、广义笛卡儿积四种运算。

(2) 专门的关系运算:选择、投影、连接、除等。

其中,传统的集合运算将关系看成元组的集合,其运算是从关系的"水平"方向即行的角度来进行的。而专门的关系运算不仅涉及行,而且涉及列。

2.4.1 传统的集合运算

传统的集合运算是二目运算,包括并、交、差、广义笛卡儿积四种运算,其关系操作如图 2.4 所示。

设关系 R 和关系 S 具有相同的目 n,即两个关系都有 n 个属性,且相应的属性取自同一个域,则可定义并、差、交运算如下。

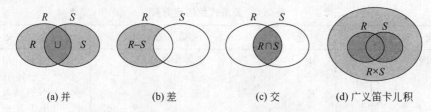

| (a) 并 | (b) 差 | (c) 交 | (d) 广义笛卡儿积 |

图 2.4　传统集合运算关系操作示意图(结果为阴影范围)

1. 并

设关系 R 和关系 S 具有相同的目 n，且相应的属性取自同一个域，则关系 R 与关系 S 的并(Union)由属于 R 或属于 S 的所有元组组成。记作：

$$R \cup S = \{t | t \in R \lor t \in S\}$$

其结果关系仍为 n 目关系，由属于 R 或属于 S 的元组组成。

关系的并操作对应于关系的插入或添加记录的操作，俗称"＋"操作，它是关系代数的基本操作。

2. 差

设关系 R 和关系 S 具有相同的目 n，且相应的属性取自同一个域，则关系 R 与关系 S 的差(Difference)由属于 R 而不属于 S 的所有元组组成。记作：

$$R - S = \{t | t \in R \land t \notin S\}$$

其结果关系仍为 n 目关系，由属于 R 而不属于 S 的所有元组组成。

关系的差操作对应于关系的删除记录的操作，俗称"－"操作，它是关系代数的基本操作。

3. 交

设关系 R 和关系 S 具有相同的目 n，且相应的属性取自同一个域，则关系 R 与关系 S 的交(Intersection)由既属于 R 又属于 S 的所有元组组成。记作：

$$R \cap S = \{t | t \in R \land t \in S\}$$

其结果关系仍为 n 目关系，由既属于 R 又属于 S 的元组组成。关系的交可以用差来表示，即 $R \cap S = R - (R - S)$ 或 $R \cap S = S - (S - R)$。

关系的交操作对应于寻找两关系共有记录的操作，是一种关系查询操作。关系的交操作能用差操作来代替，因此不是关系代数的基本操作。

4. 广义笛卡儿积

两个分别为 n 目和 m 目的关系 R 和 S 的广义笛卡儿积(Extended Cartesian Product)是一个 $(n+m)$ 列的元组的集合。元组的前 n 列是关系 R 的一个元组，后 m 列是关系 S 的一个元组。若 R 有 $k1$ 个元组，S 有 $k2$ 个元组，则关系 R 和关系 S 的广义笛卡儿积有 $k1 \times k2$ 个元组。记作：

$$R \times S = \{\widehat{t_r t_s} | t_r \in R \land t_s \in S\}$$

图 2.5(a)、(b)分别为具有三个属性列的关系 R 和 S。图 2.5(c)为关系 R 与 S 的并,图 2.5(d)为关系 R 与 S 的交,图 2.5(e)为关系 R 与 S 的差,图 2.5(f)为关系 R 与 S 的广义笛卡儿积。

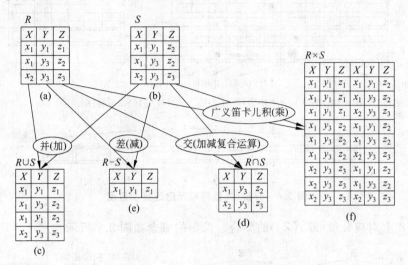

图 2.5 传统集合运算操作示例

关系的广义笛卡儿积操作对应于两个关系记录横向合并的操作,俗称"×"操作,它是关系代数的基本操作,关系的广义笛卡儿积是多个关系相关联操作的最基本的操作。

2.4.2 专门的关系运算

上节所讲的传统集合运算,只是从行的角度进行的,而要灵活地实现关系数据库的多样查询操作,则须引入专门的关系运算。专门的关系运算包括选择、投影、连接、除等。为了叙述方便,下面先引入几个记号。

1. 记号

(1) 分量:设关系模式为 $R(A_1, A_2, \cdots, A_n)$。它的一个关系设为 R。$t \in R$ 表示 t 是 R 的一个元组。$t[A_i]$ 则表示元组 t 中相应于属性 A_i 的一个分量。

(2) 属性列、属性组或域列:若 $A = \{A_{i1}, A_{i2}, \cdots, A_{ik}\}$,其中 $A_{i1}, A_{i2}, \cdots, A_{ik}$ 是 A_1, $A_2, \cdots, A_n$ 中的一部分,则 A 称为属性列、属性组或域列。$t[A] = (t[A_{i1}], t[A_{i2}], \cdots, t[A_{ik}])$ 表示元组 t 在属性列 A 上诸分量的集合。$\bar{A}$ 则表示 $\{A_1, A_2, \cdots, A_n\}$ 中去掉 $\{A_{i1}, A_{i2}, \cdots, A_{ik}\}$ 后剩余的属性组。

(3) 元组的连接:R 为 n 目关系,S 为 m 目关系。$t_r \in R, t_s \in S, \widehat{t_r t_s}$ 称为元组的连接(Concatenation)。它是一个 $(n+m)$ 列的元组,前 n 个分量为 R 中的一个 n 元组(即 t_r),后 m 个分量为 S 中的一个 m 元组(即 t_s)。

分量、属性列和元组连接示意如图 2.6 所示。

(4) 像集:给定一个关系 $R(X, Z)$,X 和 Z 为属性组。定义,当 $t[X] = x$ 时,x 在 R 中的像集(Images Set)为 $Z_x = \{t[Z] \mid t \in R, t[X] = x\}$,它表示 R 中属性组 X 上值为 x 的

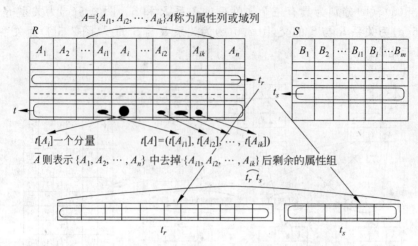

图 2.6　分量、属性列和元组连接示意图

诸元组在 Z 上对应分量（即 $t[Z]$）的集合。像集的概念如图 2.7 所示。

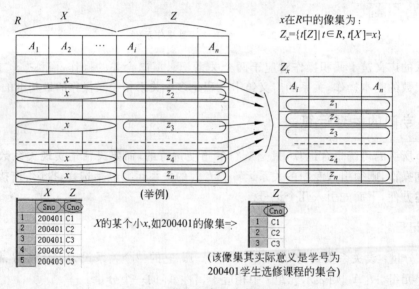

图 2.7　像集示意图及举例说明

例如，参见图 2.9 学生—课程关系数据库中的选课关系 SC，设 $X=\{SNO\}$，$Z=\{CNO,SCORE\}$，令 X 的一个取值'200401'为小 x，则：

$$Z_x = \{CNO,SCORE\}_{sno} = \{CNO,SCORE\}_{'200401'}$$

$$= \{t[CNO,SCORE] \mid t \in SC, t[SNO] = '200401'\}$$

$$= \{('C1',85),('C2',92),('C3',84)\}$$

实际上对关系 SC 来说，某学号（代表某小 x）学生的像集即是该学生所有选课课程号与成绩组合的集合。

在给出专门的关系运算的定义前，请先预览图 2.8 所示的各操作示意图。

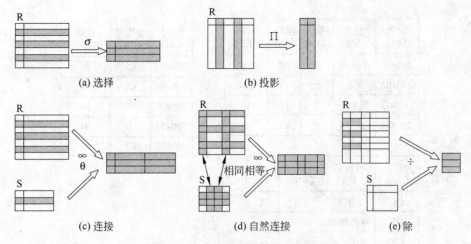

图 2.8   专门的关系运算操作示意图

2. 关系运算

（1）选择

选择（Selection）又称为限制（Restriction）。它是在关系 R 中选择满足给定条件的诸元组，记作：

$$\sigma_F(R) = \{t \mid t \in R \wedge F(t) = \text{"真"}\}$$

其中，F 表示选择条件，它是一个逻辑表达式，取逻辑值"真"或"假"。逻辑表达式 F 的基本形式为：

$$X_1 \theta Y_1 [\phi X_2 \theta Y_2 \cdots]$$

其中，θ 表示比较运算符，它可以是 $>$、$\geqslant$、$<$、$\leqslant$、$=$ 或 $\neq$。X_1、Y_1 等是属性名或常量或简单函数。关系代数中属性名都可以用它所在表的列序号（如 $1, 2, \cdots$）来代替。ϕ 表示逻辑运算符，它可以是 $\neg$、$\wedge$ 或 $\vee$。$[\ ]$ 表示任选项，即 $[\ ]$ 中的部分可以要也可以不要，"$\cdots$"表示上述格式可以重复下去。

因此选择运算实际上是从关系 R 中选取使逻辑表达式 F 为真的元组。这是从行的角度进行的运算。关系的选择操作对应于关系记录的选取操作（横向选择），是关系查询操作的重要成员之一，是关系代数的基本操作。

设有一个学生—课程关系数据库（如图 2.9 所示）包括学生关系 S（说明：CS 表示计算机系、IS 表示信息系、MA 表示数学系）、课程关系 C 和选修关系 SC。下面通过一些例子来对这三个关系进行运算。

例 2.3   查询计算机科学系（CS 系）的全体学生。

$$\sigma_{\text{DEPT} = \text{'CS'}}(S) \qquad \text{或} \qquad \sigma_{5 = \text{'CS'}}(S)$$

例 2.4   查询年龄大于 19 岁的学生。

$$\sigma_{\text{AGE} > 19}(S)$$

（2）投影

关系 R 上的投影（Projection）是从 R 中选择出若干属性列组成新的关系。记作：

S

学号 SNO	姓名 SN	性别 SEX	年龄 AGE	系别 DEPT
200401	李立勇	男	20	CS
200402	刘蓝	女	19	IS
200403	周小花	女	18	MA
200404	张立伟	男	19	IS

SC

学号 SNO	课程号 CNO	成绩 SCORE
200401	C1	85
200401	C2	92
200401	C3	84
200402	C2	94
200403	C3	83

C

课程号 CNO	课程名 CN	先修课 CPNO	学分 CT
C1	数据库	C2	4
C2	离散数学		2
C3	操作系统	C4	3
C4	数据结构	C2	4

图 2.9　学生—课程关系数据库

$$\Pi_A(R) = \{t[A] \mid t \in R\}$$

其中，A 为 R 中的属性列。关系的投影操作对应于关系列的角度进行的选取操作（纵向选取），也是关系查询操作的重要成员之一，是关系代数的基本操作。

选择与投影组合使用，能定位到关系中最小的单元——任一分量值，从而能完成对单一关系的任意信息查询操作。

例 2.5　查询选修关系 SC 在学号和课程号两个属性上的投影。

$$\Pi_{SNO,CNO}(SC) \quad 或 \quad \Pi_{1,2}(SC)$$

例 2.6　查询学生关系 S 中都有哪些系，即进行学生关系 S 在系别属性上的投影操作。

$$\Pi_{DEPT}(S)$$

投影之后不仅取消了原关系中的某些列，而且还可能取消某些元组，因为取消了某些属性列后，就可能出现重复行，按关系的要求应取消这些完全相同的行。

（3）连接

连接（Join）也称为 θ 连接。它是从两个关系的广义笛卡儿积中选取属性间满足一定条件的元组。记作：

$$R\underset{A\theta B}{\bowtie}S = \{\widehat{t_r t_s} \mid t_r \in R \wedge t_s \in S \wedge t_r[A]\theta t_s[B]\}$$

其中，A 和 B 分别为 R 和 S 上度数相等且可比的属性组。θ 是比较运算符。连接运算从 R 和 S 的广义笛卡儿积 $R \times S$ 中选取（R 关系）在 A 属性组上的值与（S 关系）在 B 属性组上的值满足比较关系 θ 的元组。为此：

$$R\underset{A\theta B}{\bowtie}S = \sigma_{A\theta B}(R \times S)$$

连接运算中有两种最为重要也是最为常用的连接，一种是等值连接（equijoin）；另一种是自然连接（Natural join）。

θ 为"="的连接运算称为等值连接。它是从关系 R 与 S 的广义笛卡儿积中选取 A、B 属性值相等的那些元组。等值连接表示为：

$$R\underset{A=B}{\infty}S = \{\widehat{t_r t_s} \mid t_r \in R \land t_s \in S \land t_r[A] = t_s[B]\}$$

为此：

$$R\underset{A=B}{\infty}S = \sigma_{A=B}(R \times S)$$

自然连接是一种特殊的等值连接，它要求两个关系中进行比较的分量必须是相同的属性组，并且要在结果中把重复的属性去掉，即若 R 和 S 具有相同的属性组 B，则自然连接可记作：

$$R\infty S = \{\widehat{t_r t_s}[\overline{B}] \mid t_r \in R \land t_s \in S \land t_r[B] = t_s[B]\}$$

为此：

$$R\infty S = \Pi_B(\sigma_{R.B=S.B}(R \times S))$$

一般的连接操作是从行的角度进行运算的。但自然连接还需要取消重复列，所以是同时从行和列的角度进行运算。

关系的各种连接，实际上是在关系的广义笛卡儿积的基础上再组合选择或投影操作复合而成的一种查询操作，尽管在实现基于多表的查询操作中，等值连接或自然连接用得最广泛，但连接操作都不是关系代数的基本操作。

例 2.7 设图 2.10(a)和图 2.10(b)分别为关系 R 和关系 S，图 2.10(c)为 $R\underset{C<E}{\infty}S$ 的结果，图 2.10(d)为等值连接 $R\underset{R.B=S.B}{\infty}S$ 的结果，图 2.10(e)为自然连接 $R\infty S$ 的结果。

R

A	B	C
$a1$	$b1$	5
$a1$	$b2$	6
$a2$	$b3$	8
$a2$	$b4$	12

(a)

S

B	E
$b1$	3
$b2$	7
$b3$	10
$b3$	2
$b5$	2

(b)

$R\underset{C<E}{\infty}S$

A	$R.B$	C	$S.B$	E
$a1$	$b1$	5	$b2$	7
$a1$	$b1$	5	$b3$	10
$a1$	$b2$	6	$b2$	7
$a1$	$b2$	6	$b3$	10
$a2$	$b3$	8	$b3$	10

(c)

$R\underset{R.B=S.B}{\infty}S$

A	$R.B$	C	$S.B$	E
$a1$	$b1$	5	$b1$	3
$a1$	$b2$	6	$b2$	7
$a2$	$b3$	8	$b3$	10
$a2$	$b3$	8	$b3$	2

(d)

$R\infty S$

A	B	C	E
$a1$	$b1$	5	3
$a1$	$b2$	6	7
$a2$	$b3$	8	10
$a2$	$b3$	8	2

(e)

图 2.10 连接运算举例

(4) 除

给定关系 $R(X,Y)$ 和 $S(Y,Z)$，其中 X、Y、Z 为属性组。R 中的 Y 与 S 中的 Y 可以有不同的属性名，但必须出自相同的域。R 与 S 的除(Division)运算得到一个新的关系

$P(X)$，P 是 R 中满足下列条件的元组在 X 属性列上的投影：元组在 X 上分量值 x 的像集 Y_x 包含 S 在 Y 上投影的集合。记作：

$$R \div S = \{t_r[X] \mid t_r \in R \wedge Y_x \supseteq \Pi_Y(S)\}$$

其中，Y_x 为 x 在 R 中的像集，$x = t_r[X]$。

除操作是同时从行和列角度进行运算的。除操作适合于包含"……所有的或全部的……"之类查询语句的查询操作。

关系的除操作，也是一种由关系代数基本操作复合而成的查询操作，显然它不是关系代数的基本操作。关系的除操作能用其他基本操作表示为：

$$R \div S = \Pi_X(R) - \Pi_X(\Pi_X(R) \times \Pi_Y(S) - R)$$

说明：以上公式实际上也代表着一种关系除运算的直接计算方法，读者不妨一试。

例 2.8 设关系 R、S 分别为图 2.11 中的（a）和（b），$R \div S$ 的结果为图 2.11（c）。在关系 R 中，A 可以取四个值 $\{a1, a2, a3, a4\}$，其中：

$a1$ 的像集为 $\{(b1, c2), (b2, c3), (b2, c1)\}$；

$a2$ 的像集为 $\{(b3, c5), (b2, c3)\}$；

$a3$ 的像集为 $\{(b4, c4)\}$；

$a4$ 的像集为 $\{(b6, c4)\}$；

S 在 (B, C) 上的投影为 $\{(b1, c2), (b2, c3), (b2, c1)\}$。

显然，只有 $a1$ 的像集 $(B, C)_{a1}$ 包含 S 在 (B, C) 属性组上的投影，所以 $R \div S = \{a1\}$。

R

A	B	C
$a1$	$b1$	$c2$
$a2$	$b3$	$c5$
$a3$	$b4$	$c4$
$a1$	$b2$	$c3$
$a4$	$b6$	$c4$
$a2$	$b2$	$c3$
$a1$	$b2$	$c1$

(a)

S

B	C	D
$b1$	$c2$	$d1$
$b2$	$c1$	$d1$
$b2$	$c3$	$d2$

(b)

$R \div S$

A
$a1$

(c)

图 2.11 除运算举例

（5）关系代数操作表达举例

在关系代数中，关系代数运算经有限次复合后形成的式子称为关系代数表达式。对关系数据库中数据的查询可以写成一个关系代数表达式，即写成了一个关系代数表达式就表示已经完成了该查询操作。下面在关系代数操作举例前先说明以下几点。

① 操作表达前，根据查询条件与要查询的信息等来确定本查询涉及哪几个表？这样能缩小并确定操作范围，利于着手解决问题。

② 操作表达中要有动态操作变化的理念，即一步步动态操作关系，生成新关系，再操作新关系，如此反复，直到查询到所需信息的操作思路与方法。下面的例子中给出的部分图示说明了这种集合式动态操作的变化过程。

③ 关系代数的操作表达是不唯一的,不同的操作思路或顺序能得到一题多解。

例 2.9　设教学数据库中有三个关系,学生关系:S(SNO,SN,AGE,SEX)、学习关系:SC(SNO,CNO,SCORE)、课程关系:C(CNO,CN,TEACHER)。完成以下检索操作。

(1) 检索学习课程号为 C3 的学生学号和成绩。解的运算过程如图 2.12 所示。

$$\Pi_{SNO,SCORE}(\sigma_{CNO='C3'}(SC))$$

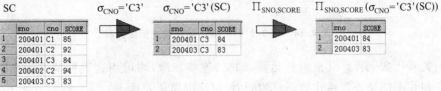

图 2.12　例 2.9(1)关系代数表达式运算过程

(2) 检索学习课程号为 C3 的学生学号和姓名。解的运算过程如图 2.13 所示。

$$\Pi_{SNO,SN}(\sigma_{CNO='C3'}(S\infty SC))$$

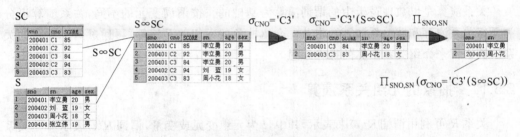

图 2.13　例 2.9(2)关系代数表达式运算过程

(3) 检索学习课程名为"操作系统"的学生学号和姓名。

$$\Pi_{SNO,SN}(\sigma_{CN='操作系统'}(S\infty SC\infty C))$$

(4) 检索学习课程号为 C1 或 C3 的学生学号。

$$\Pi_{SNO}(\sigma_{CNO='C1' \vee CNO='C3'}(SC))$$

或

$$\Pi_{SNO}(\sigma_{CNO='C1'}(SC)) \bigcup \Pi_{SNO}(\sigma_{CNO='C3'}(SC))$$

(5) 检索不学习课程号为 C2 的学生的姓名和年龄。

$$\Pi_{SN,AGE}(S) - \Pi_{SN,AGE}(\sigma_{CNO='C2'}(S\infty SC))$$

(6) 检索学习全部课程的学生姓名。解的运算过程如图 2.14 所示。

$$\Pi_{SN}(S\infty(\Pi_{SNO,CNO}(SC) \div \Pi_{CNO}(C)))$$

(7) 检索所学课程包括 200401 所学全部课程的学生学号。

$$\Pi_{SNO,CNO}(SC) \div \Pi_{CNO}(\sigma_{SNO='200401'}(SC))$$

上面学习了关系代数的查询功能,即从数据库中提取信息的查询操作功能,还可以用赋值操作来表示数据库更新操作和视图操作(略)。

本节介绍了八种关系代数运算,其中并、差、广义笛卡儿积、投影和选择五种运算为

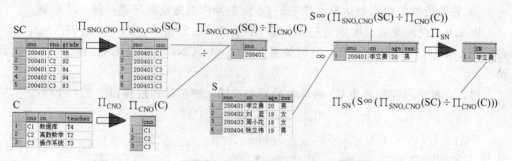

图 2.14 例 2.9(6)关系代数表达式运算过程

基本的关系代数运算。其他三种运算,即交、连接和除,均可用这五种基本运算来表达。引进它们并不能增强关系代数语言的能力,但可以简化表达。

2.5 关 系 演 算

关系演算是以数理逻辑中的谓词演算为基础的。按谓词变元的不同,关系演算可分为元组关系演算和域关系演算。本节先介绍抽象的元组关系演算,再通过两个实际的关系演算语言来介绍关系演算的操作思想。

2.5.1* 抽象的元组关系演算

关系 R 可利用谓词 $R(t)$ 来表示,其中,t 为元组变元或变量,谓词 $R(t)$ 表示"t 是关系 R 的元组",其值为逻辑值 True 或 False。关系 R 与谓词 $R(t)$ 之间的关系如下。

$$R(t) = \begin{cases} \text{True}, & t \text{ 在 } R \text{ 内} \\ \text{False}, & t \text{ 不在 } R \text{ 内} \end{cases}$$

为此,关系 $R = \{t \mid R(t)\}$,其中,t 是元组变元或变量。

一般可令关系 $R = \{t \mid \phi(t)\}$,t 是变元或变量。当谓词 $\phi(t)$(ϕ 读作 fai)以元组(与表中的行对应)为变量时,称为元组关系演算(Tuple Relational Calculus);当谓词以域(与表中的列对应)为变量时,称为域关系演算(Domain Relational Calculus)(抽象的域关系演算类似于抽象的元组关系演算,在此不再赘述)。

在元组关系演算中,把 $\{t \mid \phi(t)\}$ 称为一个元组关系演算表达式,把 $\phi(t)$ 称为一个元组关系演算公式,t 为 ϕ 中唯一的自由元组变量(不受量词约束的元组变量)。$\{t \mid \phi(t)\}$ 元组关系演算表达式表示的元组集合即为某一关系。

可按如下方式递归地定义元组关系演算公式 $\phi(t)$。

(1) 原子命题公式是公式,称为原子公式,它有下面三种形式。

① $R(t)$。R 是关系名,t 是元组变量。

② $t[i] \theta C$ 或 $C \theta t[i]$。$t[i]$ 表示元组变量 t 的第 i 个分量,C 是常量,θ 为算术比较运算符。

③ $t[i] \theta u[j]$。t、u 是两个元组变量。

（2）设 ϕ_1、ϕ_2 是公式，则 $\neg\phi_1$、$\phi_1\land\phi_2$、$\phi_1\lor\phi_2$、$\phi_1\to\phi_2$ 也都是公式。

说明：$\to$ 为蕴涵操作符，其真值表为：

A	B	$A\to B$
True	True	True
True	False	False
False	True	True
False	False	True

（3）设 ϕ 是公式，t 是 ϕ 中的某个元组变量，那么 $(\forall t)(\phi)$、$(\exists t)(\phi)$ 都是公式。

$\forall$ 为全称量词，含义是"对所有的…"；$\exists$ 为存在量词，含义是"至少有一个…"。受量词约束的变量称为约束变量，不受量词约束的变量称为自由变量。

（4）在元组演算的公式中，各种运算符的运算优先次序如下。

①算术比较运算符最高；②量词次之，且按 $\exists$、$\forall$ 的先后次序进行；③逻辑运算符优先级最低，且按 $\neg$、$\land$、$\lor$、$\to$ 的先后次序进行；④括号中的运算优先。

（5）元组演算的所有公式按（1）、（2）、（3）、（4）所确定的规则经有限次复合求得，不再存在其他形式。

为了证明元组关系演算的完备性，只要证明关系代数的五种基本运算均可等价地用元组演算表达式表示即可，所谓等价是指等价双方运算表达式的结果关系相同。

设 R、S 为两个关系，它们的谓词分别为 $R(t)$、$S(t)$，则：

① $R\cup S$ 可等价地表示为 $\{t|R(t)\lor S(t)\}$；

② $R-S$ 等价于 $\{t|R(t)\land\neg S(t)\}$；

③ $R\times S$ 等价于 $\{t|(\exists u)(\exists v)(R(u)\land S(v)\land t[1]=u[1]\land\cdots\land t[k_1]=u[k_1]\land t[k_1+1]=v[1]\land\cdots\land t[k_1+k_2]=v[k_2])\}$。其中，$R$、$S$ 依次为 k_1、k_2 元关系，u、v 分别是 R、S 的元组变量；

④ $\pi_{i_1,i_2,\cdots,i_n}(R)$ 等价于 $\{t|(\exists u)(R(u)\land t[1]=u[i_1]\land\cdots\land t[n]=u[i_n])\}$，$n$ 小于或等于 R 的元数；

⑤ $\sigma_F(R)$ 等价于 $\{t|R(t)\land F'\}$。

其中 F' 为 F 在谓词演算中的表示形式，即用 $t[i]$ 代替 F 中 t 的第 i 个分量。

关系代数的五种基本运算可等价地用元组关系演算表达式表示。因此，元组关系演算体系是完备的，是能够实现关系代数所能表达的所有操作的，是能用来表示对关系的各种操作的。

如此，元组关系演算对关系的操作，就转化为求出这样的满足操作要求的 $\phi(t)$ 谓词公式了。如第 2.5.2 节中基于元组关系演算语言的 ALPHA 的操作表达中就蕴涵着这样的 $\phi(t)$ 谓词公式。

在关系演算公式表达时，还经常要用到如下三类等价的转换规则。

① $\phi_1\land\phi_2\equiv\neg\neg(\phi_1\land\phi_2)\equiv\neg(\neg\phi_1\lor\neg\phi_2)$；

$\phi_1\lor\phi_2\equiv\neg\neg(\phi_1\lor\phi_2)\equiv\neg(\neg\phi_1\land\neg\phi_2)$。

② $(\forall t)(\phi(t))\equiv\neg(\exists t)(\neg\phi(t))$；$(\exists t)(\phi(t))\equiv\neg(\forall t)(\neg\phi(t))$。

③ $\phi1 \rightarrow \phi2 \equiv (\neg\phi1) \vee \phi2$。

下面就抽象的元组关系演算来举一例说明其操作表达。

例 2.10 用元组关系演算表达式表达例 2.9 的(2)子题,即检索学习课程号为 C3 的学生学号和姓名(其关系代数操作表达为 $\Pi_{SNO,SN}(\sigma_{CNO='C3'}(S \infty SC))$)。下面分步来表达。

(1) S×SC 可表示为:

$$\{t \mid (\exists u)(\exists v)(S(u) \wedge SC(v) \wedge t[1]=u[1] \wedge t[2]=u[2] \wedge t[3]$$
$$=u[3] \wedge t[4]=u[4] \wedge t[5]=v[1] \wedge t[6]$$
$$=v[2] \wedge t[7]=v[3])\}$$

(2) $S \underset{1=1}{\infty} SC$,即 $\sigma_{s.sno=sc.sno}(S \times SC)$ 可表示为:

$$\{t \mid (\exists u)(\exists v)(S(u) \wedge SC(v) \wedge t[1]=u[1] \wedge t[2]=u[2] \wedge t[3]$$
$$=u[3] \wedge t[4]=u[4] \wedge t[5]=v[1] \wedge t[6]$$
$$=v[2] \wedge t[7]=v[3] \wedge t[1]=t[5])\}$$

(3) $\sigma_{CNO='C3'}(S \underset{1=1}{\infty} SC)$,即 $\sigma_{s.sno=sc.sno \wedge sc.cno='C3'}(S \times SC)$ 可表示为:

$$\{t \mid (\exists u)(\exists v)(S(u) \wedge SC(v) \wedge t[1]=u[1] \wedge t[2]=u[2] \wedge t[3]=u[3] \wedge t[4]$$
$$=u[4] \wedge t[5]=v[1] \wedge t[6]=v[2] \wedge t[7]$$
$$=v[3] \wedge t[1]=t[5] \wedge t[6]='C3')\}$$

(4) $\Pi_{SNO,SN}(\sigma_{CNO='C3'}(S \underset{1=1}{\infty} SC))$ 可表示为:

$$\{w \mid (\exists t)(\exists u)(\exists v)(S(u) \wedge SC(v) \wedge t[1]=u[1] \wedge t[2]=u[2] \wedge t[3]=u[3] \wedge t[4]$$
$$=u[4] \wedge t[5]=v[1] \wedge t[6]=v[2] \wedge t[7]$$
$$=v[3] \wedge t[1]=t[5] \wedge t[6]='C3' \wedge w[1]$$
$$=u[1] \wedge w[2]=u[2])\}$$

(5) 再对上式简化,去掉元组变量 t,可得如下表达式。

$$\{w \mid (\exists u)(\exists v)(S(u) \wedge SC(v) \wedge u[1]=v[1] \wedge v[2]='C3' \wedge w[1]$$
$$=u[1] \wedge w[2]=u[2])\}$$

2.5.2 元组关系演算语言

元组关系演算是以元组变量作为谓词变元的基本关系演算表达形式。一种典型的元组关系演算语言是 E. F. Codd 提出 ALPHA 语言,这一语言虽然没有实际实现,但关系数据库管理系统 INGRES 所用的 QUEL 语言是参照 ALPHA 语言研制的,与 ALPHA 语言十分类似。

ALPHA 语言主要有 GET、PUT、HOLD、UPDATE、DELETE、DROP 六条操作语句,语句的基本格式为:

操作语句 工作空间名(表达式):操作条件

其中,表达式用于指定语句的操作对象,它可以是关系名或属性名,一条语句可以同时操作多个关系或多个属性。操作条件是一个逻辑表达式,用于将操作对象限定在满足条件的元组中,操作条件可以为空。除此之外,还可以在基本格式的基础上加上排序要求、定额要求等内容(说明:以下操作表达中要用到 2.4.2 节中的 S、SC、C 三表)。

1. 检索操作

检索操作用 GET 语句来实现。读者在学习操作表达前需了解以下几点。

- 操作表达前，要根据查询条件与查询信息等先确定本查询涉及哪几个表。
- ALPHA 语言的查询操作与关系代数操作表达思路完全不同，表达中要有谓词判定、量词作用的操作表达理念。如下表达举例中部分给出的图示，直观地说明了其操作办法与操作思路。思考时画出相关各关系表能便于直观分析，利用操作表达。
- ALPHA 语言的查询操作表达也是不唯一的，很值得推敲。

（1）简单检索

简单检索即不带条件的检索。

例 2.11 查询所有被选修课程的课程号码。

```
GET W(SC.CNO)
```

这里条件为空，表示没有限定条件（要对所有 SC 元组进行操作）。W 为工作空间名。

例 2.12 查询所有学生的信息。

```
GET W(S)
```

（2）限定的检索

限定的检索即带条件的检索，由冒号后面的逻辑表达式给出查询条件。

例 2.13 查询计算机系（CS）中年龄小于 22 岁的学生的学号和姓名。

```
GET W(S.SNO,S.SN):S.DEPT='CS'∧S.AGE<22
```

上述语句的操作示意如图 2.15 所示。

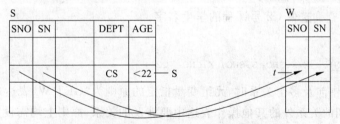

相当于抽象的元组关系演算公式 $\{t|\phi(t)\}$，其中 $\phi(t)$ 为：
$t[1]=s[1]\wedge t[2]=s[2]\wedge S.DEPT='CS'\wedge S.AGE<22$

图 2.15 例 2.13 关系演算表达式操作示意图

（3）带排序的检索

例 2.14 查询信息系（IS）学生的学号、年龄，并按年龄降序排序。

```
GET W(S.SNO,S.AGE):S.DEPT='IS' DOWN S.AGE
```

DOWN 代表降序排序，后面紧跟排序的属性名。当升序排列时使用 UP。

（4）带定额的检索

例 2.15 取出一个信息系学生的姓名。

```
GET W(1)(S.SN):S.DEPT='IS'
```

所谓带定额的检索是指规定了检索出的元组的个数,方法是在 W 后的括号中加上定额数量。排序和定额可以一起使用。

例 2.16　查询信息系年龄最大的三个学生的学号及其年龄,并按年龄降序排列。

```
GET W(3)(S.SNO,S.AGE):S.DEPT='IS' DOWN S.AGE
```

(5) 用元组变量的检索

因为元组变量是在某一关系范围内变化的,所以元组变量又称为范围变量(Range Variable)。元组变量主要有以下两方面的用途。

① 简化关系名。在处理实际问题时,如果关系的名字很长,使用起来不方便,这时可以设一个较短名字的元组变量来简化关系名。

② 操作条件中使用量词时必须用元组变量。元组变量能表示出动态或逻辑的含义,一个关系可以设多个元组变量,每个元组变量独立地代表该关系中的任一元组。

元组变量的指定方法为:

```
RANGE    关系名 1    元组变量名 1
         关系名 2    元组变量名 2
         ……        ……
```

例 2.17　查询信息系学生的名字。

```
RANGE Student X
GET W(X.SN):X.DEPT='IS'
```

这里,元组变量 X 的作用是简化关系名 Student(此时假设表名为 Student)。

(6) 用存在量词的检索

例 2.18　查询选修 C2 号课程的学生名字。

```
RANGE SC X
GET W(S.SN):∃X(X.SNO=S.SNO∧X.CNO='C2')
```

操作表达中涉及多个关系时,元组变量指定的原则为"GET W(表达式)…"其中,"表达式"中使用到的关系外的其他操作表达中要涉及的关系,原则上均需设定为元组变量。

例 2.19　查询选修了直接先修课号为 C2 课程的学生学号。

```
RANGE C CX
GET W(SC.SNO):∃CX(CX.CNO=SC.CNO∧CX.CPNO='C2')
```

其关系演算表达式操作示意如图 2.16 所示。

图 2.16 示意:从选修表当前记录中取学号,条件是存在一门课 CX,其直接先修课为 C2,该课程正为该学号学生所选。

例 2.20　查询至少选修一门其先修课号为 C2 课程的学生名字。

```
RANGE C   CX
      SC SCX
GET W(S.SN):∃SCX(SCX.SNO=S.SNO∧ ∃CX(CX.CNO=SCX.CNO∧CX.CPNO='C2'))
```

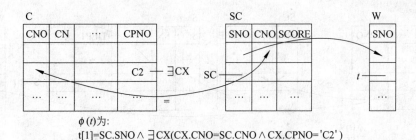

$\phi(t)$为:
t[1]=SC.SNO ∧ ∃CX(CX.CNO=SC.CNO ∧ CX.CPNO='C2')

图 2.16 例 2.19 关系演算表达式操作示意图

其关系演算表达式操作示意如图 2.17 所示。

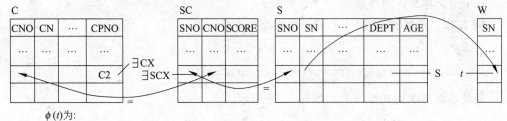

$\phi(t)$为:
t[1]=S.SN ∧ ∃SCX(SCX.SNO=S.SNO ∧ ∃CX(CX.CNO=SCX.CNO ∧ CX.CPNO='C2'))

图 2.17 例 2.20 关系演算表达式操作示意图

图 2.17 示意：从学生关系中当前记录取姓名，条件是该生存在选修关系 SCX，还存在某课程 CX，其先修课为 C2，课程 CX 正是 SCX 所含的课程。

本例中的元组关系演算公式可以变换为前束范式(Prenex normal form)的形式：

GET W(S.SN)：∃SCX ∃CX(SCX.SNO=S.SNO ∧ CX.CNO=SCX.CNO ∧ CX.CPNO='C2')

例 2.18～例 2.20 中的元组变量都是为存在量词而设的。其中例 2.20 需要对两个关系作用存在量词，所以设了两个元组变量。

(7) 带有多个关系的表达式的检索

在上面所举的各个例子中，虽然查询时可能会涉及多个关系，即公式中可能涉及多个关系，但查询结果都在一个关系中，即查询结果表达式中只有一个关系。实际上，表达式中是可以有多个关系的。

例 2.21 查询成绩为 90 分以上的学生名字与课程名字。

RANGE SC SCX
GET W(S.SN,C.CN)：∃SCX(SCX.SCORE≥90 ∧ SCX.SNO=S.SNO ∧ C.CNO=SCX.CNO)

其关系演算表达式操作示意如图 2.18 所示。

图 2.18 示意：分别从学生表 S 和课程表 C 的当前记录中取学生姓名和课程名，条件是有选修关系元组 SCX 存在，SCX 是该学生的选修关系，并选修了该课程，成绩为≥90 分。

本查询所要求的结果学生名字和课程名字分别在 S 和 C 两个关系中。

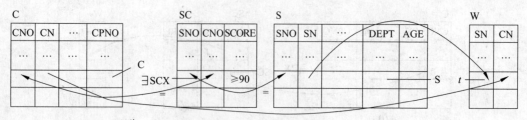

$\phi(t)$为：
$\exists$SCX(SCX.SCORE$\geqslant$90$\wedge$SCX.SNO=S.SNO$\wedge$C.CNO=SCX.CNO)$\wedge$
t[1]=S.SN$\wedge$t[2]=C.CN

图 2.18　例 2.21 关系演算表达式操作示意图

（8）用全称量词的检索

例 2.22　查询没有选 C1 号课程的学生的名字。

```
RANGE SC SCX
GET W(S.SN)：∀SCX(SCX.SNO≠S.SNO∨SCX.CNO≠'C1')
```

其关系演算表达式操作示意如图 2.19 所示。

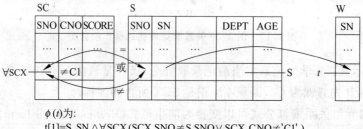

$\phi(t)$为：
t[1]=S.SN$\wedge$$\forall$SCX(SCX.SNO$\neq$S.SNO$\vee$SCX.CNO$\neq$'C1')

图 2.19　例 2.22 关系演算表达式操作示意图之一

图 2.19 示意：从学生表 S 的当前记录中取姓名，条件是对任意的选修元组 SCX 都满足：该选修元组不是当前被检索学生的选修或是该学生的选修但课程号不是 C1。

本例实际上也可以用存在量词来表示：

```
RANGE SC SCX
GET W(S.SN)：¬∃SCX(SCX.SNO=S.SNO∧SCX.CNO='C1')
```

其关系演算表达式操作示意如图 2.20 所示。

图 2.20 示意：从学生表 S 的当前记录中取姓名，条件是该学生不存在对 C1 课程的选修元组 SCX。

（9）用两种量词的检索

例 2.23　查询选修了全部课程的学生姓名。

```
RANGE C  CX
     SC SCX
GET W(S.SN)：∀CX ∃SCX(SCX.SNO=S.SNO∧SCX.CNO=CX.CNO)
```

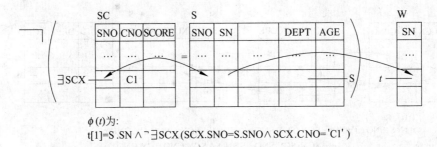

$\phi(t)$为:

t[1]=S .SN ∧ ¬∃SCX(SCX.SNO=S.SNO∧ SCX.CNO='C1')

图 2.20 例 2.22 关系演算表达式操作示意图之二

其关系演算表达式操作示意如图 2.21 所示。

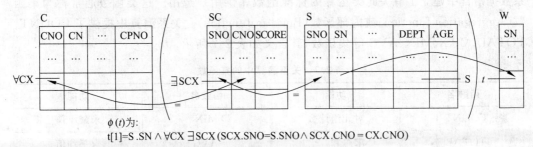

$\phi(t)$为:

t[1]=S .SN ∧ ∀CX ∃SCX(SCX.SNO=S.SNO∧ SCX.CNO = CX.CNO)

图 2.21 例 2.23 关系演算表达式操作示意图

图 2.21 示意：从学生表 S 中取学生姓名 SN，条件是对任意的课程 CX，该学生都有选课关系 SCX 存在，并选了 CX 这门课程。

(10) 用蕴涵的检索

例 2.24 查询至少选修了学号为 200402 的学生所选全部课程的学生学号。

本例题的求解思路是，对 C 表中的所有课程，依次检查每一门课程，看 200402 学生是否选修了该课程，如果选修了，则再看某一个学生是否也选修了该门课。如果对于 200402 所选的每门课程该学生都选修了，则该学生为满足要求的学生。把所有这样的学生全都找出来即完成了本题。

```
RANGE C  CX
      SC SCX
      SC SCY
GET W(S.SNO) : ∀CX(∃SCX(SCX.SNO='200402'∧ SCX.CNO=CX.CNO)
              →∃SCY(SCY.SNO=S.SNO∧ SCY.CNO=CX.CNO))
```

其关系演算表达式操作示意如图 2.22 所示。

图 2.22 示意：从学生表 S 的当前记录取学号，条件是对任意的课程 CX 都有：如果存在有 200402 学生的选修元组 SCX，其选修的课程是 CX，则当前被检索学生必存在选修元组 SCY，也选修了课程 CX。

(11) 集函数

用户在使用查询语言时，经常要做一些简单的计算，例如，要求符合某一查询要求的元组数，求某个关系中所有元组在某属性上的值的总和或平均值等。为了方便用户，关

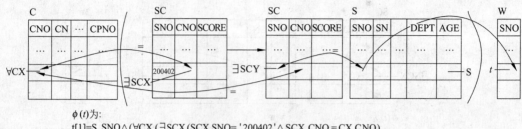

$\phi(t)$为:

$t[1]=S.SNO \land (\forall CX (\exists SCX (SCX.SNO='200402' \land SCX.CNO=CX.CNO)$
$\rightarrow \exists SCY(SCY.SNO=S.SNO \land SCY.CNO=CX.CNO)))$

图 2.22   例 2.24 关系演算表达式操作示意图

系数据语言中建立了有关此类运算的标准函数库供用户选用。这类函数通常称为集函数(Aggregation function)或内部函数(Build-in function)。关系演算中提供了 COUNT、TOTAL、MAX、MIN、AVG 等集函数,其含义如表 2.7 所示。

表 2.7   关系演算中的集函数

函数名	功能	函数名	功能
COUNT	对元组计数	MIN	求最小值
TOTAL	求总和	AVG	求平均值
MAX	求最大值		

例 2.25   查询学生所在系的数目。

```
GET W(COUNT(S.DEPT))
```

COUNT 函数在计数时会自动排除重复的 DEPT 值。

例 2.26   查询信息系学生的平均年龄。

```
GET W(AVG(S.AGE)):S.DEPT='IS'
```

2. 更新操作

(1) 修改操作

修改操作用 UPDATE 语句来实现。其步骤是:首先用 HOLD 语句将要修改的元组从数据库中读到工作空间中,然后用宿主语言修改工作空间中元组的属性,最后用 UPDATE 语句将修改后的元组送回数据库中。

需要注意的是,单纯检索数据使用 GET 语句即可,但为修改数据而读元组时必须使用 HOLD 语句,HOLD 语句是带上并发控制的 GET 语句。有关并发控制的概念我们将在第 5 章做详细介绍。

例 2.27   把 200407 学生从计算机科学系转到信息系。

```
HOLD W(S.SNO,S.DEPT):S.SNO='200407'
  (从 S 关系中读出 200407 学生的数据)
MOVE 'IS' TO W.DEPT(用宿主语言进行修改)
```

```
UPDATE W(把修改后的元组送回 S 关系)
```

该例用 HOLD 语句来读 200407 的数据,而不是用 GET 语句。

如果修改操作涉及两个关系,就要执行两次 HOLD-MOVE-UPDATE 操作序列。

修改主码的操作是不允许的,例如,不能用 UPDATE 语句将学号 200401 改为 200402。如果需要修改关系中某个元组的主码值,则只能先用删除操作删除该元组,然后再把具有新主码值的元组插入到关系中。

(2) 插入操作

插入操作用 PUT 语句来实现。其步骤是:首先用宿主语言在工作空间中建立新元组,然后用 PUT 语句把该元组存入指定的关系中。

例 2.28　学校新开设了一门 2 学分的课程"计算机组织与结构",其课程号为 C8,直接先修课为 C4 号课程。将其插入该课程元组中。

```
MOVE 'C8' TO W.CNO
MOVE '计算机组织与结构' TO W.CN
MOVE 'C4' TO W.CPNO
MOVE '2' TO W.CT
PUT W(C)(把 W 中的元组插入指定关系 C 中)
```

PUT 语句只对一个关系进行操作,也就是说表达式必须为单个关系名。如果插入操作涉及多个关系,则必须执行多次 PUT 操作。

(3) 删除操作

删除操作用 DELETE 语句来实现。其步骤为:用 HOLD 语句把要删除的元组从数据库中读到工作空间中,再用 DELETE 语句删除该元组。

例 2.29　200410 学生因故退学,删除该学生元组。

```
HOLD W(S): S.SNO='200410'
DELETE W
```

例 2.30　将学号 200401 改为 200410。

```
HOLD W(S): S.SNO='200401'
DELETE W
MOVE '200410' TO W.SNO
MOVE '李立勇' TO W.SN
MOVE '男' TO W.SEX
MOVE '20' TO W.AGE
MOVE 'CS' TO W.DEPT
PUT W(S)
```

对于修改主码的操作,一般要分解为先删除、再插入的方法来完成。

例 2.31　删除全部学生。

```
HOLD W(S)
DELETE W
```

由于 SC 关系与 S 关系之间具有参照关系,为了保证参照完整性,删除 S 关系中全部元组的操作可能会遭到拒绝(因为 SC 关系要参照 S 关系)或将导致 DBMS 自动执行删除 SC 关系中全部元组的操作(当参照完整性设置级联时),如下。

```
HOLD W(SC)
DELETE W
```

一般可先删除 SC 中的元组,再删除 S 表中的元组。

2.5.3* 域关系演算语言 QBE

关系演算的另一种方式是域关系演算。域关系演算以元组变量的分量即域变量作为谓词变元的基本关系演算表达形式。1975 年由 M. M. Zloof 提出的 QBE 就是一个很有特色的域关系演算语言,该语言于 1978 年在 IBM 370 上得以实现。QBE 也指域关系数据库管理系统。

QBE 是 Query By Example(即通过例子进行查询)的简称,其最突出的优点是它的操作方式。它是一种高度非过程化的基于屏幕表格的查询语言,用户通过终端屏幕编辑程序以填写表格的方式来构造查询要求,而查询结果也是以表格形式显示的,因此非常直观、易学易用。

QBE 用示例元素来表示查询结果可能的情况,示例元素实质上就是域变量。QBE 操作框架如图 2.23 所示。

关系名	属性名	属性名	属性名
操作命令	元组属性值或查询条件		

图 2.23 QBE 操作框架

QBE 的具体操作表示略,读者可在常用数据库管理系统(如 SQL Server、Oracle 等)的交互式查询表或视图的操作,或交互方式创建视图等的操作中去感受这种交互表格操作方式。

2.6 小 结

关系数据库系统是本书的重点,这是因为它是目前使用最广泛的数据库系统。20 世纪 70 年代以后开发的数据库管理系统产品几乎都是基于关系的。更进一步,数据库领域近 50 年来的研究工作也主要是围绕关系来进行的。在数据库发展的历史上,最重要的成就是创立了关系模型,并广泛应用关系数据库系统。

关系数据库系统与非关系数据库系统的区别是,关系数据库系统只有"表"这一种数据结构;而非关系数据库系统还有其他数据结构,对这些数据结构有其他复杂而不规则的操作。

本章系统地讲解了关系数据库的重要概念,包括关系模型的数据结构、关系的完整性以及关系操作。介绍了用代数方式来表达的关系语言,即关系代数、抽象的元组关系演算、基于元组关系演算的 ALPHA 语言和基于域关系演算的 QBE。本章抽象的关系操作表达,为读者进一步学习下一章关系数据库国际标准语言 SQL 的知识打好了坚实的基础。

习　题

一、单项选择题

1. 设关系 R 和 S 的属性个数分别为 r 和 s,则 $(R \times S)$ 操作结果的属性个数为(　　)。

    A. r+s　　　　　　B. r−s　　　　　　C. r×s　　　　　　D. max(r,s)

2. 下列关于基本的关系的说法正确的是(　　)。

    A. 行列顺序有关　　　　　　　　　　B. 属性名允许重名

    C. 任意两个元组不允许重复　　　　　D. 列是非同质的

3. 有关系 R 和 S,$R \cap S$ 的运算等价于(　　)。

    A. $S-(R-S)$　　B. $R-(R-S)$　　C. $(R-S) \cup S$　　D. $R \cup (R-S)$

4. 设关系 $R(A,B,C)$ 和 $S(A,D)$,与自然连接 $R \infty S$ 等价的关系代数表达式是(　　)。

    A. $\sigma_{R.A=S.A}(R \times S)$　　　　　　B. $R \underset{1=1}{\infty} S$

    C. $\Pi_{B,C,S.A,D}(\sigma_{R.A=S.A}(R \times S))$　　D. $\Pi_{R.A,B,C}(R \times S)$

5. 五种基本关系代数运算是(　　)。

    A. $\cup$、$-$、$\times$、π 和 σ　　　　　　B. $\cup$、$-$、∞、Π 和 σ

    C. $\cup$、$\cap$、$\times$、π 和 σ　　　　　　D. $\cup$、$\cap$、∞、π 和 σ

6. 关系代数中的 θ 连接操作由(　　)操作组合而成。

    A. σ 和 π　　　　B. σ 和 $\times$　　　　C. π、σ 和 $\times$　　　　D. π 和 $\times$

7. 在关系数据模型中,把(　　)称为关系模式。

    A. 记录　　　　　B. 记录类型　　　　C. 元组　　　　　D. 元组集

8. 对一个关系做投影操作后,新关系的基数个数(　　)原来关系的基数个数。

    A. 小于　　　　　B. 小于或等于　　　　C. 等于　　　　　D. 大于

9. 有关系:$R(A,B,C)$ 主键$=A$,$S(D,A)$ 主键$=D$,外键$=A$,参照 R 的属性 A,系 R 和 S 的元组如下,关系 S 中违反关系完整性规则的元组是(　　)。

R:A	B	C		S:D	A
1	2	3		1	2
2	1	3		2	null
				3	3
				4	1

    A. (1,2)　　　　　B. (2,null)　　　　C. (3,3)　　　　　D. (4,1)

10. 关系运算中花费时间可能最长的运算是(　　)。

A. 投影　　　　　B. 选择　　　　　C. 广义笛卡儿积　　D. 并

二、填空

1. 关系中主码的取值必须唯一且非空,这条规则是_____完整性规则。

2. 关系代数中专门的关系运算包括选择、投影、连接和除法,主要实现_____类操作。

3. 关系数据库的关系演算语言是以_____为基础的 DML 语言。

4. 在关系数据库中,关系称为_____,元组称为_____,属性称为_____。

5. 数据库描述语言的作用是_____。

6. 一个关系模式可以形式化地表示为_____。

7. 关系数据库操作的特点是_____式操作。

8. 数据库的所有关系模式的集合构成_____,所有的关系集合构成_____。

9. 在关系数据模型中,两个关系 R1 与 R2 之间存在 $1:m$ 的联系,可以通过在一个关系 R2 中的_____在相关联的另一个关系 R1 中检索相对应的记录。

10. 将两个关系中满足一定条件的元组连接到一起构成新表的操作称为_____操作。

三、简述、计算与查询题

1. 试述关系模型的三要素内容。

2. 试述关系数据库语言的特点和分类。

3. 定义并理解下列概念,说明它们间的联系与区别。

(1) 域、笛卡儿积、关系、元组、属性;

(2) 主码、候选码、外码;

(3) 关系模式、关系、关系数据库。

4. 关系数据库的完整性规则有哪些?试举例说明。

5. 关系代数运算分为哪两大类?试说明每种运算的操作含义。

6. 关系代数的基本运算有哪些?请用基本运算表示非基本运算。

7. 举例说明等值连接与自然连接的区别与联系。

8. 设有关系 R、S(如下表所示),计算:

	R			S	
A	B	C	C	D	E
3	6	7	3	4	5
4	5	7	6	2	3
6	2	3			
5	4	3			

(1) $R1 = R \infty S$　　(2) $R2 = R \underset{2<2}{\infty} S$　　(3) $R3 = \sigma_{B=D}(R \times S)$

9. 请用抽象的元组关系演算表达式表达第 8 题中的 $R1$、$R2$ 与 $R3$ 三者之间的关系。

10. 设有学生—课程关系数据库,它由三个关系组成,它们的模式分别是:学生 S(学号 SNO,姓名 SN,所在系 DEPT,年龄 AGE)、课程 C(课程号 CNO,课程名 CN,先修课号 CPNO)、SC(学号 SNO,课程号 CNO,成绩 SCORE)。

请用关系代数与 ALPHA 语言分别写出下列查询(表达时表名、属性名只用英文名表示)。

    (1) 检索学生的所有情况。

    (2) 检索年龄大于等于 20 岁的学生的姓名。

    (3) 检索先修课号为 C2 的课程号。

    (4) 检索选修了课程号 C1 成绩为 A 的所有学生的姓名。

    (5) 检索学号为 S1 的学生修读的所有课程名及先修课号。

    (6) 检索年龄为 23 岁的学生所修读的课程名。

    (7) 检索至少修读了学号为 S5 的学生修读的一门课的学生的姓名。

    (8) 检索修读了学号为 S4 的学生所修读的所有课程的学生的姓名。

    (9) 检索选修所有课程的学生的学号。

    (10) 检索没有选修任何课程的学生的学号。

    (11) 在关系 C 中增添一门新课程(新课程信息自定)。

    (12) 学号为 S17 的学生因故退学请在 S 与 SC 中将其信息删除。

    (13) 将关系 S 中学生 S6 的年龄改为 22 岁(只需 ALPHA 操作)。

    (14) 将关系 S 中学生的年龄均增加 1 岁(只需 ALPHA 操作)。

第 3 章

chapter 3

关系数据库标准语言 SQL

本 章 要 点

国际标准数据库语言 SQL 的学习、掌握与灵活应用是本章的要求。SQL 语言的学习从数据定义(DDL)、数据查询(QUERY)、数据更新(DML)、视图(VIEW)等方面逐步展开,而嵌入式 SQL 是 SQL 的初步应用内容。SQL 数据查询是本章学习的重点。

3.1 SQL 语言的基本概念与特点

SQL 的全称是结构化查询语言(Structured Query Language),它是国际标准数据库语言,如今,无论是 Oracle、Sybase、Informix、SQL Server 这样的大型数据库管理系统,还是 Visual FoxPro、Access 这样的 PC 上常用的微、小型数据库管理系统,都支持 SQL 语言。学习本章后,读者应了解 SQL 语言的特点,掌握 SQL 语言的四大功能及其使用方法,重点掌握 SQL 数据查询功能及其使用方法。

3.1.1 语言的发展及标准化

在 20 世纪 70 年代初,E. F. Codd 首先提出了关系模型。70 年代中期,IBM 公司在研制 SYSTEM R 关系数据库管理系统中研制了 SQL 语言,最早的 SQL 语言(称为 SEQUEL2)是在 1976 年 11 月的 IBM Journal of R&D 上公布的。

1979 年,ORACLE 公司首先提供了商用的 SQL,IBM 公司在 DB2 和 SQL/DS 数据库系统中也实现了 SQL。

1986 年 10 月,美国 ANSI 采用 SQL 作为关系数据库管理系统的标准语言(ANSI X3.135—1986),后为国际标准化组织(ISO)采纳为国际标准。

1989 年,美国 ANSI 采纳在 ANSI X3.135—1989 报告中定义的关系数据库管理系统的 SQL 标准语言,称为 ANSI SQL 89。

1992 年,ISO 又推出了 SQL92 标准,也称为 SQL2。

1999 年,推出了 SQL:1999(也称 SQL3),增加了面向对象等功能。

2003 年,推出了 SQL：2003,增加了 XML 相关的特性等新功能。

2006 年,又推出了 SQL：2006,全面加强了对 XML 数据的处理与操作能力。

2008 年,推出了 SQL：2008。

SQL 语言是一种介于关系代数与关系演算之间的语言,其功能包括查询、操纵、定义和控制四个方面,是一个通用的、功能极强的关系数据库语言,目前已成为关系数据库的标准语言,广泛应用于各种数据库。

3.1.2　SQL 语言的基本概念

SQL 语言支持关系数据库三级模式结构,如图 3.1 所示。其中,外模式对应于视图(View)和部分基本表(Base Table),模式对应于基本表,内模式对应于存储文件。

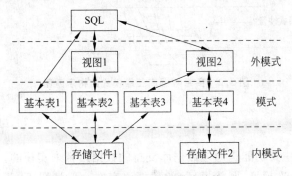

图 3.1　数据库三级模式结构

基本表是本身独立存在的表,在 SQL 中,一个关系就对应一个表。一般,一些基本表对应一个存储文件,一个表可以有若干索引,索引也存放在存储文件中。

视图是从基本表或其他视图中导出的表,它本身不独立存储在数据库中,也就是说,数据库中只存放视图的定义而不存放视图对应的数据,这些数据仍存放在导出视图的基本表中,因此视图是一个虚表。

存储文件的物理结构及存储方式等组成了关系数据库的内模式。对于不同的数据库管理系统,其存储文件的物理结构及存储方式等往往是不同的,一般也是不公开的。

视图和基本表是 SQL 语言的主要操作对象,用户可以用 SQL 语言对视图和基本表进行各种操作。在用户眼中视图和基本表都是关系表,而存储文件对用户是透明的。

关系数据库三级模式结构直观示意如图 3.2 所示。

3.1.3　SQL 语言的主要特点

SQL 语言之所以能够被用户和业界所接受成为国际标准,是因为它是一个综合的、通用的、功能极强,同时又简捷易学的语言。SQL 语言集数据查询(data query)、数据操纵(data manipulation)、数据定义(data definition)和数据控制(data control)功能于一体,充分体现了关系数据库语言的特点和优点。其主要特点如下。

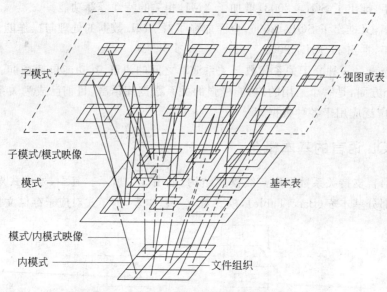

子模式 —————— 视图或表

子模式/模式映像

模式 —————— 基本表

模式/内模式映像

内模式 —————— 文件组织

图 3.2　关系数据库三级模式结构示意图

1. 综合统一

数据库系统的主要功能是通过数据库支持的数据语言来实现的。

非关系模型(层次模型、网状模型)的数据语言在一般情况下,不同模式有不同的定义语言,数据操纵语言与各种定义语言也不成一体。当用户数据库投入运行后,一般不支持联机实时修改各级模式。

而 SQL 语言则集数据定义语言 DDL、数据操纵语言 DML、数据控制语言 DCL 的功能于一体,语言风格统一,可以独立完成数据库生命周期中的全部活动,包括定义关系模式、录入数据以建立数据库、查询、更新、维护、数据库重构、数据库安全性控制等一系列操作要求,这就为数据库应用系统开发提供了良好的环境。例如,用户在数据库投入运行后,还可根据需要随时、逐步地修改模式,而不影响数据库的整体正常运行,从而使系统具有良好的可扩充性。

2. 高度非过程化

非关系数据模型的数据操纵语言是面向过程的语言,用其完成某项请求,必须指定存取路径。而用 SQL 语言进行数据操作,用户只需提出"做什么",而不必指明"怎么做",因此用户无须了解存取路径,存取路径的选择以及 SQL 语句的操作过程由系统自动完成。这不但大大减轻了用户的负担,而且还有利于提高数据独立性。

3. 面向集合的操作方式

SQL 语言采用集合操作方式,不仅查找结果可以是元组的集合(即关系),而且一次插入、删除、更新操作的对象也可以是元组的集合。非关系数据模型采用的是面向记录的操作方式,任何一个操作其对象都是一条记录。例如,查询所有平均成绩在 90 分以上的学生姓名,用户必须说明完成该请求的具体处理过程,即如何用多重循环结构按照某条路径一条一条地把学生记录及其所有选课记录读出,并计算、判断后选择出来。而关系数据库中你将看到一条 SELECT 命令就能完成该功能。

4. 以同一种语法结构提供两种使用方式

SQL 语言既是自含式语言,又是嵌入式语言。作为自含式语言,它能够独立地用于联机交互的使用方式,用户可以在终端键盘上直接输入 SQL 命令对数据库进行操作;作为嵌入式语言,SQL 语句能够嵌入到高级语言(如 C、COBOL、FORTRAN、JAVA、VB、C++、C♯ 等)程序中,供程序员设计程序时使用。而在两种不同的使用方式下,SQL 语言的语法结构基本上是一致的。这种以统一的语法结构提供两种不同的使用方式的做法,为用户提供了极大的灵活性与方便性。

5. 语言简捷、易学易用

SQL 语言功能极强,但由于设计巧妙,语言十分简捷,完成数据查询(SELECT 命令)、数据定义(如 CREATE、DROP、ALTER 等命令)、数据操纵(如 INSERT、UPDATE、DELETE 等命令)、数据控制(如 GRANT、REVOKE 等命令)的四大核心功能只用了 9 个动词。而且 SQL 语言语法简单,接近英语口语,因此易学易用。

3.2　SQL 数据定义

SQL 语言使用数据定义语言(Data Definition Language,DDL)实现其数据定义功能,可对数据库用户、基本表、视图和索引等进行定义和撤销操作。

3.2.1　字段数据类型

当用 SQL 语句定义表时,需要为表中的每一个字段都设置一个数据类型,用来指定字段所存放的数据是整数、字符串、货币或是其他类型的数据。SQL Server 2000 的数据类型共有 26 种,分为以下九类。

(1) 整数数据类型按照整数数值的范围大小,有 bigint、int、smallint、tinyint 四种。

(2) 精确数值类型用来定义可带小数部分的数字,有 numeric、decimal 两种,二者相同,但建议使用 decimal,如 123.0、8000.56。

类型表示形式为

```
Numeric[(p[,d])]
```

或

```
Decimal[(p[,d])]
```

表示由 p 位数字(不包括符号、小数点)组成,小数点后面有 d 位数字(也可写成 DECIMAL(p,d) 或 DEC(p,d))。

（3）近似浮点数值数据类型：当数值的位数太多时，可用此数据类型来取数值的近似值，有 float 和 real 两种，如 $1.35E+10$。

类型表示形式为

```
Float[(n)]
```

或

```
Real 浮点数
```

n 为用于存储科学计数法 float 数尾数的位数，同时指示其精度和存储大小。n 必须为 $1\sim53$ 之间的值。

（4）日期时间数据类型用来表示日期和时间，按照时间范围与精确程度可分为 datetime 与 smalldatetime 两种，如 1998-06-12 15:30:00。

（5）非 Unicode 的字符型数据，包括 char、varchar、text 三种，如"I am a student"。

有固定长度（char）或可变长度（varchar）字符数据类型之分。

类型表示形式为

```
CHAR[(n)]
```

或

```
VARCHAR[(n)]
```

长度为 n 个字节的固定长度且非 Unicode 的字符数据。n 必须是 $1\sim8000$ 之间的数值。

（6）Unicode 的字符型数据，采用双字节文字编码标准，包括 nchar、nvarchar 与 ntext 三种。它与字符串数据类型相当类似，但 Unicode 的一个字符占用 2 字节存储空间。

nchar 是固定长度 Unicode 数据的数据类型，nvarchar 是可变长度 Unicode 数据的数据类型，二者均使用 UNICODE UCS-2 字符集。

类型表示形式为

```
nchar(n)
```

或

```
nvarchar(n)
```

包含 n 个字符的固定长度 Unicode 字符数据。n 的值必须在 $1\sim4000$ 之间。存储大小为 n 字节的两倍。nchar 在 SQL-92 中的同义词为 national char 和 national character。

（7）二进制数据类型用来定义二进制代码的数据，有 binary、varbinary、image 三种，通常用十六进制表示，如 0X5F3C。

二进制数据类型也有固定长度（binary）的和可变长度（varbinary）的数据类型之分。

类型表示形式为

```
binary[(n)]
```

或

```
varbinary[(n)]
```

长度为 n 个字节的二进制数据。n 的值必须介于 $1\sim8000$ 之间。存储空间大小为 $n+4$ 字节。

(8) 货币数据类型用来定义与货币有关的数据,分为 money 与 smallmoney 两种,如 123.0000。

(9) 标记数据类型有 timestamp(时间标记)和 uniqueidentifier(唯一识别码)两种,属于此数据类型的字段值通常由系统自动产生,而不是由用户输入。在一个表中最多只能有一个 timestamp 数据类型的字段。当表中一笔记录被更新或修改时,该笔数据的 timestamp 字段值会自动更新,其值就是更新数据时的时间标记。而当数据表中含有 uniqueidentifier 数据类型的字段时,则该字段的值在整个数据库中的值是唯一的,所以常用它来识别每一笔数据的唯一性。

各数据类型的详细说明请参阅 SQL Server 联机帮助。

3.2.2 创建、修改和删除数据表

1. 定义基本表

在 SQL 语言中,使用语句 CREATE TABLE 来创建数据表,其一般格式为:

CREATE TABLE<表名> (<列名><数据类型> [列级完整性约束条件] [,<列名><数据类型> [列级完整性约束条件]]…[,<表级完整性约束条件>])

其中,<表名>是所要定义的基本表的名字,必须是合法的标识符,最多可有 128 个字符,但本地临时表的表名(名称前有一个编号符♯)最多只能包含 116 个字符。表名不允许重名,一个表可以由一个或多个属性(列)组成。建表的同时通常还可以定义与该表有关的完整性约束条件,这些完整性约束条件被存入系统的数据字典中,当用户操作表中数据时,由 DBMS 自动检查该操作是否违背了这些完整性约束条件。如果完整性约束条件涉及该表的多个属性列,则必须定义在表级上,否则,既可以定义在列级也可以定义在表级。

关系模型的完整性规则是对关系的某种约束条件。

(1) 实体完整性

① 主码(PRIMARY KEY): 在一个基本表中只能定义一个 PRIMARY KEY 约束,对于指定为 PRIMARY KEY 的一个列或多个列的组合,其中任何一个列都不能出现空值。PRIMARY KEY 既可用于列约束,也可用于表约束。PRIMARY KEY 用于定义列约束时其语法格式如下:

[CONSTRAINT<约束名>] PRIMARY KEY [CLUSTERED | NONCLUSTERED] [(column_name [ASC | DESC][,…n])]

说明: [,…n]表示可以重复,下同。

② 空值(NULL/NOT NULL): 空值既不等于 0 也不等于空白,而是表示不知道、不确定、没有数据的意思,该约束只能用于列约束,其语法格式如下:

```
[CONSTRAINT<约束名>)][NULL|NOT NULL]
```

③ 唯一值(UNIQUE)：表示在某一列或多个列的组合上的取值必须唯一，系统会自动为其建立唯一索引。UNIQUE 约束既可用于列约束，也可用于表约束，其语法格式如下：

```
[CONSTRAINT<约束名>]UNIQUE[CLUSTERED|NONCLUSTERED][(column_name[ASC|DESC]
[,...n])]
```

(2) 参照完整性

FOREIGN KEY 约束指定某一列或一组列作为外部键，其中，包含外部键的表称为从表，包含外部键引用的主键或唯一键的表称为主表。系统保证从表在外部键上的取值是主表中某一个主键或唯一键值，或者取空值，以此来保证两个表连接，确保了实体的参照完整性。

FOREIGN KEY 既可用于列约束，也可用于表约束，其语法格式为：

```
[CONSTRAINT<约束名>]FOREIGN KEY REFERENCES<主表名>(<列名>[,…n])
[CONSTRAINT<约束名>]FOREIGN KEY[(<子表列名>[,...n])]REFERENCES<主表名>[(<主表
列名>[,...n])][ON DELETE{CASCADE|NO ACTION}][ON UPDATE{CASCADE|NO ACTION}][NOT
FOR REPLICATION]
```

(3) 用户自定义的完整性约束规则

CHECK 可用于定义用户自定义的完整性约束规则，CHECK 既可用于列约束，也可用于表约束，其语法格式为：

```
[CONSTRAINT<约束名>]CHECK [NOT FOR REPLICATION](<条件>)
```

下面以一个"学生—课程"数据库为例来说明基本表的定义，表的内容见图 3.3。

"学生—课程"数据库中包括三个表：(1)"学生"表 S 由学号(SNO)、姓名(SN)、性别(SEX)、年龄(AGE)、系别(DEPT)五个属性组成，可记为 S(SNO,SN,SEX,AGE,DEPT)；(2)"课程"表 C 由课程号(CNO)、课程名(CN)、学分(CT)三个属性组成，可记为 C (CNO,CN,CT)；(3)"学生选课"表 SC 由学号(SNO)、课程号(CNO)、成绩(SCORE)三个属性组成，可记为 SC(SNO,CNO,SCORE)。先创建数据库，并选择为当前数据库。命令为：

```
CREATE DATABASE jxgl
GO
USE jxgl
```

例 3.1 建立一个"学生"表 S，它由学号 SNO、姓名 SN、性别 SEX、年龄 AGE、系别 DEPT 五个属性组成，其中学号属性为主键，姓名、年龄与性别不为空，假设姓名具有唯一性，建立唯一索引，并且性别只能在"男"与"女"中选一个，年龄不能小于 0。

```
CREATE TABLE S
(   SNO CHAR(5)PRIMARY KEY,
    SN VARCHAR(8)NOT NULL,
```

S

学号 SNO	姓名 SN	性别 SEX	年龄 AGE	系别 DEPT
S1	李涛	男	19	信息
S2	王林	女	18	计算机
S3	陈高	女	21	自动化
S4	张杰	男	17	自动化
S5	吴小丽	女	19	信息
S6	徐敏敏	女	20	计算机

SC

学号 SNO	课程号 CNO	成绩 SCORE
S1	C1	90
S1	C2	85
S2	C1	84
S2	C2	94
S2	C3	83
S3	C1	73
S3	C7	68
S3	C4	88
S3	C5	85
S4	C2	65
S4	C5	90
S4	C6	79
S5	C2	89

C

课程号 CNO	课程名 CN	学分 CT
C1	C 语言	4
C2	离散数学	2
C3	操作系统	3
C4	数据结构	4
C5	数据库	4
C6	汇编语言	3
C7	信息基础	2

图 3.3 "学生—课程"数据库中的三表内容

```
SEX CHAR(2)NOT NULL CHECK(SEX IN ('男','女')),
AGE INT NOT NULL CHECK(AGE>0),
DEPT VARCHAR(20),
CONSTRAINT SN_U UNIQUE(SN))
```

例 3.2 建立"课程"表 C,它由课程号(CNO)、课程名(CN)、学分(CT)三个属性组成。CNO 为该表主键,学分大于等于 1。

```
CREATE TABLE C( CNO CHAR(5) NOT NULL PRIMARY KEY,
            CN VARCHAR(20),CT INT CHECK(CT>=1))
```

例 3.3 建立"选修"关系表 SC,分别定义 SNO、CNO 为 SC 的外部键,(SNO,CNO)为该表的主键。

```
CREATE TABLE SC
( SNO CHAR(5) NOT NULL CONSTRAINT S_F FOREIGN KEY REFERENCES S(SNO),
  CNO CHAR(5) NOT NULL,
  SCORE NUMERIC(3),
  CONSTRAINT S_C_P PRIMARY KEY(SNO,CNO),
  CONSTRAINT C_F FOREIGN KEY(CNO) REFERENCES C(CNO))
```

2. 修改基本表

由于分析设计不到位或应用需求的不断变化等原因,基本表结构的修改也是不可避免的,比如增加新列和完整性约束、修改原有的列定义和完整性约束定义等。SQL 语言使用 ALTER TABLE 命令来完成这一功能,其一般格式为(详细说明略):

```
ALTER TABLE <表名>{
[ALTER COLUMN column_name{new_data_type[(precision[,scale])][COLLATE<
collation_name>][NULL|NOT NULL]|{ADD|DROP}ROWGUIDCOL}]
|ADD{[<column_definition>]|column_name AS computed_column_expression}[,...n]
|[WITH CHECK|WITH NOCHECK]ADD{<table_constraint>}[,...n]
|DROP{[CONSTRAINT]constraint_name|COLUMN column}[,...n]
|{CHECK|NOCHECK}CONSTRAINT{ALL|constraint_name[,...n]}
|{ENABLE|DISABLE}TRIGGER{ALL|trigger_name[,...n]}}
```

其中,<表名>用来指定需要修改的基本表,ADD 子句用于增加新列和新的完整性约束条件,DROP 子句用于删除指定的完整性约束条件或原有列,ALTER 子句用于修改原有的列定义。{CHECK|NOCHECK}CONSTRAINT 指定启用或禁用 constraint_name。如果禁用,则将来插入或更新该列时将不用该约束条件进行验证。此选项只能与 FOREIGN KEY 和 CHECK 约束一起使用。{ENABLE|DISABLE}TRIGGER 指定启用或禁用 trigger_name。当一个触发器被禁用时,它对表的定义依然存在;然而,当在表上执行 INSERT、UPDATE 或 DELETE 语句时,触发器中的操作将不执行,除非重新启用该触发器。

例 3.4 向 S 表增加"入学时间"列,其数据类型为日期型。

```
ALTER TABLE S ADD SCOME DATETIME
```

不论基本表中原来是否已有数据,新增加的列一律为空值。

例 3.5 将年龄的数据类型改为半字长整数。

```
ALTER TABLE S ALTER COLUMN AGE SMALLINT
```

修改原有的列定义,会使列中数据做新旧类型的自动转化,有可能会破坏已有数据。

例 3.6 删除例 3.4 中增加的"入学时间"列。

```
ALTER TABLE S DROP COLUMN SCOME
```

例 3.7 禁止 SC 中的参照完整性 C_F。

```
ALTER TABLE SC NOCHECK CONSTRAINT C_F
```

3. 删除基本表

随着时间的变化,有些基本表无用了,便可将其删除。删除某基本表后,该表中的数据及表结构将从数据库中彻底删除,表相关的对象如索引、视图、参照关系等也将同时删除或无法再使用,因此执行删除操作一定要格外小心。删除基本表命令的一般格式为:

```
DROP TABLE<表名>
```

例 3.8　删除 S 表。

```
DROP TABLE S
```

注意：删除表需要相应的操作权限，一般只删除自己建立的无用表；执行删除命令后是否真能完成删除操作，取决于其操作是否违反了完整性约束等。

3.2.3　设计、创建和维护索引

1. 索引的概念

在现实生活中，人们经常借用索引的手段来实现快速查找，如图书目录、词典索引等。同样的道理，数据库中的索引是为了加速对表中元组（或记录）的检索而创建的一种分散存储结构（如 B$^+$ 树数据结构），它实际上是记录的关键字与其相应地址的对应表。索引是对表或视图而建立的，由索引页面组成。

改变表中的数据（如增加或删除记录）时，索引将自动更新。索引建立后，在查询使用该列时，系统将自动使用索引进行查询。索引是把双刃剑，由于要建立索引页面，索引也会减慢更新的速度。索引数目无限制，但索引越多，更新数据的速度就越慢。仅用于查询的表可多建索引，数据更新频繁的表则应少建索引。

按照索引记录的存放位置，索引可分为聚集索引（Clustered Index）与非聚集索引（Non-Clustered Index）两类。聚集索引是指索引项的顺序与表中记录的物理顺序一致的索引组织；非聚集索引按照索引的字段排列记录，但是排列的结果并不会存储在表中，而是另外存储。在检索记录时，聚集索引比非聚集索引速度快，一个表中只能有一个聚集索引，而非聚集索引可以有多个。

2. 创建索引

创建索引的语句其一般格式为：

```
CREATE [UNIQUE] [CLUSTERED|NONCLUSTERED] INDEX <索引名> ON {<表名>|<视图名>} (<列名> [ASC|DESC] [, ...n]) [WITH <索引选项> [, ...n]] [ON 文件组名]
```

其中，UNIQUE 表明建立唯一索引，CLUSTERED 表示建立聚集索引，NONCLUSTERED 表示建立非聚集索引。索引可以建在该表或视图的一列或多列上，各列名之间用逗号分隔。每个 <列名> 后面还可以用 <次序> 指定索引值的排列次序，包括 ASC（升序）和 DESC（降序）两种，默认值为 ASC。

例如，执行下面的 CREATE INDEX 语句：

```
CREATE CLUSTERED INDEX StuSN ON S(SN)         --若 S 上已有聚集索引,本命令将失败
```

将会在 S 表的 SN（姓名）列上建立一个聚集索引，而且 S 表中的记录将按照 SN 值的升序存放。建立聚集索引后，在更新索引列数据时，往往会引起表中记录的物理顺序的变更，代价较大，因此对于经常更新的列不宜建立聚集索引。

例 3.9　为学生—课程数据库中的 S、C、SC 三个表建立索引。其中，S 表按学号升序

建唯一索引,C 表按课程号降序建立聚集索引,SC 表按学号升序和课程号降序建非聚集索引。

```
CREATE UNIQUE INDEX S_SNO ON S(SNO)
CREATE CLUSTERED INDEX C_CN ON C(CN DESC)      --若 C 上已有聚集索引,本命令将失败
CREATE NONCLUSTERED INDEX SC_SNO_CNO ON SC(SNO ASC,CNO DESC)
```

说明：每个表至多只能有一个聚集索引。

3. 删除索引

删除索引一般格式为：

```
DROP INDEX 表名.<索引名>|视图名.<索引名>[,...n]
```

例 3.10　删除 S 表的 S_SNO 索引。

```
DROP INDEX S.S_SNO
```

说明：索引一经建立,就由系统使用和维护它,不需用户干预。建立索引是为了减少查询操作的时间,但如果数据增删改频繁,系统会花费许多时间来维护索引。这时,可以删除一些不必要的索引。删除索引时,系统会同时从数据字典中删除有关该索引的描述。

注意：索引并不能控制查询数据时的显示顺序,查询时数据的顺序由下节将介绍的 ORDER BY 子句来实现。

3.3　SQL 数据查询

3.3.1　SELECT 命令的格式及其含义

数据查询是数据库中最常用的操作命令。SQL 语言提供 SELECT 语句,通过查询操作可以得到所需的信息。SELECT 语句的一般格式为：

```
SELECT [ALL|DISTINCT] <目标列表达式 1>[[AS]列别名 1][,<目标列表达式 2>[[AS]列别名 2]] ...
[INTO <新表名>]
FROM <表名 1或视图名 1>[[AS] 表别名 1][,<表名 2或视图名 2>[[AS] 表别名 2]]...
[WHERE <元组或记录筛选条件表达式>]
[GROUP BY <列名 11>[,<列名 12>]...[HAVING <分组筛选条件表达式>]]
[ORDER BY<列名 21> [ASC|DESC][,<列名 22>[ASC|DESC]]...]
```

SELECT 语句组成成分的说明如下。

1. 目标列表达式的可选格式

(1) [<表名>.]属性列名|各种普通函数|常量|...
(2) [<表名>.]*

（3）COUNT（［ALL｜DISTINCT］＜属性列名＞｜＊）等集函数。

（4）算术运算（＋、－、＊、/）为主的表达式。其中参数可以是属性列名、集函数、常量、普通函数、表达式等形式。

2. 集函数的可选格式

```
COUNT([ALL|DISTINCT]<属性列名>|*);
SUM|AVG|MAX|MIN([ALL|DISTINCT]<属性列名>)
```

3. WHERE 子句的元组或记录筛选条件表达式的可选格式

（1）＜属性列名＞ θ ｛＜属性列名＞｜＜常量＞｜［ANY｜ALL］（SELECT 语句）｝

其中，θ 为六种关系比较运算符之一。

（2）＜属性列名＞［NOT］BETWEEN ｛＜属性列名＞｜＜常量＞｜（SELECT 语句）｝AND ｛＜属性列名＞｜＜常量＞｜（SELECT 语句）｝

（3）＜属性列名＞［NOT］IN ｛（值 1［，值 2］…）｜（SELECT 语句）｝

（4）＜属性列名＞［NOT］LIKE ＜匹配串＞

（5）＜属性列名＞ IS ［NOT］NULL

（6）［NOT］EXISTS （SELECT 语句）

（7）［NOT］＜条件表达式＞ ｛AND｜OR｝［NOT］＜条件表达式＞ ［｛AND｜OR｝（［NOT］＜条件表达式＞）］…

4. HAVING 子句的分组筛选条件表达式的可选格式

HAVING 子句的分组筛选条件表达式格式基本和 WHERE 子句的可选格式相同。不同的是，HAVING 子句的条件表达式中出现的属性列名应为 GROUP BY 子句中的分组列名。HAVING 子句的条件表达式中一般要使用到集函数 COUNT、SUM、AVG、MAX 或 MIN 等，因为只有这样才能表达出筛选分组的要求。

整个 SELECT 语句的含义是，根据 WHERE 子句的条件表达式，从 FROM 子句指定的基本表或视图中找出满足条件的元组，再按照 SELECT 子句中的目标列表达式，选出元组中的属性值形成结果表。如果有 GROUP 子句，则将结果按＜列名 11＞的值进行分组（假设只有一列分组列），该属性列值相等的元组为一个组，每个组将产生结果表中的一条记录，通常会对每组使用到集函数。如果 GROUP 子句带 HAVING 短语，则只有满足指定条件的组才给予输出。如果有 ORDER 子句，则结果表还要按＜列名 22＞的值的升序或降序排序后（假设只有一列排序列）再输出。

SELECT 语句既可以完成简单的单表查询，也可以完成复杂的连接查询或嵌套查询。一个 SELECT 语句至少需要 SELECT 与 FROM 两个子句，下面以学生—课程数据库（参阅 3.2.2 节）为例来说明 SELECT 语句的各种用法。

3.3.2　SELECT 子句的基本使用

1. 查询指定列

例 3.11　查询全体学生的学号与姓名。

```
SELECT SNO,SN FROM S
```

＜目标列表达式＞中各个列的先后顺序可以与表中的顺序不一致。也就是说,用户在查询时可以根据应用的需要改变列的显示顺序。

例 3.12　查询全体学生的姓名、学号、所在系。

```
SELECT SN,SNO,DEPT FROM S
```

这时结果表中的列的顺序与基表中不同,是按查询要求,先列出姓名属性,然后再列出学号和所在系属性。

2. 查询全部列

例 3.13　查询全体学生的详细记录。

```
SELECT * FROM S
```

该 SELECT 语句实际上是无条件地把 S 表的全部信息都查询出来,所以也称为全表查询,这是最简单的一种查询命令形式。它等价于如下命令:

```
SELECT SNO,SN,SEX,AGE,DEPT FROM S
```

3. 查询经过计算的值

SELECT 子句的＜目标列表达式＞不仅可以是表中的属性列,也可以是含属性列或不含属性列的表达式,即可以将查询出来的属性列经过一定的计算后列出结果或是个常量表达式对应的值。

例 3.14　查询全体学生的姓名及其出生年份。

```
SELECT SN,2005-AGE FROM S
```

其中,＜目标列表达式＞中第二项不是通常的列名,而是一个计算表达式,用当前的年份(假设为 2005 年)减去学生的年龄,这样,所得的即是学生的出生年份。输出的结果为:

```
SN          (无列名)
--------    ---------
李涛        1986
王林        1987
陈高        1984
张杰        1988
吴小丽      1986
徐敏敏      1985
```

<目标列表达式>不仅可以是算术表达式,还可以是字符串常量、函数等。

例 3.15 查询全体学生的姓名、出生年份和所有系,要求用小写字母表示所有系名。

```
SELECT SN,'出生年份: ',2005-AGE,lower(DEPT)FROM S
```

结果为:

SN	(无列名)	(无列名)	(无列名)
李涛	出生年份:	1986	信息
王林	出生年份:	1987	计算机
陈高	出生年份:	1984	自动化
张杰	出生年份:	1988	自动化
吴小丽	出生年份:	1986	信息
徐敏敏	出生年份:	1985	计算机

用户可以通过指定别名来改变查询结果的列标题,这对于含算术表达式、常量、函数名的目标列表达式尤为有用。例如,对于上例,可以如下定义其列别名。

注意:列别名与表达式间可以直接用空格分隔或用 as 关键字来连接。

```
SELECT SN NAME,'出生年份: ' BIRTH,2005-AGE BIRTHDAY,DEPT as DEPARTMENT
FROM S
```

执行结果为:

NAME	BIRTH	BIRTHDAY	DEPARTMENT
李涛	出生年份:	1986	信息
王林	出生年份:	1987	计算机
陈高	出生年份:	1984	自动化
张杰	出生年份:	1988	自动化
吴小丽	出生年份:	1986	信息
徐敏敏	出生年份:	1985	计算机

3.3.3 WHERE 子句的基本使用

1. 消除取值重复的行

例 3.16 查询所有选修过课的学生的学号。

```
SELECT SNO FROM SC
```

执行结果类似为:

```
SNO
----
S1
S1
```

```
S2
S2
...
S5
```

该查询结果包含了许多重复的行。如果想去掉结果表中的重复行,必须指定DISTINCT 短语,如:

```
SELECT DISTINCT SNO FROM SC
```

执行结果为:

```
SNO
----
S1
S2
S3
S4
S5
```

2. 指定 WHERE 查询条件

查询满足指定条件的元组可以通过 WHERE 子句来实现。WHERE 子句常用的查询条件如表 3.1 所示。

表 3.1　常用的查询条件

查询条件	谓　　词
比较运算符	$=,>,<,>=,<=,!=,<>,!>,!<$ Not(上述比较运算符构成的比较关系表达式)
确定范围	BETWEEN AND、NOT BETWEEN AND
确定集合	IN、NOT IN
字符匹配	LIKE、NOT LIKE
空值	IS NULL、IS NOT NULL
多重条件	AND、OR、NOT

（1）比较运算符

例 3.17　查询计算机系全体学生的名单。

```
SELECT SN FROM S WHERE DEPT='计算机'
```

例 3.18　查询所有年龄在 20 岁以下的学生姓名及其年龄。

```
SELECT SN,AGE FROM S WHERE AGE<20
```

或:

```
SELECT SN,AGE FROM S WHERE NOT AGE>=20
```

例 3.19　查询考试成绩不及格的学生的学号。

SELECT DISTINCT SNO FROM SC WHERE SCORE< 60

这里使用了 DISTINCT 短语,当一个学生有多门课程不及格,他的学号也只列一次。

(2) 确定范围

例 3.20　查询年龄为 20～23 岁的学生的姓名、系别和年龄。

SELECT SN,DEPT,AGE FROM S WHERE AGE BETWEEN 20 AND 23

与 BETWEEN…AND…相对的谓词是 NOT BETWEEN…AND…。

例 3.21　查询年龄不在 20～23 岁之间的学生姓名、系别和年龄。

SELECT SN,DEPT,AGE FROM S
WHERE AGE NOT BETWEEN 20 AND 23

注意：BETWEEN…AND…表示的是闭区间。

(3) 确定集合

例 3.22　查询信息系、自动化系和计算机系的学生的姓名和性别。

SELECT SN,SEX FROM S WHERE DEPT IN('信息','自动化','计算机')

与 IN 相对的谓词是 NOT IN,用于查找属性值不属于指定集合的元组。

例 3.23　查询既不是信息系、自动化系,也不是计算机系的学生的姓名和性别。

SELECT SN,SEX FROM S WHERE DEPT NOT IN('信息','自动化','计算机')

(4) 字符匹配

谓词 LIKE 可以用来进行字符串的匹配或通配。其一般语法格式如下：

属性名 [NOT] LIKE <匹配串> [ESCAPE <换码字符>]

其含义是查找指定的属性列值与<匹配串>相匹配的元组。<匹配串>可以是一个完整的字符串(此时 LIKE 功能同"="号),也可以含有通配符％、_、[]与[^]等。通配符的含义见表 3.2。ESCAPE <换码字符>的功能说明见例 3.28。

表 3.2　通配符及其含义

通配符	描　　述	示　　例
％(百分号)	代表零个或更多字符的任意字符串	WHERE title LIKE '％computer％'将查找处于书名任意位置的包含单词 computer 的所有书名。
_(下划线)	代表任何单个字符(长度可以为 0)	WHERE au_fname LIKE '_ean'将查找以 ean 结尾的所有 4 个字母的名字(Dean、Sean 等)
[](中括号)	指定范围(如[a-f])或集合(如[abcdef])中的任何单个字符	WHERE au_lname LIKE '[C-P]arsen'将查找以 arsen 结尾且以介于 C 与 P 之间的任何单个字符开始的作者姓氏,如 Carsen、Larsen、Karsen 等
[^]	不属于指定范围(如[^a-f])或不属于指定集合(如[^ abcdef])的任何单个字符	WHERE au_lname LIKE 'de[^l]％'将查找以 de 开始且其后的字母不为 l 的所有作者的姓氏

例 3.24　查询所有姓刘的学生的姓名、学号和性别。

```
SELECT SN,SNO,SEX FROM S WHERE SN LIKE '刘%'
```

例 3.25　查询姓"欧阳"且全名为三个汉字的学生的姓名。

```
SELECT SN FROM S WHERE SN LIKE '欧阳_'
```

例 3.26　查询名字中第二字为"阳"的学生的姓名和学号。

```
SELECT SN,SNO FROM S WHERE SN LIKE '_阳%'
```

例 3.27　查询所有不姓吴的学生的姓名。

```
SELECT SN,SNO,SEX FROM S WHERE SN NOT LIKE '吴%'
```

如果用户要查询的匹配字符串本身就含有"％"或"_"字符，这时就要使用 ESCAPE ＜换码字符＞短语对通配符进行转义，即恢复为普通字符。

例 3.28　查询 DB_Design 课程的课程号和学分。

```
SELECT CNO,CT FROM C WHERE CN LIKE 'DB\_Design' ESCAPE '\'
```

ESCAPE '\'短语表示\为换码字符，这样匹配串中紧跟在\后面的字符"_"不再具有通配符的含义，而是取其本身含义，被转义为普通的"_"字符。本例中的换码字符'\'可换成其他字符的。

（5）涉及空值的查询

例 3.29　某些学生选修某门课程后没有参加考试，所以有选课记录，而且没有考试成绩，下面来查询缺少成绩的学生的学号和相应的课程号。

```
SELECT SNO,CNO FROM SC WHERE SCORE IS NULL
```

注意，这里的 IS 不能用等号（"＝"）代替。

例 3.30　查询所有有成绩记录的学生的学号和课程号。

```
SELECT SNO,CNO FROM SC WHERE SCORE IS NOT NULL
```

（6）多重条件查询

逻辑运算符 AND、OR 和 NOT 可用来联结多个查询条件。NOT 的优先级最高，接着是 AND，OR 的优先级最低，但用户可以用括号来改变运算的优先顺序。

例 3.31　查询计算机系年龄在 20 岁以下的学生姓名。

```
SELECT SN FROM S WHERE DEPT='计算机' AND AGE<20
```

例 3.32　IN 谓词实际上是多个 OR 运算符的缩写，因此"查询信息系、自动化系和计算机系的学生的姓名和性别"一题，也可以用 OR 运算符写成如下形式：

```
SELECT SN,SEX FROM S
WHERE DEPT='计算机' OR DEPT='信息' OR DEPT='自动化'
```

或：

```
SELECT SN,SEX FROM S
WHERE NOT(DEPT<>'计算机' AND DEPT<>'信息' AND DEPT<>'自动化')
```

3.3.4　常用集函数及统计汇总查询

为了进一步方便用户、增强检索功能,SQL 提供了许多集函数,如表 3.3 所示。

表 3.3　常用集函数

COUNT({[ALL|DISTINCT] expression} | *)	返回组中项目的数量。Expression 一般是指＜列名＞,下同。COUNT(*)表示对元组(或记录)计数
SUM([ALL|DISTINCT] expression)	返回表达式中所有值的和,或只返回 DISTINCT 值的和。SUM 只能用于数值列。空值将被忽略
AVG([ALL|DISTINCT] expression)	返回组中值的平均值。空值将被忽略,只能用于数值列
MAX([ALL|DISTINCT] expression)	返回组中值的最大值,空值将被忽略
MIN([ALL|DISTINCT] expression)	返回组中值的最小值,空值将被忽略

如果指定 DISTINCT 短语,则表示在计算时要取消指定列中的重复值。如果不指定 DISTINCT 短语或指定 ALL 短语(ALL 为默认值),则表示不取消重复值而统计或汇总。

例 3.33　查询学生总人数。

```
SELECT COUNT( * ) FROM S
```

例 3.34　查询选修了课程的学生人数。

```
SELECT COUNT(DISTINCT SNO)FROM SC
```

学生每选修一门课程,在 SC 中就都有一条相应的记录,而一个学生一般都选修多门课程,为避免重复计算学生人数,必须在 COUNT 函数中用 DISTINCT 短语。

例 3.35　计算 C1 课程的学生人数、最高成绩、最低成绩及平均成绩。

```
SELECT COUNT( * ),MAX(SCORE),MIN(SCORE),AVG(SCORE)
FROM SC WHERE CNO='C1'
```

3.3.5　分组查询

GROUP BY 子句可以将查询结果表的各行按一列或多列取值相等的原则进行分组。对查询结果分组的目的是细化集函数的作用对象。如果未对查询结果分组,集函数将作用于整个查询结果,即整个查询结果为一组对应统计产生一个函数值。否则,集函数将作用于每一个组,即每一组分别统计,分别对应产生一个元组或一条记录。

例 3.36　查询各个课程号与相应的选课人数。

```
SELECT CNO,COUNT(SNO) FROM SC GROUP BY CNO
```

该 SELECT 语句对 SC 表按 CNO 的取值进行分组,所有具有相同 CNO 值的元组为一组,然后对每一组作用集函数 COUNT 以求得该组的学生人数,执行结果为:

```
CNO     (无列名)
----    -----
C1       3
C2       4
C3       1
C4       1
C5       2
C6       1
C7       1
```

如果分组后还要求按一定的条件对这些分组进行筛选,最终只输出满足指定条件组的统计值,则可以使用 HAVING 短语来指定筛选条件。

例 3.37　查询有 3 人以上学生(包括 3 人)选修的课程的课程号及选修人数。

```
SELECT CNO,COUNT(SNO) FROM SC GROUP BY CNO HAVING COUNT(*)>=3
```

结果为:

```
CNO     (无列名)
----    -----
C1       3
C2       4
```

注意: ①有 GROUP BY 子句,才能使用 HAVING 子句; ②有 GROUP BY 子句, SELECT 子句中只能出现 GROUP BY 子句中的分组列名与集函数; ③同样,使用 HAVING 子句条件表达时,也只能使用分组列名与集函数,使用非分组列名表达条件将是错误的。

3.3.6　查询的排序

如果没有指定查询结果的显示顺序,那么 DBMS 将按其最方便的顺序(通常是元组添加到表中的先后顺序)输出查询结果。用户也可以用 ORDER BY 子句指定按照一个或多个属性列的升序(ASC)或降序(DESC)重新排列查询结果,其中,升序 ASC 为默认值。

例 3.38　查询选修了 3 号课程的学生的学号及其成绩,查询结果按分数的降序排列。

```
SELECT SNO,SCORE FROM SC WHERE CNO='C3' ORDER BY SCORE DESC
```

前面已经提到,可能有些学生选修了 C3 号课程后没有参加考试,即成绩列为空值。用 ORDER BY 子句对查询结果按成绩排序时,在 SQL Server 中,空值(NULL)被认为是最小值。

例 3.39　查询全体学生情况,查询结果按所在系升序排列,对同一系中的学生按年龄降序排列。

```
SELECT * FROM S ORDER BY DEPT,AGE DESC
```

3.3.7　连接查询

一个数据库中的多个表之间一般都存在某种内在联系,它们共同关联着提供有用的信息。前面的查询都是针对一个表进行的。若一个查询同时涉及两个以上的表,则称为**连接查询**。连接查询主要包括等值连接查询、非等值连接查询、自然连接、自身连接查询、外连接查询和复合条件连接查询等,而广义笛卡儿积连接一般不用。

1. 等值与非等值连接

用来连接两个表的条件称为连接条件或连接谓词,其一般格式为:

[<表名 1>.]<列名 1> <比较运算符> [<表名 2>.]<列名 2>

其中比较运算符主要有＝、>、<、>＝、<＝、!＝、<>。

此外连接谓词还可以使用下列形式。

[<表名 1>.]<列名 1> BETWEEN [<表名 2>.]<列名 2> AND [<表名 3>.]<列名 3>

当比较运算符为＝时,称为**等值连接**。使用其他运算符的连接称为**非等值连接**。

连接谓词中的列名称为连接字段。连接条件中的各连接字段类型必须是可比的,但不必是相同的。例如,可以都是字符型,或都是日期型;也可以一个是整型,另一个是实型,整型和实型都是数值型,因此是可比的。但若一个是字符型,另一个是整数型就不允许了,因为它们是不可比的类型。

从概念上讲,DBMS 执行连接操作的过程是,首先在表 1 中找到第一个元组,然后从头开始顺序扫描或按索引扫描表 2,查找满足连接条件的元组,每找到一个满足条件的元组,就将表 1 中的第一个元组与该元组拼接起来,形成结果表中一个元组。表 2 全部扫描完毕后,再到表 1 中找第二个元组,然后再从头开始顺序扫描或按索引扫描表 2,查找满足连接条件的元组,每找到一个满足条件的元组,就将表 1 中的第二个元组与该元组拼接起来,形成结果表中一个元组。重复上述操作,直到表 1 全部元组都处理完毕为止。

例 3.40　查询每个学生及其选修课程的情况。

学生情况存放在 S 表中,学生选课情况存放在 SC 表中,所以本次查询实际上同时涉及 S 与 SC 两个表中的数据。这两个表之间的联系是通过两个表都具有的属性 SNO 来实现的。要查询学生及其选修课程的情况,就必须将这两个表中学号相同的元组连接起来。这是一个等值连接。完成本查询的 SQL 语句为:

SELECT * FROM S,SC WHERE S.SNO=SC.SNO

连接运算中有两种特殊情况,一种称为**广义笛卡儿积连接**,另一种称为**自然连接**。广义笛卡儿积连接是不带连接谓词的连接。两个表的广义笛卡儿积连接即是两表中元组的交叉乘积,也即其中一表中的每一元组都要与另一表中的每一元组作拼接,因此结果表往往很大。

如果按照两个表中的相同属性进行等值连接,且目标列中去掉了重复的属性列,但保留了所有不重复的属性列,则称为**自然连接**。

例 3.41　自然连接 S 和 SC 表。

```
SELECT S.SNO,SN,SEX,AGE,DEPT,CNO,SCORE
FROM S,SC WHERE S.SNO=SC.SNO
```

在本查询中,由于 SN、SEX、AGE、DEPT、CNO 和 SCORE 属性列在 S 与 SC 表中是唯一的,因此引用时可以去掉表名前缀。而 SNO 在两个表都出现了,因此引用时必须加上表名前缀,以明确属性所属的表。该查询的执行结果不再出现 SC.SNO 列。

2. 自身连接

连接操作不仅可以在两个表之间进行,也可以在一个表与其自己之间进行,这种连接称为表的**自身连接**。

例 3.42　查询比李涛年龄大的学生的姓名、年龄和李涛的年龄。

要查询的内容均在同一表 S 中,可以将表 S 分别取两个别名,一个是 X,一个是 Y。将 X、Y 中满足比李涛年龄大的行连接起来。这实际上是同一表 S 的大于连接。

完成该查询的 SQL 语句为:

```
SELECT X.SN AS 姓名,X.AGE AS 年龄,Y.AGE AS 李涛的年龄
FROM S AS X,S AS Y WHERE X.AGE>Y.AGE AND Y.SN='李涛'
```

结果为:

```
姓名        年龄        李涛的年龄
-------  --------  ----------
陈高       21         19
徐敏敏      20         19
```

注意:SELECT 语句的可读性可通过为表指定别名来提高,别名也称为相关名称或范围变量。指派表的别名时,可以使用也可以不使用 AS 关键字,如上 SQL 命令也可表示为:

```
SELECT X.SN 姓名,X.ACE 年龄,Y.AGE 李涛的年龄
FROM S X,S Y
WHERE X.AGE>Y.AGE AND Y.SN='李涛'
```

3. 外连接

在通常的连接操作中,只有满足连接条件的元组才能作为结果输出,例如在例 3.40 和例 3.41 的结果表中没有关于学生 S6 的信息,原因在于她没有选课,在 SC 表中没有相应的元组。但是若想以 S 表为主体列出每个学生的基本情况及其选课情况,若某个学生没有选课,则只输出其基本情况信息,其选课信息为空值即可,这时就需要使用外连接([Outer] Join)。外连接的运算符通常为 *,有的关系数据库中也用“+”,使它出现在“=”左边或右边。如下 SQL Server 中使用类英语的表示方式([Outer] Join)来表达外连接。

这样,可以将例 3.41 的查询语句改为:

```
SELECT S.SNO,SN,SEX,AGE,DEPT,CNO,SCORE
FROM S LEFT OUTER JOIN SC ON S.SNO=SC.SNO
```

结果为：

SNO	SN	SEX	AGE	DEPT	CNO	SCORE
S1	李涛	男	19	信息	C1	90
S1	李涛	男	19	信息	C2	85
....						
S6	**徐敏敏**	**女**	**20**	**计算机**	**NULL**	**NULL**

从查询结果可以看到，S6 没选课，但 S6 的信息也出现在查询结果中，上例中外连接符 LEFT〔OUTER〕JOIN 称为左外连接。相应地，外连接符 RIGHT〔OUTER〕JOIN 称为右外连接，外连接符 FULL〔OUTER〕JOIN 称为全外连接（既是左外连接，又是右外连接）。Cross JOIN 为交叉连接，即广义笛卡儿积连接。

3.3.8　合并查询

合并查询结果就是使用 UNION 操作符将来自不同查询的数据组合起来，形成一个具有综合信息的查询结果。UNION 操作会自动将重复的数据行剔除。必须注意的是，参加合并查询结果的各子查询的结构应该相同，即各子查询的列数目相同，对应的数据类型要相容。

例 3.43　从 SC 数据表中查询出学号为"S1"的同学的学号和总分，再从 SC 数据表中查询出学号为"S5"的同学的学号和总分，然后将两个查询结果合并成一个结果集。

```
SELECT SNO AS 学号,SUM(SCORE) 总分 FROM SC WHERE (SNO='S1') GROUP BY SNO
UNION
SELECT SNO AS 学号,SUM(SCORE) 总分 FROM SC WHERE (SNO='S5') GROUP BY SNO
```

3.3.9　嵌套查询

在 SQL 语言中，一个 SELECT-FROM-WHERE 语句称为一个查询块。将一个查询块嵌套在另一个查询块的 WHERE 子句或 HAVING 短语的条件中的查询称为嵌套查询，例如：

```
SELECT SN FROM S
WHERE SNO IN (SELECT SNO FROM SC WHERE CNO='C2')
```

说明：在这个例子中，下层查询块 SELECT SNO FROM SC WHERE CNO='C2'是嵌套在上层查询块 SELECT SN FROM S WHERE SNO IN 的 WHERE 条件中的。上层的查询块又称为外层查询或父查询或主查询，下层查询块又称为内层查询或子查询。SQL 语言允许多层嵌套查询，即一个子查询中还可以嵌套其他子查询。需要特别指出的是，在子查询的 SELECT 语句中不能使用 ORDER BY 子句，ORDER BY 子句永远只能对最终(或外)查询结果排序。

以上嵌套查询的求解方法是由里向外处理,即子查询是在其上一级查询处理之前求解的,子查询的结果用于建立其父查询的查找条件。这种与其父查询不相关的子查询被称为**不相关子查询**。

嵌套查询使得可以用一系列简单查询来构成复杂的查询,从而明显地增强 SQL 的查询表达能力。以层层嵌套的方式来构造命令或语句正是 SQL(Structured Query Language)中"结构化"的含义所在。

有如下四种能引出子查询的嵌套查询方式,下面分别介绍。

1. 带有 IN 谓词的子查询

带有 IN 谓词的子查询是指父查询与子查询之间用 IN 进行连接,判断某个属性列值是否在子查询的结果中。由于在嵌套查询中,子查询的结果往往是一个集合,因此谓词 IN 是嵌套查询中最经常使用的谓词。

例 3.44　查询与"王林"在同一个系学习的学生的学号、姓名和所在系。

查询与"王林"在同一个系学习的学生,可以首先确定"王林"所在系名,然后再查找所有在该系学习的学生。所以可以分步来完成此查询。

① 确定"王林"所在系名。

```
SELECT DEPT FROM S WHERE SN='王林'
```

结果为:

```
DEPT
-------
计算机
```

② 查找所有在计算机系学习的学生。

```
SELECT SNO,SN,DEPT FROM S WHERE DEPT='计算机'
```

结果为:

```
SNO    SN         DEPT
----   --------   -------
S2     王林        计算机
S6     徐敏敏      计算机
```

分步查询毕竟比较麻烦,上述查询实际上可以用子查询来实现,即将第一步查询嵌入到第二步查询中,用以构造第二步查询的条件。SQL 语句如下:

```
SELECT SNO,SN,DEPT FROM S
WHERE DEPT IN ( SELECT DEPT FROM S WHERE SN='王林')
```

本例中的查询也可以用表的自身连接查询来完成。

```
SELECT S1.SNO,S1.SN,S1.DEPT FROM S S1,S S2
WHERE S1.DEPT=S2.DEPT AND S2.SN='王林'
```

可见,实现同一个查询可以有多种方法,当然不同的方法其执行效率可能会有差别,甚至差别会很大。

例 3.45　查询选修了课程名为"数据库"的学生学号和姓名。

```
SELECT SNO,SN FROM S
WHERE SNO IN(SELECT SNO FROM SC
              WHERE CNO IN(SELECT CNO FROM C
              WHERE CN='数据库'))
```

结果为:

```
SNO    SN
----  ------
S4     张杰
```

本查询同样可以用连接查询来实现。

```
SELECT S.SNO,SN FROM S,SC,C
WHERE S.SNO=SC.SNO AND SC.CNO=C.CNO AND C.CN='数据库'
```

2. 带有比较运算符的子查询

带有比较运算符的子查询是指父查询与子查询之间用比较运算符进行连接。当用户能确切地知道内层查询返回的是单列单值时,可以用>、<、=、>=、<=、!=或<>等比较运算符。

例如,在例 3.44 中,由于一个学生只能在一个系学习,也就是说内查询王林所在系的结果是一个唯一值,因此该查询也可以用比较运算符来实现,其 SQL 语句如下:

```
SELECT SNO,SN,DEPT FROM S
WHERE DEPT= (SELECT DEPT FROM S WHERE SN='王林')
```

需要注意的是,子查询一般要跟在比较符之后,下列写法是不推荐的(尽管在 SQL Server 中是允许的)。

```
SELECT SNO,SN,DEPT FROM S
WHERE(SELECT DEPT FROM S WHERE SN='王林')=DEPT
```

3. 带有 ANY 或 ALL 谓词的子查询

子查询返回单值时可以用比较运算符。而使用 ANY 或 ALL 谓词时则必须同时使用比较运算符,其语义见表 3.4。

例 3.46　查询其他系中比信息系所有学生年龄都小的学生的姓名及年龄。

```
SELECT SN,AGE FROM S
WHERE AGE<ALL(SELECT AGE FROM S
WHERE DEPT='信息') AND DEPT<>'信息'
ORDER BY AGE DESC
```

表 3.4　ANY 和 ALL 谓词与比较运算符

＞ANY	大于子查询结果中的某个值
＜ANY	小于子查询结果中的某个值
＞＝ANY	大于等于子查询结果中的某个值
＜＝ANY	小于等于子查询结果中的某个值
＝ANY	等于子查询结果中的某个值
!＝ANY 或＜＞ANY	不等于子查询结果中的某个值
＞ALL	大于子查询结果中的所有值
＜ALL	小于子查询结果中的所有值
＞＝ALL	大于等于子查询结果中的所有值
＜＝ALL	小于等于子查询结果中的所有值
＝ALL	等于子查询结果中的所有值(通常没有实际意义)
!＝ALL 或＜＞ALL	不等于子查询结果中的任何一个值

本查询实际上也可以在子查询中用集函数(请参阅表 3.5)来实现。

```
SELECT SN,AGE FROM S
WHERE AGE< (SELECT MIN(AGE)
            FROM S WHERE DEPT= '信息 ') AND DEPT<> '信息 '
ORDER BY AGE DESC
```

事实上,用集函数实现子查询通常比直接用 ANY 或 ALL 查询效率要高。

表 3.5　ANY、ALL 谓词与集函数及 IN 谓词的等价转换关系

	＝	＜＞或!＝	＜	＜＝	＞	＞＝
ANY	IN	--	＜MAX	＜＝MAX	＞MIN	＞＝MIN
ALL	--	NOT IN	＜MIN	＜＝MIN	＞MAX	＞＝MAX

4. 带有 EXISTS 谓词的子查询

EXISTS 代表存在量词∃。带有 EXISTS 谓词的子查询不返回任何实际数据,它只产生逻辑真值 true 或逻辑假值 false。

例 3.47　查询所有选修了 C1 号课程的学生姓名。

由于本题涉及 S 和 SC 关系,因此可以在 S 关系中依次取每个元组的 SNO 值,用此 S. SNO 值去检查 SC 关系,若 SC 中存在这样的元组,其 SC. SNO 值等于用来检查的 S. SNO 值,并且其 SC. CNO＝'C1',则取此 S. SN 送入结果关系。也即在 S 关系中查找学生姓名,条件是该学生存在对 C1 课程的选修情况。SQL 表达式为:

```
SELECT SN FROM S
```

```
WHERE EXISTS(SELECT * FROM SC WHERE SNO=S.SNO AND CNO='C1')
```

使用存在量词 EXISTS 后,若内层查询结果非空,则外层的 WHERE 子句返回真值,否则返回假值。由 EXISTS 引出的子查询,其目标列表达式通常都用"＊",因为带 EXISTS 的子查询只根据是否有结果元组而返回真值或假值,给出的列名亦无实际意义。

这类查询与不相关子查询有一个明显区别,即子查询的查询条件依赖于外层父查询的某个属性值(在本例中是依赖于 S 表的 SNO 值),这类查询称为**相关子查询**(Correlated Subquery)。求解相关子查询不能像求解不相关子查询那样,一次性将子查询求解出来,然后求解父查询。由于相关子查询的内层查询与外层查询有关,因此必须反复求值。从概念上讲,相关子查询的一般处理过程是,首先取外层查询中 S 表的第一个元组,根据它与内层查询相关的属性值(即 SNO 值)处理内层查询,若 WHERE 子句返回值为真(即内层查询结果非空),则取此元组放入结果表;然后再检查 S 表的下一个元组;重复这一过程,直至 S 表全部检查完毕为止。

本例中的查询也可以用连接运算来实现,读者可以参照有关的例子,自己给出相应的 SQL 语句。与 EXISTS 谓词相对应的是 NOT EXISTS 谓词。使用存在量词 NOT EXISTS 后,若内层查询结果为空,则外层的 WHERE 子句返回真值,否则返回假值。

例 3.48　查询所有未修 C1 号课程的学生姓名。

```
SELECT SN FROM S
WHERE NOT EXISTS(SELECT * FROM SC WHERE SNO=S.SNO AND CNO='C1')
```

一些带 EXISTS 或 NOT EXISTS 谓词的子查询不一定能被其他形式的子查询等价替换,但所有带 IN 谓词、比较运算符、ANY 和 ALL 谓词的子查询都能用带 EXISTS 谓词的子查询等价替换。例如,带有 IN 谓词的例 3.44 可以用如下带 EXISTS 谓词的子查询替换。

```
SELECT SNO,SN,DEPT FROM S S1
WHERE EXISTS(SELECT * FROM S S2 WHERE S2.DEPT=S1.DEPT AND S2.SN='王林')
```

由于带 EXISTS 量词的相关子查询只关心内层查询是否有满足条件的元组,而并不需要得到具体值,因此其效率并不一定低于不相关子查询,甚至有时是最高效的方法。

由于 SQL 语言中没有全称量词 ∀(For all)。因此必须利用谓词演算将一个带有全称量词的谓词转换为等价的带有存在量词的谓词。

例 3.49　查询选修了全部课程的学生姓名。

由于没有全称量词,因此可以将题目的意思转换成等价的适合应用存在量词的形式:查询这样的学生姓名,没有一门课程是他不选修的。该查询涉及三个关系,存放学生姓名的 S 表,存放所有课程信息的 C 表,存放学生选课信息的 SC 表。其 SQL 语句为:

```
SELECT SN FROM S
WHERE NOT EXISTS(SELECT * FROM C
                  WHERE NOT EXISTS(SELECT * FROM SC
                                    WHERE SNO=S.SNO AND CNO=C.CNO))
```

注意,本题也可用如下不太常规的方法(假设 S 表中姓名 SN 不重复)来解答。

```
SELECT SN FROM S,SC WHERE S.SNO=SC.SNO
GROUP BY S.SNO,SN HAVING COUNT(*)>=(SELECT COUNT(*) FROM C)
```

3.3.10* 子查询别名表达式的使用

在查询语句中,直接使用子查询别名的表达形式不失为一种简捷的查询表达方法。

例 3.50 在选修 C2 课程成绩大于该课平均成绩的学生中,查询还选修了 C1 课程的学生学号、姓名与 C1 课程成绩。

```
SELECT S.SNO,S.SN,SCORE
FROM SC,S,(SELECT SNO FROM SC
            WHERE CNO='C2' AND
                    SCORE>(SELECT AVG(SCORE)
                          FROM SC WHERE CNO='C2')) AS T1(sno)
WHERE SC.SNO=T1.SNO AND S.SNO=T1.SNO AND CNO='C1'
```

注意:通过 AS 关键字给子查询命名的表达方式称为子查询别名表达式,别名后的括号中可对应给子查询列指定列名。一旦命名,别名表的使用如同一般表。

例 3.51 查询选课门数唯一的学生的学号(例如,若只有 S1 学号的学生选 2 门,则 S1 应为结果之一)。

```
SELECT T3.SNO
FROM(SELECT CT
     FROM(SELECT SNO,COUNT(SNO)AS CT
          FROM SC GROUP BY SNO)AS T1(SNO,CT)
     GROUP BY CT HAVING COUNT(*)=1
     )AS T2(CT),(SELECT SNO,COUNT(SNO) AS CT
                 FROM SC GROUP BY SNO) AS T3(SNO,CT)
WHERE T2.CT=T3.CT
```

例 3.52 查询选修 C2 课程且成绩为第 3 名的学生的学号(设选 C2 课程的学生人数>=3)。

```
SELECT SC.SNO
FROM(SELECT MIN(SCORE)
     FROM(SELECT DISTINCT TOP 3 SCORE FROM SC WHERE CNO='C2'
          ORDER BY SCORE DESC)AS t1(SCORE)
     )AS t2(SCORE)INNER JOIN SC ON t2.SCORE=SC.SCORE
WHERE CNO='C2'
```

思考:若不用子查询别名表达式的表示方法,这些查询该如何表达?

3.3.11 存储查询结果到表中

使用 SELECT…INTO 语句可以将查询到的结果存储到一个新建的数据库表或临

时表中。

例 3.53　从 SC 数据表中查询出所有同学的学号和总分,并将查询结果存放到一个新的数据表 Cal_Table 中。

```
SELECT SNO AS 学号,SUM(SCORE)AS 总分 INTO Cal_Table
FROM SC GROUP BY SNO
```

如果在该例中,将 INTO Cal_Table 改为 INTO ♯Cal_Table,则查询结果被存放到一个临时表中,因为临时表只存储在内存中,并不存储在数据库中,所以只是暂时存放。

3.4　SQL 数据更新

3.4.1　插入数据

1. 插入单个元组

插入单个元组的 INSERT 语句的格式为:

```
INSERT [INTO]<表名>[(<属性列 1>[,<属性列 2>]…)]
VALUES(<常量 1>[,<常量 2>]…)
```

如果某些属性列在 INTO 子句中没有出现,则新记录在这些列上将取空值。需要注意的是,在表定义时说明了 NOT NULL 的属性列不能取空值,为此它必须出现在属性列表中,并给它指定值,否则会出错。

如果 INTO 子句中没有指明任何列名,则新插入的记录必须在表的每个属性列上均对应指定值。

例 3.54　将一个新学生记录(学号:S7;姓名:陈冬;性别:男;年龄:18 岁;所在系:信息)插入 S 表中。

```
INSERT INTO S VALUES ('S7','陈冬','男',18,'信息')
```

例 3.55　插入一条选课记录('S7','C1')。

```
INSERT INTO SC(SNO,CNO)VALUES('S7','C1')
```

新插入的记录在 SCORE 列上取空值。

2. 插入子查询结果

子查询不仅可以嵌套在 SELECT 语句中,用以构造父查询的条件(如 3.3.9 节所述),也可以嵌套在 INSERT 语句中,用以生成要插入的一批数据记录集。

插入子查询结果的 INSERT 语句的格式为:

```
INSERT INTO<表名>[(<属性列 1>[,<属性列 2>]…)] 子查询
```

其功能是可以批量插入,一次性将子查询的结果全部插入到指定表中。

例 3.56 对每一个系,求学生的平均年龄,并把结果存入数据库。

对于这道题,首先要在数据库中建立一个有两个属性列的新表,其中一列存放系名,另一列存放相应系的学生平均年龄。

```
CREATE TABLE DEPTAGE(DEPT CHAR(15),AVGAGE TINYINT)
```

然后对数据库的 S 表按系分组求平均年龄,再把系名和平均年龄存入新表中。

```
INSERT INTO DEPTAGE (DEPT,AVGAGE)
    SELECT DEPT,AVG(AGE) FROM S GROUP BY DEPT
```

3.4.2 修改数据

修改操作又称为更新操作,其语句的一般格式为:

```
UPDATE<表名>
SET<列名>=<表达式>[,<列名>=<表达式>]…
[WHERE<条件>]
```

其功能是修改指定表中满足 WHERE 子句条件的元组。其中,SET 子句用于指定修改方法,即用<表达式>的值取代相应的属性列的值。如果省略 WHERE 子句,则表示要修改表中的所有元组。

1. 修改某一个元组的值

例 3.57 将学生 S3 的年龄改为 22 岁。

```
UPDATE S SET AGE=22 WHERE SNO='S3'
```

2. 修改多个元组的值

例 3.58 将所有学生的年龄都增加 1 岁。

```
UPDATE S SET AGE=AGE+1
```

3. 带子查询的修改语句

子查询也可以嵌套在 UPDATE 语句中,用以构造执行修改操作的条件。

例 3.59 将计算机科学系全体学生的成绩置零。

```
UPDATE SC SET SCORE=0
WHERE '计算机'=(SELECT DEPT FROM S WHERE SC.SNO=S.SNO)
```

或

```
UPDATE SC SET SCORE=0
WHERE SNO IN(SELECT SNO FROM S WHERE DEPT='计算机')
```

3.4.3　删除数据

删除语句的一般格式为：

DELETE [FROM] <表名>[WHERE <条件>]

DELETE 语句的功能是从指定表中删除满足 WHERE 子句条件的所有元组。如果省略 WHERE 子句,则表示删除表中全部元组,但表的定义仍在字典中。也就是说,DELETE 语句删除的只是表中的数据,而不是表的结构定义。

1. 删除某一个元组的值

例 **3.60**　删除学号为 S7 的学生记录。

DELETE FROM S WHERE SNO='S7'

2. 删除多个元组的值

例 **3.61**　删除所有的学生选课记录。

DELETE FROM SC

3. 带子查询的删除语句

子查询同样也可以嵌套在 DELETE 语句中,用以构造执行删除操作的条件。

例 **3.62**　删除计算机科学系所有学生的选课记录。

DELETE FROM SC
WHERE '计算机'=(SELECT DEPT FROM S WHERE S.SNO=SC.SNO)

3.5　视　　图

3.5.1　定义和删除视图

在关系数据库系统中,视图为用户提供了多种看待数据库数据的方法与途径,是关系数据库系统中的一种重要对象。

视图是从一个或几个基本表(或视图)导出的表,它与基本表不同,是一个虚表。通过视图能操作数据,基本表数据的变化也能在刷新的视图中反映出来。从这个意义上讲,视图像一个窗口或瞭望镜,用户透过它可以看到数据库中自己感兴趣的数据及其变化。

视图在概念上与基本表等同,一经定义,就可以和基本表一样被查询、被操作,也可以在一个视图上再定义新的视图,但对视图的更新(插入、删除、修改)操作则有一定的限制。

1. 创建视图

SQL 语言用 CREATE VIEW 命令建立视图,其一般格式为:

```
CREATE VIEW <视图名>[(<列名>[,<列名>]…)]
    AS <子查询>
```

其中,子查询可以是任意复杂的 SELECT 语句,但通常不允许含有 ORDER BY 子句和 DISTINCT 短语。

注意:如果 CREATE VIEW 语句仅指定了视图名,省略了组成视图的各个属性列名,则隐含该视图子查询中 SELECT 子句目标列中的诸字段。但在下列三种情况下必须明确指定组成视图的所有列名。

(1) 其中某个目标列不是单纯的属性名,而是集函数或列表达式。

(2) 多表连接时选出了几个同名列作为视图的字段。

(3) 需要在视图中为某个列启用新的更合适的名字。

需要说明的是,组成视图的属性列名必须依照上面的原则,或者全部省略或者全部指定,没有第三种选择。

例 3.63　建立信息系学生的视图。

```
CREATE VIEW IS_S
    AS SELECT SNO,SN,AGE FROM S WHERE DEPT='信息'
```

实际上,DBMS 执行 CREATE VIEW 语句的结果只是把对视图的定义存入数据库中的数据字典,并不执行其中的 SELECT 语句。只有在对视图进行查询操作时,才按视图的定义从基本表中将数据查出。

例 3.64　建立信息系选修了 C1 号课程的学生的视图。

```
CREATE VIEW IS_S1(SNO,SN,SCORE)
    AS  SELECT S.SNO,SN,SCORE FROM S,SC
        WHERE DEPT='信息' AND S.SNO=SC.SNO AND SC.CNO='C1'
```

2. 删除视图

语句的格式为:

```
DROP VIEW <视图名>
```

一个视图被删除后,由此视图导出的其他视图也将失效,用户应该使用 DROP VIEW 语句将它们一一删除。

例 3.65　删除视图 IS_S1。

```
DROP VIEW IS_S1
```

3.5.2　查询视图

视图定义后,用户就可以像对基本表一样对视图进行查询了。

DBMS 在执行对视图的查询时,首先进行有效性检查,检查查询涉及的表、视图等是否在数据库中存在,如果存在,则从数据字典中取出查询涉及的视图的定义,把定义中的子查询和用户对视图的查询结合起来,转换成对基本表的查询,然后再执行这个经过修正的查询。将对视图的查询转换为对基本表的查询的过程称为视图的消解(View Resolution)。

例 3.66　在信息系学生的视图中找出年龄小于 20 岁的学生。

```
SELECT SNO,AGE FROM IS_S WHERE AGE<20
```

视图是定义在基本表上的虚表,它可以和其他基本表一起使用,实现连接查询或嵌套查询。这也就是说,在关系数据库的三级模式结构中,外模式不仅包括视图,而且还包括一些基本表。

3.5.3　更新视图

更新视图包括插入(INSERT)、删除(DELETE)和修改(UPDATE)三类操作。

由于视图是不实际存储数据的虚表,因此对视图的更新操作,最终要转换为对基本表的更新操作,操作与对基本表的操作类似。

例 3.67　将信息系学生视图 IS_S 中学号为 S1 的学生姓名改为"刘辰"。

```
UPDATE IS_S SET SN='刘辰' WHERE SNO='S1'
```

在关系数据库中,并不是所有的视图都是可更新的,因为有些视图的更新不能唯一地、有意义地转换成对相应基本表的更新。

不同的数据库管理系统对视图的更新有不同的规定,下面是 IBM 的 DB2 数据库中视图不允许更新的规定。

(1) 若视图是由两个以上基本表导出的,则此视图不允许更新。

(2) 若视图的字段来自字段表达式或常数,则不允许对此视图执行 INSERT 和 UPDATE 操作,但允许执行 DELETE 操作。

(3) 若视图的字段来自集函数,则此视图不允许更新。

(4) 若视图定义中含有 GROUP BY 子句,则此视图不允许更新。

(5) 若视图定义中含有 DISTINCT 短语,则此视图不允许更新。

(6) 若视图定义中有嵌套查询,并且内层查询的 FROM 子句中涉及的表是导出该视图的基本表,则此视图不允许更新。

(7) 在不允许更新的视图上定义的视图也不允许更新。

应该指出的是,不可更新的视图与不允许更新的视图是两个不同的概念。前者是指理论上已证明其是不可更新的视图。后者是指实际系统中不支持其更新,但它本身有可能是可更新的视图。

3.5.4　视图的作用

视图最终是定义在基本表之上的,对视图的一切操作最终都要转换为对基本表的操作的。视图作为关系模型外模式的主要表示形式,合理使用它能带来许多好处。

1. 视图能够简化用户的操作

视图机制使用户可以将注意力集中在所关心的数据上。如果这些数据不是直接来自基本表,则可以通过定义视图,使数据库看起来结构简单、清晰,并且可以简化用户的数据查询操作。例如,定义了若干张表连接的视图,就可将表与表之间的连接操作对用户隐蔽起来。换句话说,用户所做的只是对一张虚表进行简单查询,而这个虚表是怎样得来的,用户无须了解。

2. 视图使用户能以多种角度看待同一个数据

视图机制能使不同的用户以不同的方式看待同一个数据,当许多不同种类的用户共享同一数据库叫,这种灵活性是非常重要的。

3. 视图对重构数据库提供了一定程度的逻辑独立性

视图在关系数据库中对应于子模式或外模式,在一定程度上能支持当数据库模式改变了,而子模式不变。例如,重构学生关系 S(SNO,SN,SEX,AGE,DEPT) 为 SX(SNO,SN,SEX) 和 SY(SNO,AGE,DEPT) 两个关系。这时原表 S 为 SX 表和 SY 表自然连接的结果。如果建立一个视图 S:

```
CREATE VIEW S(SNO,SN,SEX,AGE,DEPT)
  AS SELECT SX.SNO,SX.SN,SX.SEX,SY.AGE,SY.DEPT
    FROM SX,SY WHERE SX.SNO=SY.SNO
```

这样,尽管数据库的逻辑结构(或称模式)改变了(变为 SX 和 SY 两个表了),但应用程序不必修改,这是因为新建的视图可定义为原来的关系,使用户能在新建视图后的关系和视图基础上保持外模式不变。

当然,视图只能在一定程度上提供数据的逻辑独立性,因为若视图定义基于的关系表的信息不存在了或定义的视图是不可更新的,则仍然会因为基本表结构的改变而改变应用程序基于操作的外模式,因而只能改变应用程序的。

4. 视图能够对机密数据提供安全保护

有了视图机制,就可以在数据库应用时,对不同的用户定义不同的视图,使机密数据不会出现在不应该可以看到这些机密数据的应用视图上。这样视图机制就自动提供了对机密数据的安全保护功能。例如,对全校而言,完整的学生信息表中一般含有学生家庭住址、父母姓名、家庭电话等机密信息,而一般教务管理子系统中对学生机密数据是屏蔽的,这样就可以通过定义不含机密信息的学生视图来提供相应的安全性保护。

5. 适当地利用视图可以更清晰、方便地表达查询

例如,经常需要查找"优秀(各门课程均 90 分及以上)学生的学号、姓名、所在系等信

息"。可以先定义一个优秀学生学号的视图,其定义如下:

```
CREATE VIEW S_GOOD_VIEW AS
    SELECT SNO FROM SC GROUP BY SNO HAVING MIN(SCORE)>=90
```

然后再用如下查询语句来实现查询。

```
SELECT S.SNO,S.SN,S.DEPT FROM S,S_GOOD_VIEW
WHERE S.SNO=S_GOOD_VIEW.SNO
```

这样其他涉及优秀学生查询的表达均可清晰、方便地直接使用视图 S_GOOD_VIEW 参与表达就可以了。

3.6　SQL 数据控制

数据库中的数据供多个用户共享,为保证数据库的安全,SQL 语言提供数据控制语言(Data Control Language,DCL)对数据库进行统一的控制管理。

3.6.1　权限与角色

1. 权限

在 SQL 系统中,有两个安全机制,一个是视图机制,当用户通过视图访问数据库时,他不能访问此视图外的数据,这种机制提供了一定的安全性。而主要的安全机制是权限机制。权限机制的基本思想是给用户授予不同类型的权限,在必要时,可以收回授权,使用户能够进行的数据库操作以及所操作的数据限定在指定时间与指定范围内,禁止用户超越权限对数据库进行非法的操作,从而保证数据库的安全性。

在数据库中,权限可分为系统权限和对象权限。

系统权限是指数据库用户能够对数据库系统进行某种特定的操作的权力。它由数据库管理员授予其他用户,例如,创建一个基本表(CREATE TABLE)的权力。

对象权限是指数据库用户在指定的数据库对象上进行某种特定的操作的权力。对象权限由创建基本表、视图等数据库对象的用户授予其他用户。如查询(SELECT)、插入(INSERT)、修改(UPDATE)和删除(DELETE)等操作权限。

2. 角色

角色是多种权限的集合,可以把角色授予用户或角色。当要为某一用户同时授予或收回多项权限时,则可以把这些权限定义为一个角色,对此角色进行操作。这样就避免了许多重复性的工作,简化了管理数据库用户权限的工作。

3.6.2　系统权限与角色的授予与收回

1. 系统权限与角色的授予

SQL 语言用 GRANT 语句向用户授予操作权限,GRANT 语句的一般格式为:

```
GRANT <系统权限>|<角色>[,<系统权限>|<角色>]…TO <用户>|<角色>[,<用户>|<角
色>]…
[WITH GRANT OPTION]
```

其语义为将指定的系统权限或角色授予指定的用户或角色。其中,PUBLIC 代表数据库中的全部用户。WITH GRANT OPTION 为可选项,指定后则允许被授权用户将指定的系统特权或角色再授予其他用户或角色。

例 3.68 把创建表的权限授给用户 U1。

```
GRANT CREATE TABLE TO U1
```

2. 系统权限与角色的收回

数据库管理员可以使用 REVOKE 语句来收回系统权限,其语法格式为.

```
REVOKE <系统权限>|<角色>[,<系统权限>|<角色>]…
FROM <用户名>|<角色>|PUBLIC[,<用户名>|<角色>]…
```

例 3.69 把 U1 所拥有的创建表权限收回。

```
REVOKE CREATE TABLE FROM U1
```

3.6.3 对象权限与角色的授予与收回

1. 对象权限与角色的授予

数据库管理员拥有系统权限,而作为数据库的普通用户,只对自己建的基本表、视图等数据库对象拥有对象权限。如果普通用户可以共享其他的数据库对象,则必须授予他们一定的对象权限。同系统权限的授予方法类似,SQL 语言使用 GRANT 语句为用户授予对象权限,其语法格式为:

```
GRANT ALL|<对象权限>[(列名[,列名]…)][,<对象权限>]…ON <对象名> TO <用户>|<角
色>|PUBLIC[,<用户>|<角色>]…[WITH GRANT OPTION]
```

其语义为将指定的操作对象的对象权限授予指定的用户或角色。其中,ALL 代表所有的对象权限。列名用于指定要授权的数据库对象的一列或多列。如果不指定列名,被授权的用户将在数据库对象的所有列上均拥有指定的特权。实际上,只有当授予INSERT、UPDATE 权限时才需要指定列名。ON 子句用于指定要授予对象权限的数据库对象名,可以是基本表名、视图名等。WITH GRANT OPTION 为可选项,指定后则允许被授权的用户将权限再授予其他用户或角色。

例 3.70 把查询 S 表权限授给用户 U1。

```
GRANT SELECT ON S TO U1
```

2. 对象权限与角色的收回

所有授予出去的权力在必要时都可以由数据库管理员和授权者收回,收回对象权限

仍然是使用 REVOKE 语句,其语法格式为:

REVOKE <对象权限>|<角色>[,<对象权限>|<角色>]…ON <对象名>
FROM <用户名>|<角色>|PUBLIC[,<用户名>|<角色>]…

例 3.71 收回用户 U1 对 S 表的查询权限。

REVOKE SELECT ON S FROM U1

3.7* 嵌入式 SQL 语言

3.7.1 嵌入式 SQL 的简介

SQL 语言提供了两种不同的使用方式。一种是在终端交互式方式下使用,前面介绍的就是作为独立语言由用户在交互环境下使用的 SQL 语言。另一种是将 SQL 语言嵌入到某种高级语言(如 PL/1、COBOL、FORTRAN、C、Java 等语言)中使用,利用高级语言的过程性结构来弥补 SQL 语言在实现逻辑关系复杂的应用方面的不足,在这种方式下使用的 SQL 语言称为嵌入式 SQL(Embedded SQL),而嵌入 SQL 的高级语言称为主语言或宿主语言。

广义来讲,各类第四代开发工具或开发语言,如 VB、PB、VC、C♯、VB. NET、DELPHI 等,其通过 SQL 来实现数据库操作均为嵌入式 SQL 应用。

一般来讲,在终端交互方式下使用的 SQL 语句也可用在应用程序中。当然这两种方式 SQL 语句细节上会有些差别,在程序设计的环境下,SQL 语句要做某些必要的扩充。

对于嵌入了 SQL 语句的高级程序源程序,一般可采用两种方法处理,一种是先经过预编译,其处理过程如图 3.4 所示,另一种是修改和扩充主语言使之能处理 SQL 语句。目前采用较多的是预编译的方法,即由 DBMS 的预处理程序对源程序进行扫描,识别出 SQL 语句,把它们转换成主语言调用语句,以使主语言编译程序能识别它,最后由主语言的编译程序将经预处理后的整个源程序编译成目标码。

图 3.4 嵌入式 SQL 的预编译、编译、连接与运行的处理过程

3.7.2 嵌入式 SQL 要解决的三个问题

1. 区分 SQL 语句与主语言语句

在嵌入式 SQL 中,为了能够区分 SQL 语句与主语言语句,所有 SQL 语句都必须加前缀 EXEC SQL(如图 3.6②所示)。SQL 语句的结束标志则随主语言的不同而不同,例如,在 PL/1 和 C 中以分号结束,在 COBOL 中以 END-EXEC 结束。这样,以 C 或 PL/1 作为主语言的嵌入式 SQL 语句的一般形式为:

```
EXEC SQL<SQL 语句>;
```

例如,将一条交互形式的 SQL 语句:

```
DROP TABLE S
```

嵌入到 C 程序中为:

```
EXEC SQL DROP TABLE S;
```

嵌入 SQL 语句根据其作用的不同,可分为可执行语句(如图 3.6③、④、⑤所示)和说明性语句(如图 3.6①、②所示)两类。可执行语句又分为数据定义、数据控制、数据操纵三种。几乎所有的 SQL 语句都能以嵌入的方式使用。

在宿主程序中,任何允许出现可执行的高级语言语句的地方,都可以出现可执行 SQL 语句;任何允许出现说明性高级语言语句的地方,都可以写说明性 SQL 语句。

2. 数据库工作单元和程序工作单元之间的通信

嵌入式 SQL 语句可以使用主语言的程序变量来输入或输出数据。把 SQL 语句中使用的主语言程序变量称为主变量(Host Variable),主变量在宿主语言程序与数据库之间的作用如图 3.5 所示。

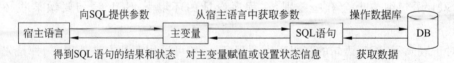

图 3.5　主变量的通信与传递数据的作用示意图

主变量根据其作用的不同,可分为输入主变量、输出主变量和指示主变量。输入主变量(如图 3.6⑨中 UPDATE 语句中使用的 newdisc 主变量)由应用程序对其赋值,SQL 语句引用;输出主变量(如图 3.6⑧中 FETCH 语句中的 cscustid、csname 等主变量)由 SQL 语句对其赋值或设置状态信息,返回给应用程序;一个主变量可以附带一个任选的指示主变量(Indicator Variable),指示主变量(如图 3.6⑧中 FETCH 语句中的 csdiscnull 主变量)是一个整型变量,用来指示所指主变量的值的情况,指示主变量可以指示输入主变量是否希望设置为空值,可以检测输出主变量是否是空值(指示主变量为负值指示所指主变量为空值)。一个主变量可以既是输入主变量又是输出主变量(如图 3.6③中的 tname 主变量)。在 SQL 语句中使用这些变量时,需在主变量名前加冒号作为标记,以区别于表中的字段(或属性)名。程序中使用到的主变量都需要在程序说明部分使用 EXEC SQL DECLARE 语句加以说明,一则使程序更加清晰,二则使预编译系统程序能进行某些语法检查。

```
void ErrorHandler (void);
#include<stddef.h>                                //standard C run-time header
#include<stdio.h>                                 //standard C run-time header
#include "gcutil.h"                               //utility header
int main(int argc,char** argv,char** envp)
{   int nRet;                                     //for return values
    char yn[2];
    EXEC SQL BEGIN DECLARE SECTION;               //①先说明主变量
        char szServerDatabase[(SQLID_MAX * 2)+2]=""; //放数据库服务器名与数据库名
        char szLoginPassword[(SQLID_MAX * 2)+2]=""; //放登录用户名与口令
        char tname[21]="xxxxxxxxxxx";             //放表名变量
        char cscustid[8];
        char csname[31];
        double csdiscount;
        double newdisc;
        int csdiscnull= 0;
    EXEC SQL END DECLARE SECTION;
    //②接着是错误处理设置与连接的相关选项设置
    EXEC SQL WHENEVER SQLERROR CALL ErrorHandler();
    EXEC SQL SET OPTION LOGINTIME 10;
    EXEC SQL SET OPTION QUERYTIME 100;
    printf("Sample Embedded SQL for C application\n");  //display logo
    //若不使用"GetConnectToInfo()",则也可直接指定"服务器名.数据库名"与
    //"用户名.口令名"来连接,如 EXEC SQL CONNECT TO qh.qxz USER sa.sa;
    //这里"qh"为服务器名,"qxz"为数据库名,"sa"为用户名,"sa"为口令
    //GetConnectToInfo()实现连接信息的获取,一般在"gcutil.c"C源程序中的
    nRet=GetConnectToInfo(argc,argv,szServerDatabase,szLoginPassword);
    if(!nRet){return(1);}
    //下面 CONNECT TO 命令真正实现与 SQL Server 的连接
    EXEC SQL CONNECT TO :szServerDatabase USER :szLoginPassword;
    if(SQLCODE==0){printf("Connection to SQL Server established\n");}
    else{                                         //problem connecting to SQL Server
        printf("ERROR: Connection to SQL Server failed\n"); return (1);}
    //检测数据库是否有 customer 表
    EXEC SQL SELECT name into :tname FROM sysobjects    //③SELECT INTO 语句
            WHERE(xtype='U' and name='customer');
    if(SQLCODE==0||strcmp(tname,"customer")==0)
    { printf("客户表已经存在。\n");}
    else{                           //若不存在 customer 表,则创建表并插入若干条记录
        EXEC SQL CREATE TABLE customer                  //④创建 customer 表
            (CustID    Dec(7,0)not null,
            Name       Char(30)not null,
            ShipCity   Char(30)NULL,
            Discount   Dec(5,3)NULL,
            primary key(CustID));
        if(SQLCODE==0)
        { printf("create success!%d\n",SQLCODE);}
        else
```

图 3.6 一个嵌入了 SQL 的完整 C 语言程序

```c
        { printf("ERROR: create %d\n",SQLCODE);return (-1);}
    EXEC SQL INSERT into customer values('133568','Smith Mfg.','Portland',0.050);
    EXEC SQL INSERT into customer values('246900','Bolt Co.','Eugene',0.020);
    EXEC SQL INSERT into customer values('275978','Ajax Inc','Albany',null);//⑤
    EXEC SQL INSERT into customer values('499320','Adapto','Portland',0.000);
    EXEC SQL INSERT into customer values('499921','Bell Bldg.','Eugene',0.100);
    if(SQLCODE==0){printf("execute success!%d\n",SQLCODE);}
    else{printf("ERROR: execute %d\n",SQLCODE);return(-1);}
    }
EXEC SQL DECLARE customercursor cursor          //⑥定义游标 customercursor
        for SELECT custid,name,discount FROM customer order by custid
        for update of discount;
EXEC SQL OPEN customercursor;                    //⑦打开游标 customercursor
if(SQLCODE==0){ printf("open success!%d\n",SQLCODE);}
else{ printf("ERROR: open %d\n",SQLCODE); return(-1);}
while(SQLCODE==0){
    EXEC SQL FETCH NEXT customercursor           //⑧推进游标 customercursor
            INTO :cscustid,:csname,:csdiscount :csdiscnull;
    if(SQLCODE==0)
    {    printf("客户号=%s",cscustid);            //显示客户信息
         printf("客户名=%14s",csname);
         if(csdiscnull==0)printf("折扣率=%lf\n",csdiscount);
         else printf("折扣率=NULL\n");
         printf("需要修改吗？(Y/N)?");            //询问是否要修改
         scanf("%s",yn);
         if(yn[0]=='y'||yn[0]=='Y'){             //输入并修改
             printf("请输入新的折扣率:");
             scanf("% lf",&newdisc);
             EXEC SQL UPDATE customer set discount=:newdisc
                 where current of customercursor;//⑨CURRENT 形式的 UPDATE 语句
             if(SQLCODE==0){printf("该客户的折扣率修改成功!");}
             else{printf("该客户的折扣率修改未成功!");}
         };
    }
    else{printf("ERROR: fetch %d\n",SQLCODE);}
    }
EXEC SQL CLOSE customercursor;                    //⑩关闭游标 customercursor
EXEC SQL DISCONNECT ALL;                          //关闭与数据库的连接
return(0);
}
void ErrorHandler (void)                          //显示错误信息子程序
{    printf("Error Handler called:\n");
     printf("  SQL Code=%li\n",SQLCODE);
     printf("  SQL Server Message %li: '%Fs'\n",SQLERRD1,SQLERRMC);
}
```

图 3.6（续）

　　SQL 语句在应用程序中执行后,系统要反馈给应用程序若干信息,这些信息送到 SQL 的通信区 SQLCA(SQL Communication Area)。SQLCA 用语句 EXEC SQL INCLUDE 加以定义。SQLCA 是一个数据结构(即 SQLCA 结构中含有能反映不同执行后状况的多个状态变量,如 SQLCODE、SQLERRD1、SQLERRMC、SQLWARN 、SQLERRM 等),SQLCA 中有一个存放每次执行 SQL 语句后返回代码的状态变量 SQLCODE。当 SQLCODE 为零时(如图 3.6 中的 if (SQLCODE==0)……语句),表示 SQL 语句执行成功,否则返回一个错误代码(负值)或警告信息(正值),一般程序员应该在每个 SQL 语句之后测试 SQLCODE 的值,以便根据当前 SQL 命令执行情况决定后续的处理。

3. 协调 SQL 集合式操作与高级语言记录式处理之间的关系

　　一个 SQL 语句一般能处理一组记录,而主语言一次只能处理一个记录,为此必须协调两种处理方式。使它们可以相互协调地处理。嵌入式 SQL 是引入游标(Cursor)机制来解决这个问题的。

　　游标是系统为用户开设的一个数据缓冲区,用来存放 SQL 语句的执行结果,每个游标区都有一个名字。用户可以通过游标逐一获取记录,并赋给主变量,再由主语言程序做进一步处理。

　　与游标有关的 SQL 语句有下列四个。

　　(1)游标定义语句 DECLARE(如图 3.6⑥所示)。游标是与某个查询结果相联系的符号名,用 SQL 的 DECLARE 语句定义,它是说明性语句,定义时,游标定义中的 SELECT 语句并不马上执行(与视图的定义相似)。

　　(2)游标打开语句 OPEN(如图 3.6⑦所示)。此时执行游标定义中的 SELECT 语句,同时游标缓冲区中含有 SELECT 语句执行后对应的所有记录,游标也处于活动状态。游标指针指向游标中记录结果第一行之前。

　　(3)游标推进语句 FETCH(如图 3.6⑧所示)。此时执行游标向前推进一行。并把游标指针指向的当前记录读出,放到 FETCH 语句中指定的对应主变量中。FETCH 语句常置于主语言程序的循环结构中,通过循环来逐一处理游标中的记录。

　　(4)游标关闭语句 CLOSE(如图 3.6⑩所示)。关闭游标,使它不再和原来的查询结果相联系,同时释放游标占用的资源。关闭的游标可以再次打开,得到新的游标记录后再使用游标、再关闭。

　　当游标处于活动状态时,可以修改和删除游标指针指向的当前记录。这时,UPDATE 语句和 DELETE 语句中要用子句 WHERE CURRENT OF <游标名>(如图 3.6⑨所示)。

4. 举例

　　为了能够更好地理解上面的概念,下面给出带有嵌入式 SQL 的一段完整的 C 程序。该程序先使用 SELECT INTO ……语句来检测数据库中是否存在客户表(Customer),若不存在,则先用 CREATE TABLE 命令创建该表,并使用 INSERT INTO 插入若干条记录;若存在则继续。程序接着利用游标,借助循环语句结构,逐一显示出客户表中的记录(含客户号、客户名、客户折扣率),显示的同时询问是否要修改当前客户的折扣率,得到肯定回答后,要求输入新的折扣率,并利用 UPDATE 命令来修改当前记录的折扣率。

3.7.3 第四代数据库应用开发工具或高级语言中 SQL 的使用

第四代开发工具或高级语言,一般是面向对象编程的,往往是借助于某数据库操作组件或对象,如 ADO、ADO. NET 对象,再通过传递 SQL 命令操作数据库数据的(就这一点来说,操作数据库的原理与嵌入 SQL 的 C 程序是一样的),下面通过几个小例子来说明第四代程序语言中 SQL 的使用情况。

1. Visual Basic 6.0 中数据操作示例

该例子利用 VB 实现类似 SQL Server 2000 查询分析器的功能,运行效果如图 3.7 所示。当运行时,左边文本框中可输入对数据库表的查询类命令(SELECT),按左文本框下的按钮,窗体上面网格控件中即能显示出 SELECT 查询的结果(当然要输入正确的 SELECT 命令);在右边文本框中可输入对数据库表的更新类命令(如 INSERT、UPDATE、DELETE),同样 SQL 命令正确的话即能更新操作数据库中的数据,更新数据后左边文本框中再输入查询命令能加以检验,如此强大的 SQL 命令交互操作功能,利用 ADO 数据对象来实现非常轻松。

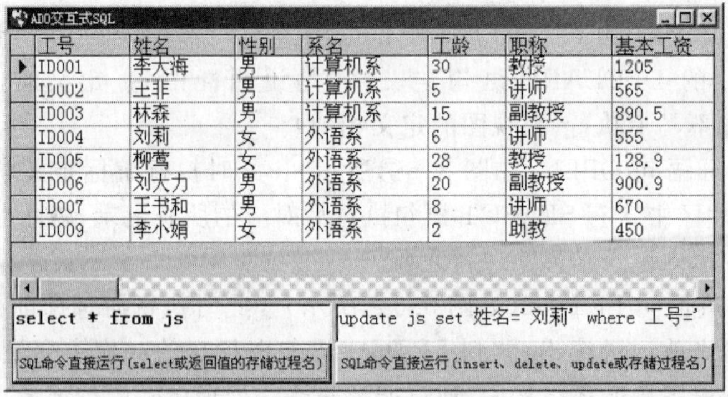

图 3.7 运行效果

该窗体设计时的主要属性见表 3.6。

表 3.6 属性表

对象	属性	设 置 值
frmadocode	Name	frmadocode(窗体名)
DataGrid1	Name	DataGrid1
Text1	Text	SELECT * FROM js
Text2	Text	UPDATE js SET 姓名='刘莉' where 工号='ID004'
RunSelect	Name	RunSelect(命令按钮名)
	Caption	SQL 命令直接运行(SELECT 或返回值的存储过程名)
RunSqls	name	RunSqls(命令按钮名)
	Caption	SQL 命令直接运行(INSERT、INSERT、UPDATE 或存储过程名)

带适当注释的两命令按钮代码如下：

```
Private Sub RunSelect_Click()
    Dim cn As New ADODB.Connection          '定义并实例化 ADO 连接对象变量 cn
    Dim cmd As New ADODB.Command            '定义并实例化 ADO 命令对象变量 cmd
    '定义并实例化 ADO 记录集对象变量 rs(它相当于 C 语言中的游标,能返回记录集,并通过它
'操作数据)
    Dim rs As New ADODB.Recordset
    On Error GoTo RunSQL_Error              '遇到错误,跳转到 RunSQL_Error
    '设置连接对象 cn 的连接数据库属性,这里要求当前目录中已存在含表 js 的 Access 数据
'库 js.mdb 文件
    cn.ConnectionString="Provider=Microsoft.Jet.OLEDB.4.0;Data Source=js.
mdb"
    ' cn.ConnectionString="Provider=SQLOLEDB.1;User ID=sa;Password=sa;
Initial Catalog=jxgl;Data Source=qh"
                        '设置连接到 SQL Server,服务器名 qh,数据库名 qh,用户名口令均为 sa
    cn.Open                                 '打开连接对象 cn
    cmd.ActiveConnection=cn                 '命令对象 cmd 的活动连接设置为 cn
    cmd.CommandType=adCmdText               '命令对象 cmd 的命令类型为 SQL 命令
    cmd.CommandText=Text1.Text              '查询类 SQL 命令来自 Text1 文本框,设置对象 cmd
    'cmd.CommandText="SELECT * FROM js"     '如设定本语句,能得到图 3.7 的运行效果
    rs.CursorLocation=adUseClient           '记录集对象 rs 定位于客户端
    rs.CursorType=adOpenStatic              '记录集对象 rs 为静态记录集
    rs.LockType=adLockReadOnly              '记录集对象 rs 为只读记录集
    rs.Open Cmd
'通过命令对象 Cmd,打开记录集对象 rs,即借助命令对象含有的 SQL 命令,从数据库中取得了记
'录集,并放在记录集对象 rs 中
    Set DataGrid1.DataSource=rs
                        '记录集对象 rs 赋值给网格控件 DataGrid1,界面上能看到查询到的记录内容
    Exit Sub                                '退出子程序
  RunSQL_Error:
    MsgBox "错误：" & Err.Description        '遇到错误时,显示错误信息
End Sub
Private Sub RunSqls_Click()
    Dim cn As New ADODB.Connection
    Dim cmd As New ADODB.Command
    Dim rs As New ADODB.Recordset
    On Error GoTo RunSQL_Error
    cn.ConnectionString="Provider=Microsoft.Jet.OLEDB.4.0;Data Source=js.mdb"
    cn.Open
    cmd.ActiveConnection=cn
    cmd.CommandType=adCmdText
    cmd.CommandText=Text2.Text              '更新类 SQL 命令来自 Text2 文本框
    Cmd.Execute             '更新类 SQL 命令,由 Cmd 的 Execute 方法直接递交到数据源执行
```

```
        MsgBox "已成功执行,请验证执行结果!" & Cmd.State
        Exit Sub
    RunSQL_Error:
        MsgBox "错误: " & Err.Description
End Sub
```

2. C♯中连接并执行 SQL 命令程序段

.NET 集成环境中的 C♯ 操作数据库是通过 ADO.NET 应用程序级接口来操作数据的,ADO.NET 提供对 Microsoft SQL Server 等数据源以及通过 OLE DB 和 XML 公开的数据源的一致访问。数据共享使用者应用程序可以使用 ADO.NET 来连接这些数据源,并检索、操作和更新数据。

一个 OleDbConnection 对象表示到数据源的一个唯一的连接。在客户端/服务器数据库系统的情况下,它等效于到服务器的一个网络连接。下面的示例创建一个 OleDbCommand 和一个 OleDbConnection 对象。OleDbConnection 打开,并设置给 OleDbCommand 的 Connection。然后,该示例调用 ExecuteNonQuery 来执行 INSERT 插入操作,完成向 Customers 表中插入一条记录,并关闭该连接。代码段如下:

```
public void InsertRow(string myConnectionString)
{
    if(myConnectionString==""){
        myConnectionString="Provider=SQLOLEDB;Data Source=localhost;Initial
Catalog=Northwind;Integrated Security=SSPI;";
                                    //连接到 SQL Server 中的 Northwind 数据库
    }
    //由连接字符串,创建 OleDb 连接对象 myConnection
    OleDbConnection myConnection=new OleDbConnection(myConnectionString);
    string myInsertQuery=" INSERT INTO Customers (CustomerID, CompanyName)
Values('NWIND','Northwind Traders')";   //把 SQL 插入命令赋值给变量 myInsertQuery
    OleDbCommand myCommand=new OleDbCommand(myInsertQuery);
                                                    //建立命令对象 myCommand
    myCommand.Connection=myConnection;
                            //对象 myCommand 的当前连接设置为 myConnection
    myConnection.Open();                //打开并建立连接
    //通过命令对象 myCommand,借助 myConnection 连接对象执行 SQL 插入操作
    myCommand.ExecuteNonQuery();
    myCommand.Connection.Close();       //由命令对象关闭已建立的连接
}
```

3. Java 语言中通过 jdbc.odbc 连接并执行数据查询的程序段

```
package javabean;                //包名
import java.sql.*;               //导入相关类
```

```
public class DBBean{
    String sDBDriver="sun.jdbc.odbc.JdbcodbcDriver";              //指定 Jdbc.odbc 驱动
    String sConnStr="jdbc:odbc:DBClothes";
                //数据源连接字符串,其中 DBClothes 为预先建立的连接数据库的 ODBC 数据源名
    Connection conn=null;                               //定义一数据库连接对象 conn
    Statement stmt=null;                                //定义一数据库命令对象 stmt
    ResultSet rs=null;                                  //定义一结果集 rs
    public DBBean(){                            <!--注册数据库驱动程序-->
        try{Class.forName(sDBDriver);}                  //检查是否有该类数据库的驱动程序
        catch(java.lang.ClassNotFoundException e){
            System.err.println("DBBean()"+e.getMessage());  //异常处理
        }
    }
    <!--建立数据库连接及定义数据查询-->
    public ResultSet executeQuery(String sql){      //sql 为 SQL 查询命令的参数变量
        rs=null;
        try{  //通过数据源连接字符串(sConnStr)及用户名(sa)与密码(11),建立连接对象 conn
            conn=DriverManager.getConnection(sConnStr,"sa","11");
            stmt=conn.createStatement();                //通过连接对象创建命令对象 stmt
            rs=stmt.executeQuery(sql);
                        //通过命令对象执行数据查询命令,取得的记录集赋给记录集对象 rs
        }catch(SQLException ex){
            System.err.println("executeQuery:"+ex.getMessage());}
        return rs;                                      //函数返回记录集 rs
    }
    ...
}
```

　　通过以上三个简单例子,读者能够了解到目前第四代开发工具或高级语言中操作数据库数据的一般方法,也能认识到 SQL 命令仍然是数据库操作的核心与关键。

3.8　小　　结

　　本章系统而详尽地讲解了 SQL 语言。在讲解 SQL 语言的同时,进一步介绍了关系数据库的基本概念,例如索引和视图的概念及其作用等。

　　SQL 语言具有数据定义、数据查询、数据更新、数据控制四大功能。数据库的管理与各类数据库应用系统的开发主要通过 SQL 语言来实现。然而,需要注意的是,本章的有些例子在不同的数据库系统中也许要稍作修改后才能使用,具体数据库系统实现 SQL 语句时也会有少量语句格式变形(应通过帮助具体了解)。

　　视图是关系数据库系统中的重要概念,这是因为合理使用视图具有许多优点,它的使用也是非常有必要的。

　　SQL 语言的数据查询功能是最丰富而复杂的。读者需要通过不断实践才能真正牢

固地掌握。若面对各种数据操作,都能即时正确写出相应的 SQL 操作命令,则表明你掌握 SQL 语言已达到较高水平。

<h1 style="text-align:center">习 题</h1>

一、选择题

1. 在 SQL 语言中,授权的操作是通过( )语句实现的。

    A. CREATE   B. REVOKE   C. GRANT   D. INSERT

2. SQL 语言的一体化特点主要是同( )相比较而言的。

    A. 操作系统命令   B. 非关系模型的数据语言

    C. 高级语言   D. 关系模型语言

3. 在嵌入式 SQL 语言中使用游标的目的在于( )。

    A. 区分 SQL 与宿主语言   B. 与数据库通信

    C. 处理错误信息   D. 处理多行记录

4. 设有关系 $R=(A,B,C)$。与 SQL 语句 SELECT DISTINCT A FROM R WHERE B=17 等价的关系代数表达式是( )。

    A. $\Pi_A(R)$ B. $\sigma_{B=17}(R)$

    C. $\Pi_A(\sigma_{B=17}(R))$ D. $\sigma_{B=17}(\Pi_A(R))$

5. 两个子查询的结果( )时,可以执行并、交、差操作。

    A. 结构完全一致   B. 结构完全不一致

    C. 结构部分一致   D. 主键一致

6. 在 SQL 查询语句中,用于测试子查询是否为空的谓词是( )。

    A. Exists   B. Unique   C. Some   D. All

7. 使用 SQL 语句进行查询操作时,若希望查询结果中不出现重复元组,应在 Select 子句中使用( )保留字。

    A. Unique   B. All   C. Except   D. Distinct

8. 在视图上不可能完成的操作是( )。

    A. 更新视图   B. 查询

    C. 在视图上定义新的基本表   D. 在视图上定义新视图

9. SQL 中涉及属性 Age 是否是空值的比较操作,( )的写法是错误的。

    A. Age Is Null   B. Not(Age Is Null)

    C. Age=Null   D. Age Is Not Null

10. 假定学生关系是 S(S#,Sname,Sex,Age),课程关系是 C(C#,CName,TEACHER),学生选课关系是 SC(S#,C#,Grade)。要查找选修"数据库系统概论"课程的"男"学生学号,将涉及关系( )。

    A. S   B. SC,C   C. S,SC   D. S,SC,C

二、填空题

1. SQL 操作命令 CREATE、DROP、ALTER 主要完成的是数据的_____功能。

2._____为关系数据库国际标准语言。

3. SQL 的中文含义是_____,它集查询、操纵、定义和控制等多种功能于一体。

4. 视图是从_____导出的表,它相当于三级结构中的外模式。

5. 视图是虚表,它一经定义就可以和基本表一样被查询,但_____操作将有一定限制。

6. SQL 的数据更新功能主要包括_____、_____和_____三个语句。

7. 在字符匹配查询中,通配符"％"代表_____,"_"代表_____。

8. SQL 语句具有_____和_____两种使用方式。

9. SQL 语言中,实现数据检索的语句是_____。

10. 在 SQL 中如果希望将查询结果排序,应在 Select 语句中使用_____子句。

三、简答与 SQL 操作表达

1. 简述 SQL 的定义功能。

2. 简述 SQL 语言支持的三级逻辑结构。

3. 解释本章所涉及的有关基本概念的定义:基本表、导出表、视图、索引、聚集、系统特权、对象特权、角色,并说明视图、索引、聚集、角色的作用。

4. 在对数据库进行操作的过程中,设置视图机制有什么优点? 它与数据表之间有什么区别?

5. 设有四个关系(只示意性给出一条记录):

S					SPJ			
SNO	SNAME	ADDRESS	TEL		SNO	PNO	JNO	QTY
S1	SN1	上海南京路	68564345		S1	P1	J1	200

P						J			
PNO	PNAME	SPEC	CITY	COLOR		JNO	JNAME	LEADER	BG
P1	PN1	8X8	无锡	红		J1	JN1	王总	10

S(SNO,SNAME, ADDRESS,TEL),其中,SNO 为供应商代码;SNAME 为姓名ADDRESS:地址;TEL 为电话。J(JNO,JNAME,LEADER,BG),其中,JNO 为工程代码;JNAME 为工程名;LEADER 为负责人;BG 为预算。P(PNO,PNAME,SPEC,CITY,COLOR),其中,PNO 为零件代码;PNAME 为零件名;SPEC 为规格;CITY 为产地;COLOR 为颜色。SPJ(SNO,JNO,PNO,QTY),其中,SNO 为供应商代码;JNO 为工程代码;PNO 为零件代码;QTY 为数量。

(1) 为每个关系建立相应的表结构,添加若干记录。

(2) 完成如下查询。

① 找出所有供应商的姓名、地址和电话。

② 找出所有零件的名称、规格、产地。

③ 找出使用供应商代码为 S1 供应零件的工程号。

④ 找出工程代码为 J2 的工程使用的所有零件名称、数量。

⑤ 找出产地为上海的所有零件代码和规格。

⑥ 找出使用上海产的零件的工程名称。

⑦ 找出没有使用天津产的零件的工程号。

⑧ 找出没有使用天津产的红色零件的工程号。

⑨ 取出为工程 J1 和 J2 提供零件的供应商代号。

⑩ 找出使用供应商 S2 供应的全部零件的工程号。

（3）完成如下更新操作。

① 把全部红色零件的颜色改成蓝色。

② 由 S10 供给 J4 的零件 P6 改为由 S8 供应，请作必要的修改。

③ 从供应商关系中删除 S2 的记录，并从供应零件关系中删除相应的记录。

④ 请将（S2，J8，P4，200）插入供应零件关系。

⑤ 将工程 J2 的预算改为 40 万元。

⑥ 删除工程 J8 订购的由 S4 提供零件的所有供应信息。

（4）请将"零件"和"供应零件"关系的连接定义一个视图，完成下列查询。

① 找出工程代码为 J2 的工程使用的所有零件名称、数量。

② 找出使用上海产的零件的工程号。

6. 在嵌入式 SQL 中，如何区分 SQL 语句和主语句？举例说明。

7. 在嵌入式 SQL 中，如何解决数据库工作单元与程序工作单元之间的沟通？

8. SQL 的集合处理方式与宿主语言的单记录处理方式之间如何协调？

9. 对于简易教学管理数据库有如下三个基本表：S（SNO，SN，AGE，SEX）、SC（SNO，CNO，SCORE）、C（CNO，CN，TH），其含义为 SNO（学号），SN（姓名），AGE（年龄），SEX（性别），SCORE（成绩），CNO（课程号），CN（课程名），TH（教师名）。试用 SQL 语言表达如下查询及操作。

（1）检索年龄大于 16 岁的女学生的学号和姓名。

（2）检索姓刘的学生选修的所有课程名与教师名。

（3）检索没有选修数据库课程的学生的学号与姓名。

（4）检索至少选修两门课程的学生的学号与姓名。

（5）检索选修课程包含姓张老师所授全部课程的学生的学号与姓名。

（6）把王非同学的学生信息及其选课情况等全部删除。

（7）在课程表中添加一门新课程，其信息为（'C8'，'信息系统概论'，'孙力'）。

（8）在选修关系表 SC 中添加所有学生对 C8 课程的选修关系记录，成绩暂定为 60，请用一条命令完成本批量添加任务。

（9）把选"信息系统概论"课程的男学生的成绩暂时全部初始化重新设置为 0。

关系数据库设计理论

本 章 要 点

关系数据库设计理论主要包括数据依赖、范式及规范化方法三部分内容。关系模式中数据依赖问题的存在,可能会导致库中数据冗余、插入异常、删除异常、修改复杂等问题,规范化模式设计方法使用范式这一概念来定义关系模式所要符合的不同等级。较低级别范式的关系模式,经模式分解可转换为若干符合较高级别范式要求的关系模式。本章的重点是函数依赖相关的概念,以及基于函数依赖的范式及其判定。

4.1 问题的提出

前面已经讲述了关系数据库、关系模型的基本概念以及关系数据库的标准语言 SQL。这一章讨论关系数据库设计理论,即如何采用关系模型设计关系数据库,也就是面对一个现实问题,如何选择一个比较好的关系模式的集合,以及每个关系模式的组成。这就是数据库逻辑结构设计主要关心的问题。

4.1.1 规范化理论概述

关系数据库的规范化理论最早是由关系数据库的创始人 E. F. Codd 提出的,后经许多专家学者对关系数据库设计理论作了深入的研究和发展,形成了一整套有关关系数据库设计的理论。在该理论出现以前,层次和网状数据库的设计只是遵循其模型本身固有的特色与原则,而无具体的理论依据,因而带有盲目性,可能在以后的运行和使用中会发生许多预想不到的问题。

设计一个合适的关系数据库系统的关键是关系数据库模式的设计,即应该构造几个关系模式,每个关系模式由哪些属性组成,又如何将这些相互关联的关系模式组建成一个适合的关系模型,这些都决定了整个系统的运行效率,也是应用系统开发设计成败的因素。实际上,关系数据库的设计必须在关系数据库规范化理论的指导下进行。

关系数据库设计理论主要包括三个方面的内容:函数依赖、范式(Normal Form)和模式设计。其中,函数依赖起着核心作用,是模式分解和模式设计的基础,范式是模式分解的标准。

4.1.2　不合理的关系模式存在的问题

关系数据库设计时要遵循一定的规范化理论。只有这样才可能设计出一个较好的数据库来。前面已经讲过关系数据库设计的关键所在是关系数据库模式的设计,也就是关系模式的设计。那么到底什么是好的关系模式呢? 不好的关系模式可能导致哪些问题? 下面通过例子对这些问题进行分析。

例 4.1　要求设计学生—课程数据库,其关系模式 SDC 如下:

SDC(SNO,SN,AGE,DEPT,MN,CNO,SCORE)

其中,SNO 表示学生学号,SN 表示学生姓名,AGE 表示学生年龄,DEPT 表示学生所在的系别,MN 表示系主任姓名,CNO 表示课程号,SCORE 表示成绩。

根据实际情况,这些数据有如下语义规定:

(1) 一个系有若干个学生,但一个学生只属于一个系;

(2) 一个系只有一名系主任,但一个系主任可以同时兼几个系的系主任;

(3) 一个学生可以选修多门功课,每门课程可被若干个学生选修;

(4) 每个学生学习每门课程都有一个成绩。

在此关系模式中填入一部分具体的数据,则可得到 SDC 关系模式的实例,即一个学生—课程数据库表,如图 4.1 所示。

SNO	SN	AGE	DEPT	MN	CNO	SCORE
S1	赵红	20	计算机	张文斌	C1	90
S1	赵红	20	计算机	张文斌	C2	85
S2	王小明	17	外语	刘伟华	C5	57
S2	王小明	17	外语	刘伟华	C6	80
S2	王小明	17	外语	刘伟华	C7	—
S2	王小明	17	外语	刘伟华	C4	70
S3	吴小林	19	信息	刘伟华	C1	75
S3	吴小林	19	信息	刘伟华	C2	70
S3	吴小林	19	信息	刘伟华	C4	85
S4	张涛	22	自动化	钟志强	C1	93

图 4.1　关系 SDC

从上述语义规定并分析以上关系中的数据可以看出,(SNO,CNO)属性的组合能唯一标识一个元组(每行中 SNO 与 CNO 的组合均是不同的),所以(SNO,CNO)是该关系模式的主关系键(即主键,又名主码等)。但在进行数据库的操作时,会出现以下几方面的问题。

(1) 数据冗余。每个系名和系主任的名字存储的次数等于该系的所有学生每人选修课程门数的累加和,同时,学生的姓名、年龄也都要重复存储多次(选几门课就要重复几次),造成了数据的冗余度很大,浪费了存储空间。

(2) 插入异常。如果某个新系没有招生,尚无学生时,则系名和系主任的信息无法插入到数据库中,因为在这个关系模式中,(SNO,CNO)是主键。根据关系的实体完整性约束,主键的值不能为空,而这时没有学生,SNO 和 CNO 均无值,因此不能进行插入操作。另外,当某个学生尚未选课,即 CNO 未知,实体完整性约束还规定,主键的值不能部分为空,同样也不能进行插入操作。

(3) 删除异常。当某系学生全部毕业而还没有招生时,要删除全部学生的记录,这时系名、系主任也将随之删除,而现实中这个系依然存在,但在数据库中却无法存在该系信息。另外,如果某个学生不再选修 C1 课程,本应该只删去对 C1 的选修关系,但 C1 是主键的一部分,为保证实体完整性,必须将整个元组一起删除,这样,有关该学生的其他信息也被删除(假设他原只选修一门 C1 课程)。

(4) 修改异常。如果某学生改名,则该学生的所有记录都要逐一修改 SN 的值;又如某系更换系主任,则属于该系的学生—课程记录都要修改 MN 的内容,稍有不慎,就有可能漏改某些记录,这就会造成数据的不一致性,破坏了数据的完整性。

由于存在以上问题,因此 SDC 是一个不好的关系模式。产生上述问题的原因,直观地说,是关系中"包罗万象",内容太杂了。一个好的关系模式不应该产生如此多的问题。

那么,怎样才能得到一个好的关系模式呢?把关系模式 SDC 分解为学生关系 S(SNO,SN,AGE,DEPT)、系关系 D(DEPT,MN)和选课关系 SC(SNO,CNO,SCORE) 三个结构简单的关系模式,针对图 4.1 的 SDC 表内容,分解后的三表内容如图 4.2 所示。

S

SNO	SN	AGE	DEPT
S1	赵红	20	计算机
S2	王小明	17	外语
S3	吴小林	19	信息
S4	张涛	22	自动化

D

DEPT	MN
计算机	张文斌
外语	刘伟华
信息	刘伟华
自动化	钟志强

SC

SNO	CNO	SCORE
S1	C1	90
S1	C2	85
S2	C5	57
S2	C6	80
S2	C7	—
S2	C4	70
S3	C1	75
S3	C2	70
S3	C4	85
S4	C1	93

图 4.2 关系 SDC 经分解后的三关系 S、D 与 SC

在这三个关系中,实现了信息的某种程度的分离,S 中存储学生基本信息,与所选课程及系主任无关;D 中存储系的有关信息,与学生及课程信息无关;SC 中存储学生选课的信息,与学生及系的有关信息无关。与 SDC 相比,分解为三个关系模式后,数据的冗余度明显降低。当新增一个系时,只要在关系 D 中添加一条记录即可。当某个学生尚未选课时,只要在关系 S 中添加一条学生记录即可,而与选课关系无关,这就避免了插入异常。当一个系的学生全部毕业时,只需在 S 中删除该系的全部学生记录,而不会影响到系的信息,数据冗余很低,也不会引起修改异常。

经过上述分析,分解后的关系模式集是一个好的关系数据库模式。这三个关系模式都不会发生插入异常、删除异常的问题,数据冗余也得到了尽可能的控制。

但要注意,一个好的关系模式并不是在任何情况下都是最优的,比如查询某个学生选修课程的成绩及所在系的系主任时,要通过连接操作来完成(即由图 4.2 中的三张表,连接形成图 4.1 中的一张总表),而连接所需的系统开销非常大,因此现实中要以实际应用系统功能与性能需求的目标出发进行设计。

关系模式中的各属性是相互依赖、相互制约的,关系的内容实际上是这些依赖与制约作用的结果。关系模式的好坏也是由这些依赖与制约作用产生的。为此,在关系模式设计时,必须从实际出发,从语义上分析这些属性间的依赖关系,由此来做关系的规范化工作。

一般而言,规范化设计关系模式,是将结构复杂(即依赖与制约关系复杂)的关系分解成结构简单的关系,从而把不好的关系数据库模式转变为较好的关系数据库模式,这就是下一节将要讨论的内容——关系的规范化。

4.2　规　范　化

本节将讨论一个关系属性间不同的依赖情况,以及如何根据属性间的依赖情况来判定关系是否具有某些不合适的性质。通常按属性间依赖情况来区分关系规范化的程度,分为第一范式、第二范式、第三范式、BC 范式和第四范式等。然后直观地描述如何将具有不合适性质的关系转换为更合适的形式。

4.2.1　函数依赖

1. 函数依赖

定义 4.1　设关系模式 $R(U,F)$,U 是属性全集,F 是 U 上的函数依赖集,X 和 Y 是 U 的子集,如果对于 $R(U)$ 的任意一个可能的关系 r,对于 X 的每一个具体值,Y 都有唯一的具体的值与之对应,则称 X 函数决定 Y,或 Y 函数依赖于 X,记 $X \rightarrow Y$。称 X 为决定因素,Y 为依赖因素。当 Y 函数不依赖于 X 时,记作 $X \nrightarrow Y$。当 $X \rightarrow Y$ 且 $Y \rightarrow X$ 时,则记作 $X \longleftrightarrow Y$。

对于关系模式 SDC 有:

U={SNO,SN,AGE,DEPT,MN,CNO,SCORE}
F={SNO→SN,SNO→AGE,SNO→DEPT,DEPT→MN,SNO→MN,(SNO,CNO)→SCORE}

一个 SNO 有多个 SCORE 的值与之对应,因此 SCORE 不能唯一地确定,即 SCORE

不能函数依赖于 SNO,所以有 SNO→SCORE,同样有 CNO→SCORE。

但是 SCORE 可以被(SNO,CNO)唯一地确定。所以可表示为(SNO,CNO)→SCORE。

函数依赖有以下几点需要说明。

（1）平凡的函数依赖与非平凡的函数依赖

当属性集 Y 是属性集 X 的子集时,则必然存在着函数依赖 $X→Y$,这种类型的函数依赖称为平凡的函数依赖。如果 Y 不是 X 的子集,则称 $X→Y$ 为非平凡的函数依赖。若不特别声明,所讨论的都是非平凡的函数依赖。

（2）函数依赖与属性间的联系类型有关

① 在一个关系模式中,如果属性 X 与 Y 有 1∶1 联系时,则存在函数依赖 $X→Y$、$Y→X$,即 $X⟷Y$。例如,当学生没有重名时,SNO ⟷ SN。

② 如果属性 X 与 Y 有 m∶1 联系时,则只存在函数依赖 $X→Y$。例如,SNO 与 AGE、DEPT 之间均为 m∶1 联系,所以有 SNO→AGE、SNO→DEPT。

③ 如果属性 X 与 Y 有 m∶n 联系时,则 X 与 Y 之间不存在任何函数依赖关系。例如,一个学生可以选修多门课程,一门课程又可以为多个学生选修,所以 SNO 与 CNO 之间不存在函数依赖关系。

由于函数依赖与属性之间的联系类型有关,因此在确定属性间的函数依赖时,从分析属性间的联系入手,便可确定属性间的函数依赖。

（3）函数依赖是语义范畴的概念

只能根据语义来确定一个函数依赖,而不能按照其形式化定义来证明一个函数依赖是否成立。例如,对于关系模式 S,当学生不存在重名的情况下,可以得到 SN→AGE、SN→DEPT。

这种函数依赖关系,必须是在没有重名的学生条件下才成立,否则就不存在这些函数依赖了。所以函数依赖反映了一种语义完整性约束,是语义的要求。

（4）函数依赖关系的存在与时间无关

由于函数依赖是指关系中所有元组应该满足的约束条件,而不是指关系中某个或某些元组所满足的约束条件。当关系中的元组增加、删除或更新后都不能破坏这种函数依赖。因此,必须根据语义来确定属性之间的函数依赖,而不能单凭某一时刻关系中的实际数据值来判断。例如,对于关系模式 S,假设没有给出无重名的学生这种语义规定,则即使当前关系中没有重名的记录,也不能有 SN→AGE、SN→DEPT,因为在后续的对表 S 的操作中,可能马上会增加一个重名的学生,而使这些函数依赖不可能成立。所以函数依赖关系的存在与时间无关,而只与数据之间的语义规定有关。

（5）函数依赖可以保证关系分解的无损连接性

设 $R(X,Y,Z)$,X、Y、Z 为不相交的属性集合,如果有 $X→Y$、$X→Z$,则有 $R(X,Y,Z)=R[X,Y]∞R[X,Z]$,其中,$R[X,Y]$ 表示关系 R 在属性(X,Y)上的投影,即 R 等于两个分别含决定因素 X 的投影关系(分别是 $R[X,Y]$ 与 $R[X,Z]$)在 X 上的自然连接,这样便保证了关系 R 分解后不会丢失原有的信息,这称为关系分解的无损连接性。

例如,对于关系模式 S(SNO, SN, AGE, DEPT),有 SNO→SN、SNO→(AGE,

DEPT),则 S(SNO,SN,AGE,DEPT)＝S1(SNO,SN)∞S2(SNO,AGE,DEPT),也就是说,S 的两个投影关系 S1,S2 在 SNO 上的自然连接可复原关系模式 S(这一性质非常重要,在后面的关系规范化中要用到)。

2. 函数依赖的基本性质

（1）投影性

根据平凡的函数依赖的定义可知,一组属性函数决定它的所有可能的子集。例如,在关系 SDC 中,(SNO,CNO)→SNO 和(SNO,CNO)→CNO。

说明：投影性产生的是平凡的函数依赖,需要时也能使用。

（2）扩张性

若 $X{\rightarrow}Y$ 且 $W{\rightarrow}Z$,则 $(X,W){\rightarrow}(Y,Z)$。例如,SNO→(SN,AGE)、DEPT→MN,则有(SNO,DEPT)→(SN,AGE,MN)。

说明：扩张性实现了两函数依赖决定因素与被决定因素分别合并后仍保持决定关系。

（3）合并性

若 $X{\rightarrow}Y$ 且 $X{\rightarrow}Z$,则必有 $X{\rightarrow}(Y,Z)$。例如,在关系 SDC 中,SNO→(SN,AGE)、SNO→DEPT,则有 SNO→(SN,AGE,DEPT)。

说明：决定因素相同的两函数依赖,它们的被决定因素合并后,函数依赖关系依然保持。

（4）分解性

若 $X{\rightarrow}(Y,Z)$,则 $X{\rightarrow}Y$ 且 $X{\rightarrow}Z$。很显然,分解性是合并性的逆过程。

说明：决定因素能决定全部,当然也能决定全部中的部分。

由合并性和分解性,很容易得到以下事实：

$X{\rightarrow}A1,A2,\cdots,An$ 成立的充分必要条件是 $X{\rightarrow}Ai(i＝1,2,\cdots,n)$ 成立。

3. 完全/部分函数依赖和传递/非传递函数依赖

定义 4.2　设有关系模式 $R(U)$,U 是属性全集,X 和 Y 是 U 的子集,$X{\rightarrow}Y$,并且对于 X 的任何一个真子集 X',都有 $X'{\nrightarrow}Y$,则称 Y 对 X 完全函数依赖(Full Functional Dependency),记作 $X\xrightarrow{f}Y$。如果对 X 的某个真子集 X',有 $X'{\rightarrow}Y$,则称 Y 对 X 部分函数依赖(Partial Functional Dependency),记作 $X\xrightarrow{p}Y$。

例如,在关系模式 SDC 中,因为 SNO↛SCORE,且 CNO↛SCORE,所以有 $(SNO,CNO)\xrightarrow{f}SCORE$。而因为有 SNO→AGE,所以有 $(SNO,CNO)\xrightarrow{p}AGE$。

由定义 4.2 可知,只有当决定因素是组合属性时,讨论部分函数依赖才有意义,当决定因素是单属性时,都是完全函数依赖。例如,在关系模式 S(SNO,SN,AGE,DEPT)中,决定因素为单属性 SNO,有 SNO→(SN,AGE,DEPT),它肯定不是部分函数依赖。

定义 4.3　设有关系模式 $R(U)$,U 是属性全集,X、Y、Z 是 U 的子集,若 $X{\rightarrow}Y(Y\nsubseteq X)$,但 $Y{\nrightarrow}X$,又 $Y{\rightarrow}Z$,则称 Z 对 X 传递函数依赖(Transitive Functional Dependency),

记作 $X \overset{t}{\longrightarrow} Z$。

注意：如果有 $Y \rightarrow X$，则 $X \longleftrightarrow Y$，这时称 Z 对 X 直接函数依赖，而不是传递函数依赖。

例如，在关系模式 SDC 中，SNO$\rightarrow$DEPT，但 DEPT$\nrightarrow$SNO，而 DEPT$\rightarrow$MN，则有 SNO$\overset{t}{\longrightarrow}$MN。在学生不存在重名的情况下，有 SNO$\rightarrow$SN，SN$\rightarrow$SNO，SNO$\longleftrightarrow$SN，SN$\rightarrow$DEPT，这时 DEPT 对 SNO 是直接函数依赖，而不是传递函数依赖。

综上所述，函数依赖可以有不同的分类：平凡的函数依赖与非平凡的函数依赖；完全函数依赖与部分函数依赖；传递函数依赖与非传递函数依赖（即直接函数依赖），这些都是比较重要的概念，它们将在关系模式的规范化进程中作为准则的主要内容而被使用到。

4.2.2　码

在第 2 章中已给出了有关码的概念。下面用函数依赖的概念来定义码。

定义 4.4　设 K 为 $R(U,F)$ 中的属性或属性集，若 $K \overset{f}{\longrightarrow} U$，则 K 为 R 的**候选码**（或**候选关键字**或**候选键**）（Candidate key）。若候选码多于一个，则选定其中的一个为**主码**（或称主键，Primary key）。

包含在任何一个候选码中的属性称为**主属性**（Prime attribute）。不包含在任何候选码中的属性称为**非主属性**（Nonprime attribute）或非码属性（Non-key attribute）。在最简单的情况下，单个属性是码。在最极端的情况下，整个属性组 U 是码，称为**全码**（All-key）。例如，在关系模式 S(SNO,DEPT,AGE) 中 SNO 是码，而在关系模式 SC(SNO,CNO,SCORE) 中属性组合(SNO,CNO)是码。下面举个全码的例子。

关系模式 TCS(T,C,S)，属性 T 表示教师，C 表示课程，S 表示学生。一个教师可以讲授多门课程，一门课程可有多个教师讲授，同样一个学生可以选听多门课程，一门课程可被多个学生选听。教师 T、课程 C、学生 S 之间是多对多关系，单个属性 T、C、S 或两个属性组合(T,C)、(T,S)、(C,S)等均不能完全决定整个属性组 U，只有(T,C,S)$\rightarrow$U，所以这个关系模式的码为(T,C,S)，即 **All-key**。

那么，已知关系模式 $R(U,F)$，如何来找出 R 的所有候选键呢？有一个可借鉴的规范方法，它能简单明了找出 R 的所有候选键。其具体步骤如下。

(1) 查看函数依赖集 F 中的每个形如 $X_i \rightarrow Y_i$（**要确认每个函数依赖 $X_i \rightarrow Y_i$ 均为非平凡的完全的函数依赖**）的$(i=1,\cdots,n)$函数依赖关系。看哪些属性在所有 $Y_i(i=1,\cdots,n)$ 中一次也没有出现过，设没出现过的属性集为 $P(P=U-Y_1-Y_2\cdots-Y_n)$。则当 $P=\phi$（表示空集）时，转步骤(4)；当 $P\neq\phi$ 时，转步骤(2)。

(2) 根据候选键的定义，候选键中应必含 P（因为没有其他属性能决定 P）。考察 P，若有 $P \overset{f}{\longrightarrow} U$ 成立，则 P 为候选键，并且候选键只有一个 P（考虑，为什么？），转步骤(5)结束；若 $P \overset{f}{\longrightarrow} U$ 不成立，则转步骤(3)。

(3) P 可以分别与 $\{U-P\}$ 中的每一个属性合并，形成 $P_1,P_2,\cdots,P_m$。再分别判断

$P_j \xrightarrow{f} U(j=1,\cdots,m)$ 是否成立,若成立则找到了一个候选键,若不成立,则放弃。合并一个属性若不能找到或不能找全候选键,可进一步考虑 P 与 $\{U-P\}$ 中的两个(或三个,四个,……)属性的所有组合分别进行合并,继续判断分别合并后的各属性组对 U 的完全函数决定情况……如此直到找出 R 的所有候选键为止。转步骤(5)结束(需要提醒的是:如若属性组 K 已有 $K \xrightarrow{f} U$,则完全不必去考察含 K 的其他属性组合了,显然它们都不可能是候选键)。

(4) 若 $P=\phi$,则可以先考察 $X_i \rightarrow Y_i (i=1,\cdots,n)$ 中的单个 X_i,判断是否有 $X_i \xrightarrow{f} U$,若有则 X_i 为候选键。对于剩下不是候选键的 X_i,可以考察它们两个或多个的组合,查看这些组合中是否有能完全函数决定 U 的,从而找出其他可能还有的候选键。转步骤(5)结束。

(5) 本方法结束。

请读者自己验证该方法的有效性。

定义 4.5　若关系模式 R 中属性或属性组 X 并非 R 的主码,但 X 是另外一个关系模式 S 的主码,则称 X 是 R 的**外部码**或**外部关系键**(Foreign Key),也称**外码**。

例如,在 SC(SNO,CNO,SCORE)中,单 SNO 不是主码,但 SNO 是关系模式 S(SNO,SN,SEX,AGE,DEPT)的主码,则 SNO 是 SC 的外码,同理,CNO 也是 SC 的外码。

主码与外码提供了一个表示关系间联系的手段。例如,关系模式 S 与 SC 的联系就是通过 SNO 这个在 S 中是主码,在 SC 中是外码的属性来体现的。

4.2.3　范式

规范化的基本思想是消除关系模式中的数据冗余,消除数据依赖中不合适的部分,解决数据插入、删除与修改时发生的异常现象。这就要求关系数据库设计出来的关系模式要满足一定的条件。把在关系数据库的规范化过程中,为不同程度的规范化要求设立的不同的标准或准则称为范式(Normal Form)。满足最低要求的称为第一范式,简称1NF。在第一范式中满足进一步要求的称为第二范式(2NF),其余以此类推。R 为第几范式就可以写成 $R \in xNF$(x 表示某范式名)。

从范式来讲,主要是由 E. F. Codd 先做的工作。从 1971 年起,Codd 相继提出了关系的三级规范化形式,即第一范式(First Normal Form,1NF)、第二范式(Second Normal Form,2NF)、第三范式(3NF)。1974 年,Codd 和 Boyce 共同提出了一个新的范式概念,即 Boyce-Codd 范式,简称 BCNF。1976 年,Fagin 提出了第四范式(4NF),后来又有人定义了第五范式(5NF)。至此在关系数据库规范中建立了一系列范式:1NF、2NF、3NF、BCNF、4NF、5NF。

当把某范式看成是满足该范式的所有关系模式的集合时,各个范式之间的集合关系可以表示为 $5NF \subset 4NF \subset BCNF \subset 3NF \subset 2NF \subset 1NF$,如图 4.3 所示。

一个低一级范式的关系模式,通过模式分解可以转换为若干个高一级范式的关系模

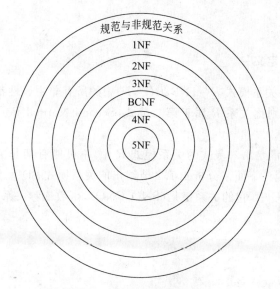

图 4.3　各范式之间的关系

式的集合,这个过程就称为规范化。

4.2.4　第一范式

第一范式(First Normal Form)是最基本的规范化形式,即关系中每个属性都是不可再分的简单项。

定义 4.6　如果关系模式 R 所有的属性均为简单属性,即每个属性都是不可再分的,则称 R 属于第一范式,简称 1NF,记作 $R \in 1NF$。

在关系数据库系统中只讨论规范化的关系,凡是非规范化的关系模式,都必须转化成规范化的关系。将非规范化的关系去掉组合项就能转化成规范化的关系。每个规范化的关系都属于 1NF。下面是关系模式规范化为 1NF 的一个例子。

例 4.2　职工号、姓名、电话号码(一个人可能有一个办公室电话和一个家里电话号码)组成一个表,把它规范成为 1NF 的关系模式,有几种方法?

经粗略分析,应有如下四种方法。

(1)重复存储职工号和姓名。这样关键字只能是职工号与电话号码的组合。关系模式为职工(<u>职工号</u>,姓名,<u>电话号码</u>)。

(2)职工号为关键字,电话号码分为单位电话和住宅电话两个属性。关系模式为职工(<u>职工号</u>,姓名,单位电话,住宅电话)。

(3)职工号为关键字,但强制一个职工只存一个电话号码。关系模式为职工(<u>职工号</u>,姓名,电话号码)。

(4)分析设计成两个关系,关系模式分别为职工(<u>职工号</u>,姓名),职工电话(<u>职工号</u>,<u>电话号码</u>),两关系的关键字分别是职工号,职工号与电话号码的组合。

对于以上四种方法,读者可分析其优劣,可按实际情况选用。

4.2.5 第二范式

1. 第二范式的定义

定义 4.7 如果关系模式 $R \in 1NF$，$R(U,F)$ 中的所有非主属性都完全函数依赖于任意一个候选关键字，则称关系 R 属于第二范式（Second Normal Form），简称 2NF，记作 $R \in 2NF$。

从定义可知，在满足第二范式的关系模式 R 中，不可能有某非主属性对某候选关键字存在部分函数依赖。下面来分析 4.1.2 节给出的关系模式 SDC。

在关系模式 SDC 中，它的关系键是（SNO，CNO），函数依赖关系有：

$$(SNO,CNO) \xrightarrow{f} SCORE$$

$$SNO \rightarrow SN, (SNO,CNO) \xrightarrow{p} SN$$

$$SNO \rightarrow AGE, (SNO,CNO) \xrightarrow{p} AGE$$

$$SNO \rightarrow DEPT, (SNO,CNO) \xrightarrow{p} DEPT, DEPT \rightarrow MN$$

$$SNO \xrightarrow{t} MN, (SNO,CNO) \xrightarrow{p} MN$$

可以用函数依赖图表示以上函数依赖关系，如图 4.4 所示。

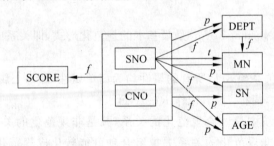

图 4.4　SDC 中函数依赖图

显然，SNO、CNO 为主属性，SN、AGE、DEPT、MN 为非主属性，因为存在非主属性如 SN 对关系键（SNO，CNO）是部分函数依赖的，所以根据定义可知 SDC $\notin$ 2NF。

由此可见，在 SDC 中，既存在完全函数依赖，也存在部分函数依赖和传递函数依赖，这种情况在数据库中往往是不允许的，也正是由于关系中存在着复杂的函数依赖，才导致数据操作中出现了数据冗余、插入异常、删除异常、修改异常等现象。

2. 2NF 的规范化

2NF 规范化是指把 1NF 关系模式通过投影分解，消除非主属性对候选关键字的部分函数依赖，转换成 2NF 关系模式的集合的过程。

分解时遵循的原则是"一事一地"，一个关系只描述一个实体或实体间的联系。如果多于一个实体或联系，则进行投影分解。

根据"一事一地"原则，可以将关系模式 SDC 分解成两个关系模式：

SD(SNO,SN,AGE,DEPT,MN),描述学生实体;

SC(SNO,CNO,SCORE),描述学生与课程的联系。

对于分解后的关系模式 SD 的候选关键字为 SNO,关系模式 SC 的候选关键字为 (SNO,CNO),非主属性对候选关键字均是完全函数依赖的,这样就消除了非主属性对候选关键字的部分函数依赖,即 SD∈2NF、SC∈2NF,它们之间通过 SC 中的外键 SNO 相联系,需要时再进行自然联接,能恢复成原来的关系,这种分解不会丢失任何信息,具有无损连接性。

分解后的函数依赖关系分别如图 4.5 和图 4.6 所示。

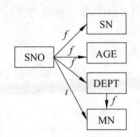

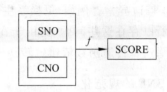

图 4.5　SD 中的函数依赖关系图　　　　图 4.6　SC 中的函数依赖关系图

注意:如果 R 的候选关键字均为单属性,或 R 的全体属性均为主属性,则 $R∈2NF$。

例如,在讲述全码的概念时,给出的关系模式 TCS(T,C,S),(T,C,S)三个属性的组合才是其唯一的候选关键字即关系键,T、C、S 均是主属性,不存在非主属性,所以也不可能存在非主属性对候选关键字的部分函数依赖,因此 TCS∈2NF。

4.2.6　第三范式

1. 第三范式的定义

定义 4.8　如果关系模式 $R∈2NF,R(U,F)$ 中所有非主属性对任何候选关键字都不存在传递函数依赖,则称 R 是属于第三范式(Third Normal Form),简称 3NF,记作 $R∈3NF$。

第三范式具有如下性质。

(1) 如果 $R∈3NF$,则 R 也是 2NF。

证明:采用反证法。设 $R∈3NF$,但 $R∉2NF$。则根据判定 2NF 的定义知,必有非主属性 $A_i(A_i∈U,U$ 是 R 的所有属性集),候选关键字 K 和 K 的真子集 K'(即 $K'⊂K$)存在,使得有 $K'→A_i$。由于 A_i 是非主属性,因此 $A_i-K≠\phi,A_i-K'≠\Phi$。由于 $K'⊂K$,因此 $K-K'≠\Phi$,并可以断定 $K'\not\to K$。这样有 $K→K'$ 且 $K'\not\to K,K'→A_i$,且 $A_i-K≠\Phi,A_i-K'≠\Phi$,即有非主属性 A_i 传递函数依赖于候选键 K(若认为有 $K'⊂K$,因而不满足传递函数依赖的定义,则可以在 K' 上合并一个 A_j,设 A_j 亦为非主属性,此时仍有 $K→K'A_j$ 且显然 $K'A_j\not\subseteq K,K'A_j\not\to K,K'A_j→A_i$,可见仍有非主属性 A_i 传递函数依赖于候选键 K),所以 $R∉3NF$,与题设 $R∈3NF$ 相矛盾。从而命题得证。

（2）如果 $R \in 2NF$，则 R 不一定是 3NF。

例如，前面讲的关系模式 SDC 分解为 SD 和 SC，其中 SC 是 3NF，但 SD 就不是 3NF，因为 SD 中存在非主属性对候选关键字的传递函数依赖：SNO→DEPT、DEPT→MN，即 SNO $\overset{t}{\longrightarrow}$ MN。

2NF 的关系模式解决了 1NF 中存在的一些问题，但 2NF 的关系模式 SD 在进行数据操作时，仍然存在下面一些问题。

（1）数据冗余。如果每个系名和系主任的名字存储的次数都等于该系学生的人数。

（2）插入异常。当一个新系没有招生时，有关该系的信息无法插入。

（3）删除异常。例如，某系学生全部毕业而没有招生时，删除全部学生的记录也随之删除了该系的有关信息。

（4）修改异常。例如，更换系主任时仍需要改动较多的学生记录。

之所以存在这些问题，是由于在 SD 中存在着非主属性对候选关键字的传递函数依赖。消除这种传递函数依赖就转换成了 3NF。

2. 3NF 的规范化

3NF 规范化是指把 2NF 关系模式通过投影分解，消除非主属性对候选关键字的传递函数依赖，而转换成 3NF 关系模式集合的过程。

3NF 规范化同样遵循"一事一地"原则。继续将只属于 2NF 的关系模式 SD 规范为 3NF。根据"一事一地"原则，关系模式 SD 可分解为：

S(SNO，SN，AGE，DEPT)，描述学生实体；D(DEPT，MN)，描述系的实体。

分解后 S 和 D 的主键分别为 SNO 和 DEPT，不存在传递函数依赖。所以 S $\in$ 3NF、D $\in$ 3NF。S 和 D 的函数依赖分别如图 4.7 和图 4.8 所示。

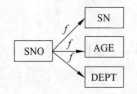

图 4.7　S 中的函数依赖关系图

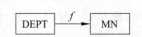

图 4.8　D 中的函数依赖关系图

由以上两图可以看出，关系模式 SD 由 2NF 分解为 3NF 后，函数依赖关系变得更加简单，既没有非主属性对码的部分依赖，也没有非主属性对码的传递依赖，解决了 2NF 中存在的四个问题，因此，分解后的关系模式 S 和 D 具有以下特点。

（1）数据冗余度降低了。例如，系主任的名字存储的次数与该系的学生人数无关，只在关系 D 中存储一次。

（2）不存在插入异常。例如，当一个新系没有学生时，该系的信息可以直接插入到关系 D 中，而与学生关系 S 无关。

（3）不存在删除异常。例如，当要删除某系的全部学生而仍然保留该系的有关信息时，可以只删除学生关系 S 中的相关记录，而不影响系关系 D 中的数据。

(4) 不存在修改异常。例如,更换系主任时,只需修改关系 D 中一个相应元组的 MN 属性值,从而不会出现数据的不一致现象。

SDC 规范化到 3NF 后,所存在的异常现象都已经全部消失。但是,3NF 只限制了非主属性对码的依赖关系,而没有限制主属性对码的依赖关系。如果发生了这种依赖,仍有可能存在数据冗余、插入异常、删除异常和修改异常。这时,则需对 3NF 进一步规范化,消除主属性对码的依赖关系,向更高一级的范式——BC 范式转换。

4.2.7　BC 范式

1. BC 范式的定义

定义 4.9　如果关系模式 $R \in 1NF$,且所有的函数依赖 $X \rightarrow Y(Y$ 不包含于 X,即 $Y \nsubseteq X$),决定因素 X 都包含了 R 的一个候选码,则称 R 属于 BC 范式(Boyce-Codd Normal Form),记作 $R \in BCNF$。

由 BCNF 的定义可以得到以下结论,一个满足 BCNF 的关系模式有:

(1) 所有非主属性对每一个候选码都是完全函数依赖;

(2) 所有的主属性对每一个不包含它的候选码都是完全函数依赖;

(3) 没有任何属性完全函数依赖于非码的任何一组属性。

由于 $R \in BCNF$,按定义排除了任何属性对候选码的传递依赖与部分依赖,所以 $R \in 3NF$(证明留给读者完成)。但若 $R \in 3NF$,则 R 未必属于 BCNF。下面举例说明。

例 4.3　设有关系模式 SCS(SNO,SN,CNO,SCORE),其中,SNO 代表学号,SN 代表学生姓名,并假设不重名,CNO 代表课程号,SCORE 代表成绩。可以判定,SCS 有两个候选键:(SNO,CNO)和(SN,CNO),其函数依赖如下:

$$SNO \longleftrightarrow SN \quad (SNO,CNO) \rightarrow SCORE \quad (SN,CNO) \rightarrow SCORE$$

唯一的非主属性 SCORE 对键不存在部分函数依赖,也不存在传递函数依赖,所以 SCS $\in$ 3NF。但是,因为 SNO $\longleftrightarrow$ SN,即决定因素 SNO 或 SN 不包含候选键,从另一个角度来说,存在着主属性对键的部分函数依赖:$(SNO,CNO) \xrightarrow{p} SN, (SN,CNO) \xrightarrow{p} SNO$,所以 SCS 不是 BCNF。正是存在这种主属性对键的部分函数依赖关系,造成了关系 SCS 中存在着较大的数据冗余,学生姓名的存储次数等于该生所选的课程数,从而会引起修改异常。比如,当要更改某个学生的姓名时,则必须搜索出该姓名学生的每条选课学生记录,并对其姓名逐一修改,这样容易造成数据不一致的问题。解决这一问题的办法仍然是通过投影分解来进一步提高范式的等级,将其规范到 BCNF。

2. BCNF 规范化

BCNF 规范化是指把 3NF 的关系模式通过投影分解转换成 BCNF 关系模式的集合。下面以 3NF 的关系模式 SCS 为例,来说明 BCNF 规范化的过程。

例 4.4　将 SCS(SNO,SN,CNO,SCORE)规范到 BCNF。

SCS 产生数据冗余的原因是在这个关系中存在两个实体,一个为学生实体,属性有 SNO、SN;另一个为选课实体,属性有 SNO、CNO 和 SCORE。根据分解的原则,可以将

SCS分解成如下两个关系：

S(SNO,SN)，描述学生实体；SC(SNO,CNO,SCORE)，描述学生与课程的联系。

对于 S,有两个候选码 SNO 和 SN;对于 SC,主码为(SNO,CNO)。在这两个关系中,无论主属性还是非主属性都不存在对码的部分函数依赖和传递依赖,S∈BCNF,SC∈BCNF。分解后,S 和 SC 的函数依赖关系分别如图 4.9 和图 4.10 所示。

图 4.9 S 中的函数依赖关系图   图 4.10   SC 中的函数依赖关系图

关系 SCS 转换成两个属于 BCNF 的关系模式后,数据冗余度明显降低。学生的姓名只在关系 S 中存储一次,学生要改名时,只需改动一条学生记录中相应的 SN 值即可,从而不会发生修改异常。

下面再举一个有关 BCNF 规范化的实例。

例 4.5 设有关系模式 STK(S,T,K),S 表示学生,T 表示教师,K 表示课程。语义假设是,每一位教师只讲授一门课程;每门课程由多个教师讲授;某一学生选定某门课程,就对应一个确定的教师。

根据语义假设,STK 的函数依赖是(S,K)$\xrightarrow{f}$T、(S,T)$\xrightarrow{p}$K、T$\xrightarrow{f}$K。

函数依赖关系如图 4.11 所示。

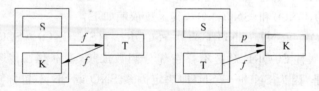

图 4.11   STK 中的函数依赖关系

其中,(S,K)、(S,T)都是候选码。

STK 是 3NF,因为没有任何非主属性对码的传递依赖或部分依赖(因为 STK 中没有非主属性)。但 STK 不是 BCNF 关系,因为有 T→K ,T 是决定因素,而它不包含候选码。

对于不是 BCNF 的关系模式,仍然存在不合适的地方。读者可自己举例指出 STK 的不合适之处。非 BCNF 的关系模式 STK 可分解为 ST(S,T)和 TK(T,K),它们都属于 BCNF。

2NF、3NF 和 BCNF 是在函数依赖的条件下对模式分解所能达到的分离程度的测度。一个模式中的关系模式如果都属于 BCNF,那么在函数依赖范畴内,它已实现了彻底分离,已消除了插入和删除异常。3NF 的"不彻底"性表现在可能存在主属性对候选码的部分依赖和传递依赖。

4.2.8 多值依赖与 4NF

前面所介绍的规范化都是建立在函数依赖的基础上的,函数依赖表示的是关系模式中属性间的一对一或一对多的联系,但它并不能表示属性间多对多的关系,因而某些关系模式虽然已经规范到 BCNF,仍然存在一些弊端,本节主要讨论属性间的多对多的联系即多值依赖问题,以及在多值依赖范畴内定义的第四范式。

1. 多值依赖

(1) 多值依赖的定义

一个关系属于 BCNF 范式,是否就已经很完美了呢? 为此,下面先看一个例子。

例 4.6 假设学校中一门课程可由多名教师教授,教学中他们使用相同的一套参考书,这样可用图 4.12 的非规范化的关系来表示课程 C、教师 T 和参考书 R 间的关系。

把图 4.12 的关系 CTR 转化成规范化的关系,如图 4.13 所示。

课程 C	教师 T	参考书 R
数据库系统概论	萨师煊 王珊	数据库原理与应用 数据库系统 SQL Server 2005
计算数学	张平 周峰	数学分析 微分方程

图 4.12 非规范关系 CTR

课程 C	教师 T	参考书 R
数据库系统概论	萨师煊	数据库原理与应用
数据库系统概论	萨师煊	数据库系统
数据库系统概论	萨师煊	SQL Server 2005
数据库系统概论	王珊	数据库原理与应用
数据库系统概论	王珊	数据库系统
数据库系统概论	王珊	SQL Server 2005
计算数学	张平	数学分析
计算数学	张平	微分方程
计算数学	周峰	数学分析
计算数学	周峰	微分方程

图 4.13 规范后的关系 CTR

由此可以看出,规范后的关系模式 CTR,只有唯一的一个函数依赖 $(C,T,R) \rightarrow U$(U 即关系模式 CTR 的所有属性的集合),其码显然是 (C,T,R),即全码,因而 CTR 属于 BCNF 范式。但是进一步分析可以看出,CTR 还存在着如下弊端。

① 数据冗余大。课程、教师和参考书都被多次存储。

② 插入异常。若增加一名教授"计算数学"的教师"李静"时，由于这个教师也使用相同的一套参考书，所以需要添加两个元组，即（计算数学，李静，数学分析）和（计算数学，李静，微分方程）。

③ 删除异常。若要删除某一门课的一本参考书，则与该参考书有关的元组都要被删除，例如，删除"数据库系统概论"课程的一本参考书"数据库系统"，则需要删除（数据库系统概论，萨师煊，数据库系统）和（数据库系统概论，王珊，数据库系统）两个元组。

产生以上弊端的原因主要有以下两方面：①对于关系 CTR 中的 C 的一个具体值有多个 T 值与其相对应；同样，C 与 R 间也存在着类似的联系。②对于关系 CTR 中的一个确定的 C 值，与其所对应的一组 T 值与 R 值无关，例如，与"数据库系统概论"课程对应的一组教师与此课程的参考书毫无关系。

从以上两个方面可以看出，C 与 T 间的联系显然不是函数依赖，称为多值依赖（Multivalued Dependency，MVD）。

定义 4.10　设有关系模式 $R(U)$，U 是属性全集，X、Y、Z 是属性集 U 的子集，且 $Z=U-X-Y$，如果对于 R 的任一关系，对于 X 的一个确定值，存在 Y 的一组值与之对应，且 Y 的这组值仅仅决定于 X 的值而与 Z 值无关，此时称 Y 多值依赖于 X，或 X 多值决定 Y，记作 $X \rightarrow\rightarrow Y$。在多值依赖中，若 $X \rightarrow\rightarrow Y$ 且 $Z=U-X-Y \neq \phi$，则称 $X \rightarrow\rightarrow Y$ 是非平凡的多值依赖，否则，称为平凡的多值依赖。

例如，在关系模式 CTR 中，对于某一 C、R 属性值组合（数据库系统概论，数据库系统）来说，有一组 T 值{萨师煊，王珊}，这组值仅仅决定与课程 C 上的值（数据库系统概论）。也就是说，对于另一个 C、R 属性值组合（数据库系统概论，SQL Server 2005），它对应的一组 T 值仍是{萨师煊，王珊}，尽管这时参考书 R 的值已经改变了。因此 T 多值依赖于 C，即 $C \rightarrow\rightarrow T$。

下面是多值依赖的另一形式化定义。

设有关系模式 $R(U)$，U 是属性全集，X、Y、Z 是属性集合 U 的子集，且 $Z=U-X-Y$，r 是关系模式 R 的任一关系，t、s 是 r 的任意两个元组，如果 $t[X]=s[X]$，r 中必有的两个元组 u、v 存在，使得：

$$s[X]=t[X]=u[X]=v[X]; \quad u[Y]=t[Y] 且 u[Z]=s[Z]; \quad v[Y]=s[Y] 且 v[Z]=t[Z]$$

则称 X 多值决定 Y 或 Y 多值依赖于 X。

（2）多值依赖与函数依赖的区别

① 在关系模式 R 中，函数依赖 $X \rightarrow Y$ 的有效性仅仅决定于 X、Y 这两个属性集，不涉及第三个属性集，而在多值依赖中，$X \rightarrow\rightarrow Y$ 在属性集 $U(U=X+Y+Z)$ 上是否成立，不仅要检查属性集 X、Y 上的值，而且要检查属性集 U 的其余属性 Z 上的值。因此，如果 $X \rightarrow\rightarrow Y$ 在属性集 $W(W \subset U)$ 上成立，则 $X \rightarrow\rightarrow Y$ 在属性集 U 上不一定成立。所以，多值依赖的有效性与属性集的范围有关。

如果在 $R(U)$ 上有 $X \rightarrow\rightarrow Y$，它在属性集 $W(W \subset U)$ 上也成立，则称 $X \rightarrow\rightarrow Y$ 为 $R(U)$ 的嵌入型多值依赖。

② 如果在关系模式 R 上存在函数依赖 $X \rightarrow Y$，则任何 Y' 包含于 Y 均有 $X \rightarrow Y'$ 成立，

而多值依赖 $X \rightarrow\!\!\!\rightarrow Y$ 在 R 上成立,但不能断言对于任何 Y' 包含于 Y,都有 $X \rightarrow\!\!\!\rightarrow Y'$ 成立。

（3）多值依赖的性质

① 多值依赖具有对称性,即若 $X \rightarrow\!\!\!\rightarrow Y$,则 $X \rightarrow\!\!\!\rightarrow Z$,其中 $Z = U - X - Y$。

② 多值依赖具有传递性,即若 $X \rightarrow\!\!\!\rightarrow Y$,$Y \rightarrow\!\!\!\rightarrow Z$,则 $X \rightarrow\!\!\!\rightarrow Z - Y$。

③ 函数依赖可看作是多值依赖的特殊情况,即若 $X \rightarrow Y$,则 $X \rightarrow\!\!\!\rightarrow Y$。

④ 多值依赖合并性,即若 $X \rightarrow\!\!\!\rightarrow Y$,$X \rightarrow\!\!\!\rightarrow Z$,则 $X \rightarrow\!\!\!\rightarrow YZ$。

⑤ 多值依赖分解性,即若 $X \rightarrow\!\!\!\rightarrow Y$、$X \rightarrow\!\!\!\rightarrow Z$,则 $X \rightarrow\!\!\!\rightarrow (Y \cap Z)$,$X \rightarrow\!\!\!\rightarrow Y - Z$,$X \rightarrow\!\!\!\rightarrow Z - Y$ 均成立。这说明,如果两个相交的属性子集均多值依赖于另一个属性子集,则这两个属性子集因相交而分割成的三部分也都多值依赖于该属性子集。

2. 第四范式

（1）第四范式的定义

4.2.8 节分析了关系 CTR 虽然属于 BCNF,但还存在着数据冗余、插入异常和删除异常的弊端,其原因是 CTR 中存在非平凡的多值依赖,而决定因素不是码。因而必须将 CTR 继续分解,如果分解成两个关系模式 CTR1(C,T)和 CTR2(C,R),则它们的冗余度会明显下降。从多值依赖的定义来分析 CTR1 和 CTR2,它们的属性间各有一个多值依赖 $C \rightarrow\!\!\!\rightarrow T$,$C \rightarrow\!\!\!\rightarrow R$,都是平凡的多值依赖。因此,在含有多值依赖的关系模式中,减少数据冗余和操作异常的常用方法是将关系模式分解为仅有平凡的多值依赖的关系模式。

定义 4.11　设有一关系模式 $R(U)$,U 是其属性全集,X、Y 是 U 的子集,D 是 R 上的数据依赖集。如果对于任一多值依赖 $X \rightarrow\!\!\!\rightarrow Y$,此多值依赖都是平凡的,或者 X 包含了 R 的一个候选码,则称关系模式 R 属于第四范式,记作 $R \in 4NF$。

由此定义可知:在关系模式 CTR 分解后产生的 CTR1(C,T)和 CTR2(C,R)中,因为 $C \rightarrow\!\!\!\rightarrow T$,$C \rightarrow\!\!\!\rightarrow R$ 均是平凡的多值依赖,所以 CTR1 和 CTR2 都属于 4NF。

经过上面分析可以得知:一个 BCNF 的关系模式不一定是 4NF,而 4NF 的关系模式必定是 BCNF 的关系模式,即 4NF 是 BCNF 的推广,4NF 范式的定义涵盖了 BCNF 范式的定义。

（2）4NF 的分解

把一个关系模式分解为 4NF 的方法与分解为 BCNF 的方法类似,就是把一个关系模式利用投影的方法消去非平凡且非函数依赖的多值依赖,并具有无损连接性。

例 4.7　设有关系模式 $R(A,B,C,E,F,G)$,数据依赖集 $D = \{A \rightarrow\!\!\!\rightarrow BGC, B \rightarrow AC,$ $C \rightarrow G\}$,将 R 分解为 4NF。

解:利用 $A \rightarrow\!\!\!\rightarrow BGC$,可将 R 分解为 $R1(\{ABCG\}, \{A \rightarrow\!\!\!\rightarrow BGC, B \rightarrow AC, C \rightarrow G\})$ 和 $R2(\{AEF\}, \{A \rightarrow\!\!\!\rightarrow EF\})$,其中,$R2$ 无函数依赖只有平凡的多值依赖,是 4NF 的关系模式。而 $R1$ 根据 4NF 的定义还不属于 4NF 的关系模式。

再利用 $B \rightarrow AC$ 将 $R1$ 再分解为 $R11(\{ABC\}, \{B \rightarrow AC\})$ 和 $R12(\{BG\}, \{B \rightarrow G\})$ （$B \rightarrow G$ 是由函数依赖性质推导得到的）,显然 $R11$、$R12$ 都属于 4NF 的关系模式了。

由此对 R 分解得到的三个关系模式 $R11(\{ABC\}, \{B \rightarrow AC\})$、$R12(\{BG\}, \{B \rightarrow G\})$ 和 $R2(\{AEF\}, \{A \rightarrow\!\!\!\rightarrow EF\})$（$A \rightarrow\!\!\!\rightarrow EF$ 是由多值依赖性质所得到的）,它们都属于 4NF,

但此分解丢失了函数依赖$\{C\rightarrow G\}$。若后面一次分解利用函数依赖$C\rightarrow G$来进行,则由此得到R的另一分解的三个关系模式$R11(\{ABC\},\{B\rightarrow AC\})$、$R12(\{CG\},\{C\rightarrow G\})$和$R2(\{AEF\},\{A\rightarrow\rightarrow EF\})$,它们同样都是属于4NF的关系模式,且保持了所有的数据依赖(说明:$A\rightarrow\rightarrow BGC$的多值依赖保持在$R11$与$R12$连接后的关系中)。这说明,4NF的分解结果不是唯一的,结果与选择数据依赖的次序有关。任何一个关系模式都可无损分解成一组等价的4NF关系模式,但这种分解不一定具有依赖保持性。

函数依赖和多值依赖是两种最重要的数据依赖。如果只考虑函数依赖,则属于BCNF的关系模式的规范化程度是最高的。如果考虑多值依赖,则属于4NF的关系模式规范化程度是最高的。事实上,数据依赖中除了函数依赖和多值依赖之外,还有其他的数据依赖,如连接依赖。函数依赖是多值依赖的一种特殊情况,而多值依赖实际上又是连接依赖的一种特殊情况。但连接依赖不像函数依赖和多值依赖那样可由语义直接导出,而是在关系的连接运算时才可反映出来。存在连接依赖的关系模式仍可能遇到数据冗余及插入、修改、删除异常问题。如果消除了属于4NF的关系中存在的连接依赖,则可以进一步达到5NF的关系模式。

4.2.9* 　连接依赖与5NF

1. 连接依赖的定义

定义4.12 　设有关系模式$R(U)$、$R1(U1)$、$R2(U2)$、$\cdots$、$Rn(Un)$,且$U=U1\bigcup U2\bigcup\cdots\bigcup Un$,$\{R1,\cdots,Rn\}$是$R$的一个分解,$r$为$R$的一个任意的关系实例,若$r=\Pi_{R1}(r)\infty\Pi_{R2}(r)\infty\cdots\infty\Pi_{Rn}(r)$($\Pi_{Ri}(r)$表示$r$在$Ri(Ui)$上的投影,即$\Pi_{Ui}(r)$,$i=1,2,\cdots,n$)则称$R$满足连接依赖(Join Dependency,JD),记作$\infty(R1,\cdots,Rn)$。

2. 平凡连接依赖和非平凡连接依赖

设关系模式R满足连接依赖,记作$\infty(R1,\cdots,Rn)$。若存在$Ri\in\{R1,R2,\cdots,Rn\}$,有$R=Ri$,则称该连接依赖为平凡的连接依赖,否则,为非平凡连接依赖。

3. 第五范式

定义4.13 　设有关系模式$R(U)$、$R1(U1)$、$R2(U2)$、$\cdots$、$Rn(Un)$,且$U=U1\bigcup U2\bigcup\cdots\bigcup Un$,$D$是$R$上的函数依赖、多值依赖和连接依赖的集合。若对于$D^+$(称为$D$的闭包,是$D$所蕴涵的函数依赖、多值依赖和连接依赖的全体,可参阅4.3节中的相关概念)中的每个非平凡连接依赖$\infty(R1,\cdots,Rn)$,其中的每个Ri都包含R的一个候选键,则称R属于第五范式,记$R\in 5NF$。

举例:设关系模式SPJ($\{S,P,J\}$)的属性分别表示供应商、零件、项目,表示三者间的供应关系。如果规定模式R的关系是三个二元投影(SP(S,P)、PJ(P,J)、JS(J,S))的连接,而不是其中任何两个的连接。例如,设关系中有$<S1,P1,J1>$、$<S1,P1,J1>$两个元组,则SPJ满足投影分解为SP、PJ、SJ后,SPJ一定是SP、PJ、SJ的连接而非它们间的两两连接,那么模式SPJ中存在着一个连接依赖∞(SP,PJ,JS)。

在模式 SPJ 存在这个链接依赖时,其关系将存在冗余和异常现象。元组在进行插入或删除操作时就会出现各种异常,例如,插入一元组必须连带插入另一元组,而删除一元组时必须连带删除另外元组等,因为只有这样才能不违反模式 SPJ 存在的连接依赖。

例如,在上面 SPJ 中有两个元组的情况下,再插入元组$<S2,P1,J1>$,有三个元组的 SPJ,分解后的三个二元关系 SP、PJ、SJ 连接后产生的 SPJ 不等于分解前的 SPJ,而是多了一个元组$<S1,P1,J1>$,这就表明,根据语义的约束(或为了保证 SPJ 中连接依赖的存在),在插入$<S2,P1,J1>$时,必须同时插入$<S1,P1,J1>$的。读者还可以验证,在 SPJ 中有以上四个元组后,再删除$<S2,P1,J1>$或$<S1,P1,J1>$时,也有需要连带删除其余某些元组的现象。这就是 SPJ 中存在非平凡连接依赖后,存在操作异常的想象。

对于关系 SPJ,其一个连接依赖∞(SP,PJ,JS)是非平凡的连接依赖,显然不满足 5NF 定义要求,它达不到 5NF。应该把 SPJ 分解成 SP(S,P)、PJ(P,J)、JS(J,S)三个模式,这样,这个分解是无损分解,并且每个模式都是 5NF,各模式已清除了冗余和异常操作现象。

连接依赖也是现实世界属性间联系的一种抽象,是语义的体现。但它不像 FD 和 MVD 的语义那么直观,要判断一个模式是否属于 5NF 往往也比较困难。可以证明,5NF 的模式一定是 4NF 的模式。根据 5NF 的定义,可以得出一个模式总是可以无损分解成 5NF 的模式集的结论。

4.2.10 规范化小结

本章首先由关系模式表现出的异常问题引出了函数依赖的概念,其中包括完全/部分函数依赖和传递/直接函数依赖,这些概念是规范化理论的依据和规范化程度的准则。规范化就是对原关系进行投影,消除决定属性不是候选码的任何函数依赖。一个关系只要其分量都是不可分的数据项,就可称作规范化的关系,也称作 1NF。消除 1NF 关系中非主属性对码的部分函数依赖,即可得到 2NF;消除 2NF 关系中非主属性对码的传递函数依赖,即可得到 3NF;消除 3NF 关系中主属性对码的部分函数依赖和传递函数依赖,便可得到一组 BCNF 关系。规范化的目的是使结构更合理,消除异常,使数据冗余尽量小,便于插入、删除和修改。原则是遵从概念单一化"一事一地"原则,即一个关系模式描述一个实体或实体间的一种联系。规范的实质就是概念的单一化。方法是将关系模式投影分解成两个或两个以上的关系模式。要求:分解后的关系模式集合应当与原关系模式"等价",即经过自然连接可以恢复原关系而不丢失信息,并保持属性间合理的联系。注意:一个关系模式的不同分解可以得到不同关系模式集合,也就是说分解方法不是唯一的。最小冗余的要求必须以分解后的数据库能够表达原来数据库所有信息为前提来实现。其根本目标是节省存储空间,避免数据不一致性,提高对关系的操作效率,同时满足应用需求。实际上,并不一定要求全部模式都达到 BCNF。有时故意保留部分冗余可能更便于数据查询。对于那些更新频度不高,查询频度极高的数据库系统更是如此。

4.3* 数据依赖的公理系统

数据依赖的公理系统是模式分解算法的理论基础,下面来讨论函数依赖的一个有效而完备的公理系统——Armstrong 公理系统。

定义 4.14 对于满足一组函数依赖 F 的关系模式 $R(U,F)$,其任何一个关系 r,若函数依赖 $X \rightarrow Y$ 都成立(即对于 r 中任意两元组 t、s,若 $t[X]=s[X]$,则 $t[Y]=s[Y]$),则称 F 逻辑蕴涵 $X \rightarrow Y$。

如何求得给定关系模式的码?如何从一组函数依赖求得蕴涵的函数依赖?问题的关键在于已知的函数依赖集 F,要求得 $X \rightarrow Y$ 是否为 F 所蕴涵,这就需要有一套推理规则来推导,这组推理规则于 1974 年首先由 Armstrong 提出来。

Armstrong 公理系统 设 U 为属性集总体,F 是 U 上的一组函数依赖,于是有关系模式 $R(U,F)$。对 $R(U,F)$ 来说有以下的推理规则。

- A1 自反律(Reflexivity):若 $Y \subseteq X \subseteq U$,则 $X \rightarrow Y$ 为 F 所蕴涵。
- A2 增广律(Augmentation):若 $X \rightarrow Y$ 为 F 所蕴涵,且 $Z \subseteq U$,则 $XZ \rightarrow YZ$ 为 F 所蕴涵。
- A3 传递律(Transitivity):若 $X \rightarrow Y$ 及 $Y \rightarrow Z$ 为 F 所含,则 $X \rightarrow Z$ 为 F 所蕴涵。

定理 4.1 Armstrong 推理规则是正确的(正确性证明略)。

根据 A1、A2、A3 这三条推理规则可以得到下面很有用的推理规则。

- 合并规则:由 $X \rightarrow Y$,$X \rightarrow Z$,有 $X \rightarrow YZ$。
- 伪传递规则:由 $X \rightarrow Y$、$WY \rightarrow Z$,有 $XW \rightarrow Z$。
- 分解规则:由 $X \rightarrow Y$ 及 $Z \subseteq Y$,有 $X \rightarrow Z$。

根据合并规则和分解规则,很容易得到下面这样一个重要事实。

引理 4.1 $X \rightarrow A_1 A_2 \cdots A_k$ 成立的充分必要条件是 $X \rightarrow A_i$ 成立($i=1,2,\cdots,k$)。

定义 4.15 在关系模式 $R(U,F)$ 中,为 F 所蕴涵的函数依赖的全体叫做 F 的**闭包**,记为 F^+。

人们把自反律、传递律和增广律称为 Armstrong 公理系统。Armstrong 公理系统是有效的、完备的。Armstrong 公理的**有效性**指的是,由 F 出发根据 Armstrong 公理推导出来的每一个函数依赖都一定在 F^+ 中;**完备性**指的是 F^+ 中的每一个函数依赖,必定都可以由 F 出发根据 Armstrong 公理推导出来。

要证明完备性,就首先要解决如何判定一个函数依赖是否属于由 F 根据 Armstrong 公理推导出来的函数依赖集合。当然,如果能求出这个集合,问题就解决了。但不幸的是,这是个 NP 完全问题。比如从 $F=\{X \rightarrow A_1,\cdots,X \rightarrow A_n\}$ 出发,至少可以推导出 2^n 个不同的函数依赖,为此引出了下面的概念。

定义 4.16 设 F 为属性集 U 上的一组函数依赖,X 包含于 U,$X_F^+=\{A|X \rightarrow A$ 能由 F 根据 Armstrong 公理导出$\}$,X_F^+ 成为属性集 X 关于函数依赖集 F 的闭包。

由引理 4.1 容易得出下面的内容。

引理 4.2　设 F 为属性集 U 上的一组函数依赖，X、Y 包含于 U，$X \rightarrow Y$ 能由 F 根据 Armstrong 公理导出的充分必要条件是 Y 包含于 X_F^+。

于是，判定 $X \rightarrow Y$ 是否能由 F 根据 Armstrong 公理推导出的问题，就转化为求出 X_F^+ 的子集的问题。这个问题可由算法 4.1 解决。

算法 4.1　求属性集 $X(X \subseteq U)$ 关于 U 上的函数依赖集 F 的闭包 X_F^+。

输入：X, F。

输出：X_F^+。

步骤：

(1) 令 $X^{(0)} = X, i = 0$；

(2) 求 B，这里 $B = \{A | (\exists V)(\exists W)(V \rightarrow W \in F \land V \subseteq X^{(i)} \land A \in W)\}$；

(3) $X^{(i+1)} = B \cup X^{(i)}$；

(4) 判断 $X^{i+1} = X^{(i)}$ 是否成立；

(5) 若成立或 $X^{i+1} = U$，则 $X^{(i+1)}$ 就是 X_F^+，算法终止；

(6) 若不成立，则 $i = i + 1$，返回步骤(2)。

例 4.8　已知关系模式 $R(U, F)$，其中 $U = \{A, B, C, D, E\}$；$F = \{AB \rightarrow C, B \rightarrow D, C \rightarrow E, EC \rightarrow B, AC \rightarrow B\}$。求 $(AB)_F^+$。

解：由算法 4.1，设 $X^{(0)} = AB$；

计算 $X^{(1)}$：逐一扫描 F 集合中的各个函数依赖，找左部为 A、B 或 AB 的函数依赖。得到 $AB \rightarrow C, B \rightarrow D$。于是 $X^{(1)} = AB \cup CD = ABCD$。

因为 $X^{(0)} \neq X^{(1)}$，所以再找出左部为 $ABCD$ 子集的函数依赖，可得到 $C \rightarrow E, AC \rightarrow B$，于是 $X^{(2)} = X^{(1)} \cup BE = ABCDE$。

因为 $X^{(2)}$ 已等于全部属性的集合，所以 $(AB)_F^+ = ABCDE$。

定理 4.2　Armstrong 公理系统是有效的、完备的(证明略)。

Armstrong 公理的完备性及有效性说明了"导出"与"蕴涵"是两个完全等价的概念。于是 F^+ 也可以说成是由 F 发出借助 Armstrong 公理导出的函数依赖集合。

从蕴涵(或导出)的概念出发，又引出了函数依赖集等价和最小依赖集两个概念。

定义 4.17　如果 $G^+ = F^+$，就可说函数依赖集 F 覆盖 G(F 是 G 的覆盖，或 G 是 F 的覆盖)，或 F 与 G 等价。

引理 4.3　$F^+ = G^+$ 的充分必要条件是 $F \subseteq G^+$ 和 $G \subseteq F^+$。

证：必要性显然成立，这里只证充分性。

(1) 若 $F \subseteq G^+$，则 $X_F^+ \subseteq X_{G^+}^+$。

(2) 任取 $X \rightarrow Y \in F^+$，则有 $Y \subseteq X_F^+ \subseteq X_{G^+}^+$。

所以 $X \rightarrow Y \in (G^+)^+ = G^+$。即 $F^+ \subseteq G^+$。

(3) 同理可证 $G^+ \subseteq F^+$，所以 $F^+ = G^+$。

而要判定 $F \subseteq G^+$，只需逐一对 F 中的函数依赖 $X \rightarrow Y$，考察 Y 是否属于 X_G^+ 即可。因此引理 4.3 给出了判定两个函数依赖集等价的可行算法。

定义 4.18　如果函数依赖集 F 满足下列条件，则称 F 为一个极小函数依赖集，亦称为最小依赖集或最小覆盖。

（1）F 中任一函数依赖的右部都仅含有一个属性。

（2）F 中不存在这样的函数依赖 $X{\rightarrow}A$，使得 F 与 $F-\{X{\rightarrow}A\}$ 等价。

（3）F 中不存在这样的函数依赖 $X{\rightarrow}A$，X 有真子集 Z 使得 $F-\{X{\rightarrow}A\}\bigcup\{Z{\rightarrow}A\}$ 与 F 等价。

定理 4.3　每一个函数依赖集 F 均等价一个极小函数依赖集 F_m。此 F_m 称为 F 的最小依赖集。

证：这是个构造性的证明，可分三步对 F 进行"极小化处理"，找出 F 的一个最小依赖集。

（1）逐一检查 F 中各函数依赖 $FD_i:X{\rightarrow}Y$，若 $Y=A_1A_2{\cdots}A_k,k{\geqslant}2$，则用 $\{X{\rightarrow}A_j\mid j=1,2,{\cdots},k\}$ 来取代 $X{\rightarrow}Y$。

（2）逐一检查 F 中各函数依赖 $FD_i:X{\rightarrow}A$，令 $G=F-\{X{\rightarrow}A\}$，若 $A\in X_G^+$，则从 F 中去掉此函数依赖（因为 F 与 G 等价的允要条件是 $A\in X_G^+$）。

（3）逐一取出 F 中各函数依赖 $FD_i:X{\rightarrow}A$，设 $X=B_1B_2{\cdots}B_m$，逐一考察 $B_i(i=1,2,{\cdots},m)$，若 $A\in(X-B_i)_F^+$，则用 $X-B_i$ 取代 X（因为 F 与 $F-\{X{\rightarrow}A\}\bigcup\{Z{\rightarrow}A\}$ 等价的充要条件是 $A\in Z_F^+$，其中 $Z=X-B_i$）。

最后剩下的 F 就一定是极小依赖集，并且与原来的 F 等价。因为对 F 的每一次"改造"都保证了改造前后的两个函数依赖集等价（这些证明很显然，请读者自己证明）。

应当指出，F 的最小依赖集 F_m 不一定是唯一的，它与对各函数依赖 FD_i 及 $X{\rightarrow}A$ 中 X 各属性的处置顺序有关。

例 4.9　$F=\{A{\rightarrow}B,B{\rightarrow}A,B{\rightarrow}C,A{\rightarrow}C,C{\rightarrow}A\}$；

$F_{m1}=\{A{\rightarrow}B,B{\rightarrow}C,C{\rightarrow}A\}$；

$F_{m2}=\{A{\rightarrow}B,B{\rightarrow}A,A{\rightarrow}C,C{\rightarrow}A\}$。

这里给出了 F 的两个最小依赖集 F_{m1}、F_{m2}。

若改造后的 F 与原来的 F 相同，则说明 F 本身就是一个最小依赖集，因此定理 4.3 的证明给出的最小化过程也可以看成是检查 F 是否为极小依赖集的一个算法。

两个关系模式 $R_1(U,F)$、$R_2(U,G)$，如果 F 与 G 等价，那么 R_1 的关系一定是 R_2 的关系。反过来，R_2 的关系也一定是 R_1 的关系。所以，在 $R(U,F)$ 中用与 F 等价的依赖集 G 来取代 F 是允许的。

4.4　小　　结

本章讨论如何设计关系模式的问题。关系模式设计有好与坏之分，其设计好坏与数据冗余度和各种数据异常问题直接相关。

本章在函数依赖、多值依赖和连接依赖的范畴内讨论了关系模式的规范化，在整个讨论过程中，只采用了两种关系运算——投影和自然连接。

关系模式在分解时应保持"等价"，有数据等价和语义等价两种，分别用无损分解和保持依赖两个特征来衡量。前者能保持泛关系（假设分解前存在着一个单一的关系模式,而非一组关系模式,在这样假设下的关系称为泛关系)在投影连接以后仍能恢复回来,而后者能保证数据在投影或连接中,其语义不会发生变化。

范式是衡量关系模式优劣的标准,它表达了模式中数据依赖应满足的要求。要强调的是,规范化理论为数据库设计提供了理论的指南和参考,并不是关系模式规范化程度越高,实际应用该关系模式就越好。实际上必须结合应用环境和现实世界的具体情况来合理地选择数据库模式的范式等级。

本章最后还简单地介绍了模式分解相关的理论基础——数据依赖的公理系统等相关内容。

习　　题

一、选择题

1. 关系模式中数据依赖问题的存在,可能会导致库中数据插入异常,这是指(　　)。
    A. 插入了不该插入的数据　　　　B. 数据插入后导致数据库处于不一致状态
    C. 该插入的数据不能实现插入　　D. 以上都不对
2. 若属性 X 函数依赖于属性 Y,则属性 X 与属性 Y 之间具有(　　)联系。
    A. 一对一　　　　B. 一对多　　　　C. 多对一　　　　D. 多对多
3. 关系模式中的候选键(　　)。
    A. 有且仅有一个　　　　　　　　B. 必然有多个
    C. 可以有一或多个　　　　　　　D. 以上都不对
4. 在规范化的关系模式中,所有属性都必须是(　　)。
    A. 相互关联的　　B. 互不相关的　　C. 不可分解的　　D. 长度可变的
5. 设关系模式 $R\{A,B,C,D,E\}$,其上函数依赖集 $F=\{AB \to C, DC \to E, D \to B\}$,则可导出的函数依赖是(　　)。
    A. $AD \to E$　　　　B. $BC \to E$　　　　C. $DC \to AB$　　　　D. $DB \to A$
6. 设关系模式 R 属于第一范式,若在 R 中消除了部分函数依赖,则 R 至少属于(　　)。
    A. 第一范式　　　　B. 第二范式　　　　C. 第三范式　　　　D. 第四范式
7. 若关系模式 R 中的属性都是主属性,则 R 至少属于(　　)。
    A. 第三范式　　　　B. BC 范式　　　　C. 第四范式　　　　D. 第五范式
8. 下列关于函数依赖的叙述,(　　)是不正确的。
    A. 由 $X \to Y$、$X \to Z$,有 $X \to YZ$　　　　B. 由 $XY \to Z$,有 $X \to Z$ 或 $Y \to Z$
    C. 由 $X \to Y$,$WY \to Z$,有 $XW \to Z$　　　D. 由 $X \to Y$ 及 $Z \subseteq Y$,有 $X \to Z$
9. 在关系模式 $R(A,B,C)$ 中,有函数依赖集 $F=\{AB \to C, BC \to A\}$,则 R 最高达到(　　)。
    A. 第一范式　　　　B. 第二范式　　　　C. 第三范式　　　　D. BC 范式
10. 设有关系模式 $R(A,B,C)$,其函数依赖集 $F=\{A \to B, B \to C\}$,则关系 R 最高达到(　　)。

　　A. 1NF　　　　　B. 2NF　　　　　C. 3NF　　　　　　D. BCNF

二、填空题

1. 数据依赖主要包括_____依赖、_____依赖和连接依赖。

2. 一个不好的关系模式会存在_____、_____和_____等弊端。

3. 设 $X \to Y$ 为 R 上的一个函数依赖,若_____,则称 Y 完全函数依赖于 X。

4. 设关系模式 R 上存在函数依赖 $X \to Y$ 和 $Y \to Z$,若_____且_____,则称 Z 传递函数依赖于 X。

5. 设关系模式 R 的属性集为 U,K 为 U 的子集,若_____,则称 K 为 R 的候选键。

6. 包含 R 中全部属性的候选键称为_____。不在任何候选键中的属性称为_____。

7. Armstrong 公理系统是_____的和_____的。

8. 第三范式是基于_____依赖的范式,第四范式是基于_____依赖的范式,第五范式是基于_____依赖的范式。

9. 关系数据库中的关系模式至少应属于_____范式。

10. 规范化过程,是指通过投影分解,把_____的关系模式"分解"为_____的关系模式。

三、简答题

1. 解释下列术语的含义:函数依赖、平凡函数依赖、非平凡函数依赖、部分函数依赖、完全函数依赖、传递函数依赖、范式、无损连接性、依赖保持性。

2. 给出 2NF、3NF、BCNF 的形式化定义,并说明它们之间的区别和联系。

3. 什么叫关系模式分解?为什么要做关系模式分解?模式分解要遵循什么准则?

4. 试证明全码的关系必属于 3NF,也必属于 BCNF。

5. 建立一个关于系、学生、班级、研究会等信息的关系数据库。规定:一个系有若干专业、每个专业每年只招一个班,每个班有若干学生,一个系的学生住在同一个宿舍区。每个学生都可参加若干研究会,每个研究会有若干学生。学生参加某研究会,有一个入会年份。

　　描述学生的属性有学号、姓名、出生年月、系名、班号、宿舍区。

　　描述班级的属性有班号、专业名、系名、人数、入校年份。

　　描述系的属性有系号、系名、系办公室地点、人数。

　　描述研究会的属性有研究会名、成立年份、地点、人数。

　　试给出上述数据库的关系模式;写出每个关系的最小依赖集(即基本的函数依赖集,不是导出的函数依赖);指出是否存在传递函数依赖;对于函数依赖左部是多属性的情况,讨论其函数依赖是完全函数依赖还是部分函数依赖,并指出各关系的候选键、外部键。

6. 设有关系模式 $R(A,B,C,D,E,F)$,函数依赖集 $F = \{(A,B) \to E, (A,C) \to F, (A,D) \to B, B \to C, C \to D\}$,求出 R 的所有候选关键字。

7. 设有关系模式 $R(X,Y,Z)$,函数依赖集为 $F = \{(X,Y) \to Z\}$。请确定 SC 的范式

等级,并证明。

8. 设有关系模式 $R(A,B,C,D,E,F)$,函数依赖集 $F=\{A\rightarrow(B,C),(B,C)\rightarrow A,(B,C,D)\rightarrow(E,F),E\rightarrow C\}$。试问:关系模式 R 是否为 BCNF 范式,并证明结论。

9. 设有关系模式 $R(E,F,G,H)$,函数依赖 $F=\{E\rightarrow G,G\rightarrow E,F\rightarrow(E,G),H\rightarrow(E,G),(F,H)\rightarrow E\}$

(1) 求出 R 的所有候选关键字;

(2) 根据函数依赖关系,确定关系模式 R 属于第几范式。

10. 简述下列关系模式最高属于第几范式,并解释原因。

(1) $R(A,B,C,D),F=\{B\rightarrow D,AB\rightarrow C\}$。

(2) $R(A,B,C,D,E),F=\{AB\rightarrow CE,E\rightarrow AB,C\rightarrow D\}$。

(3) $R(A,B,C,D),F=\{B\rightarrow D,D\rightarrow B,AB\rightarrow C\}$。

(4) $R(A,B,C),F=\{A\rightarrow B,B\rightarrow A,A\rightarrow C\}$。

(5) $R(A,B,C),F=\{A\rightarrow B,B\rightarrow A,C\rightarrow A\}$。

(6) $R(A,B,C,D),F=\{A\rightarrow C,D\rightarrow B\}$。

(7) $R(A,B,C,D),F=\{A\rightarrow C,CD\rightarrow B\}$。

第 5 章*

数据库安全保护

本章要点

随着社会信息化的不断深化,各种数据库的使用也越来越广泛。例如,一个企业管理信息系统的全部数据、国家机构的事务管理信息、国防情报机密信息、基于 WEB 动态发布的网上购物信息等,都集中或分布地存放在或大或小的数据库中。数据库系统中的数据是由 DBMS 统一进行管理和控制的。为了适应和满足数据共享的环境和要求,DBMS 要保证数据库及整个系统的正常运转,防止数据意外丢失和不一致数据的产生,以及保证当数据库遭受破坏后能迅速地恢复正常,这就是数据库的安全保护。DBMS 对数据库的安全保护功能是通过四方面来实现的,即安全性控制、完整性控制、并发性控制和数据库恢复。本章就将从这四方面来介绍数据库的安全保护功能,重点要求读者掌握它们的含义及实现方法,可结合 SQL Server 2000 或 2005 或 2008 加深对四部分内容的理解,并掌握其操作技能。

5.1 数据库的安全性

5.1.1 数据库安全性概述

数据库的安全性是指保护数据库,以防止非法使用所造成数据的泄露、更改或破坏。安全性问题有许多方面,其中包括(1)法律、社会和伦理方面,例如,请求查询信息的人是否有合法的权力;(2)物理控制方面,例如,计算机机房或终端是否应该加锁或用其他方法加以保护;(3)政策方面,确定存取原则,允许哪些用户存取哪些数据;(4)运行与技术方面,使用口令时,如何使口令保持秘密;(5)硬件控制方面,CPU 是否提供任何安全性方面的功能,诸如存储保护键或特权工作方式;(6)操作系统安全性方面,在主存储器和数据文件用过以后,操作系统是否把它们的内容清除;(7)数据库系统本身安全性方面。

下面主要讨论的是数据库本身的安全性问题,即主要考虑安全保护的策略,尤其是控制访问的策略。

5.1.2 安全性控制的一般方法

安全性控制是指要尽可能地杜绝所有可能的数据库非法访问。用户非法使用数据库可以有很多种情况。例如,编写合法的程序绕过 DBMS 授权机制,通过操作系统直接存取、修改或备份有关数据。用户访问非法数据,无论他们是有意的还是无意的,都应该加以严格控制,因此,系统还要考虑数据信息的流动问题并加以控制,否则有潜在的危险性。因为数据的流动可能使无权访问的用户获得访问权力。

例如,甲用户可以访问表 T1,但无权访问表 T2,如果乙用户把表 T2 的所有记录都添加到表 T1 中之后,则由于乙用户的操作,甲用户便可获得对表 T2 中记录的访问。此外,用户可以多次利用允许的访问结果,经过逻辑推理得到无权访问的数据。

为防止这一点,访问的许可权还要结合过去访问的情况而定。可见安全性的实施是要花费一定代价并需缜密考虑的。安全保护策略就是要以最小的代价来最大程度地防止用户对数据的非法访问,通常需要层层设置安全措施。

实际上,数据库系统的安全性问题,类似于整个计算机系统一级级层层设置安全的情况,其安全控制模型一般如图 5.1 所示。

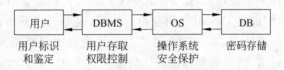

图 5.1 安全控制模型

根据图 5.1 的安全模型,当用户进入计算机系统时,系统首先根据用户输入的用户标识对用户进行身份的鉴定,只有合法的用户才准许进入系统。

对已进入系统的用户,DBMS 还要进行存取控制,只允许用户进行合法的操作。

DBMS 是建立在操作系统之上的,安全的操作系统是数据库安全的前提。操作系统应能保证数据库中的数据必须由 DBMS 访问,而不允许用户越过 DBMS,直接通过操作系统或其他方式来访问。

数据最后可以通过密码的形式存储到数据库中。使非法者即使得到了加密数据,也无法识别它的安全效果。

下面介绍同数据库有关的用户标识和鉴定、存取控制、定义视图、数据加密和审计等几类安全性措施的内容。

1. 用户标识和鉴别

数据库系统是不允许一个未经授权的用户对数据库进行操作的。用户标识和鉴定是系统提供的最外层的安全保护措施,其方法是由系统提供一定的方式由用户标识自己的名字或身份,系统内部记录着所有合法用户的标识,每次用户要求进入系统时,都由系统进行核实,通过鉴定后才提供机器上数据库的使用权。

用户标识和鉴定的方法有多种,为了获得更强的安全性,往往是多种方法并举,常用的方法有以下几种。

（1）用一个用户名或用户标识符来标明用户的身份，系统以此来鉴别用户的合法性。如果正确，则可进入下一步的核实，否则，用户不能使用计算机。该方法称为单用户名鉴别法。

（2）用户标识符是用户公开的标识，它不足以成为鉴别用户身份的凭证。为了进一步核实用户身份，常采用用户名与口令（Password）相结合的方法，系统通过核对口令来判别用户身份的真伪。系统有一张用户口令表，为每个用户保持一个记录，包括用户名和口令两部分数据。用户先输入用户名，然后系统要求用户输入口令。为了保密，用户在终端上输入的口令不显示在屏幕上。系统核对口令以鉴别用户身份。该方法称为用户名与口令联合鉴别法。

（3）通过用户名和口令来鉴定用户的方法简单易行，但该方法在使用时，由于用户名和口令的产生和使用比较简单，也容易被窃取，因此还可采用更复杂的方法。

例如，每个用户都预先约定好一个过程或者函数，鉴别用户身份时，系统提供一个随机数，用户根据自己预先约定的计算过程或者函数进行计算，系统根据计算结果辨别用户身份的合法性。这种方法称为透明公式鉴别法。

例如，让用户记住一个表达式，如 $T=X+X*Y+3*Y$，系统告诉用户 $X=1$、$Y=2$，如果用户回答 $T=9$，则证实了该用户的身份。当然，这是一个简单的例子，在实际使用中，还可以设计复杂的表达式，以使安全性更好。系统每次提供不同的 X、Y 值，其他人可能看到的是 X、Y 的值，但不能推算出确切的变换公式 T，从而无法得到 T 的正确值而不被系统证实。

2. 用户存取权限控制

用户存取权限指的是不同的用户对于不同的数据对象允许执行的操作权限。在数据库系统中，每个用户都只能访问他有权存取的数据并执行有权使用的操作。因此，必须预先定义用户的存取权限。对于合法的用户，系统根据其存取权限的定义对其各种操作请求进行控制，确保其合法操作。

存取权限由两个要素组成，数据对象和操作类型。定义一个用户的存取权限就是定义这个用户可以在哪些数据对象上进行哪些类型的操作。

在数据库系统中，定义用户存取权限称为授权（Authorization）。第 3 章讨论 SQL 的数据控制功能时，授权有两种：系统权限和对象权限。系统权限是由 DBA 授予某些数据库用户的，只有得到系统权限，才能成为数据库用户。对象权限可以由 DBA 授予，也可以由数据对象的创建者授予，使数据库用户具有对某些数据对象进行某些操作的权限。在系统初始化时，系统中至少有一个具有 DBA 权限的用户，DBA 可以通过 GRANT 语句将系统权限或对象权限授予其他用户。对于已授权的用户可以通过 REVOKE 语句收回所授予的权限。

这些授权定义经过编译后以一张授权表的形式存放在数据字典中。授权表主要有三个属性，用户标识、数据对象和操作类型。用户标识不但可以是用户个人，也可以是团体、程序和终端。在非关系系统中，存取控制的数据对象仅限于数据本身。而在关系系统中,存取控制的数据对象不仅有基本表、属性列等数据本身,还有内模式、外模式、模式等数据字典中的内容。表 5.1 列出了关系系统中的存取权限。

对于授权表,一个衡量授权机制的重要指标就是授权粒度,即可以定义的数据对象的范围,在关系数据库中,授权粒度包括关系、记录或属性。

一般来说,授权定义中粒度越细,授权子系统就越灵活。

例如,表 5.2 是一个授权粒度很粗的表,它只能对整个关系授权。U1 拥有对关系 S 的一切权限;U2 拥有对关系 C 的 SELECT 权和对关系 SC 的 UPDATE 权;U3 只可以向关系 SC 中插入新记录。

表 5.1 关系系统中的存取权限

数 据 对 象		操 作 类 型
模式	模式	建立、修改、检索
	外模式	建立、修改、检索
	内模式	建立、修改、检索
数据	表	查询、插入、修改、删除
	属性列	查询、插入、修改、删除

表 5.2 授权表 1

用户标识	数据对象	操作类型
U1	关系 S	ALL
U2	关系 C	SELECT
U2	关系 SC	UPDATE
U3	关系 SC	INSERT
…	…	…

表 5.3 是一个授权粒度较为精细的表,它可以精确到关系的某一属性。U1 拥有对关系 S 的一切权限;U2 只能查询关系 C 的 CNO 属性和修改关系 SC 的 SCORE 属性;U3 可以删除关系 SC 中的记录。

表 5.3 授权表 2

用户标识	数据对象	操作类型	用户标识	数据对象	操作类型
U1	关系 S	ALL	U3	关系 SC	DELETE
U2	关系 C.CNO	SELECT	…	…	…
U2	关系 SC.SCORE	UPDATE			

衡量授权机制的另一个重要方面就是授权表中权限表示能力的强弱。在表 5.2 和表 5.3 的授权表中的授权只涉及关系、记录或属性的名字,而未提到具体的值。系统不必访问具体的数据本身,就可以决定执行这种控制。这种控制称为"值独立"的控制。

表 5.4 中的授权表则不但可以对属性列授权,还可以提供与数值有关的授权,即可以对关系中的一组满足存取谓词的记录授权。比如,U1 只能对非计算机系的学生进行操作。

对于提供与数据值有关的授权,系统必须能够支持存取谓词的操作。

一方面,授权粒度越细,授权子系统就越灵活,能够提供的安全性就越完善。但另一方面,如果用户比较多,数据库比较大,授权表将很大,而且每次数据库访问都要用到这张表做授权检查,这将影响数据库的性能。

表 5.4　授权表 3

用户标识	数据对象	操作类型	存取谓词
U1	关系 S	ALL	DEPT<>计算机
U2	关系 C. CNO	SELECT	
U2	关系 SC. SCORE	UPDATE	
U3	关系 SC	DELETE	
…	…	…	

所幸的是,在大部分数据库中,需要保密的数据是少数,对于大部分公开的数据,可以一次性地授权给 PUBLIC,而不必对每个用户逐个授权。对于表 5.4 中与数据值有关的授权,可以通过另外一种数据库安全措施,即定义视图来实现安全保护。

3. 视图机制

为不同的用户定义不同的视图,可以限制各个用户的访问范围。通过视图机制把要保密的数据对无权存取这些数据的用户隐藏起来,从而自动地对数据提供一定程度的安全保护。

例如,U1 只能对非计算机系的学生进行操作,一种方法是通过授权机制对 U1 授权,如表 5.4 所示,另一种简单的方法就是定义一个非计算机系学生的视图。但视图机制的安全保护功能不够全面,往往不能达到应用系统的要求,其主要功能在于提供数据库的逻辑独立性。在实际应用中,通常将视图机制与授权机制结合起来使用,首先用视图机制屏蔽一部分保密数据,然后在视图上面再进一步定义存取权限。

4. 数据加密

前面介绍的几种数据库安全措施,都是防止从数据库系统窃取保密数据,而不能防止通过不正常渠道非法访问数据,例如,偷取存储数据的磁盘,或在通信线路上窃取数据,为了防止这些窃密活动,比较好的办法是对数据加密。数据加密(Data Encryption)是防止数据库中数据在存储和传输中失密的有效手段。加密的基本思想是根据一定的算法将原始数据(术语为明文,Plain text)加密成为不可直接识别的格式(术语为密文,Cipher text),数据以密码的形式存储和传输。

加密方法有两种,一种是替换方法,该方法使用密钥(Encryption Key)将明文中的每一个字符转换为密文中的一个字符。另一种是转换方法,该方法将明文中的字符按不同的顺序重新排列。通常将这两种方法结合起来使用,这样就可以达到相当高的安全程度。例如,美国 1977 年制订的官方加密标准,数据加密标准(Data Encryption Standard,DES)就是使用这种算法的。

数据加密后,对于不知道解密算法的人,即使利用系统安全措施的漏洞非法访问数据,也只能看到一些无法辨认的二进制代码。合法的用户在检索数据时,首先提供密码钥匙,由系统进行译码后,才能得到可识别的数据。

目前不少数据库产品提供了数据加密例行程序,用户可根据要求自行进行加密处理,还有一些未提供加密程序的产品也提供了相应的接口,允许用户用其他厂商的加密程序对数据加密。实际上,有些系统也支持用户自己设计加、解密程序,只是这样对用户提出了更高的要求。

用密码存储数据,在存入时需加密,在查询时需解密,这个过程会占用较多的系统资源,降低了数据库的性能。因此数据加密功能通常允许用户自由选择,只对那些保密要求特别高的数据,才值得采用此方法。

5. 审计

前面介绍的各种数据库安全性措施,都可将用户操作限制在规定的安全范围内。但实际上任何系统的安全性措施都不是绝对可靠的,窃密者总有办法打破这些控制。对于某些高度敏感的保密数据,必须以审计(Audit)作为预防手段。审计功能是一种监视措施,用来跟踪记录有关数据的访问活动。

审计追踪把用户对数据库的所有操作自动记录下来,存放在一个特殊文件中,即审计日志(Audit Log)。记录的内容一般包括操作类型,如修改、查询等;操作终端标识与操作者标识;操作日期和时间;操作所涉及的相关数据,如基本表、视图、记录、属性等;数据的前象和后象。利用这些信息,可以重现导致数据库现有状况的已发生的一系列事件,以进一步找出非法存取数据的人、时间和内容等。

使用审计功能会大大增加系统的开销,所以 DBMS 通常将其作为可选特征,提供相应的操作语句可灵活地打开或关闭审计功能。

例如,可使用如下 SQL 语句打开对表 S 的审计功能,对表 S 的每次成功的增加、删除、修改操作都作审计追踪。

```
AUDIT INSERT,DELETE,UPDATE ON S WHENEVER SUCCESSFUL
```

要关闭对表 S 的审计功能可以使用如下语句:

```
NO AUDIT ALL ON S
```

5.1.3 安全性控制的其他方法

1. 强制存取控制

有些数据库系统的数据要求很高的保密性,通常具有静态的严格的分层结构,强制存取控制(MAC)能实现这种高保密性要求。这种方法的基本思想在于为每个数据对象(文件、记录或字段等)赋予一定的密级,级别从高到低分为绝密级、机密级、秘密级和公用级。每个用户也具有相应的级别,称为许可证级别。密级和许可证级别都是严格有序的,如绝密>机密>秘密>公用。

在系统运行时,采用如下两条简单规则:①用户 U 只能查看比它级别低或同级的数据;②用户 U 只能修改和它同级的数据。根据第②条规则,用户 U 显然不能修改比它级别高的数据,也不能修改比它级别低的数据,这样主要是为了防止具有较高级别的用户将该级别的数据复制到较低级别的文件中。

强制存取控制是一种独立于值的控制方法。它的优点是系统能执行"信息流控制"。在前面介绍的授权方法中,允许凡有权查看保密数据的用户把这种数据复制到非保密的文件中,使无权用户也可接触保密数据。而强制存取控制可以避免这种非法的信息流动。注意:这种方法在通用数据库系统中的应用并不广泛,只是在某些专用系统中才有用。

2. 统计数据库的安全性

有一类数据库称为"统计数据库",例如,民意调查数据库,它包含大量的记录,但其目的只是向公众提供统计、汇总信息,而不是提供单个记录的内容。也就是说所查询的仅仅是某些记录的统计值,如求记录数、和、平均值等。在统计数据库中,虽然不允许用户查询单个记录的信息,但是用户可以通过处理足够多的汇总信息来分析出单个记录的信息,这就给统计数据库的安全性带来了严重的威胁。

设有一个职工关系,包含工资信息。一般的用户只能查询统计数据,而不能查看个别的记录。有一个姓刘的用户欲窃取姓张的工资数目。他可通过下面两步实现。

(1) 用 SELECT 命令查找自己和其他 $n-1$ 个人(例如 30 岁的女职工)的工资总额 A。

(2) 用 SELECT 命令查找姓张用户和上述同样的 $n-1$ 个人的工资总额 B。

随后,刘可以很方便地通过下列式子得到张的工资数是:

$$B-A+\text{“姓刘用户自己的工资数”}$$

这样,用户刘就窃取到了张的工资数目。统计数据库应防止上述问题的发生。上述问题产生的原因是两个查询包含了许多相同的信息(即两个查询的"交")。系统应对用户查询得到的记录数加以控制。

在统计数据库中,对查询应作下列限制:①一个查询查到的记录个数至少是 n;②两个查询查到的记录的"交"数目至多是 m。

系统可以调整 n 和 m 的值,使得用户很难在统计数据库中获取其他个别记录的信息,但要做到完全杜绝是不可能的。应限制用户计算和、个数、平均值的能力。如果一个破坏者只知道他自己的数据,那么他至少要花 $1+(n-2)/m$ 次查询才有可能获取其他个别记录的信息。因而,系统应限制用户查询的次数在 $1+(n-2)/m$ 次以内。但是这个方法还是不能防止两个破坏者联手查询导致数据的泄露。

保证数据库安全性的另一个方法是"数据污染",也就是在回答查询时,提供一些偏离正确值的数据,以免数据泄露。当然,这个偏离要在不破坏统计数据的前提下进行。此时,系统应该在准确性和安全性之间作出权衡。当安全性遭到威胁时,只能降低准确性的标准。

5.1.4 SQL Server 安全性概述

SQL Server 安全系统的构架建立在用户和用户组的基础上。Windows(这里的 Windows 代表 Windows NT 4.0、Windows 2000 及以上版本,下同)中的用户和本地组及全局组可以映射到 SQL Server 中的安全账户,也可以创建独立 Windows 账户的安全账户。

SQL Server 提供了三种安全管理模式,即标准模式、集成模式和混合模式,数据库设计者和数据库管理员可以根据实际情况进行选择。

1. 两个安全性阶段

在 SQL Server 中工作时,用户要经过两个安全性阶段:身份验证和授权(权限验证)。授权阶段使用登录账户标识用户并只验证用户连接 SQL Server 实例的能力。如果身份验证成功,那么用户即可连接到 SQL Server 实例。然后用户需具有访问服务器上数据库的权限,为此需授予每个数据库中映射到用户登录的账户访问权限。权限验证阶段控制用户在 SQL Server 数据库中所允许进行的活动。

每个用户都必须通过登录账户建立自己的连接能力(身份验证),以获得对 SQL Server 实例的访问权限。然后,该登录必须映射到用于控制在数据库中所执行的活动(权限验证)的 SQL Server 用户账户。如果数据库中没有用户账户,则即使用户能够连接到 SQL Server 实例,也无法访问该数据库。

2. 用户权限

登录创建在 Windows 中,而非 SQL Server。该登录随后被授予连接到 SQL Server 实例的权限。该登录在 SQL Server 内被授予访问权限。

当用户连接到 SQL Server 实例后,他们可以执行的活动由授予以下账户的权限来确定:①用户的安全账户;②用户的安全账户所属 Windows 组或角色层次结构;③用户若要进行任何涉及更改数据库定义或访问数据的活动,则必须有相应的权限。

管理权限包括授予或废除执行以下活动的用户权限:①处理数据和执行过程(对象权限);②创建数据库或数据库中的项目(语句权限);③利用授予预定义角色的权限(暗示性权限)。

3. 视图安全机制

SQL Server 可限制用户使用的数据,可以将视图作为安全机制。用户可以访问某些数据,并进行查询和修改操作,但是表或数据库的其余部分是不可见的,也不能进行访问。对 SQL Server 来说,无论在基础表(一个或多个)上的权限集合有多大,都必须授予、拒绝或废除访问视图中数据子集的权限。

4. 加密方法

SQL Server 支持加密或可以加密的内容包括①SQL Server 中存储的登录和应用程序角色密码;②作为网络数据包而在客户端和服务器端之间发送的数据;③SQL Server 中定义内容包括存储过程、用户定义函数、视图、触发器、默认值、规则等。

例如,SQL Server 可使用安全套接字层(SSL)加密在应用程序计算机和数据库计算机上的 SQL Server 实例之间传输的所有数据。

5. 审核活动

SQL Server 提供审核功能,用以跟踪和记录每个 SQL Server 实例上已发生的活动(如成功和失败的记录)。SQL Server 还提供管理审核记录的接口,即 SQL 事件探查器。只有 sysadmin 固定安全角色的成员才能启用或修改审核,而且审核的每次修改都是可审核的事件。

5.2　完整性控制

5.2.1　数据库完整性概述

数据库的完整性是指保护数据库中数据的正确性、有效性和相容性,防止错误的数据进入数据库造成无效操作。

有关完整性的含义在第 1 章中已作了简要介绍。比如年龄属于数值型数据,只能含有 $0,1,\cdots,9$,不能包括字母或特殊符号;月份只能用 $1\sim12$ 之间的正整数表示;表示同一事实的两个数据应相同,否则就不相容,例如,一个人不能有两个学号。

显然,维护数据库的完整性非常重要,数据库中的数据是否具备完整性关系到数据能否真实地反映现实世界。

数据库的完整性和安全性是数据库保护的两个不同的方面。

安全性是指保护数据库,以防止非法使用所造成数据的泄露、更改或破坏,安全性措施的防范对象是非法用户和非法操作;完整性是指防止合法用户使用数据库时向数据库中加入不符合语义的数据,完整性措施的防范对象是不合语义的数据。

但从数据库的安全保护角度来讲,安全性和完整性是密切相关的。

5.2.2　完整性规则的组成

为了实现完整性控制,数据库管理员应向 DBMS 提出一组完整性规则,用来检查数据库中的数据,看其是否满足语义约束。这些语义约束构成了数据库的完整性规则,这组规则作为 DBMS 控制数据完整性的依据。它定义了何时检查、检查什么、查出错误又怎样处理等事项。具体地说,完整性规则主要由以下三部分构成。

(1) 触发条件:规定系统什么时候使用规则检查数据;

(2) 约束条件:规定系统检查用户发出的操作请求违背了什么样的完整性约束条件;

(3) 违约响应:规定系统如果发现用户的操作请求违背了完整性约束条件,应该采取一定的动作来保证数据的完整性,即违约时要做的事情。

完整性规则从执行时间上可分为立即执行约束(Immediate Constraints)和延迟执行约束(Deferred Constraints)。

立即执行约束是指在执行用户事务过程中,某一条语句执行完成后,系统立即对此数据进行完整性约束条件检查;延迟执行约束是指在整个事务执行结束后,系统再对约束条件进行完整性检查,结果正确后才能提交。

例如,银行数据库中"借贷总金额应平衡"的约束就应该属于延迟执行约束,从账号 A 转一笔钱到账号 B 为一个事务,从账号 A 转出去钱后,账就不平了,必须等转入账号 B 后,账才能重新平衡,这时才能进行完整性检查。

如果发现用户操作请求违背了立即执行约束,则可以拒绝该操作,以保护数据的完整性;如果发现用户操作请求违背了延迟执行约束,而又不知道是哪个事务的操作破坏了完整性,则拒绝整个事务,把数据库恢复到该事务执行前的状态。

一条完整性规则可以用一个五元组(D,O,A,C,P)来形式化地表示。其中具体说明如下。

D(data):代表约束作用的数据对象;

O(operation):代表触发完整性检查的数据库操作,即当用户发出什么操作请求时需要检查该完整性规则;

A(assertion):代表数据对象必须满足的语义约束,这是规则的主体;

C(condition):代表选择 A 作用的数据对象值的谓词;

P(procedure):代表违反完整性规则时触发执行的操作过程。

例如,对于"学号不能为空"的这条完整性约束,具体说明如下。

D:代表约束作用的数据对象为 SNO 属性;

O:当用户插入或修改数据时需要检查该完整性规则;

A:SNO 不能为空;

C:A 可作用于所有记录的 SNO 属性;

P:拒绝执行用户请求。

关系模型的完整性包括实体完整性、参照完整性和用户定义完整性。

对于违反实体完整性和用户定义完整性规则的操作,一般是采用拒绝执行的方式进行处理的。而对于违反参照完整性的操作,并不都是简单地拒绝执行,一般在接受这个操作的同时,执行一些附加的操作,以保证数据库的状态仍然是正确的。

例如,在删除被参照关系中的元组时,应该将参照关系中所有的外码值与被参照关系中要删除元组主码值相对应的参照关系中的元组一起删除。

比如,要删除 S 关系中 SNO='S2'的元组,而 SC 关系中又有两个 SNO='S2'的元组。这时根据应用环境的语义,因为当一个学生毕业或退学后,他的个人记录从 S 关系中删除,选课记录也应随之从 SC 表中删除,所以应该将 SC 关系中所有 SNO='S2'的元组同时删除。

这些完整性规则都由 DBMS 提供的语句进行描述,经过编译后存放在数据字典中。数据进出数据库系统,这些规则就开始起作用,用于保障数据的正确性。

这样做的优点包括(1)完整性规则的执行由系统来处理,而不是由用户处理;(2)规则集中在数据字典中,而不是散布在各应用程序之中,易于从整体上理解和修改,效率较高。

数据库系统的整个完整性控制都是围绕着完整性约束条件进行的,从这个角度来看,完整性约束条件是完整性控制机制的核心。

5.2.3　完整性约束条件的分类

1. 值的约束和结构的约束

从约束条件使用的对象来分,可把约束分为值的约束和结构的约束。

(1) 值的约束:对数据类型、数据格式、取值范围等进行规定。

① 对数据类型的约束,包括数据的类型、长度、单位和精度等。例如,规定学生性别的数据类型应为字符型,长度为 2。

② 对数据格式的约束。例如,规定出生日期的数据格式为 YYYY. MM. DD。

③ 对取值范围的约束。例如,月份的取值范围为 1~12,日期为 1~31。

④ 对空值的约束。空值表示未定义或未知的值,它与零值和空格不同。有的列值允许空值,有的则不允许。例如,学号和课程号不可以为空值,但成绩可以为空值。

(2) 结构约束:对数据之间联系的约束。

数据库中同一关系的不同属性之间,应满足一定的约束条件,同时,不同关系的属性之间也有联系,也应满足一定的约束条件。

常见的结构约束有如下五种。

① 函数依赖约束:说明了同一关系中不同属性之间应满足的约束条件。例如,2NF、3NF、BCNF 这些不同的范式应满足不同的约束条件。大部分函数依赖约束都是隐含在关系模式结构中的,特别是规范化程度较高的关系模式,都是由模式来保持函数依赖的。

② 实体完整性约束:说明了关系主键(或主码)的属性列必须唯一,其值不能为全空或部分为空。

③ 参照完整性约束:说明了不同关系的属性之间的约束条件,即外部键(外码)的值应能够在被参照关系的主键值中找到或取空值。

④ 用户自定义完整性:从实际应用系统出发,按需定义属性之间要满足的约束条件。

⑤ 统计约束,规定某个属性值与关系多个元组的统计值之间必须满足某种约束条件。例如,规定系主任的奖金不得高于该系的平均奖金的 50%,不得低于该系的平均奖金的 15%。这里该系平均奖金的值就是一个统计计算值。

其中,实体完整性约束和参照完整性约束是关系模型的两个极其重要的约束,被称为关系的两个不变性,而统计约束实现起来开销很大。

2. 静态约束和动态约束

完整性约束从约束对象的状态可分为静态约束和动态约束。

(1) 静态约束

静态约束是指在数据库每一个确定状态时,数据对象所应满足的约束条件,它是反映数据库状态合理性的约束,也是最重要的一类完整性约束。上面介绍的值的约束和结构的约束均属于静态约束。

（2）动态约束

动态约束是指数据库从一种状态转变为另一种状态时（数据库数据变动前后），新、旧值之间所应满足的约束条件，它是反映数据库状态变迁的约束。

例如，学生年龄在更改时只能增长，职工工资在调整时不得低于其原来的工资。

5.2.4　SQL Server 完整性概述

SQL Server 中数据完整性可分为四种类型：实体完整性、域完整性、引用完整性、用户定义完整性。另外，触发器、存储过程等也能以一定方式来控制数据完整性。

1. 实体完整性

实体完整性将行定义为特定表的唯一实体。SQL Server 支持如下实体完整性相关的约束。

（1）PRIMARY KEY 约束：在一个表中不能有两行包含相同的主键值，不能在主键内的任何列中输入 NULL 值。

（2）UNIQUE 约束：UNIQUE 约束在列集内强制执行值的唯一性，对于 UNIQUE 约束中的列，表中不允许有两行包含相同的非空值。

（3）IDENTITY 属性：IDENTITY 属性能自动产生唯一标识值，指定为 IDENTITY 的列一般作为主键。

2. 域完整性

域完整性是指给定列的输入正确性与有效性。SQL Server 中强制域有效性的方法包括限制类型，例如通过数据类型、用户自定义数据类型等实现；格式限制，例如通过 CHECK 约束和规则等实现；列值的范围限定，例如通过 PRIMARY KEY 约束、UNIQUE 约束、FOREIGN KEY 约束、CHECK 约束、DEFAULT 定义、NOT NULL 定义等实现。

3. 引用完整性

SQL Server 引用完整性（即参照完整性）主要由 FOREIGN KEY 约束体现，它用来标识表之间的关系，一个表的外键指向另一个表的候选键或唯一键。

强制引用完整性时，SQL Server 禁止用户进行下列操作。

（1）当主表中没有关联的记录时，将记录添加到相关表中。

（2）更改主表中的值并导致相关表中的记录孤立。

（3）从主表删除记录，但仍存在与该记录匹配的相关记录。

在 DELETE 或 UPDATE 所产生的所有级联引用操作的诸表中，每个表都只能出现一次。多个级联操作中只要有一个表因完整性原因操作失败，整个操纵将失败而回滚。

4. 用户定义完整性

SQL Server 用户定义完整性主要由 CHECK 约束所定义的列级或表级约束来体现，用户定义完整性还能由规则、触发器、客户端或服务器端应用程序灵活定义。

5. 触发器

SQL Server 触发器是一类特殊的存储过程，被定义为在对表或视图发出 UPDATE、INSERT 或 DELETE 语句时自动执行。触发器可以扩展 SQL Server 约束、默认值和规则的完整性检查逻辑，一个表可以有多个触发器。

6. 其他机制

SQL Server 支持存储过程中制定约束规则，SQL Server 的并发控制机制能保障多用户存取数据时的完整性。

5.3　并发控制与封锁

5.3.1　数据库并发性概述

每个用户在存取数据库中的数据时，可能是串行执行，即每个时刻只有一个用户程序运行，也可能是多个用户并行地存取数据库。

数据库的最大特点之一是数据资源共享，串行执行意味着一个用户在运行程序时，其他用户程序必须等到这个用户程序结束才能对数据库进行存取操作，这样数据库系统的利用率会极低。因此，为了充分利用数据库资源，很多时候数据库用户都是对数据库系统进行并行存取数据，但这样就会发生多个用户并发存取同一个数据块的情况，如果对并发操作不加控制可能会产生操作冲突，破坏数据的完整性。即发生所谓的丢失更新、污读、不可重读等现象。

数据库的并发控制机制能解决这类问题，以保持数据库中数据在多用户并发操作时的一致性、正确性。

5.3.2　事务的基本概念

1. 事务的定义

5.2 节曾提到过事务(Transaction)的概念，DBMS 的并发控制也是以事务为基本单位进行的。那么到底什么是事务呢？

事务是数据库系统中执行的一个工作单位，它是由用户定义的一组操作序列组成的。

一个事务可以是一组 SQL 语句、一条 SQL 语句或整个程序，一个应用程序可以包括多个事务。事务的开始与结束可以由用户显式控制。如果用户没有显式地定义事务，则

由 DBMS 按照默认规定自动划分事务。在 SQL 语言中,定义事务的语句有三条:

```
BEGIN TRANSACTION
COMMIT
ROLLBACK
```

BEGIN TRANSACTION 表示事务的开始;COMMIT 表示事务的提交,即将事务中所有对数据库的更新写回到磁盘上的物理数据库中去,此时事务正常结束;ROLLBACK 表示事务的回滚,即在事务运行的过程中发生了某种故障,事务不能继续执行,系统将事务中对数据库的所有已完成的更新操作全部撤销,再回滚到事务开始时的状态。

2. 事务的特征

事务是由有限的数据库操作序列组成的,但并不是任意的数据库操作序列都能成为事务,为了保护数据的完整性,一般要求事务具有以下四个特征。

(1) 原子性(Atomicity):一个事务是一个不可分割的工作单位,事务在执行时,应该遵守“要么不做,要么全做”(nothing or all)的原则,即不允许事务部分的完成。即使因为故障而使事务未能完成,它执行的部分操作将要被取消。

(2) 一致性(Consistency):事务对数据库的操作使数据库从一个一致状态转变到另一个一致状态。所谓数据库的一致状态是指事务操作后数据库中的数据要满足各种完整性约束要求。

例如,在银行企业中,“从账号 A 转移资金额 M 到账号 B”是一个典型的事务,这个事务包括两个操作,从账号 A 中减去资金额 M 和在账号 B 中增加资金额 M,如果只执行其中一个操作,则数据库处于不一致状态,账务会出现问题。也就是说,两个操作要么全做,要么全不做,否则就不能成为事务。可见事务的一致性与原子性是密切相关的。

(3) 隔离性(Isolation):如果多个事务并发地执行,那么应像各个事务独立执行一样,一个事务的执行不能被其他事务干扰。即一个事务内部的操作及使用的数据对并发的其他事务是隔离的。并发控制就是为了保证事务间的隔离性。

(4) 持久性(Durability):指一个事务一旦提交,它对数据库中数据的改变就应该是持久的,即使数据库因故障而受到破坏,DBMS 也应该能够恢复。

事务上述四个性质的英文术语的第一个字母分别为 A、C、I、D。因此,这四个性质也称为事务的 ACID 准则。下面是一个事务的例子,从账号 A 转移资金额 M 到账号 B。

```
BEGIN TRANSACTION
    READ A
    A←A-M
    IF A<0                    /*A 款不足*/
    THEN
        BEGIN
            DISPLAY    "A 款不足"
            ROLLBACK
        END
```

```
        ELSE                    /*拨款*/
            BEGIN
                B←B+M
                DISPLAY  "拨款完成"
                COMMIT
            END
    END
```

这是对一个简单事务的完整的描述。该事务有两个出口：一个出口是当 A 账号的款项不足时，事务以 ROLLBACK(撤销)命令结束，即撤销该事务的影响；另一个出口是以 COMMIT(提交)命令结束，完成从账号 A 到账号 B 的拨款。在 COMMIT 之前，即在数据库修改过程中，数据可能是不一致的，事务本身也可能被撤销。只有在 COMMIT 之后，事务对数据库所产生的变化才对其他事务开放，这就可以避免其他事务访问不一致或不存在的数据。

5.3.3　并发操作与数据的不一致性

当同一数据库系统中有多个事务并发运行时，如果不加以适当控制，则可能产生数据的不一致性。

例 5.1　并发取款操作。假设存款余额 $R=1000$ 元，甲事务 T1 取走存款 200 元，乙事务 T2 取走存款 300 元，如果正常操作，即甲事务 T1 执行完毕再执行乙事务 T2，存款余额更新后应该是 500 元。但是如果按照如下顺序操作，则会有不同的结果。

甲事务 T1 读取存款余额 $R=1000$ 元；

乙事务 T2 读取存款余额 $R=1000$ 元；

甲事务 T1 取走存款 200 元，修改存款余额 $R=R-200=800$，把 $R=800$ 写回到数据库；

乙事务 T2 取走存款 300 元，修改存款余额 $R=R-300=700$，把 $R=700$ 写回到数据库。

结果两个事务共取走存款 500 元，而数据库中的存款却只少了 300 元。得到这种错误的结果是由甲、乙两个事务并发操作引起的，数据库的并发操作导致的数据库不一致性主要包括以下三种。

1. 丢失更新

当两个事务 T1 和 T2 读入同一数据做修改，并发执行时，T2 把 T1 或 T1 把 T2 的修改结果覆盖掉，造成了数据的丢失更新(Lost Update)问题，导致数据的不一致。

仍以例 5.1 中的操作为例进行分析。在表 5.5 中，数据库中 R 的初值是 1000，事务 T1 包含三个操作：读入 R 初值(FIND R)；计算($R=R-200$)；更新 R(UPDATE R)。

事务 T2 也包含三个操作：FIND R；计算($R=R-300$)；UPDATE R。

如果事务 T1 和 T2 顺序执行，则更新后，R 的值是 500。但如果 T1 和 T2 按照表 5.5 所示的并发执行，则 R 的值是 700，得到错误的结果，原因在于在 $t6$ 时刻 T2 更新时，丢失了 T1 已对数据库的更新结果。因此,这个并发操作不正确。

表 5.5 丢失更新问题

时间	事务 T1	R 的值	事务 T2	时间	事务 T1	R 的值	事务 T2
$t0$		1000		$t4$			$R=R-300$
$t1$	FIND R			$t5$	UPDATE R		
$t2$			FIND R	$t6$		800	UPDATE R
$t3$	$R=R-200$			$t7$		700	

2. 污读

事务 T1 更新了数据 R,事务 T2 读取了更新后的数据 R,事务 T1 由于某种原因被撤销,修改无效,数据 R 恢复原值。事务 T2 得到的数据与数据库的内容不一致,这种情况称为"污读"(Dirty Read)(又称脏读)。

在表 5.6 中,事务 T1 把 R 的值改为 800,但此时尚未做 COMMIT 操作,事务 T2 将修改过的值 800 读出来,之后事务 T1 执行 ROLLBACK 操作,R 的值恢复为 1000,而事务 T2 将仍在使用已被撤销了的 R 值 800。原因在于在 $t4$ 时刻事务 T2 读取了 T1 未提交的更新操作结果,这种值是不稳定的,在事务 T1 结束前随时可能执行 ROLLBACK 操作。

这些未提交的随后又被撤销的更新数据称为"脏数据"。比如,这里事务 T2 在 $t4$ 时刻读取的就是"脏数据"。

3. 不可重读

事务 T1 读取了数据 R,事务 T2 读取并更新了数据 R,当事务 T1 再读取数据 R 以进行核对时,得到的两次读取值不一致,这种情况称为"不可重读"(Unrepeatable Read)。

在表 5.7 中,事务 T1 在 $t1$ 时刻读取 R 的值为 1000,但事务 T2 在 $t4$ 时刻将 R 的值更新为 700。所以 T1 在 $t5$ 时刻所读取 R 的值 700 与开始读取的值 1000 不一致。

表 5.6 污读问题

时间	事务 T1	R 的值	事务 T2
$t0$		1000	
$t1$	FIND R		
$t2$	$R=R-200$		
$t3$	UPDATE R		
$t4$		800	FIND R
$t5$	ROLLBACK		
$t6$		1000	

表 5.7 不可重读

时间	事务 T1	R 的值	事务 T2
$t0$		1000	
$t1$	FIND R	1000	
$t2$			FIND R
$t3$			$R=R-300$
$t4$		700	UPDATE R
$t5$	FIND R	700	

产生上述三类数据不一致性的主要原因就是并发操作破坏了事务的隔离性。并发控制是指要求 DBMS 提供并发控制功能以正确的方式高度并发事务,避免并发事务之间的相互干扰造成数据的不一致性,保证数据库的完整性。

5.3.4　封锁及其产生问题的解决

实现并发控制的方法主要有两种:封锁(Lock)技术和时标(Timestamping)技术。这里只介绍封锁技术。

1. 封锁类型

所谓封锁就是当一个事务在对某个数据对象(可以是数据项、记录、数据集以至整个数据库)进行操作之前,必须获得相应的锁,以保证数据操作的正确性和一致性。

封锁是目前 DBMS 普遍采用的并发控制方法,基本的封锁类型(Lock Type)有两种:排他锁和共享锁。

(1) 排他锁

排他锁(Exclusive Lock)又称写锁,简称 X 锁,其采用的原理是禁止并发操作。当事务 T 对某个数据对象 R 实现 X 封锁后,其他事务要等 T 解除 X 封锁以后,才能对 R 进行封锁。这就保证了其他事务在 T 释放 R 上的锁之前,不能再对 R 进行操作。

(2) 共享锁

共享锁(Share Lock)又称读锁,简称 S 锁,其采用的原理是允许其他用户对同一数据对象进行查询,但不能对该数据对象进行修改。当事务 T 对某个数据对象 R 实现 S 封锁后,其他事务只能对 R 加 S 锁,而不能加 X 锁,直到 T 释放 R 上的 S 锁为止。这就保证了其他事务在 T 释放 R 上的 S 锁之前,只能读取 R,而不能再对 R 作任何修改。

2. 封锁协议

封锁可以保证合理的进行并发控制,保证数据的一致性。

实际上,锁是一个控制块,其中包括被加锁记录的标识符及持有锁的事务的标识符等。在封锁时,要考虑一定的封锁规则,如何时开始封锁、封锁多长时间、何时释放等,这些封锁规则称为封锁协议(Lock Protocol)。对封锁方式规定不同的规则,形成了各种不同的封锁协议。

封锁协议在不同程序上对正确控制并发操作提供了一定的保证。

上面讲述的并发操作所带来的丢失更新、污读和不可重读等数据不一致性问题,可以通过三级封锁协议在不同程度上给予解决,下面介绍三级封锁协议。

(1) 一级封锁协议

一级封锁协议的内容是事务 T 在修改数据对象之前必须对其加 X 锁,直到事务结束为止。

具体地说,就是任何企图更新记录 R 的事务都必须先执行 XLOCK R 操作,以获得对该记录进行更新的能力并对它取得 X 封锁。

如果未获准"X 封锁",那么这个事务进入等待状态,一直到获准"X 封锁",该事务才继续做下去。

该封锁协议规定事务在更新记录 R 时必须获得排他性封锁,使得两个同时要求更新 R 的并行事务之一必须在一个事务更新操作执行完成之后才能获得 X 封锁,这样就避免了两个事务读到同一个 R 值而先后更新时所发生的丢失更新问题。

利用一级封锁协议可以解决表 5.5 中的数据丢失更新问题,如表 5.8 所示。

事务 T1 先对 R 进行 X 封锁(XLOCK),事务 T2 执行 XLOCK R 操作,未获准"X 封锁",则进入等待状态,直到事务 T1 更新 R 值以后,解除 X 封锁操作(UNLOCK X)。此后事务 T2 再执行 XLOCK R 操作,获准"X 封锁",并对 R 值进行更新(此时 R 已是事务 T1 更新过的值,$R=800$)。这样就能得出正确的结果。

一级封锁协议只有当修改数据时才进行加锁,如果只是读取数据并不加锁,则它不能防止"污读"和"重读"数据。

（2）二级封锁协议

二级封锁协议的内容是在一级封锁协议的基础上,另外加上事务 T 在读取数据 R 之前必须先对其加 S 锁,读完后释放 S 锁。

所以二级封锁协议不但可以解决更新时所发生的数据丢失问题,而且可以进一步防止"污读"。

利用二级封锁协议可以解决表 5.6 中的数据"污读"问题,如表 5.9 所示。

表 5.8 无丢失更新问题

时间	事务 T1	R 的值	事务 T2
$t0$	XLOCK R	1000	
$t1$	FIND R		
$t2$			XLOCK R
$t3$	$R=R-200$		WAIT
$t4$	UPDATE R		WAIT
$t5$	UNLOCK X	800	WAIT
$t6$			XLOCK R
$t7$			$R=R-300$
$t8$			UPDATE R
$t9$		500	UNLOCK X

表 5.9 无污读问题

时间	事务 T1	R 的值	事务 T2
$t0$	XLOCK R	1000	
$t1$	FIND R		
$t2$	$R=R-200$		
$t3$	UPDATE R		
$t4$		800	SLOCK R
$t5$	ROLLBACK		WAIT
$t6$	UNLOCK R	1000	SLOCK R
$t7$		1000	FIND R
$t8$			UNLOCK S

事务 T1 先对 R 进行 X 封锁(XLOCK),把 R 的值改为 800,但尚未提交。这时事务 T2 请求对数据 R 加 S 锁,因为 T1 已对 R 加了 X 锁,所以 T2 只能等待,直到事务 T1 释放 X 锁为止。之后事务 T1 因某种原因撤销,数据 R 恢复原值 1000,并释放 R 上的 X 锁。事务 T2 可对数据 R 加 S 锁,读取 $R=1000$,得到了正确的结果,从而避免了事务 T2 读取"脏数据"。

二级封锁协议在读取数据之后,立即释放 S 锁,所以它仍然不能防止"重读"数据。

（3）三级封锁协议

三级封锁协议的内容是在一级封锁协议的基础上，另外加上事务 T 在读取数据 R 之前必须先对其加 S 锁，读完后并不释放 S 锁，而直到事务 T 结束才释放。

所以三级封锁协议不但可以防止更新丢失问题和"污读"数据，还可进一步防止不可重读数据，彻底解决了并发操作所带来的三个不一致性问题。

利用三级封锁协议可以解决表 5.7 中的不可重读问题，如表 5.10 所示。

表 5.10　可重读问题

时间	事务 T1	R 的值	事务 T2	时间	事务 T1	R 的值	事务 T2
t0		1000		t6	UNLOCK S		WAIT
t1	SLOCK R			t7			XLOCK R
t2	FIND R	1000		t8		1000	FIND R
t3			XLOCK R	t9			$R=R-300$
t4	FIND R	1000	WAIT	t10		700	UPDATE R
t5	COMMIT		WAIT	t11			UNLOCK X

在表 5.10 中，事务 T1 读取 R 的值之前先对其加 S 锁，这样其他事务只能对 R 加 S 锁，而不能加 X 锁，即其他事务只能读取 R，而不能对 R 进行修改。

所以当事务 T2 在 t3 时刻申请对 R 加 X 锁时被拒绝，使其无法执行修改操作，只能等待事务 T1 释放 R 上的 S 锁，这时事务 T1 再读取数据 R 进行核对时，得到的值仍是 1000，与开始所读取的数据是一致的，即可重读。

在事务 T1 释放 S 锁后，事务 T2 可以对 R 加 X 锁，进行更新操作，这样便保证了数据的一致性。

3. 封锁粒度

封锁对象的大小称为封锁粒度（Lock Granularity）。根据对数据的不同处理，封锁的对象可以是这样一些逻辑单元：字段、记录、表、数据库等，也可以是这样一些物理单元：页（数据页或索引页）、块等。封锁粒度与系统的并发度和并发控制的开销密切相关。

封锁粒度越小，系统中能够被封锁的对象就越多，并发度越高，但封锁机构就越复杂，系统开销也就越大。相反，封锁粒度越大，系统中能够被封锁的对象就越少，并发度越小，封锁机构就越简单，相应系统开销也就越小。

因此，在实际应用中，选择封锁粒度时应同时考虑封锁机制和并发度两个因素，对系统开销与并发度进行权衡，以求得最优的效果。由于同时封锁一个记录的概率很小，因此一般数据库系统都在记录级上进行封锁，以获得更高的并发度。

4. 死锁和活锁

封锁技术可有效解决并行操作引起的数据不一致性问题，但也会产生新的问题，即可能产生活锁和死锁问题。

（1）活锁

当某个事务请求对某一数据的排他性封锁时，由于其他事务一直优先得到对该数据的封锁与操作而使这个事务一直处于等待状态，这种状态形成活锁（Live Lock）。

例如，事务 T1 在对数据 R 封锁后，事务 T2 又请求封锁 R，于是 T2 等待。T3 也请求封锁 R。当 T1 释放了 R 上的封锁后，系统首先批准了 T3 的请求，T2 继续等待。然后又有 T4 请求封锁 R，T3 释放了 R 上的封锁后，系统又批准了 T4 的请求……T2 可能一直处于等待状态，从而发生了活锁，如表 5.11 所示。

表 5.11 活锁

时间	事务 T1	事务 T2	事务 T3	事务 T4
$t0$	LOCK R			
$t1$	…	LOCK R		
$t2$	…	WAIT	LOCK R	
$t3$	UNLOCK	WAIT	WAIT	LOCK R
$t4$	…	WAIT	LOCK R	WAIT
$t5$		WAIT		WAIT
$t6$		WAIT	UNLOCK	WAIT
$t7$		WAIT		LOCK R
$t8$		WAIT		

避免活锁的简单方法是采用先来先服务的策略，按照请求封锁的次序对事务排队，一旦记录上的锁释放，就使申请队列中的第一个事务获得锁。有关活锁的问题在此不再详细讨论，因为死锁的问题较为常见，这里主要讨论有关死锁的问题。

（2）死锁

在同时处于等待状态的两个或多个事务中，每个事务都在等待其中另一个事务解除封锁，它才能继续执行下去，结果造成任何一个事务都无法继续执行，这种状态称为死锁（Dead Lock）。

例如，事务 T1 在对数据 $R1$ 封锁后，又要求对数据 $R2$ 封锁，而事务 T2 已获得对数据 $R2$ 的封锁，又要求对数据 $R1$ 封锁，这样两个事务由于都不能得到全部所需封锁而处于等待状态，发生了死锁，如表 5.12 所示。

表 5.12 死锁

时间	事务 T1	事务 T2	时间	事务 T1	事务 T2
$t0$	LOCK R1		$t4$	WAIT	
$t1$		LOCK R2	$t5$	WAIT	LOCK R1
$t2$			$t6$	WAIT	WAIT
$t3$	LOCK R2		$t7$	WAIT	WAIT

① 死锁产生的条件

发生死锁的必要条件有以下四条。

- 互斥条件：一个数据对象一次只能被一个事务所使用，即对数据的封锁采用排他式；
- 不可抢占条件：一个数据对象只能被占有它的事务所释放，而不能被别的事务强行抢占；
- 部分分配条件：一个事务已经封锁分给它的数据对象，但仍然要求封锁其他数据；
- 循环等待条件：允许等待其他事务释放数据对象，系统处于加锁请求相互等待的状态。

② 死锁的预防

死锁一旦发生，系统效率将会大大下降，因而要尽量避免死锁的发生。在操作系统的多道程序运行中，由于多个进程的并行执行需要分别占用不同资源时，也会发生死锁。要想预防死锁的产生，就得破坏形成死锁的条件。同操作系统预防死锁的方法类似，在数据库环境下，常用的方法有以下两种。

- 一次加锁法

一次加锁法是指每个事物都必须将所有要使用的数据对象全部依次加锁，并要求加锁成功，只要一个加锁不成功，就表示本次加锁失败，则应该立即释放所有已加锁成功的数据对象，然后重新开始从头加锁。一次加锁法的程序如图 5.2 所示。

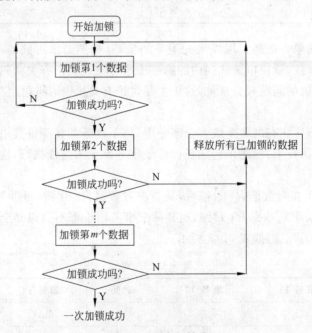

图 5.2　一次加锁法

例如，表 5.12 发生死锁的例子，可以通过一次加锁法加以预防。

事务 T1 启动后，立即对数据 R1 和 R2 依次加锁，加锁成功后，执行 T1，而事务 T2

等待。直到 T1 执行完后释放 R1 和 R2 上的锁，T2 才继续执行。这样就不会发生死锁。

一次加锁法虽然可以有效地预防死锁的发生，但也存在一些问题。

首先，对某一事务所要使用的全部数据一次性加锁，扩大了封锁的范围，从而降低了系统的并发度。

其次，数据库中的数据是不断变化的，原来不要求封锁的数据，在执行过程中可能会变成封锁对象，所以很难事先精确地确定每个事务所要封锁的数据对象，只能在开始扩大封锁的范围，将可能要封锁的数据全部加锁，这样就进一步降低了并发度，影响了系统的运行效率。

- 顺序加锁法

顺序加锁法是预先对所有可加锁的数据对象规定一个加锁顺序，每个事务都需要按此顺序加锁，在释放时，按逆序进行。

例如，对于表 5.12 发生的死锁，可以规定封锁顺序为 R1，R2，事务 T1 和 T2 都需要按此顺序加锁。T1 先封锁 R1，再封锁 R2。当 T2 再请求封锁 R1 时，因为 T1 已经对 R1 加锁了，T2 只能等待。待 T1 释放 R1 后，T2 再封锁 R1，则不会发生死锁。

顺序加锁法同一次加锁法一样，也存在一些问题。因为事务的封锁请求可以随着事务的执行而动态地决定，所以很难事先确定封锁对象，从而更难确定封锁顺序。即使确定了封锁顺序，随着数据操作的不断变化，维护这些数据的封锁顺序需要很大的系统开销。

在数据库系统中，由于可加锁的目标集合不但很大，而且是动态变化的；可加锁的目标常常不是按名寻址，而是按内容寻址，预防死锁常要付出很高的代价，因而上述两种在操作系统中广泛使用的预防死锁的方法并不很适合数据库的特点。

在数据库系统中，还有一种解决死锁的办法，即可以允许发生死锁，但在死锁发生后可以由系统及时自动诊断并解除已发生的死锁，从而避免事务自身不可解决的资源争用问题。

③ 死锁的诊断与解除

数据库系统中诊断死锁的方法与操作系统类似。可以利用事务信赖图的形式来测试系统中是否存在死锁。例如在图 5.3 中，事务 T1 需要数据 R1，但 R1 已经被事务 T2 封锁，那么从 T1 到 T2 画一个箭头。如果在事务依赖图中沿着箭头方向存在一个循环（如图 5.3 所示），那么死锁的条件就形成了，系统就会出现死锁。

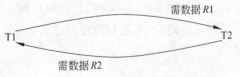

图 5.3 事务依赖图

如果已经发现死锁，DBA 从依赖相同资源的事务中抽出某个事务作为牺牲品，将它撤销，并释放此事务占用的所有数据资源，分配给其他事务，使其他事务得以继续运行下去，这样就有可能消除死锁。

在解除死锁的过程中，抽取牺牲事务的标准是根据系统状态及其应用的实际情况来确定的，通常采用的方法之一是选择一个处理死锁代价最小的事务，将其撤销；或从用户等级的角度考虑，取消等级低的用户事务，释放其封锁的资源给其他需要的事务。

5.3.5　SQL Server 的并发控制机制

SQL Server 使用加锁技术确保事务完整性和数据库一致性。锁定不仅可以防止用户读取正在由其他用户更改的数据,而且可以防止多个用户同时更改相同数据。虽然 SQL Server 自动强制锁定,但可以通过了解锁定并在应用程序中自定义锁定来设计更有效的并发控制应用程序。

SQL Server 提供如下八种锁类型:共享(S)、更新(U)、排他(X)、意向共享(IS)、意向排他(IX)、与意向排他共享(SIX)、架构(Sch)、大容量更新(BU),只有兼容的锁类型才可以放置在已锁定的资源上。SQL Server 使用的主要锁类型描述如下:①共享(S):用于不更改或不更新数据的操作(只读操作,如 SELECT 语句)。资源上存在共享锁时,任何其他事务都不能修改数据;②更新(U):用于可更新的资源中。一次只有一个事务可以获得资源的更新锁。如果事务修改资源,则更新锁转换为排他(X)锁。否则锁转换为共享锁。防止当多个会话在读取、锁定以及随后可能进行的资源更新时发生死锁;③排他(X):用于数据修改操作,如 insert、update 或 delete。加排他锁后其他事务不能读取或修改排他锁锁定的数据。确保不会同时对同一资源进行多重更新;④意向(I):用于建立锁的层次结构。表示 SQL Server 需要在层次结构中的某些底层资源上获取共享锁或排他锁。意向锁可以提高性能,因为 SQL Server 仅在表级检查意向锁来确定事务是否可以安全地获取该表上的锁,而无须检查表中的每行或每页上的锁以确定事务是否可以锁定整个表。意向锁又细分为意向共享(IS)、意向排他(IX)以及与意向排他共享(SIX)。

在 transact-sql 语句的使用中,有如下默认加锁规则:SELECT 查询缺省时请求获得共享锁(页级或表级);insert 语句总是请求独占的页级锁;update 和 delete 查询通常获得某种类型的独占锁以进行数据修改;如果当前将被修改的页上存在读锁,则 delete 或 update 语句首先会得到修改锁,当读过程结束以后,修改锁自动改变为独占锁。

可以使用 SELECT、insert、update 和 delete 语句来指定表级锁定提示的范围,以引导 SQL Server 使用所需的锁类型。当需要对对象所获得锁类型进行更精细的控制时,可以使用手工锁定提示,如 holdlock、nolock、paglock、readpast、rowlock、tablock、tablockx、updlock、xlock 等,这些锁定提示取代了会话的当前事务隔离级别指定的锁。

例如查询时,可强制设定加独占锁,命令为:

```
SELECT Sno FROM S with (tablockx) WHERE DEPT= 'CS'
```

SQL Server 具有多粒度锁定能力,允许一个事务锁定不同类型的资源。为了使锁定的成本减至最少,SQL Server 自动将资源锁定在适合任务的级别。锁定在较小的粒度(如行)可以增加并发,但需要较大的开销,因为如果锁定了许多行,则需要控制更多的锁。锁定在较大的粒度(如表)就并发而言是相当昂贵的,因为锁定整个表限制了其他事务对表中任意部分进行访问,但要求的开销较低,因为需要维护的锁较少。SQL Server 可以锁定以下资源,见表 5.13。

事务准备接受不一致数据的级别称为隔离级别。隔离级别是一个事务必须与其他事务进行隔离的程度。较低的隔离级别可以增加并发,但代价是降低数据的正确性。相

表 5.13 资源加锁粒度表

资源	描述
RID	行标识符。用于单独锁定表中的一行
键	索引中的行锁。用于保护可串行事务中的键范围
页	8000 字节(KB)的数据页或索引页
扩展盘区	相邻的八个数据页或索引页构成的一组
表	包括所有数据和索引在内的整个表
DB	数据库

反,较高的隔离级别可以确保数据的正确性,但可能对并发产生负面影响。应用程序要求的隔离级别确定了 SQL Server 使用的锁定行为。

SQL-92 定义了四种隔离级别,SQL Server 支持所有这些隔离级别,如下是由低到高的这四种隔离级别:read uncommitted、read committed、repeatable read、serializable,在默认情况下,SQL Server 在 read committed 隔离级别上操作。但是应用程序可能必须运行于不同的隔离级别。若要在应用程序中使用更严格或较宽松的隔离级别,则可以使用 Transact-SQL 或通过数据库 API 来设置事务隔离级别,来自定义整个会话的锁定。

如:

```
set transaction isolation level repeatable read              //设置为可重复读
```

隔离级别含义如下:①read uncommitted:执行脏读或 0 级隔离锁定,这表示事务既不发出共享锁,也不接受排他锁。当设置该选项时,可以对数据执行未提交读或脏读;在事务结束前可以更改数据内的数值,新行也可以出现在数据集中或从数据集消失。该选项的作用与在事务内所有语句中的所有表上设置 nolock 相同。它是四个隔离级别中限制最小的级别。②read committed:指定在读取数据时控制共享锁以避免脏读,但数据可在事务结束前更改,从而产生不可重复读取或幻影数据。该选项是 SQL Server 的默认值。③repeatable read:锁定查询中使用的所有数据以防止其他用户更新数据,但是其他用户可以将新的幻影行插入数据集,且幻影行包括在当前事务的后续读取中。④serializable:在数据集上放置一个范围锁,以防止其他用户在事务完成之前更新数据集或将行插入数据集内。它是四个隔离级别中限制最大的级别。因为并发级别较低,所以应只在必要时才使用该选项。该选项的作用与在事务内所有 SELECT 语句中的所有表上设置 holdlock 相同。四种隔离级别允许的不同类型的行见表 5.14。

表 5.14 SQL Server 支持的四种隔离级别

隔 离 级 别	脏读	不可重复读取	幻像
未提交读(read uncommitted)	是	是	是
提交读(read committed)	否	是	是
可重复读(repeatable read)	否	否	是
可串行读(serializable)	否	否	否

5.4 数据库的恢复

5.4.1 数据库恢复概述

虽然在数据库系统中已采取一定的措施,来防止数据库的安全性和完整性的破坏,保证并发事务的正确执行,但数据库中的数据仍然无法保证绝对不遭受破坏,比如计算机系统中硬件的故障、软件的错误、操作员的失误、恶意的破坏等现象都有可能发生,这些故障的发生会影响数据库数据的正确性,甚至可能破坏数据库,使数据库中的数据全部或部分丢失。因此,系统必须具有检测故障并把数据从错误状态中恢复到某一正确状态的功能,这就是数据库的恢复。

5.4.2 数据库恢复的基本原理及其实现技术

数据库恢复的基本原理十分简单,就是数据的冗余。数据库中任何一部分被破坏的或不正确的数据都可以利用存储在系统其他地方的冗余数据来修复。因此恢复系统应该提供两种类型的功能:一种是生成冗余数据,即对可能发生的故障做某些准备;另一种是冗余重建,即利用这些冗余数据来恢复数据库。

生成冗余数据最常用的技术是登记日志文件和数据转储,在实际应用中,这两种方法常常结合起来一起使用。

1. 登记日志文件

日志文件(Logging)是用来记录事务对数据库的更新操作的文件。对数据库的每次修改,都将把被修改项目的旧值和新值写在一个叫做运行日志的文件中,目的是为数据库的恢复保留依据。

典型的日志文件主要包含以下内容:①更新数据库的事务标识(标明是哪个事务);②操作的类型(插入、删除或修改);③操作对象;④更新前数据的旧值(对于插入操作而言,没有旧值);⑤更新后数据的新值(对于删除操作而言,没有新值);⑥事务处理中的各个关键时刻(事务的开始、结束及其真正回写的时间)。

日志文件是系统运行的历史记载,必须高度可靠。所以它一般都是双副本的,并且独立地写在两个不同类型的设备上。日志的信息量很大,一般保存在海量存储器上。

在对数据库进行修改时,在运行日志中要写入一个表示这个修改的运行记录。为了防止在这两个操作之间发生故障后,运行日志中没有记录下这个修改,以后也无法撤销这个修改。为保证数据库是可恢复的,登记日志文件必须遵循两条原则(称为"先写日志文件"原则):①登记的次序严格按照并发事务执行的时间次序;②必须先写日志文件,后写数据库。

先写原则蕴涵了如下意义:如果出现故障,只可能在日志文件中登记所做的修改,但没有修改数据库,这样在系统重新启动进行恢复时,只是撤销或重做因发生事故而没有做过的修改,并不会影响数据库的正确性。而如果先写了数据库修改,而在运行记录中没有登记这个修改,则以后就无法恢复这个修改了。所以为了安全,一定要先写日志文件,后写数据库的修改。

2. 数据转储

数据转储(Data Dump)是指定期地将整个数据库复制到多个存储设备(如磁带、磁盘)上保存起来的过程,它是数据库恢复中采用的基本手段。

转储的数据文本称为后备副本或后援副本,当数据库遭到破坏,就可利用后援副本把数据库有效地加以恢复。转储是十分耗费时间和资源的,不能频繁地进行,应该根据数据库使用情况确定一个适当的转储周期。

按照转储方式,转储可以分为海量转储和增量转储。海量转储是指每次转储全部数据库;增量转储是指每次只转储上次转储后被更新过的数据,上次转储以来对数据库的更新修改情况记录在日志文件中,利用日志文件就可进行这种转储,将更新过的数据重新写入上次转储的文件中,这样就完成了转储操作,这与转储整个数据库的效果是一样的,但花的时间要少得多。

按照转储状态,转储又可分为静态转储和动态转储。静态转储期间不允许有任何数据存取活动,因而需在当前所有用户的事务结束之后进行,新用户事务只有在转储结束之后才能进行,这就降低了数据库的可用性;动态转储则不同,它允许转储期间继续运行用户事务,但产生的副本并不能保证与当前状态一致。解决的办法是把转储期间各事务对数据库的修改活动登记下来,建立日志文件。因此,备用副本加上日志文件就能把数据库恢复到某一时刻的正确状态。

5.4.3　数据库的故障及其恢复策略

数据库系统在运行中发生故障后,有些事务尚未完成就被迫中断,这些未完成的事务对数据库所做的修改有一部分已写入物理数据库中。

这时数据库就处于一种不正确的状态,或者说是不一致的状态,这时可利用日志文件和数据库转储的后备副本将数据库恢复到故障前的某个一致性状态。

在数据库运行过程中,可能会出现各种各样的故障,这些故障可分为以下三类:事务故障、系统故障和介质故障。应该根据故障类型的不同,采取不同的恢复策略。

1. 事务故障及其恢复

事务故障(Transaction Failure)表示由非预期的、不正常的程序结束所造成的故障。

造成程序非正常结束的原因包括输入数据错误、运算溢出、违反存储保护、并行事务发生死锁等。

发生事务故障时,被迫中断的事务可能已对数据库进行了修改,为了消除该事务对数据库的影响,要利用日志文件中所记载的信息,强行回滚(ROLLBACK)该事务,将数据库恢复到修改前的初始状态。

为此,要检查日志文件中由这些事务所引起的发生变化的记录,取消这些没有完成的事务所做的一切改变。

这类恢复操作称为事务撤销(UNDO),具体做法如下。

(1) 反向扫描日志文件,查找该事务的更新操作。

(2) 对该事务的更新操作执行反操作,即对已经插入的新记录进行删除操作,对已删除的记录进行插入操作,对修改的数据恢复旧值,用旧值代替新值。这样由后向前逐个扫描该事务已做的所有更新操作,并做同样处理,直到扫描到此事务的开始标记,事务故障恢复完毕为止。

因此,一个事务是一个工作单位,也是一个恢复单位。一个事务越短,越便于对它进行 UNDO 操作。如果一个应用程序运行时间较长,则应该把该应用程序分成多个事务,用明确的 COMMIT 语句来结束各个事务。

2. 系统故障及其恢复

系统故障(System Failure)是指系统在运行过程中,由于某种原因,造成系统停止运转,致使所有正在运行的事务都以非正常方式终止,要求系统重新启动。引起系统故障的原因可能有硬件错误(如 CPU 故障、操作系统)或 DBMS 代码错误、突然断电等。

这时,内存中数据库缓冲区的内容全部丢失,虽然存储在外部存储设备上的数据库并未破坏,但其内容不可靠了。系统故障发生后,对数据库的影响有以下两种情况。

一种情况是一些未完成事务对数据库的更新已写入数据库,这样在系统重新启动后,要强行撤销(UNDO)所有未完成的事务,清除这些事务对数据库所做的修改。这些未完成事务在日志文件中只有 BEGIN TRANSCATION 标记,而无 COMMIT 标记。

另一种情况是有些已提交的事务对数据库的更新结果还保留在缓冲区中,尚未写到磁盘上的物理数据库中,这也使数据库处于不一致状态,因此应将这些事务已提交的结果重新写入数据库。这类恢复操作称为事务的重做(REDO)。这种已提交事务在日志文件中既有 BEGIN TRANSCATION 标记,也有 COMMIT 标记。

因此,系统故障的恢复要完成两方面的工作,既要撤销所有未完成的事务,还要重做所有已提交的事务,这样才能将数据库真正恢复到一致的状态。具体做法如下。

(1) 正向扫描日志文件,查找尚未提交的事务,将其事务标识记入撤销队列。同时查找已经提交的事务,将其事务标识记入重做队列。

(2) 对撤销队列中的各个事务进行撤销处理。方法同事务故障中所介绍的撤销方法。

(3) 对重做队列中的各个事务进行重做处理。进行重做处理的方法是正向扫描日志文件,按照日志文件中所登记的操作内容,重新执行操作,使数据库恢复到最近某个可用状态。

系统发生故障后,由于无法确定哪些未完成的事务已更新过数据库,哪些事务的提交结果尚未写入数据库,因此系统重新启动后,就要撤销所有的未完成的事务,重做所有的已经提交的事务。

但是,在故障发生前已经运行完毕的事务有些是正常结束的,有些是异常结束的。所以无须把它们全部撤销或重做。

通常采用设立检查点(CheckPoint)的方法来判断事务是否正常结束。每隔一段时间,比如说 5 分钟,系统就产生一个检查点,做下面一些事情:①把仍保留在日志缓冲区中的内容写到日志文件中;②在日志文件中写一个"检查点记录";③把数据库缓冲区中的内容写到数据库中,即把更新的内容写到物理数据库中;④把日志文件中检查点记录的地址写到"重新启动文件"中。

每个检查点记录包含的信息有在检查点时间的所有活动事务一览表、每个事务最近日志记录的地址。

在重新启动时,恢复管理程序先从"重新启动文件"中获得检查点记录的地址,从日志文件中找到该检查点记录的内容,通过日志往回找,就能决定哪些事务需要撤销,恢复到初始的状态,哪些事务需要重做。为此利用检查点信息能做到及时、有效、正确地完成恢复工作。

3. 介质故障及其恢复

介质故障(Media Failure)是指系统在运行过程中,由于辅助存储器介质受到破坏,使存储在外存中的数据部分或全部丢失。

这类故障比事务故障和系统故障发生的可能性要小,但这是最严重的一种故障,破坏性很大,磁盘上的物理数据和日志文件可能被破坏,这需要装入发生介质故障前最新的后备数据库副本,然后利用日志文件重做该副本后所运行的所有事务。

具体方法如下。

(1) 装入最新的数据库副本,使数据库恢复到最近一次转储时的可用状态。

(2) 装入最新的日志文件副本,根据日志文件中的内容重做已完成的事务。首先扫描日志文件,找出故障发生时已提交的事务,将其记入重做队列。然后正向扫描日志文件,对重做队列中的各个事务进行重做处理,方法是正向扫描日志文件,对每个重做事务重新执行登记的操作,即将日志记录中"更新后的值"写入数据库。

这样就可以将数据库恢复至故障前某一时刻的一致状态了。

通过以上对三类故障的分析,可以看出故障发生后对数据库的影响有以下两种可能性。

(1) 数据库没有被破坏,但数据可能处于不一致的状态。这是由事务故障和系统故障引起的,这种情况在恢复时,不需要重装数据库副本,只需直接根据日志文件,撤销故障发生时未完成的事务,并重做已完成的事务,使数据库恢复到正确的状态。这类故障的恢复是系统在重新启动时自动完成的,不需要用户干预。

(2) 数据库本身被破坏。这是由介质故障引起的,这种情况在恢复时,把最近一次转储的数据装入,然后借助于日志文件,再在此基础上对数据库进行更新,从而重建了数据库。这类故障的恢复不能自动完成,需要 DBA 的介入,先由 DBA 重装最近转储的数据库副本和相应的日志文件的副本,再执行系统提供的恢复命令,具体的恢复操作由 DBMS 来完成。

数据库恢复的基本原理就是利用数据的冗余,来实现数据库的恢复,实现的方法也比较清楚,但真正实现起来相当复杂,实现恢复的程序非常庞大,常常占整个系统代码的10%以上。

数据库系统所采用的恢复技术是否行之有效,不仅对系统的可靠程度起着决定性的作用,而且对系统的运行效率也有很大的影响,是衡量系统性能优劣的重要指标。

5.4.4　SQL Server 的备份和还原机制

SQL Server 备份和还原组件为存储在 SQL Server 数据库中的关键数据提供重要的保护手段。

SQL Server 的备份和还原组件可以创建数据库的复本。可将此复本存储在某个位置,以便一旦运行 SQL Server 实例的服务器出现故障时使用。如果运行 SQL Server 实例的服务器出现故障,或者如果数据库遭到某种程度的损坏,则可以用备份复本重新创建或还原数据库。

另外,也可出于其他目的备份和还原数据库,例如,将数据库从一台服务器复制到另一台服务器。通过备份一台计算机上的数据库,再将该数据库还原到另一台计算机上,可以快速容易地生成数据库的复本。

SQL Server 提供以下完善的备份和还原功能:①完整数据库备份是数据库的完整复本;②事务日志备份仅复制事务日志;③差异备份仅复制自上一次完整数据库备份之后修改过的数据库页;④文件或文件组还原仅允许恢复数据库中位于故障磁盘上的那部分数据。这些选项允许根据数据库中数据的重要程度调整备份和还原进程。

SQL Server 含有 BACKUP 和 RESTORE 备份和还原控制语句。用户可以直接通过应用程序、Transact-SQL 脚本、存储过程和触发器来执行 BACKUP 和 RESTORE 语句。但是更常见的是使用 SQL Server 企业管理器定义备份调度,从而使 SQL Server 代理程序得以按照调度自动运行备份。数据库维护计划向导可用于定义和调度每个数据库的全套备份。这可使备份进程完全自动化,无须或只需很少的操作员操作。

备份可以在数据库正在使用时执行,从而可以对必须不间断运行的系统进行备份。

SQL Server 的备份处理和内部数据结构已进行结构化,使备份在最大限度地提高数据传输率的同时,对事务吞吐量的影响保持最小。使备份和还原操作获得更快的数据传输率,从而使 SQL Server 能够支持超大型数据库(VLDB)。

还原与备份是两个互逆的操作,包括还原系统数据库、数据库备份以及顺序还原所有事务日志等。SQL Server 支持自动还原和手工还原,自动还原实际上是一个容错功能。SQL Server 在每次发生故障或关机后重新启动时都执行自动还原。在必要时,RESTORE 语句将自动重新创建数据库。当中断的备份和还原操作重新开始时,将从接近中断点的位置开始进行。

SQL Server 还提供了功能完备的导入/导出功能。

5.5　小　　结

数据库的重要特征使它能为多个用户提供数据共享。当多个用户使用同一数据库系统时,要保证整个系统的正常运转,DBMS 必须具备一整套完整而有效的安全保护措施。本章从安全性控制、完整性控制、并发性控制和数据库恢复四方面讨论了数据库的安全保护功能。

数据库的安全性是指保护数据库，以防止因非法使用数据库所造成数据的泄漏、更改或破坏。实现数据库系统安全性的方法包括用户标识和鉴定、存取控制、视图定义、数据加密和审计等多种，其中，最重要的是存取控制技术和审计技术。

数据库的完整性是指保护数据库中数据的正确性、有效性和相容性。完整性和安全性是两个不同的概念，安全性措施的防范对象是非法用户和非法操作，完整性措施的防范对象是合法用户的不合语义的数据。

并发控制是为了防止多个用户同时存取同一数据，造成数据库的不一致性。事务是数据库的逻辑工作单位，并发操作中只有保证系统中一切事务的原子性、一致性、隔离性和持久性，才能保证数据库处于一致状态。并发操作导致的数据库不一致性主要有丢失更新、污读和不可重读三种。实现并发控制的方法主要是封锁技术，基本的封锁类型有排他锁和共享锁两种，三个级别的封锁协议可以有效解决并发操作的一致性问题。对数据对象施加封锁，会带来活锁和死锁问题，并发控制机制可以通过采取一次加锁法或顺序加锁法预防死锁的产生。死锁一旦发生，可以选择一个处理死锁代价最小的事务将其撤销。

数据库的恢复是指系统发生故障后，把数据从错误状态中恢复到某一正确状态的功能。对于事务故障、系统故障和介质故障三种不同类型的故障，DBMS 有不同的恢复方法。登记日志文件和数据转储是恢复中常用的技术，恢复的基本原理是利用存储在日志文件和数据库后备副本中的冗余数据来重建数据库。

习　题

一、选择题

1. 对用户访问数据库的权限加以限定是为了保护数据库的（　　）。

    A. 安全性　　　　　B. 完整性　　　　　C. 一致性　　　　　D. 并发性

2. 数据库的（　　）是指数据的正确性和相容性。

    A. 完整性　　　　　B. 安全性　　　　　C. 并发控制　　　　D. 系统恢复

3. 在数据库系统中，定义用户可以对哪些数据对象进行何种操作称为（　　）。

    A. 审计　　　　　　B. 授权　　　　　　C. 定义　　　　　　D. 视图

4. 脏数据是指（　　）。

    A. 不健康的数据　　　　　　　　　　　B. 缺损的数据

    C. 多余的数据　　　　　　　　　　　　D. 被撤销的事务曾写入库中的数据

5. 设对并发事务 T1、T2 的交叉并行执行如下，执行过程中（　　）。

T1	T2
① READ(A)	
②	READ(A)
	$A=A+10$ 写回

③ READ(A)

    A. 有丢失修改问题   B. 有不能重复读问题

    C. 有读脏数据问题   D. 没有任何问题

6. 若事务 T1 已经给数据 A 加了共享锁,则事务 T2(   )。

    A. 只能再对 A 加共享锁

    B. 只能再对 A 加排他锁

    C. 可以对 A 加共享锁,也可以对 A 加排他锁

    D. 不能再给 A 加任何锁

7. 用于数据库恢复的重要文件是(   )。

    A. 日志文件   B. 索引文件   C. 数据库文件   D. 备注文件

8. 若事务 T1 已经给数据对象 A 加了排他锁,则 T1 对 A(   )。

    A. 只读不写   B. 只写不读

    C. 可读可写   D. 可以修改,但不能删除

9. 数据库恢复的基本原理是(   )。

    A. 冗余   B. 审计   C. 授权   D. 视图

10. 数据备份可只复制自上次备份以来更新过的数据,这种备份方法称为(   )。

    A. 海量备份   B. 增量备份   C. 动态备份   D. 静态备份

二、填空题

1. 对数据库的保护一般包括_____、_____、_____和_____四个方面的内容。

2. 对数据库_____性的保护就是指要采取措施,防止库中数据被非法访问、修改,甚至恶意破坏。

3. 安全性控制的一般方法有_____、_____、_____、_____和_____五种。

4. 用户鉴定机制包括_____和_____两个部分。

5. 每个数据均需指明其数据类型和取值范围,这是数据_____约束所必需的。

6. 在 SQL 中,_____语句用于提交事务,_____语句用于回滚事务。

7. 加锁对象的大小称为加锁的_____。

8. 对死锁的处理主要有两类方法,一是_____,二是_____。

9. 解除死锁最常用的方法是_____。

10. 基于日志的恢复方法需要使用两种冗余数据,即_____和_____。

三、简答题

1. 简述数据库保护的主要内容。

2. 什么是数据库的安全性?简述 DBMS 提供的安全性控制功能的内容。

3. 什么是授权?什么是授权规则?在关系数据库系统中,用户可以有哪些权限?

4. 什么是数据库的完整性?DBMS 提供哪些完整性规则?简述其内容。

5. 数据库的安全性保护和完整性保护主要有何区别?

6. 什么是事务?简述事务的 ACID 特性,事务的提交和回滚是什么意思?

7. 数据库管理系统中为什么要有并发控制机制？

8. 在数据库操作中不加控制的并发操作会带来什么样的后果？如何解决？

9. 什么是封锁？封锁的基本类型有哪几种？含义分别是什么？

10. 简述共享锁和排他锁的基本使用方法。

11. 什么是活锁？如何处理？

12. 什么是死锁？消除死锁的常用方法有哪些？

13. 简述常见的死锁检测方法。

14. 数据库运行过程中可能产生的故障有哪几类？各类故障如何恢复？

15. 什么是数据恢复？为什么要进行数据恢复？

16. 什么是日志文件？为什么要在系统中建立日志文件？

第 6 章

chapter *6*

数据库设计

本 章 要 点

数据库设计的目标是根据特定的用户需求及一定的计算机软硬件环境,设计并优化数据库的逻辑结构和物理结构,建立高效、安全的数据库,为数据库应用系统的开发和运行提供良好的平台。

数据库技术是研究如何对数据进行统一,有效地组织、管理和加工处理的计算机技术,该技术已应用于社会的方方面面,大到一个国家的信息中心,小到个体小企业,都会利用数据库技术对数据进行有效的管理,以提高生产效率和决策水平。目前,一个国家的数据库建设规模(指数据库的个数、种类)、数据库的信息量的大小和使用频度已成为衡量这个国家信息化程度高低的重要标志之一。

本章详细地介绍了设计一个数据库应用系统需经历的六个阶段,即需求分析、概念结构设计、逻辑结构设计、物理结构设计、数据库实施与运行维护。其中,概念结构设计和逻辑结构设计是本章的重点,也是难点。

6.1 数据库设计概述

6.1.1 数据库设计的任务、内容和特点

1. 数据库设计的任务

数据库设计是指根据用户需求研制数据库结构并应用数据库的过程。具体地说,数据库设计是指对于给定的应用环境,构造最优的数据库模式,建立数据库及其应用系统,使之能有效地存储数据,满足用户的信息要求和处理要求,也就是把现实世界中的数据,根据各种应用处理的要求,加以合理组织,使之能满足硬件和操作系统的特性,利用已有的 DBMS 来建立能够实现系统目标的数据库。数据库设计的优劣直接影响信息系统的质量和运行效果。因此,设计一个结构优化的数据库是对数据进行有效管理的前提和正确利用信息的保证。

2. 数据库设计的内容

数据库设计内容包括数据库的结构设计和数据库的行为设计。

数据库的结构设计是指根据给定的应用环境,进行数据库的模式设计或子模式的设计。它包括数据库的概念结构设计、逻辑结构设计和物理结构设计,即设计数据库框架或数据库结构。数据库结构是静态的、稳定的,在通常情况下,一经形成后是不容易也不需要改变的,所以结构设计又称为静态模式设计。

数据库的行为设计是指数据库用户的行为和动作。在数据库系统中,用户的行为和动作指用户对数据库的操作,这些要通过应用程序来实现,所以数据库的行为设计就是操作数据库的应用程序的设计,即设计应用程序、事务处理等,行为设计是动态的,行为设计又称为动态模式设计。

3. 数据库设计的特点

数据库设计既是一项涉及多学科的综合性技术,又是一项庞大的工程项目,它具有如下特点。

(1) 数据库建设是硬件、软件和干件(技术和管理的界面)的结合。

(2) 数据库设计应该与应用系统设计相结合,也就是说要把行为设计和结构设计密切结合起来,它是一种"反复探寻,逐步求精的过程"。首先从数据模型开始设计,以数据模型为核心进行展开,将数据库设计和应用设计相结合,建立一个完整、独立、共享、冗余小和安全有效的数据库系统。

早期的数据库设计致力于数据模型和建模方法的研究,着重于应用中数据结构特性的设计,而忽视了对数据行为的设计。结构特性设计是指数据库总体概念的设计,所设计的数据库应具有最小数据冗余、能反映不同用户需求、能实现数据充分共享的特点。行为特性是指数据库用户的业务活动,通过应用程序来实现。用户通过应用程序访问和操作数据库,用户的行为是与数据库紧密相关的。显然,数据库结构设计和行为设计两者必须相互参照进行。

6.1.2 数据库设计方法简述

数据库设计是一项工程技术,需要科学理论和工程方法作为指导,否则,工程的质量很难保证。为了使数据库的设计更合理、更有效,人们通过努力探索,提出了各种各样的数据库设计方法,在很长一段时间内,数据库设计主要采用的是直观设计法,直观设计法也称为手工试凑法,它是最早使用的数据库设计方法,这种方法与设计人员的经验和水平有直接的关系,缺乏科学理论和工程原则的支持,设计的质量很难保证,常常是数据库运行了一段时间以后又发现了各种问题,再重新进行修改,增加了维护的代价。因此不适应信息管理发展的需要,后来又提出了各种数据库设计方法,这些方法运用了软件工程的思想和方法,提出了数据库设计的规范,都属于规范设计方法,其中比较著名的是新奥尔良(New Orleans)法,它是目前公认的比较完整和权威的一种规范设计法,它将数据库设计分为四个阶段:需求分析(分析用户的需求)、概念设计(信息分析和定义)、逻辑设计(设计的实现)和物理设计(物理数据库设计),其后,S. B. Yao 等又将数据库设计分为五个步骤。目前,大多数设计方法都起源于新奥尔良法,并在设计的每个阶段都采用一些辅助方法来具体实现。下面简单介绍几种比较有影响的设计方法。

1. 基于 E-R 模型的数据库设计方法

基于 E-R 模型的数据库设计方法的基本思想是在需求分析的基础上,用 E-R 图构造一个反映现实世界实体与实体之间联系的企业模式,然后再将此企业模式转换成基于某一特定的 DBMS 的概念模式。

E-R 方法的基本步骤是①确定实体类型;②确定实体联系;③画出 E-R 图;④确定属性;⑤将 E-R 图转换成某个 DBMS 可接受的逻辑数据模型;⑥设计记录格式。

2. 基于 3NF 的数据库设计方法

基于 3NF 的数据库设计方法的基本思想是在需求分析的基础上确定数据库模式中的全部属性与属性之间的依赖关系,将它们组织在一个单一的关系模式中,然后再将其投影分解,消除其中不符合 3NF 的约束条件,把其规范成若干个 3NF 关系模式的集合。

3. 计算机辅助数据库设计方法

计算机辅助数据库设计是数据库设计趋向自动化的一个重要方面,其设计的基本思想不是要把人从数据库设计中赶走,而是提供一个交互式过程,一方面充分利用计算机的速度快、容量大和自动化程度高的特点,来完成比较规则、重复性大的设计工作;另一方面又充分发挥设计者的技术和经验,作出一些重大的决策,人机结合、互相渗透,帮助设计者更好地进行数据库设计。常见的辅助设计工具有 ORACLE Designer、Sybase PowerDesigner、Microsoft Office Visio 等。

计算机辅助数据库设计主要分为需求分析、概念结构设计、逻辑结构设计、物理结构设计四个步骤。在设计中,哪些设计可在计算机辅助下进行和能否实现全自动化设计呢,都是计算机辅助数据库设计需要研究的课题。

当然,除了介绍的几种方法以外,还有基于视图的数据库设计方法,基于视图的数据库设计方法先从分析各个应用的数据着手,其基本思想是为每个应用建立自己的视图,然后再把这些视图汇总起来合并成整个数据库的概念模式。这里就不再详细介绍。

6.1.3　数据库设计的步骤

按照规范化的设计方法,以及数据库应用系统开发过程,数据库的设计过程可分为六个设计阶段(如图 6.1 所示):需求分析、概念结构设计、逻辑结构设计、物理结构设计、数据库的实施、数据库运行与维护。

在数据库设计中,前两个阶段是面向用户的应用要求,面向具体的问题,中间两个阶段是面向数据库管理系统,最后两个阶段是面向具体的实现方法。前四个阶段可统称为"分析和设计阶段",后面两个阶段可统称为"实现和运行阶段"。

在数据库设计之前,首先必须选择参加设计的人员,包括系统分析人员、数据库设计

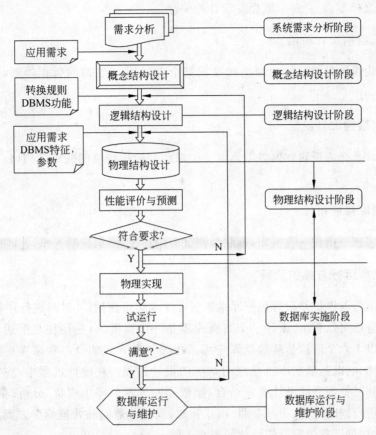

图 6.1 数据库设计步骤

人员和程序员、用户和数据库管理员。系统分析和数据库设计人员是数据库设计的核心人员,他们将自始至终参加数据库的设计,他们的水平决定了数据库系统的质量。用户和数据库管理员在数据库设计中也是举足轻重的人物,他们主要参加需求分析和数据库的运行维护,他们的积极参与不但能加速数据库的设计,而且也是决定数据库设计成功的重要因素,程序员是在系统实施阶段参与进来的,负责编制程序和准备软硬件环境。

如果所设计的数据库应用系统比较复杂,还应该考虑是否需要使用数据库设计工具和 CASE 工具,以提高数据库设计的质量并减少设计工作量。

以下是数据库设计六个步骤的具体内容。

1. 需求分析阶段

需求分析是指准确了解和分析用户的需求,这是最困难、最费时、最复杂的一步,但也是最重要的一步。它决定了以后各步设计的速度和质量。需求分析做得不好,可能会导致整个数据库设计需返工重做。

2. 概念结构设计阶段

概念结构设计是指对用户的需求进行综合、归纳与抽象,形成一个独立于具体

DBMS 的概念模型,它是整个数据库设计的关键。

3. 逻辑结构设计阶段

逻辑结构设计是指将概念模型转换成某个 DBMS 所支持的数据模型,并对其进行优化。

4. 物理结构设计阶段

物理设计是指为逻辑数据模型选取一个最适合应用环境的物理结构(包括存储结构和存取方法)。

5. 数据库实施阶段

数据库实施是指建立数据库,编制与调试应用程序,组织数据入库,并进行试运行。

6. 数据库运行与维护阶段

数据库运行与维护是指对数据库系统实际正常运行使用,并时时进行评价、调整。

从以上分析可以看出,设计一个数据库不是一蹴而就的,它往往是上述各个阶段的不断反复。以上六个阶段是从数据库应用系统设计和开发的全过程来考察数据库设计的问题。因此,它既是数据库也是应用系统的设计过程。在设计过程中,应努力使数据库设计和系统其他部分的设计紧密结合,把数据和处理的需求收集、分析、抽象、设计和实现在各个阶段同时进行、相互参照、相互补充,以完善数据和处理两个方面的设计。按照这个原则,数据库各个阶段的设计如表 6.1 所示。

表 6.1 数据库各个设计阶段的描述

设计各阶段	设计描述	
	数 据	**处 理**
需求分析	数据字典,全系统中数据项、数据流、数据存储的描述	数据流图和判定表(或判定树)、数据字典中处理过程的描述
概念结构设计	概念模型(E-R 图) 数据字典	系统说明书,包括: (1) 新系统要求、方案和概图 (2) 反映新系统信息的数据流图
逻辑结构设计	某种数据模型 关系模型	系统结构图 模块结构图
物理结构设计	存储安排、存取方法选择、存取路径建立	模块设计 IPO 表
实施阶段	编写模式 装入数据 数据库试运行	程序编码 编译连接 测试
运行维护	性能测试、转储/恢复数据库、数据库重组和重构	新旧系统转换、运行、维护(修正性、适应性、改善性维护)

在表 6.1 有关处理特性的描述中,关于采用的设计方法和工具属于软件工程和管理信息系统等课程中的内容,本书不再讨论,下面重点介绍数据特性的设计描述,以及在结构特性中参照处理特性设计以完善数据模型设计的问题。

按照这样的设计过程,经历这些阶段就能形成数据库的各级模式,如图 6.2 所示。需求分析阶段是指综合各个用户的应用需求;在概念设计阶段形成独立于机器特点,独立于各个 DBMS 产品的概念模型,在本书中就是 E-R 图;在逻辑设计阶段将 E-R 图转换成具体的数据库产品支持的数据模型,如关系模型中的关系模式;然后根据用户处理的要求、安全性和完整性要求等,在基本表的基础上再建立必要的视图(可认为是外模式或子模式);在物理结构设计阶段,根据 DBMS 特点和处理性能等需要,进行物理结构设计(如存储安排、建立索引等),形成数据库内模式;实施阶段开发设计人员基于外模式,进行系统功能模块的编码与调试;设计成功就进入系统的运行与维护阶段。

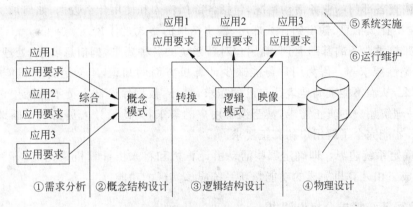

图 6.2 数据库设计过程与数据库各级模式

6.2 系统需求分析

需求分析简单地说是分析用户的要求,需求分析是设计数据库的起点,需求分析的结果是否准确地反映了用户的实际需求,将直接影响后面的各个阶段的设计,并影响设计结果是否合理与实用。也就是说如果这一步走得不对,获取的信息或分析结果就有误,那么后面的各步设计即使再优秀也只能前功尽弃。因此,必须高度重视系统的需求分析。

6.2.1 需求分析的任务

需求分析的任务是通过详细调查现实世界要处理的对象(组织、部门、企业等),以及对原系统的工作概况的了解,以明确用户的各种需求(数据需求、完整性约束条件、事物处理和安全性要求等),然后在此基础上确定新系统的功能,新系统必须充分考虑到今后可能的扩充和变化,不能只是仅仅按当前应用需求来设计数据库及其功能要求。

数据库需求分析的任务主要包括"数据或信息"和"处理"两个方面。

（1）信息要求：指用户需要从数据库中获得信息的内容与性质。由信息要求可以导出各种数据要求。

（2）处理要求：指用户有什么处理方式或性能等方面的要求（如响应时间、处理方式等），最终要实现什么处理功能。

具体而言，需求分析阶段的任务包括以下几个方面。

1. 调查、收集、分析用户需求，确定系统边界

进行需求分析首先是调查清楚用户的实际需求，与用户达成共识，以确定这个目标的功能域和数据域。具体的做法如下。

（1）调查组织机构情况。包括该组织的部门组成情况、各部门的职责等，为分析信息流程做准备。

（2）调查各部门的业务活动情况，包括各部门输入和使用什么数据，如何加工处理这些数据、输出什么信息、输出到什么部门、输出结果的格式是什么。

（3）在熟悉业务的基础上，明确用户对新系统的各种要求，如信息要求、处理要求、完全性和完整性要求等。因为用户可能缺少计算机方面的知识，不知道计算机能做什么，不能做什么，从而不能准确地表达自己的需求，另外，数据库设计人员不熟悉用户的专业知识，不易理解用户的真正需求，甚至误解用户的需求，因此设计人员必须不断地与用户深入交流，才能完全了解用户的真正要求。

（4）确定系统边界。即确定哪些活动由计算机和将来由计算机来完成，哪些只能由人工来完成。由计算机完成的功能是新系统应该实现的功能。

2. 编写系统需求分析说明书

系统需求分析说明书也称为系统需求规范说明书，它是系统分析阶段的最后工作，是对需求分析阶段的一个总结，编写系统需求分析说明书是一个不断反复、逐步完善的过程。系统需求分析说明书一般应包括如下内容。

（1）系统概况，包括系统的目标、范围、背景、历史和现状等；

（2）系统的原理和技术；

（3）系统总体结构和子系统结构说明；

（4）系统总体功能和子系统功能说明；

（5）系统数据处理概述、工程项目体制和设计阶段划分；

（6）系统方案及技术、经济、实施方案可行性等。

完成系统需求分析说明书后，在项目单位的主持下要组织有关技术专家评审说明书内容，这也是对整个需求分析阶段结果的再审查。审核通过后由项目方和开发方领导签字认同。

随系统需求分析说明书可提供以下附件。

（1）系统的软硬件支持环境的选择及规格要求（所选择的数据库管理系统、操作系统、计算机型号及其网络环境等）。

（2）组织机构图、组织之间联系图和各机构功能业务一览图。

（3）数据流程图、功能模块图和数据字典等图表。

系统需求分析说明书及其附件内容，一经双方确认，它们就是设计者和用户方的权威性文献，是今后各阶段设计与工作的依据，也是评判设计者是否完成项目的依据。

6.2.2　需求分析的方法

调查了解了用户的需求以后，还需要进一步分析和表达用户的需求，用于需求分析的方法有很多种，主要的方法有自顶向下和自底向上两种，其中自顶向下的结构化分析方法（Structured Analysis，SA）是一种简单实用的方法。SA 方法是从最上层的系统组织入手，采用自顶向下、逐层分解的方法分析系统。

SA 方法把每个系统都抽象成图 6.3 所示的形式。图 6.3 只是给出了最高层次抽象的系统概貌，要反映更详细的内容，可将处理功能分解为若干个子系统，每个子系统还可以继续分解，直到把系统工作过程都表示清楚为止。在处理功能逐步分解的同时，它们所用的数据也逐级分解，形成有若干层次的数据流图。

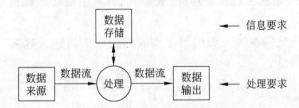

图 6.3　系统最高层数据抽象图

数据流图表达了数据和处理过程的关系。在 SA 方法中，处理过程的处理逻辑常常借助判定表和判定树来描述。系统中的数据则借助数据字典（DD）来描述。

下面介绍数据字典和数据流图。

1. 数据字典

数据流图表达了数据和处理的关系，数据字典则是系统中各类数据描述的集合，是各类数据结构和属性的清单。它与数据流图互为解释，数据字典贯穿于数据库需求分析直到数据库运行的全过程，在不同的阶段，其内容形式和用途各有区别，在需求分析阶段，它通常包含以下五个部分的内容。

（1）数据项

数据项是不可再分的数据单位，对数据项的描述包括以下内容。

数据项描述＝｛数据项名，数据项含义说明，别名，数据类型，长度，取值范围，取值含义，与其他数据项的逻辑关系，数据项之间的联系｝，其中，取值范围、与其他数据项的逻辑关系定义了数据的完整性约束条件。

（2）数据结构反映了数据之间的组合关系

数据结构描述＝｛数据结构名，含义说明，组成：｛数据项或数据结构｝｝。

（3）数据流

数据流是数据结构在系统内传输的路径。

数据流描述＝{数据流名,说明,数据流来源,数据流去向,组成:{数据结构},平均流量,高峰期流量}。

- 数据流来源用来说明该数据流来自哪个过程。
- 数据流去向用来说明该数据流将到哪个过程去。
- 平均流量是指在单位时间(每天、每周、每月等)里的传输次数。
- 高峰期流量则是指在高峰时期的数据流量。

(4) 数据存储

数据存储是数据结构停留或保存的地方,也是数据流的来源和去向之一。

数据存储描述＝{数据存储名,说明,编号,流入的数据流,流出的数据流,组成:{数据结构},数据量,存取方式}。

- 流入的数据流:指出数据的来源。
- 流山的数据流:指山数据的去向。
- 数据量:每次存取多少数据,每天(或每小时、每周等)存取几次等信息。
- 存取方式:批处理 / 联机处理;检索 / 更新;顺序检索 / 随机检索。

(5) 处理过程

处理过程的具体处理逻辑一般用判定表或判定树来描述。数据字典中只需要描述处理过程的说明性信息。

处理过程描述＝{处理过程名,说明,输入:{数据流},输出:{数据流},处理:{简要说明}}。

其中,简要说明主要用来说明该处理过程的功能及处理要求。

- 功能要求:该处理过程用来做什么。
- 处理要求:处理频度要求(如单位时间里处理多少事务,多少数据量);响应时间要求等。

处理要求是后面物理设计的输入及性能评价的标准。

最终形成的数据流图和数据字典是"系统需求分析说明书"的主要内容,是下一步进行概念结构设计的基础。

2. 数据流图

数据流图(Data Flow Diagram,DFD)表达了数据与处理的关系。

数据流图中的基本元素如下。

(1) ◯ 圆圈表示处理,输入数据在此进行变换产生输出数据。在其中注明处理的名称。

(2) ☐ 矩形描述一个输入源点或输出汇点。在其中注明源点或汇点的名称。

(3) ⟶ 命名的箭头描述一个数据流。内容包括被加工的数据及其流向,流线上要注明数据名称,箭头代表数据流动方向。

(4) ☐ 向右开口的矩形框表示文件和数据存储,要在其内标明相应的具体名称。

一个简单的系统可用一张数据流图来表示。当系统比较复杂时,为了便于理解,控制其复杂性,可以采用分层描述的方法,一般用第一层描述系统的全貌,第二层分别描述各子系统的结构。如果系统结构还比较复杂,那么可以继续细化,直到表达清楚为止,在处理功能逐步分解的同时,它们所用的数据也逐级分解,形成若干层次的数据流图,数据流图表达了数据和处理过程的关系。

6.3 概念结构设计

6.3.1 概念结构设计的必要性

将需求分析得到的用户需求抽象为信息结构(即概念模型)的过程就是概念结构设计,它是整个数据库设计的关键。概念结构设计以用户能理解的形式表达信息为目标,这种表达与数据库系统的具体细节无关,它所涉及的数据及其表达是独立于 DBMS 和计算机硬件的,可以在任何 DBMS 和计算机硬件系统中实现。

在进行功能数据库设计时,如果将现实世界中的客观对象直接转换为机器世界中的对象,就会比较复杂,设计者的注意力往往被牵扯到更多的细节限制方面,而不能集中在最重要的信息的组织结构和处理模式上,因此,通常是将现实世界中的客观对象首先抽象为不依赖任何 DBMS 支持的数据模型。故概念模型可以看成是现实世界到机器世界的一个过渡的中间层次。概念模型是各种数据模型的共同基础,它比数据模型更独立于机器、更抽象。将概念结构设计从设计过程中独立出来,可以带来以下好处。

(1) 任务相对单一化,设计的复杂程度大大降低,便于管理。

(2) 概念模式不受具体的 DBMS 限制,也独立于存储安排和效率方面的考虑,因此更稳定。

(3) 概念模型不含具体 DBMS 所附加的技术细节,更容易被用户理解,因而更能准确地反映用户的信息需求。

设计概念模型的过程称为概念模型设计。

6.3.2 概念模型设计的特点

在需求分析阶段所得到的应用要求应该首先抽象为信息世界的结构,才能更好地、更准确地用某一 DBMS 实现这些需求。

概念结构设计的特点包括:①易于理解,从而可以用它和不熟悉计算机的用户交换意见,用户的积极参与是数据库的设计成功的关键;②能真实、充分地反映现实世界,包括事物和事物之间的联系,能满足用户对数据的处理要求。概念模型是现实世界的一个真实模型;③易于更改,当应用环境和应用要求改变时,容易对概念模型进行修改和扩充操作;④易于向关系、网状、层次或面向对象等各种数据模型转换。

人们提出了许多概念模型,其中最著名、最简单实用的是 E-R 模型,它将现实世界的信息结构统一用属性、实体以及实体间的联系来描述。

6.3.3 概念结构的设计方法和步骤

1. 概念结构的设计方法

设计概念结构的 E-R 模型可采用以下四种方法。

(1) 自顶向下。首先定义全局概念结构的框架,然后逐步细化,如图 6.4 所示。

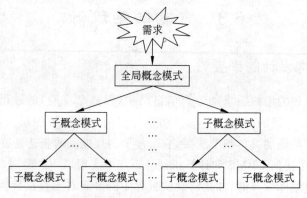

图 6.4 自顶向下的设计方法

(2) 自底向上。首先定义各局部应用的子概念结构,然后将它们集成起来,得到全局概念结构,如图 6.5 所示。

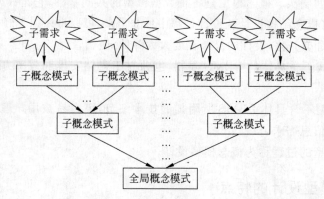

图 6.5 自底向上的设计方法

(3) 逐步扩张。首先定义最重要的核心概念结构,然后向外扩充,以滚雪球的方式逐步生成其他概念结构,直至总体概念结构,如图 6.6 所示。

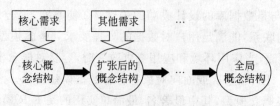

图 6.6 逐步扩张的设计方法

（4）混合策略。将自顶向下和自底向上相结合,用自顶向下策略设计一个全局概念结构的框架,以它为骨架集成由自底向上策略所设计的各局部概念结构。

其中,最常用的方法是自底向上,即自顶向下地进行需求分析,再自底向上地设计概念模式结构。

2. 概念结构设计的步骤

对于自底向上的设计方法来说,概念结构的步骤分为以下两步(如图 6.7 所示)。

① 进行数据抽象,设计局部 E-R 模型。

② 集成各局部 E-R 模型,形成全局 E-R 模型。

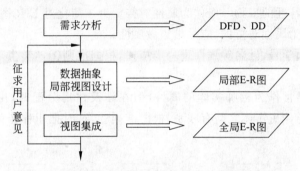

图 6.7　自底向上方法的设计步骤

3. 数据抽象与局部 E-R 模型设计

概念设计是对现实世界的抽象。所谓抽象就是对实际的人、物、事和概念进行人为的处理,它抽取人们关心的共同特性,而忽略非本质的细节,并对这些概念加以精确的描述。这些概念组成了某种模型。

（1）数据抽象

在系统需求分析阶段,得到的是多层数据流图、数据字典和系统需求分析说明书。建立局部 E-R 模型,就是根据系统的具体情况,在多层数据流图中选择一个适当层次的数据流图作为设计 E-R 图的出发点。

设计局部 E-R 模型一般要经历实体的确定与定义、联系的确定与定义、属性的确定等过程。设计局部 E-R 模型的关键就在于正确划分实体和属性。实体和属性在形式上并无可以明显区分的界限,通常是按照现实世界中事物的自然划分来定义实体和属性的,将现实世界中的事物进行数据抽象,得到实体和属性。一般有分类和聚集两种数据抽象。

① 分类:定义某一类概念作为现实世界中一组对象的类型,将一组具有某些共同特性和行为的对象抽象为一个实体,对象和实体之间是 is member of 的关系,例如,"王平"是学生中的一员,她具有学生们共同的特性和行为:在哪个班,学习哪个专业,年龄是多少等。

② 聚集:定义某个类型的组成成分。将对象的类型的组成成分抽象为实体的属性。抽象了对象内部类型和成分的 is part of 的语义,例如,学号、姓名、性别等都可以抽象为

学生实体的属性。

（2）局部视图设计

选择好一个局部应用之后，就要对局部应用逐一设计分 E-R 图，也称为局部 E-R 图。将各局部应用涉及的数据分别从数据字典中抽取出来，参照数据流图，标定各局部应用中的实体、实体的属性、标识实体的键，确定实体之间的联系及其类型（1∶1、1∶n、$m∶n$）、联系的属性等。

实际上实体和属性是相对而言的，往往要根据实际情况进行必要的调整，在调整时要遵守两条原则：①属性不能具有需要描述的性质，即属性必须是不可分的数据项，不能由另一些属性组成；②属性不能与其他实体具有联系。联系只发生在实体之间。

符合上述两条特性的事物一般作为属性对待。为了简化对 E-R 图的处理，现实世界中的事物凡能够作为属性对待的，应尽量当做属性。

例如，"学生"由学号、姓名等属性进一步描述，根据准则①，"学生"只能作为实体，不能作为属性。

再例如，职称通常作为教师实体的属性，但在涉及住房分配时，由于分房与职称有关，也就是说职称与住房实体之间有联系，根据准则②，这时把职称作为实体来处理会更合适些，如图 6.8 所示。

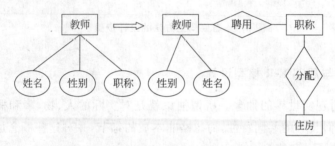

图 6.8　职称作为一个属性或实体

下面举例来说明局部 E-R 模型设计的过程。

例 6.1　设有如下实体。

学生：学号、单位名称、姓名、性别、年龄、选修课程名。

课程：编号、课程名、开课单位、任课教师号。

教师：教师号、姓名、性别、职称、讲授课程编号。

单位：单位名称、电话、教师号、教师姓名。

上述实体中存在如下联系：①一个学生可选修多门课程，一门课程可为多个学生选修；②一个教师可讲授多门课程，一门课程可为多个教师讲授；③一个系可有多个教师，一个教师只能属于一个系。

根据上述约定，可以得到学生选课局部 E-R 图和教师授课局部 E-R 图，分别如图 6.9 和图 6.10 所示。

4. 全局 E-R 模型设计

各个局部视图即分 E-R 图建立好后，还需要对它们进行合并，集成为一个整体的概

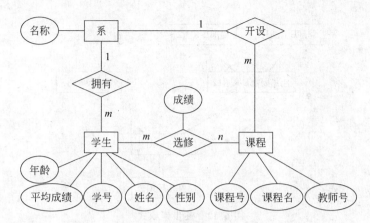

图 6.9　学生选课局部 E-R 图

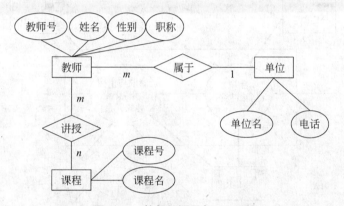

图 6.10　教师任课局部 E-R 图

念数据结构,即全局 E-R 图。也就是视图的集成,视图的集成有两种方式。

(1) 一次集成法:一次集成多个分 E-R 图,通常用于局部视图比较简单的情况,如图 6.11 所示。

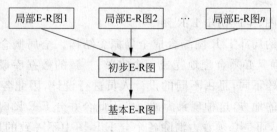

图 6.11　一次集成法

(2) 逐步累积式:首先集成两个局部视图(通常是比较关键的两个局部视图),以后每次将一个新的局部视图集成进来,如图 6.12 所示。

由图 6.12 可知,不管用哪种方法,集成局部 E-R 图的过程都分为两个步骤,如图 6.13 所示。

(1) 合并:解决各个局部 E-R 图之间的冲突,将各个局部 E-R 图合并起来生成初步

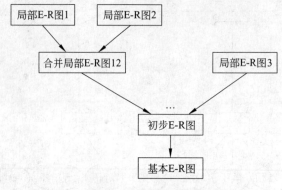

图 6.12   逐步累积式

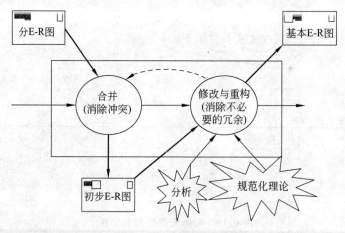

图 6.13   视图的集成

E-R 图。

（2）修改与重构：消除不必要的冗余，生成基本 E-R 图。

具体描述如下。

（1）合并分 E-R 图，生成初步 E-R 图

这个步骤将所有的局部 E-R 图综合成全局概念结构。全局概念结构不仅要支持所有的局部 E-R 模型，而且必须合理地完成一个完整、一致的数据库概念结构。由于各个局部应用所面向的问题不同，且由不同的设计人员进行设计，因此各个分 E-R 图之间必定会存在许多不一致的地方，这种现象为冲突。因此合并分 E-R 图时并不能简单地将各个分 E-R 图画到一起，而是必须着力消除各个分 E-R 图中不一致的地方，以形成一个能为全系统中所有用户共同理解和接受的统一概念模型。合理消除各分 E-R 图的冲突是合并分 E-R 图的主要工作与关键所在。

E-R 图中的冲突有三种：属性冲突、命名冲突与结构冲突。

① 属性冲突。

- 属性域冲突：属性值的类型、取值范围或取值集合不同。例如，由于学号是数字，因此某些部门（即局部应用）将学号定义为整数形式，而由于学号不用参与运算，

　　　　因此另一些部门(即局部应用)将学号定义为字符型形式等。

- 属性取值单位冲突。例如,学生的身高,有的以米为单位,有的以厘米为单位,有的以尺为单位。

通常是用讨论、协商等行政手段来解决属性冲突的。

② 命名冲突。

命名不一致可能发生在实体名、属性名或联系名之间,其中属性的命名冲突更为常见。一般表现为同名异义或异名同义。

- 同名异义:不同意义的对象在不同的局部应用中具有相同的名字。例如,局部应用 A 中将教室称为房间,局部应用 B 中将学生宿舍称为房间。
- 异名同义(一义多名):同一意义的对象在不同的局部应用中具有不同的名字。例如,有的部门把教科书称为课本,有的部门则把教科书称为教材。

命名冲突可能发生在属性级、实体级、联系级上。其中属性的命名冲突更为常见。通常用讨论、协商等行政手段来解决命名冲突。

③ 结构冲突。

结构冲突包括以下三类。

- 同一对象在不同应用中具有不同的抽象,例如,教师的职称在某一局部应用中被当作实体,而在另一应用中被当作属性。

解决方法:通常是把属性变换为实体或把实体变换为属性,使同一对象具有相同的抽象。变换时要遵循两个原则(见 6.3.3 小节中抽象为实体或属性的两个原则)。

- 同一实体在不同局部视图中所包含的属性不完全相同,或者属性的排列次序不完全相同。

解决方法:使该实体的属性取各分 E-R 图中属性的并集,再适当设计属性的次序。

- 实体之间的联系在不同局部视图中呈现不同的类型,例如,在局部应用 X 中 E1 与 E2 有联系,而在局部应用 Y 中 E1、E2、E3 三者之间有联系。也可能实体 E1 与 E2 在局部应用 A 中是多对多联系,而在局部应用 B 中是一对多联系。

解决方法:根据应用语义对实体联系的类型进行综合或调整。

下面以例 6.1 中已画出的两个局部 E-R 图为例,来说明如何消除各局部 E-R 图之间的冲突,进行局部 E-R 模型的合并,从而生成初步全局 E-R 图(如图 6.14 所示)。

首先,这两个局部 E-R 图中存在着命名冲突,学生选课局部 E-R 图中的实体"系"与教师任课局部 E-R 图中的实体"单位",都是指系,即所谓异名同义,合并后统一改为"系",这样属性"名称"和"单位名"即可统一为"系名"。

其次,还存在着结构冲突,实体"系"和实体"课程"在两个局部 E-R 图中的属性组成不同,合并后这两个实体的属性组成为各局部 E-R 图中的同名实体属性的并集。解决上述冲突后,合并两个局部 E-R 图,能生成初步的全局 E-R 图,如图 6.14 所示。

(2) 消除不必要的冗余,设计基本 E-R 图

在初步的 E-R 图中,可能存在冗余的数据和冗余的实体间联系,冗余的数据是指可由基本数据导出的数据,冗余的联系是指可由其他联系导出的联系。冗余数据和冗余联系容易破坏数据库的完整性,给数据库维护增加困难,当然并不是所有的冗余数据与冗

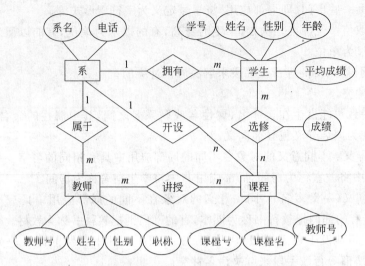

图 6.14　初步的全局 E-R 图

余联系都必须加以消除,有时为了提高某些应用的效率,不得不以冗余信息作为代价。在设计数据库概念模型时,哪些冗余信息必须消除,哪些冗余信息允许存在,需要根据用户的整体需求来确定。消除了不必要的冗余后的初步 E-R 图称为基本 E-R 图。采用分析的方法来消除数据冗余,以数据字典和数据流图为依据,根据数据字典中关于数据项之间逻辑关系的说明来消除冗余。

图 6.9 和图 6.10 在形成初步 E-R 图后,"课程"实体中的属性"教师号"可由"讲授"这个联系导出;还需消除冗余数据"平均成绩",因为平均成绩可由"选修"联系中的属性"成绩"经过计算得到,所以"平均成绩"属于冗余数据。还需消除冗余联系,其中"开设"属于冗余联系,因为该联系可以通过"系"和"教师"之间的"属于"联系与"教师"和"课程"之间的"讲授"联系推导出来,最后便可得到基本的 E-R 模型,如图 6.15 所示。

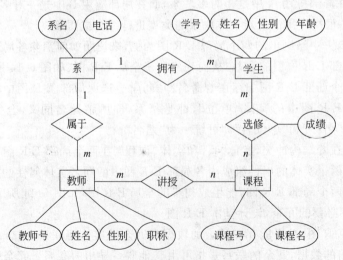

图 6.15　优化后的基本 E-R 图

6.4　逻辑结构设计

6.4.1　逻辑结构设计的任务和步骤

　　概念结构是各种数据模型的共同基础。为了能够用某一 DBMS 来实现用户需求,还必须将概念结构进一步转化为相应的数据模型,这正是数据库逻辑结构设计所要完成的任务。

　　一般的逻辑结构设计分为以下三个步骤(如图 6.16 所示)。

图 6.16　逻辑结构设计的三个步骤

　　(1) 将概念结构转化为一般的关系、网状、层次和面向对象模型。

　　(2) 将转化来的关系、网状、层次模型和面向对象向特定 DBMS 支持下的数据模型进行转换。

　　(3) 对数据模型进行优化。

6.4.2　初始化关系模式设计

1. 基本 E-R 模型的转换原则

　　概念设计中得到的 E-R 图是由实体、属性和联系组成的,而关系数据库逻辑设计的结果是一组关系模式的集合,所以将 E-R 图转换为关系模型实际上是将实体、属性和联系转换成关系模式。在转换过程中,要遵守以下原则。

　　(1) 一个实体转换为一个关系模式。

　　• 关系的属性:实体的属性。

　　• 关系的键:实体的键。

　　(2) 一个 $m:n$ 联系转换为一个关系模式。

　　• 关系的属性:与该联系相连的各实体的键以及联系本身的属性。

　　• 关系的键:各实体键的组合。

　　(3) 一个 $1:n$ 联系可以转换为一个关系模式。

　　• 关系的属性:与该联系相连的各实体的码以及联系本身的属性。

　　• 关系的码:n 端实体的键。

　　说明:一个 $1:n$ 联系也可以与 n 端对应的关系模式合并,这时需要把 1 端关系模式的码和联系本身的属性都加入 n 端对应的关系模式中。

（4）一个 1∶1 联系可以转换为一个独立的关系模式。

· 关系的属性：与该联系相连的各实体的键以及联系本身的属性。

· 关系的候选码：每个实体的码均是该关系的候选码。

说明：一个 1∶1 联系也可以与任意一端对应的关系模式合并，这时需要把任一端关系模式的码及联系本身的属性都加入另一端对应的关系模式中。

（5）三个或三个以上实体间的一个多元联系转换为一个关系模式。

· 关系的属性：与该多元联系相连的各实体的键以及联系本身的属性。

· 关系的码：各实体键的组合。

2. 基本 E-R 模型转换的具体做法

（1）把一个实体转换为一个关系。先分析该实体的属性，从中确定主键，然后再将其转换为关系模式。

例 6.2　以图 6.15 为例，将四个实体分别转换为关系模式（带下划线的为主键）：

学生（<u>学号</u>，姓名，性别，年龄）；课程（<u>课程号</u>，课程名）；

教师（<u>教师号</u>，姓名，性别，职称）；系（<u>系名</u>，电话）。

（2）把每个联系转换成关系模式。

例 6.3　把图 6.15 中的四个联系也转换成关系模式：

属于（<u>教师号</u>，系名）；讲授（<u>教师号</u>，<u>课程号</u>）；

选修（<u>学号</u>，<u>课程号</u>，成绩）；拥有（系名，<u>学号</u>）。

（3）三个或三个以上的实体间的一个多元联系在转换为一个关系模式时，与该多元联系相连的各实体的主键及联系本身的属性均转换成为关系的属性，转换后所有得到的关系的主键为各实体键的组合。

例 6.4　图 6.17 所示表示的是供应商、项目和零件三个实体之间的多对多联系，如果已知三个实体的主键分别为"供应商号"、"项目号"与"零件号"，则它们之间的联系"供应"转换为关系模式：供应（<u>供应商号</u>，<u>项目号</u>，<u>零件号</u>，数量）。

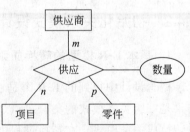

图 6.17　多个实体之间的联系

6.4.3　关系模式的规范化

数据库逻辑设计的结果不是唯一的。为了进一步提高数据库应用系统的性能，应该根据应用需要适当地修改、调整数据模型的结构，也就是对数据库模型进行优化，关系模型的优化通常是以规范化理论为基础的。具体方法如下。

（1）确定数据依赖，按需求分析阶段所得到的语义，分别写出每个关系模式内部各属性之间的数据依赖以及不同关系模式属性之间数据依赖。

（2）对于各个关系模式之间的数据依赖进行极小化处理，消除冗余的联系。

（3）按照数据依赖的理论对关系模式逐一进行分析，考查是否存在部分函数依赖、传递函数依赖、多值依赖等,确定各关系模式分别属于第几范式。

(4) 按照需求分析阶段得到的各种应用对数据处理的要求,分析这些模式对于这样的应用环境是否合适,确定是否要对它们进行合并或分解。

(5) 按照需求分析阶段得到的各种应用对数据处理的要求,对关系模式进行必要的分解或合并,以提高数据操作的效率和存储空间的利用率。

6.4.4 关系模式的评价与改进

在初步完成数据库逻辑结构设计之后,在进行物理设计之前,应对设计出的逻辑结构(这里为关系模式)的质量和性能进行评价,以便改进。

1. 模式的评价

对模式的评价包括设计质量的评价和性能评价两个方面。设计质量的标准包括可理解性、完整性和扩充性。遗憾的是,这些标准几乎没有一个是能够有效而严格地进行度量的,因此只能做大致估计。至于数据模式的性能评价,由于缺乏物理设计所提供的数量测量标准,因此,也只能进行实际性能评估,它包括逻辑数据记录存取数、传输量以及物理设计算法的模型等。常用逻辑记录存取(Logical Record Access,LRA)方法来进行数据模式性能的评价。

2. 数据模式的改进

根据对数据模式的性能估计,对已生成的模式进行改进。如果因为系统需求分析、概念结构设计的疏忽导致某些应用不能支持,则应该增加新的关系模式或属性。如果因为性能考虑而要求改进,则可使用分解或合并的方法。

(1) 分解

为了提高数据操作的效率和存储空间的利用率,常用的方法就是分解,对关系模式的分解一般分为水平分解和垂直分解两种。

水平分解是指把(基本)关系的元组分为若干子集合,定义每个子集合为一个子关系,以提高系统的效率。

垂直分解是指把关系模式 R 的属性分解为若干子集合,形成若干子关系模式。垂直分解的原则:将经常在一起使用的属性从 R 中分解出来形成一个子关系模式,其优点是可以提高某些事务的效率,缺点是可能使另一些事务不得不执行连接操作,从而降低了效率。

(2) 合并

具有相同主键的关系模式,且对这些关系模式的处理主要是查询操作,而且经常是多关系的查询,那么可对这些关系模式按照组合频率进行合并。这样便可以减少连接操作而提高查询速度。

必须强调的是,在进行模式的改进时,绝不能修改数据库信息方面的内容,例如,不修改信息内容就无法改进数据模式的性能,则必须重新进行概念结构设计。

6.5　数据库物理设计

数据库物理设计的任务是为上一阶段得到的数据库逻辑模式,即为数据库的逻辑结构选择合适的应用环境与物理结构,既要确定有效地实现逻辑结构模式的数据库存储模式,也要确定在物理设备上所采用的存储结构和存取方法,然后对该存储模式进行性能评价、完善性改进,经过多次反复,最后得到一个性能较好的存储模式。

1. 确定物理结构

物理设计不仅依赖于用户的应用要求,而且依赖于数据库的运行环境,即 DBMS 和设备特性。数据库物理设计内容包括记录存储结构的设计、存储路径的设计、记录集簇的设计。

（1）记录存储结构的设计

逻辑模式表示的是数据库的逻辑结构,其中的记录称为逻辑记录,而存储记录则是逻辑记录的存储形式,记录存储结构的设计就是设计存储记录的结构形式,它涉及不定长数据项的表示、数据项编码是否需要压缩和采用何种压缩、记录间互联指针的设置以及记录是否需要分割以节省存储空间等在逻辑设计中无法考虑的问题。

（2）关系模式的存取方法选择

数据库系统是多用户共享的系统,对同一个关系要建立多条存取路径才能满足多用户的多种应用要求。物理设计的第一个任务就是要确定选择哪些存取方法,即建立哪些存取路径。

DBMS 常用的存取方法有索引方法,目前主要是 B$^+$ 树索引方法、聚簇（Cluster）方法和 HASH 方法。

① 索引方法。

索引存取方法的主要内容包括对哪些属性列建立索引,对哪些属性列建立组合索引,对哪些索引要设计为唯一索引。当然并不是索引越多越好,关系上定义的索引数过多会带来较多的额外开销,如维护索引的开销、查找索引的开销。

② 聚簇。

为了提高某个属性（或属性组）的查询速度,把这个或这些属性（称为聚簇码）上具有相同值的元组集中存放在连续的物理块称为聚簇。聚簇的用途是大大提高按聚簇属性进行查询的效率,例如,假设学生关系按所在系建有索引,现在要查询信息系的所有学生名单。信息系的 500 名学生分布在 500 个不同的物理块上时,至少要执行 500 次 I/O 操作。如果将同一系的学生元组集中存放,则每读一个物理块可得到多个满足查询条件的元组,从而显著地减少了访问磁盘的次数。节省了存储空间:聚簇以后,聚簇码相同的元组集中在一起了,因而聚簇码值不必在每个元组中重复存储,只要在一组中存一次即可。

③ HASH 方法。

当一个关系满足下列两个条件时,可以选择 HASH 存取方法:①该关系的属性主要出现在等值连接条件中或主要出现在相等比较选择条件中;②该关系的大小可预知且关系的大小不变或该关系的大小动态改变,但所选用的 DBMS 提供了动态 HASH 存取方法。

2. 评价物理结构

和前面几个设计阶段一样,数据库物理设计在确定了数据库的物理结构之后,要进行评价,重点是时间和空间的效率。如果评价结果满足设计要求,则可进行数据库实施,实际上,往往需要经过反复测试才能优化物理设计。

6.6 数据库实施

数据库实施是指根据逻辑设计和物理设计的结果,在计算机上建立起实际的数据库结构、装入数据、进行测试和试运行的过程。数据库实施的工作内容包括用 DDL 定义数据库结构、组织数据入库、编制与调试应用程序、数据库试运行。

1. 建立实际数据库结构

确定了数据库的逻辑结构与物理结构后,就可以用所选用的 DBMS 提供的数据定义语言(DDL)来严格描述数据库结构了。

2. 装入数据

数据库结构建立好后,就可以向数据库中装载数据了。组织数据入库是数据库实施阶段最主要的工作。

数据装载方法有人工方法与计算机辅助数据入库方法两种。

(1) 人工方法

适用于小型系统,其步骤如下。

① 筛选数据。需要装入数据库中的数据通常分散在各个部门的数据文件或原始凭证中,所以首先必须把需要入库的数据筛选出来。

② 转换数据格式。筛选出需要入库的数据,其格式往往不符合数据库要求,还需要进行转换。这种转换有时可能很复杂。

③ 输入数据。将转换好的数据输入计算机中。

④ 校验数据。检查输入的数据是否有误。

(2) 计算机辅助数据入库方法

适用于中大型系统,其步骤如下。

① 筛选数据。数据筛选程序能自动从大量、杂乱的数据文件中选择出新数据库结构所需的数据来组织入库。

② 输入数据。由录入员将原始数据直接输入计算机中。数据输入子系统应提供输入界面;可设计自动导入功能,实现从其他数据源批量导入数据。

③ 校验数据。数据输入子系统采用多种检验技术检查输入数据的正确性。

④ 转换数据。数据输入子系统根据数据库系统的要求,从录入的数据中抽取有用成

分,对其进行分类,然后转换数据格式。抽取、分类和转换数据是数据输入子系统的主要工作,也是数据输入子系统的复杂性所在。

⑤ 综合数据。数据输入子系统对转换好的数据根据系统的要求进一步综合成最终数据。

3. 编制与调试应用程序

数据库应用程序的设计应该与数据库设计并行进行。在数据库实施阶段,当数据库结构建立好后,就可以开始编制与调试数据库的应用程序了(包括在数据库服务器端创建存储过程、触发器等)。在调试应用程序时,由于真实数据入库尚未完成,可先使用模拟数据。

4. 数据库试运行

应用程序调试完成,并且已有　小部分数据入库后,就可以开始数据库的试运行了。数据库试运行也称为联合调试,其主要工作如下。

(1) 功能测试:实际运行应用程序,执行对数据库的各种操作,测试应用程序的各种功能。

(2) 性能测试:测量系统的性能指标,分析是否符合设计目标。

数据库物理设计阶段在评价数据库结构估算时间、空间指标时,做了许多简化和假设,忽略了许多次要因素,因此结果必然很粗糙。数据库试运行则是要实际测量系统的各种性能指标(不仅是时间、空间指标),如果结果不符合设计目标,则需要返回物理设计阶段,调整物理结构,修改参数;有时甚至需要返回逻辑设计阶段,调整逻辑结构。

重新设计物理结构,甚至是逻辑结构,会导致数据重新入库。由于数据入库工作量太大,因此可以采用分期输入数据的方法:①先输入小批量数据供先期联合调试使用;②待试运行基本合格后再输入大批量数据;③逐步增加数据量,逐步完成运行评价。

在数据库试运行阶段,系统还不稳定,硬、软件故障随时都可能发生。系统的操作人员对新系统还不熟悉,误操作也不可避免。因此必须做好数据库的转储和恢复工作,尽量减少对数据库的破坏。

5. 整理文档

在程序的编制和试运行中,应将发现的问题和解决方法记录下来,将它们整理存档为资料,供以后正式运行和改进时参考,全部的调试工作完成之后,应该编写应用系统的技术说明书,在系统正式运行时给用户,完整的资料是应用系统的重要组成部分。

6.7　数据库运行和维护

数据库试运行的结果符合设计目标后,数据库就可以真正投入运行了。数据库投入运行标志着开发任务的基本完成和维护工作的开始,对数据库设计进行评价、调整、修改等维护工作是一个长期的任务,也是对设计工作的继续和提高。

对数据库经常性的维护工作主要是由 DBA 完成的,包括三个方面的内容,即数据库的转储和恢复,数据库的安全性、完整性控制,数据库性能的监督、分析和改进。

1. 数据库的安全性、完整性

DBA 必须根据用户的实际需要授予他们不同的操作权限,在数据库运行的过程中,由于应用环境的变化,对安全性的要求也会发生变化,DBA 需要根据实际情况修改原有的安全性控制。由于应用环境的变化,数据库的完整性约束条件也会变化,因此需要 DBA 不断修正,以满足用户要求。

2. 监视并改善数据库性能

在数据库运行的过程中,DBA 必须监督系统运行,对监测数据进行分析,找出改进系统性能的方法。

- 利用监测工具获取系统运行过程中一系列性能参数的值。
- 通过仔细分析这些数据,判断当前系统是否处于最佳运行状态。
- 如果不是,则需要通过调整某些参数来进一步改进数据库性能。

3. 数据库的重组织和重构造

为什么要重组织数据库? 因为数据库运行一段时间后,由于记录的不断增、删、改,会使数据库的物理存储变坏,从而降低数据库存储空间的利用率和数据的存取效率,使数据库的性能下降。因此要对数据库进行重新组织,即重新安排数据的存储位置,回收垃圾,减少指针链,改进数据库的响应时间和空间利用率,提高系统性能。DBMS 一般都提供了供重组织数据库使用的实用程序,来帮助 DBA 重新组织数据库。

数据库的重组织,并不改变原设计的逻辑和物理结构,而数据库的重构造则不同,它是指部分修改数据库的模式和内模式。

由于数据库应用环境发生变化,增加了新的应用或新的实体,取消了某些旧的应用,有的实体与实体间的联系发生了变化等,使原有的数据库设计不能满足新的需要,必须调整数据库的模式和内模式。例如,在表中增加或删除某些数据项,改变数据项的类型,增加或删除某个表,改变数据库的容量,增加或删除某些索引等。当然数据库的重构也是有限的,只能做部分修改。如果应用变化太大,重构也无济于事,则说明此数据库应用系统的生命周期已经结束,应该设计新的数据库应用系统了。

6.8　小　　结

本章主要讨论数据库设计的方法和步骤,并介绍了数据库设计的六个阶段:系统需求分析、概念结构设计、逻辑结构设计、物理结构设计、数据库及应用系统的实施、数据库及应用系统运行与维护。其中,重点是概念结构设计和逻辑结构设计,这也是数据库设计过程中最重要的两个环节。

学习本章,读者要努力掌握书中讨论的基本方法和开发设计步骤,特别要能在实际的应用系统开发中运用这些思想,设计出符合应用要求的数据库应用系统。

习　题

一、选择题

1. 下列对数据库应用系统设计的说法中正确的是(　　)。
   A. 必须先完成数据库的设计,才能开始对数据处理的设计
   B. 应用系统用户不必参与设计过程
   C. 应用程序员可以不必参与数据库的概念结构设计
   D. 以上都不对

2. 在需求分析阶段,常用(　　)来描述用户单位的业务流程。
   A. 数据流图　　　　B. E-R 图　　　　C. 程序流图　　　　D. 判定表

3. 下列对 E-R 图设计的说法中错误的是(　　)。
   A. 设计局部 E-R 图中,能作为属性处理的客观事物应尽量作为属性处理
   B. 局部 E-R 图中的属性均应为原子属性,即不能再细分为子属性的组合
   C. 对局部 E-R 图集成时既可以一次实现全部集成,也可以两两集成,逐步进行
   D. 集成后所得的 E-R 图中可能存在冗余数据和冗余联系,应予以全部清除

4. 下列属于逻辑结构设计阶段任务的是(　　)。
   A. 生成数据字典　　　　　　　　B. 集成局部 E-R 图
   C. 将 E-R 图转换为一组关系模式　　D. 确定数据存取方法

5. 将一个一对多联系型转换为一个独立关系模式时,应取(　　)为关键字。
   A. 一端实体型的关键属性　　　　B. 多端实体型的关键属性
   C. 两个实体型的关键属性的组合　　D. 联系型的全体属性

6. 将一个 M 对 $N(M>N)$ 的联系型转换成关系模式时,应(　　)。
   A. 转换为一个独立的关系模式
   B. 与 M 端的实体型所对应的关系模式合并
   C. 与 N 端的实体型所对应的关系模式合并
   D. 以上都可以

7. 在从 E-R 图到关系模式的转化过程中,下列说法错误的是(　　)。
   A. 一个一对一的联系型可以转换为一个独立的关系模式
   B. 一个涉及三个以上实体的多元联系也可以转换为一个独立的关系模式
   C. 对关系模型进行优化时,有些模式可能要进一步分解,有些模式可能要合并
   D. 关系模式的规范化程度越高,查询的效率就越高

8. 对数据库的物理设计优劣评价的重点是(　　)。
   A. 时空效率　　　　　　　　　　B. 动态和静态性能
   C. 用户界面的友好性　　　　　　D. 成本和效益

9. 下列不属于数据库物理结构设计阶段任务的是(　　)。

A. 确定选用的 DBMS　　　　　　B. 确定数据的存放位置

C. 确定数据的存取方法　　　　　D. 初步确定系统配置

10. 确定数据的存储结构和存取方法时,下列策略中( )不利于提高查询效率。

    A. 使用索引

    B. 建立聚簇

    C. 将表和索引存储在同一磁盘上

    D. 将存取频率高的数据与存取频率低的数据存储在不同磁盘上

二、填空题

1. 在设计分 E-R 图时,由于各个子系统分别面向不同的应用,因此各个分 E-R 图之间难免存在冲突,这些冲突主要包括_____、_____和_____三类。

2. 数据字典中的_____是不可再分的数据单位。

3. 若在两个局部 E-R 图中都有实体"零件"的"重量"属性,而所用重量单位分别为千克和克,则称这两个 E-R 图存在_____冲突。

4. 设有 E-R 图,如图 6.18 所示,其中实体"学生"的关键属性是"学号",实体"课程"的关键属性是"课程编码",设将其中联系"选修"转换为关系模式 R,则 R 的关键字应为属性集_____。

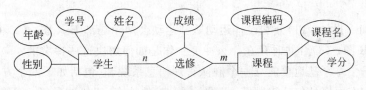

图 6.18　E-R 图

5. 确定数据库的物理结构主要包括三方面内容,即_____、_____和_____。

6. 将关系 R 中在属性 A 上具有相同值的元组集中存放在连续的物理块上,称为对关系 R 基于属性 A 进行_____。

7. 数据库设计的重要特点之一是要把_____设计和_____设计密切结合起来,并以_____为核心而展开。

8. 数据库设计一般分为如下六个阶段:需求分析、_____、_____、数据库物理设计、数据库实施、数据库运行与维护。

9. 概念结构设计的结果是一个与_____无关的模型。

10. 在数据库设计中,_____是系统各类数据的描述的集合。

三、简答题

1. 数据库设计分为哪几个阶段? 每个阶段的主要工作分别是什么?

2. 在数据库设计中,需求分析阶段的设计目标是什么? 调查的内容主要包括哪几个方面?

3. 数据库设计的特点是什么?

4. 什么是数据库的概念结构? 试述概念结构设计的步骤。

5. 什么是 E-R 图? 构成 E-R 图的基本要素是什么?

6. 用 E-R 图表示概念模式有什么好处？

7. 局部 E-R 图的集成主要解决什么问题？

8. 一个图书管理系统中有如下信息。

图书：书号、书名、数量、位置；借书人：借书证号、姓名、单位；出版社：出版社名、邮编、地址、电话、E-mail。其中约定：任何人可以借多种书，任何一种书可以被多个人借，借书和还书时，要登记相应的借书日期和还书日期；一个出版社可以出版多种书籍，同一本书仅为一个出版社所出版，出版社名具有唯一性。

根据以上情况，完成如下设计：(1)设计系统的 E-R 图；(2)将 E-R 图转换为关系模式；(3)指出转换后的每个关系模式的关系键。

9. 有如下运动队和运动会两个方面的实体。

(1) 运动队方面

运动队：队名、教练姓名、队员姓名；队员：队名、队员姓名、性别、项名。其中，一个运动队有多个队员，一个队员仅属于一个运动队，一个队有一个教练。

(2) 运动会方面

运动队：队编号、队名、教练姓名；项目：项目名、参加运动队编号、队员姓名、性别、比赛场地。其中，一个项目可由多个队参加，一个运动员可参加多个项目，一个项目一个比赛场地。

请完成如下设计：(1)分别设计运动队和运动会两个局部 E-R 图；(2)将它们合并为一个全局 E-R 图；(3)合并时存在什么冲突？你是如何解决这些冲突的？

10. 设一个海军基地要建立一个舰队管理信息系统，它包括如下两个方面的信息。

(1) 舰队方面信息包括①舰队：舰队名称、基地地点、舰艇数量等；②舰艇：编号、舰艇名称、舰队名称、舰艇编入舰队日期等。

(2) 舰艇方面信息包括①舰艇：舰艇编号、舰艇名、武器名称等；②武器：武器编号、武器名称、武器生产日期、武器被装备日期、武器被使用的舰艇编号等；③官兵：官兵证号、姓名、性别、入伍日期、所属舰艇编号、编入舰艇日期、舰艇官兵数量（数量≥10）等。其中，一个舰队有多艘舰艇，一艘舰艇属于一个舰队；一艘舰艇安装多种武器，一种武器可安装于多艘舰艇上；一个官兵只属于一艘舰艇。

说明：舰艇编队、武器装备是会根据形势变化而有所调整的。

请完成如下设计。

(1) 综合两方面的信息，设计系统的全局 E-R 图（含属性），并注明联系类型；

(2) 将全局 E-R 图转换为关系模式[每个关系模式写成 $R(U,F)$ 的形式，其中 R 为关系名，U 为属性集，F 为函数依赖集]，要求满足 3NF 范式以上；

(3) 指出转换后的每个关系模式的关系键。

说明：表名、属性名等均可使用汉字来标识，请多注意实体与联系的属性确定。

第 2 部分

技　术　篇

第7章

SQL Server 数据库管理系统

本章主要介绍了 SQL Server 2005 的基本使用与 Transact-SQL 语言,其他(如创建与管理数据库、数据表、视图、索引、存储过程、触发器等)内容将在本书相关资料中给予体现。要说明的是,在 SQL Server 2005 中创建与管理数据库服务器对象的方法与技能,同样适用于 SQL Server 2008 数据库管理系统。数据库及其对象的交互式界面操作方法与基本的 Transact-SQL 命令的操作是本章的重点。

7.1 SQL Server 2005 系统概述

Microsoft SQL Server 2005 可谓微软"五年研发、十年一剑"的重量级产品,SQL Server 2005 这款凝聚了微软内部一千多名工程师的智慧、历时五年才完成更新研发的新产品,是微软具有里程碑意义的企业级数据库产品,SQL Server 2005 在企业级支持、商业智能应用、管理开发效率等方面都有显著增强。它提供的集成的数据管理和分析平台,可以帮助组织更可靠地管理来自关键业务的信息、更有效地运行复杂的商业应用;而通过其中集成的报告和数据分析工具,企业可从信息中获得更出色的商业表现力和洞察力。

7.1.1 SQL Server 2005 系统简介

SQL Server 2005 是微软较新版数据库软件,它被微软视为跃上企业数据库舞台的代表作品。SQL Server 2005 是微软公司的下一代数据管理和分析软件系统,它具有更强大的可伸缩性、可用性、对企业数据管理和分析等方面的安全性,更加易于建立、配置和管理。该产品于 2005 年 11 月 7 日在美国地区发表上市。同年 12 月 2 日,微软(中国)有限公司在北京宣布正式在中国发布。

1. 概况

(1) 什么是 SQL Server 2005

SQL Server 2005 是一个全面的数据库平台,使用集成的商业智能(Business Intelligence,BI)工具,提供了企业级的数据管理。SQL Server 2005 数据库引擎为关系型数据和结构化数据提供了更安全可靠的存储功能,使用户可以构建和管理用于业务的高可用和高性能的数据应用程序。

SQL Server 2005 的核心组件能与 Microsoft Windows 平台(包括 Microsoft Office System 和 Visual Studio)集成以提供解决方案,将数据传送到整个组织。

SQL Server 2005 这款数据库产品是 Microsoft 在仔细倾听多方意见反馈,对行业进行了认真研究,在全世界的 Microsoft 研究团队共同努力下,经过创造性思索才最终完成,这款数据库产品引入了上百种新增功能或改进功能,这些功能将有助于用户在下面三个主要方面提高业务:

① 企业数据管理,SQL Server 2005 针对行业和分析两类应用程序提供了一种更安全可靠和更高效的数据平台。SQL Server 的最新版本不仅是迄今为止 SQL Server 的最大发行版本,而且是最安全的版本。

② 开发人员生产效率,SQL Server 2005 提供了一种端对端的开发环境,其中涵盖了多种新技术,可帮助开发人员大幅度提高生产效率。

③ 商业智能,SQL Server 2005 的综合分析、集成和数据迁移功能使各个企业无论采用何种基础平台都可以扩展其现有应用程序的价值。构建于 SQL Server 2005 的 BI 解决方案使所有员工可以及时获得关键信息,从而在更短的时间内制定更好的决策。

(2) SQL Server 2005 产品组件功能概述

SQL Server 2005 是用于大规模联机事务处理(OLTP)、数据仓库和电子商务应用的数据库和数据分析平台。其产品组件有 SQL Server 数据库引擎、SQL Server Analysis Services、SQL Server Integration Services(SSIS)、SQL Server 复制、SQL Server Reporting Services、SQL Server Notification Services、SQL Server Service Broker、全文搜索、SQL Server 工具和实用工具等。

(3) SQL Server 2005 版本分类

SQL Server 2005 根据适用场合、功能规模等的不同,可分为如下六个版本:①SQL Server 学习版或称精简版(SQL Server 2005 Express Edition),可免费获取;②SQL Server 工作组版(SQL Server 2005 Workgroup Edition);③SQL Server 开发版(SQL Server 2005 Developer Edition,功能同 SQL Server 企业版);④SQL Server 标准版(SQL Server 2005 Standard Edition);⑤SQL Server 企业版(SQL Server 2005 Enterprise Edition);⑥SQL Server 移动版(SQL Server 2005 Mobile Edition)。

其中,SQL Server 企业版的性能是最强的,它是大型企业和最复杂的数据需求的理想选择。依据对企业联机事务处理(OLTP),高度复杂的数据分析,数据仓储系统和 Web 站点不同级别的支持,SQL Server 2005 企业版可调整性能。支持 64 个 CPU,无限的伸缩和分区功能,高级数据库镜像功能,完全的在线和并行操作能力,数据库快照功能,报表生成器和定制的高扩展的报表功能,企业级的数据集成服务。由于具备广泛的商务智能、健壮的分析能力,因此 SQL Server 企业版能承担企业最大负荷的工作量。

自己动手:SQL Server 2005 功能比较,请读者自己在 Internet 上搜索、查阅、比较不同 SQL Server 2005 版本的功能差异。推荐地址如 http://www.microsoft.com/china/sql/prodinfo/features/compare-features.mspx。

2. 特性

（1）SQL Server 2005 的新增或增强功能

SQL Server 2005 扩展了 SQL Server 2000 的性能、可靠性、可用性、可编程性和易用性。SQL Server 2005 包含了多项新功能，这使它成为大规模联机事务处理（OLTP）、数据仓库和电子商务应用程序的优秀数据库平台，新增或增强功能有 Notification Services 增强功能、Reporting Services 增强功能、新增的 Service Broker、数据库引擎增强功能、数据访问接口方面的增强功能、Analysis Services 的增强功能（SSAS）、Integration Services 的增强功能、复制增强、工具和实用工具增强功能。

（2）SQL Server 2005 的 30 个最重要的特点

SQL Server 2005 有 30 个主要特点，它们可以分为三类各 10 个特点，具体如下。

① 数据库管理 10 个最重要的特点：数据库镜像、在线恢复、在线检索操作、快速恢复、安全性能的提高、新的 SQL Server Management Studio、专门的管理员连接、快照隔离、数据分割、增强复制功能。

② 有关开发的 10 个最重要的特点：.NET 框架主机、XML 技术、ADO.NET 2.0 版本、增强的安全性、Transact-SQL 的增强性能、SQL 服务中介、通告服务、Web 服务、报表服务、全文搜索功能的增强。

③ 有关商业智能特征的 10 个最重要的特点：分析服务、数据传输服务（DTS）、数据挖掘、报表服务、集群支持、主要运行指标、可伸缩性和性能、单击单元、预制缓存、与 Microsoft Office System 集成。

7.1.2　安装 SQL Server 2005

1. 安装 SQL Server 2005

SQL Server 2005 安装向导基于 Windows 安装程序，并提供一个功能树用于安装所有如下 SQL Server 2005 组件："数据库引擎"、Analysis Services、Reporting Services、Notification Services、Integration Services、"复制"、"管理工具"、"连接组件"、"示例数据库、示例和 SQL Server 2005 文档"。

为了成功安装 SQL Server，在安装计算机上需要安装下列软件组件：①.NET Framework 2.0；②SQL Server 本机客户端；③SQL Server 2005 安装程序支持文件。

这些软件组件将由 SQL Server 安装程序安装，下面介绍安装 SQL Server 2005（评估版）的过程。

（1）将 SQL Server 2005 光盘插入 DVD 驱动器。如果 DVD 驱动器的自动运行功能无法启动安装程序，则导航到 DVD 的根目录（如图 7.1 所示），然后启动 splash.hta。如果通过网络共享进行安装，则导航到网络文件夹，然后启动 splash.hta。

（2）在自动运行的对话框中（如图 7.2 所示），单击安装"服务器组件、工具、联机丛书和示例"来启动 SQL Server 安装向导（安装前要做好安装准备）。

（3）剩下的安装步骤略（可通过帮助了解详细过程）。

图 7.1 SQL Server 2005 安装盘目录

图 7.2 SQL Server 2005 安装开始屏幕

2. 如何验证 SQL Server 2005 服务的安装成功

若要验证 SQL Server 2005 安装是否成功,请确保安装的服务正运行于计算机上。检查 SQL Server 服务是否正在运行的方法:在"控制面板"中,双击"管理工具",然后双击"服务",查找相应的服务显示名称。

自己动手:

① 下载并安装 SQL Server Express:安装 SQL Server 2005 Express Edition (SQL Server Express) 时,用户必须做出决策以选择最适合自己环境的选项。下面是 SQL Server 2005 Express Edition 中文版的下载网址:

http://www.microsoft.com/downloads/details.aspx? displaylang＝zh-cn&FamilyID＝220549B5-0B07-4448-8848-DCC397514B41。

② 下载 Microsoft® SQL Server® 2008 Enterprise Evaluation。下载地址:http://www.microsoft.com/downloads/details.aspx? familyid.＝6B10C7C1-4F97-42C4-9362-58D4D088CD38&displaylang＝zh-cn。

③ 下载 SQL Server 2005 例子及样例数据库(2005.12)。下载 SQL Server 2005 Samples and Sample Databases (Dec 2005)的网址：http://sqlserversamples.codeplex.com/。

7.1.3　SQL Server 2005 的主要组件及其初步使用

1. 认识安装后的 SQL Server 2005

SQL Server 2005 安装成功后会在开始菜单中生成类似图 7.3 所示的程序组与程序项。

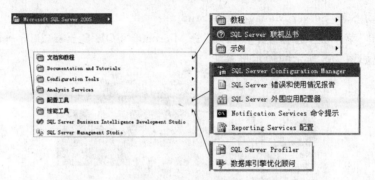

图 7.3　SQL Server 2005 安装后程序菜单情况

SQL Server 2005 默认安装在 C 盘的\Program Files 目录下,其目录布局如图 7.4 所示。

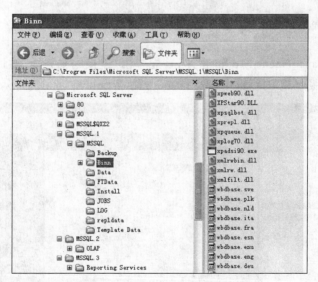

图 7.4　SQL Server 2005 安装后目录文件布局情况

SQL Server 2005 包括一组完整的图形工具和命令行实用工具,有助于用户、程序员和管理员提高工作效率。下面介绍 SQL Server 2005 主要组件及其使用。

2. SQL Server Management Studio 的使用

SQL Server Management Studio(SQL Server 集成管理器,Management Studio,

SSMS)是为 SQL Server 数据库管理员和开发人员提供的新工具。此工具由 Microsoft Visual Studio 内部承载,它提供了用于数据库管理的图形工具和功能丰富的开发环境。SSMS 将 SQL Server 2000 企业管理器、Analysis Manager 和 SQL 查询分析器的功能集于一身,还可用于编写 MDX、XMLA 和 XML 语句。

Management Studio 是一个功能强大且灵活的工具。但是,初次使用 Visual Studio 的用户可能无法以最快的方式访问所需的功能。下面介绍 Management Studio 的基本使用方法。

(1) 启动 SQL Server Management Studio

在"开始"菜单上,选择"所有程序"→ Microsoft SQL Server 2005 → Management Studio,出现如图 7.5 所示的展示屏幕。

图 7.5 SQL Server 2005 展示屏幕

接着打开 Management Studio 窗体,首先弹出"连接到服务器"对话框(如图 7.6 所示)。在"连接到服务器"对话框中,采用默认设置(Windows 身份验证),再单击"连接"按

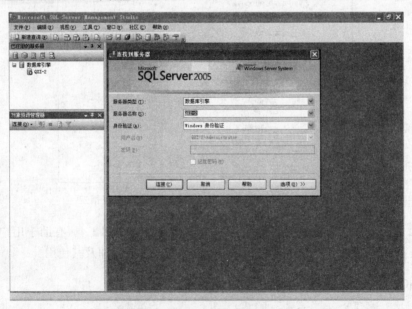

图 7.6 打开时的 SQL Server Management Studio

钮。默认情况下，Management Studio 中将显示三个组件窗口，如图 7.7 所示。

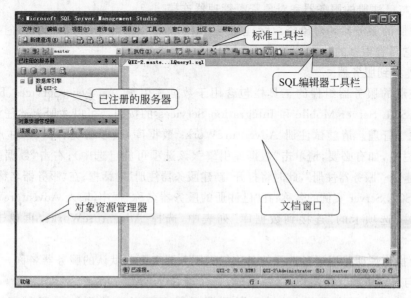

图 7.7　SQL Server Management Studio 的窗体布局

"已注册的服务器"窗口列出的是经常管理的服务器。可以在此列表中添加和删除服务器。如果计算机上以前安装了 SQL Server 2000 企业管理器，则系统将提示用户导入已注册服务器的列表。否则，列出的服务器中仅包含运行 Management Studio 的本机上的 SQL Server 实例。如果未显示所需的服务器，请在"已注册的服务器"中右击"数据库引擎"选项，再单击"更新本地服务器注册"选项。

"已注册的服务器"功能区的功能对应于 SQL Server 2000 的服务管理器程序所具有的功能。

"对象资源管理器"是服务器中所有数据库对象的树视图。此树视图包括 SQL Server Database Engine、Analysis Services、Reporting Services、Integration Services 和 SQL Server Mobile 的数据库。对象资源管理器包括与其连接的所有服务器的信息。打开 Management Studio 时，系统会提示用户将对象资源管理器连接到上次使用的设置。用户可以在"已注册的服务器"组件中双击任意服务器进行连接或右击任意服务器并在"连接"菜单中单击"对象资源管理器"，而要连接的服务器是无须再注册的。

"对象资源管理器"功能区的功能对应于 SQL Server 2000 的企业管理器左边的树型目录结构所具有的功能。

文档窗口是 Management Studio 中的最大部分的窗口。文档窗口可能包含查询编辑器和浏览器窗口。默认情况下，将显示已与当前计算机上的数据库引擎实例连接的"摘要"页。

打开的"查询编辑器"文档窗口其功能对应于 SQL Server 2000 的查询分析器所具有的功能。

由此可见，Management Studio 集 SQL Server 2000 的企业管理器、查询分析器、服

务管理器等功能于一体,是一个集成管理器。

(2) 与已注册的服务器和对象资源管理器连接

已注册的服务器和对象资源管理器与 Microsoft SQL Server 2000 中的企业管理器类似,但它具有更多的功能。

① 连接到服务器

已注册的服务器组件的工具栏包含用于数据库引擎、Analysis Services、Reporting Services、SQL Server Mobile 和 Integration Services 的按钮。可以注册上述任意服务器类型以便于管理。请尝试注册 AdventureWorks 数据库,其步骤为:在"已注册的服务器"工具栏上,如有必要,请单击"数据库引擎"(该选项可能已选中);右击"数据库引擎",选择"新建"→"服务器注册",此时将打开"新建服务器注册"对话框;在"服务器名称"文本框中,输入 SQL Server 实例的名称;在"已注册的服务器名称"框中,输入 AdventureWorks;在"连接属性"选项卡的"连接到数据库"列表中,选择 AdventureWorks,再单击"保存"按钮。

以上操作说明可以通过选择的名称组织服务器来更改默认的服务器名称。

② 与对象资源管理器连接

与已注册的服务器类似,对象资源管理器也可以连接到数据库引擎、Analysis Services、Integration Services、Reporting Services 和 SQL Server Mobile。方法如下。

- 在对象资源管理器的工具栏上单击"连接"按钮,显示可用连接类型下拉列表(如图 7.8 所示),再选择"数据库引擎",系统将打开"连接到服务器"对话框(如图 7.9 所示)。

图 7.8　对象资源管理器连接类型　　　　图 7.9　"连接到服务器"对话框

- 在"服务器名称"文本框中,输入 SQL Server 实例的名称。
- 单击"选项"按钮,然后浏览各选项。
- 单击"连接"按钮,连接到服务器。如果已经连接,将直接返回到对象资源管理器,并将该服务器设置为焦点。

连接到 SQL Server 的某个实例时,对象资源管理器会显示外观和功能与 SQL

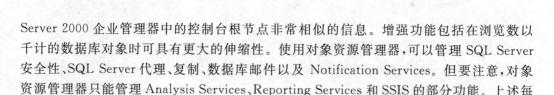

Server 2000 企业管理器中的控制台根节点非常相似的信息。增强功能包括在浏览数以千计的数据库对象时可具有更大的伸缩性。使用对象资源管理器，可以管理 SQL Server 安全性、SQL Server 代理、复制、数据库邮件以及 Notification Services。但要注意，对象资源管理器只能管理 Analysis Services、Reporting Services 和 SSIS 的部分功能。上述每个组件都有其专用工具。

- 在对象资源管理器中，展开"数据库"文件夹，然后选择 AdventureWorks（如图 7.10 所示）。

提示与技巧：Management Studio 将系统数据库放在一个单独文件夹中。

（3）更改环境布局

Management Studio 的各组件会争夺屏幕空间。为了腾出更多空间，可以关闭、隐藏或移动 Management Studio 组件。下面的做法是将组件移动到不同的位置。

① 关闭和隐藏组件

- 单击已注册的服务器右上角的 ⊠ 按钮（如图 7.11 所示），将其关闭隐藏。已注册的服务器窗口随即关闭。
- 在对象资源管理器中，单击带有"自动隐藏"工具提示的图钉按钮 ⊠，如图 7.12 所示。对象资源管理器将被最小化到屏幕的左侧。

图 7.10　连接后的对象资源管理器

图 7.11　"已注册的服务器"关闭按钮

图 7.12　自动隐藏"对象资源管理器"

- 在对象资源管理器标题栏上移动鼠标，对象资源管理器将重新打开，如图 7.13 所示。
- 再次单击图钉按钮，使对象资源管理器驻留在打开的位置。
- 在"视图"菜单上，单击"已注册的服务器"，对其进行打开还原。

自己动手：请读者再对"对象资源管理器"关闭隐藏，对"已注册的服务器"自动隐藏，然后再恢复它们。

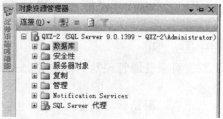

图 7.13　隐藏后的"对象资源管理器"

② 移动组件

承载 Management Studio 的环境允许用户移动组件并将它们停靠在各种配置中。

单击已注册的服务器的标题栏,并将其拖到文档窗口中央,在拖动过程中呈现图 7.14 所示的状态,直到将其放下为止。

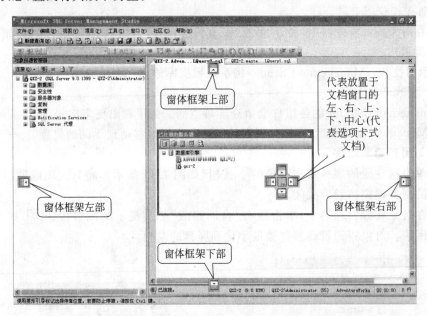

图 7.14　拖动过程中的 Management Studio

将已注册的服务器拖到屏幕的其他位置。当拖放于图 7.14 所示的屏幕相应指示位置(蓝色停靠信息)时,将出现特殊的停放位置效果,详见图 7.14 中标注框中的说明。如果出现箭头,则表示组件放在该位置,将使窗口停靠在框架的顶部、底部或一侧。将组件移到箭头处会导致目标位置的基础屏幕变暗。如果出现中心圆,则表示该组件与其他组件共享空间。如果把可用组件放入该中心,则该组件显示为框架内部的选项卡。当拖放于窗体框架上部时,界面分为上下结构;当拖放于右边文档窗口的中心时,界面又成为左右结构,并且此时"已注册的服务器"窗口以选项卡形式呈现,请读者自己实践。

③ 组件的其他操作

用户可以自定义 Management Studio 组件的表示形式,如停靠和取消停靠组件。右击对象资源管理器的标题栏,并注意弹出了下列菜单选项(如图 7.15 所示):浮动、可停靠(已选中)、选项卡式文档、自动隐藏、隐藏等。

也可通过"窗口"菜单(如图 7.17 所示)或者工具栏上的下箭头键(如图 7.16 所示)来使用这些选项。

双击对象资源管理器的标题栏,取消它的停靠。再次双击标题栏,又停靠对象资源管理器。

单击对象资源管理器的标题栏,并将其拖到 Management Studio 的右边框。当灰色轮廓框显示窗口的全部高度时,将对象资源管理器拖到 Management Studio 右侧的新位置;也可将对象资源管理器移到 Management Studio 的顶部或底部。将对象资源管理器

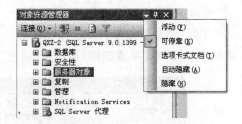

图 7.15　对象资源管理器快捷菜单　　　　　　　图 7.16　工具栏上的下箭头键

图 7.17　"窗口"菜单

拖放回左侧的原始位置；右击对象资源管理器的标题栏，再单击"隐藏"按钮。

在"视图"菜单中单击对象资源管理器，将窗口还原；或单击标准工具栏上的 按钮，将窗口还原。

右击对象资源管理器的标题栏，然后单击"浮动"按钮，取消对象资源管理器的停靠。

若要还原默认配置，请在"窗口"菜单中选择"重置窗口布局"选项。

自己动手：可以对"已注册的服务器"窗口做类似的操作。

(4) 显示文档窗口

文档窗口可以配置为显示选项卡式文档或多文档界面（MDI）环境。在选项卡式文档模式中，默认的多个文档将沿着文档窗口的顶部显示为选项卡。

① 查看默认的选项卡式文档布局

在主工具栏上单击"数据库引擎查询"按钮 。在"连接到数据库引擎"对话框中，单击"连接"按钮。或者，在已注册的服务器中，右击用户的服务器，选择"连接"→"新建查询"。在这种情况下，查询编辑器将使用已注册的服务器的连接信息，将不再出现"连接到数据库引擎"对话框。

选项卡式文档布局如图 7.18 所示，请注意各窗口是如何显示为文档窗口的选项卡的。

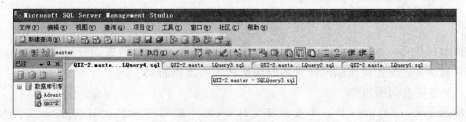

图 7.18　文档窗口的选项卡式布局

② 更改为 MDI 环境模式

在"工具"菜单上单击"选项"按钮。展开"环境",再单击"常规"按钮。在"设置"区域中,单击"MDI 环境"单选按钮,再单击"确定"按钮(如图 7.19 所示)。

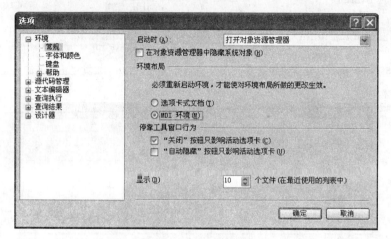

图 7.19　"选项"对话框

此时,各查询子窗口分别浮动在 Microsoft 文档窗口中(如图 7.20 所示)。

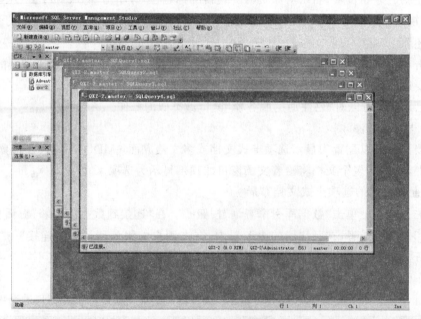

图 7.20　文档窗口的 MDI 形式

提示与技巧:每个查询子窗口都相当于 SQL Server 2000 的查询分析器查询窗口。

自己动手:读者同样能再设置还原到选项卡式文档布局。

(5) 连接查询编辑器

Management Studio 是一个集成开发环境,用于编写 T-SQL、MDX、XMLA、XML、SQL Server 2005 Mobile Edition 查询和 SQLCMD 命令。其用于编写 T-SQL 的查询编

辑器组件与以前版本的 SQL Server 查询分析器类似,但它新增了一些功能。下面介绍这个编程环境。

Management Studio 允许用户在与服务器断开连接时编写或编辑代码。当服务器不可用或要节省短缺的服务器或网络资源时,这一点很有用。用户也可以更改查询编辑器与 SQL Server 新实例的连接,而无须打开新的查询编辑器窗口或重新输入代码。

脱机编写代码然后连接到其他服务器的方法如下。

① 在 Management Studio 工具栏中单击"数据库引擎查询"按钮,以打开查询编辑器。

② 在"连接到数据库引擎"对话框中,单击"取消"按钮。系统将打开查询编辑器,同时,查询编辑器的标题栏将指示用户没有连接到 SQL Server 实例。

③ 在代码窗格中,输入下列 T-SQL 语句:

```
SELECT * FROM Production.Product
```

④ 此时,可以单击"连接"、"执行"、"分析"或"显示估计的执行计划"按钮,以连接到 SQL Server 实例,"查询"菜单、查询编辑器工具栏或在"查询编辑器"窗口中右击时显示的快捷菜单中均提供了这些选项。本练习将使用工具栏。

⑤ 在工具栏上单击"执行"按钮,打开"连接到数据库引擎"对话框。

⑥ 在"服务器名称"文本框中,输入服务器名称,再单击"选项"按钮。

⑦ 在"连接属性"选项卡上的"连接到数据库"列表中,浏览服务器以选择 AdventureWorks,再单击"连接"按钮。

⑧ 若要使用同一个连接打开另一个"查询编辑器"窗口,可在工具栏上单击"新建查询"按钮。

⑨ 若要更改连接,则右击"查询编辑器"窗口,指向"连接",再单击"更改连接"按钮。

⑩ 在"连接到 SQL Server"对话框中,选择 SQL Server 的另一个实例(如果有),再单击"连接"按钮。

用户可以利用查询编辑器的这项新功能在多台服务器上轻松运行相同的代码。这对于涉及类似服务器的维护操作很有效。

自己动手:请试着利用"查询"菜单或"SQL 编辑器"工具栏按钮来完成"连接"、"执行"、"分析"或"显示估计的执行计划"等操作。

(6) 使用注释

通过 Management Studio,可以轻松地注释部分脚本。方法如下。

使用鼠标选择 SQL 脚本,如:

```
WHERE LastName= 'Sanchez'
```

在"编辑"菜单中,指向"高级",再单击"注释选定内容"。所选文本将带有破折号(——),表示已完成注释。或直接使用"SQL 编辑器"工具栏上的注释按钮 或取消注释按钮 。

(7) 查看代码窗口的其他方式

可以配置代码窗口,以多种方式显示多个代码窗口。同时查看和操作多个代码窗口的方法如下。

① 在"SQL 编辑器"工具栏上单击"新建查询",打开第二个查询编辑器窗口。

② 若要同时查看两个代码窗口,请右击查询编辑器的标题栏,然后选择"新建水平选项卡组"。此时将在水平窗格中显示两个查询窗口。

③ 单击上面的查询编辑器窗口将其激活,再单击"新建查询"按钮 ❷ 新建查询(N),打开第三个查询窗口。该窗口将显示为上面窗口中的一个选项卡。

④ 在"窗口"菜单中或在相应选项卡右击,在弹出的菜单上单击"移动到下一个选项卡组"。第三个窗口将移动到下面的选项卡组中。使用这些选项,可以用多种方式配置窗口。

⑤ 关闭第二个和第三个查询窗口。

(8) 编写表脚本

Management Studio 可以创建脚本,来进行选择、插入、更新和删除表的操作,以及创建、更改、删除或执行存储过程。

有时用户可能需要使用具有多个选项的脚本,例如删除一个过程后再创建一个过程,或者创建一个表后再更改一个表。若要创建组合的脚本,请将第一个脚本保存到查询编辑器窗口中,并将第二个脚本保存到剪贴板上,这样就可以在窗口中将第二个脚本粘贴到第一个脚本之后。若要创建表的插入脚本,请执行以下操作。

① 在对象资源管理器中,依次展开服务器、"数据库"、AdventureWorks、"表",右击HumanResources. Employee,再指向"编写表脚本为"。

② 在出现的快捷菜单中有六个编写脚本选项:"CREATE 到"、"DROP 到"、"SELECT 到"、"INSERT 到"、"UPDATE 到"和"DELETE 到"。指向"INSERT 到",再单击"新查询编辑器窗口"(如图 7.21 所示)。

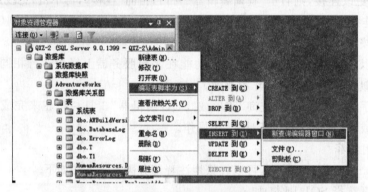

图 7.21　编写表脚本到新查询编辑器窗口

③ 系统将打开一个新查询编辑器窗口,执行连接并显示完整的更新语句。

本操作阐释了使用这项新功能可以将数据操作脚本快速添加到项目中,并可轻松编写执行存储过程的脚本。这可以大量节省多字段的表和过程的编写与执行时间。

(9) SQLCMD 模式

sqlcmd 实用工具可以代替 osql 实用工具。该工具允许在命令提示符下输入 T-SQL语句、系统过程和脚本文件。这一多功能实用工具可以使用 OLE DB 来执行 T-SQL 批处理。查询编辑器可以切换到"SQLCMD 模式",允许在 Management Studio 内执行 sqlcmd 语句。若要将查询编辑器窗口切换到 SQLCMD 模式,请执行以下操作。

① 在对象资源管理器中,右击服务器,再单击"新建查询"打开新的查询编辑器窗口。在"查询"菜单中单击"SQLCMD 模式"或工具按钮📖。

② 查询编辑器将在其上下文中执行 sqlcmd 语句。

③ 在"SQL 编辑器"工具栏的"可用数据库"列表中,选择 AdventureWorks。

④ 在查询编辑器窗口中,输入以下两个 T-SQL 语句和!!DIR sqlcmd 语句。

```
SELECT DISTINCT Type FROM Sales.SpecialOffer;
GO
!!DIR
GO
SELECT ProductCategoryID, Name
FROM Production.ProductCategory;
```

⑤ 按 F5 键执行整个 T-SQL 和 MS-DOS 语句混合句段。

提示与技巧:第一个和第三个语句产生了两个 SQL 结果窗格。在"结果"窗格中单击"消息"选项卡可以查看所有三个语句产生的消息:

```
(6 行受影响)
<目录信息>
(4 行受影响)
```

提示与技巧:在命令行执行 sqlcmd 实用工具时,该工具允许与操作系统完全交互。在"SQLCMD 模式"下使用查询编辑器时,必须注意不要执行交互语句。查询编辑器不能对操作系统提示符做出响应。

(10) 使用模板创建脚本

Management Studio 提供了大量脚本模板,其中包含许多常用任务的 T-SQL 语句。这些模板包含用户提供的值(如表名称)的参数。使用该参数,可以只输入一次名称,然后自动将该名称复制到脚本中所有必要的位置;可以编写自己的自定义模板,以支持频繁编写的脚本;也可以重新组织模板树,移动模板或创建新文件夹以保存模板。在以下操作中,将使用模板创建一个数据库,并指定排序规则模板。

使用模板创建脚本,请执行以下操作:①在 Management Studio 的"视图"菜单上,单击模板资源管理器。②模板资源管理器中的模板是分组列出的。展开 Database,再双击 Create Database。③在"连接到数据库引擎"对话框中,填写连接信息,再单击"连接"按钮。此时将打开一个新查询编辑器窗口,其中包含 Create Database 模板的内容。④在"查询"菜单上,单击"指定模板参数的值"。⑤在"指定模板参数的值"对话框中,"值"列包含一个"数据库名称"参数的建议值。在"数据库名称"参数框中,输入 Marketing,再单击"确定"按钮。请注意 Marketing 插入脚本中的几个位置。⑥单击"执行"按钮或按 F5 键或在"查询"菜单中单击"执行"菜单项,来运行生成的脚本。这样就成功创建了 Marketing 数据库(如图 7.22 所示)。

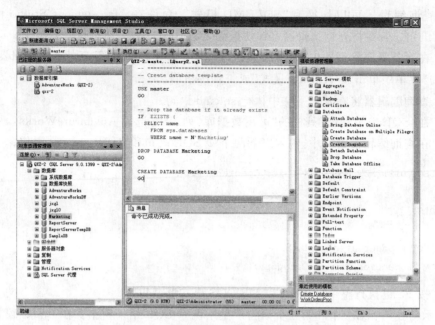

图 7.22　使用模板创建并执行模板脚本

自己动手：请读者利用同样的使用模板创建脚本的方法来删除刚创建的数据库 Marketing。

3. sqlcmd 实用工具

用户可以使用 sqlcmd 实用工具（Microsoft Win32 命令提示实用工具）来运行特殊的 T-SQL 语句和脚本。若要以交互方式使用 sqlcmd，或要生成可使用 sqlcmd 来运行的脚本文件，则需要了解 T-SQL。通常以下列方式来使用 sqlcmd 实用工具。

在 sqlcmd 环境中，以交互的方式输入 T-SQL 语句，输入方式与在命令提示符下输入的方式相同。命令提示符窗口中会显示结果（选择其他方式除外）。

用户可以通过下列方式提交 sqlcmd 作业：指定要执行的单个 T-SQL 语句，或将实用工具指向包含要执行的 T-SQL 语句的脚本文件。

（1）启动 sqlcmd

使用 sqlcmd 的第一步是启动该实用工具。启动 sqlcmd 时，可以指定也可以不指定连接的 SQL Server 实例。

① 单击"开始"按钮，选择"所有程序"→"附件"→"命令提示符"。闪烁的下划线字符即为命令提示符。在命令提示符处输入 sqlcmd，按 Enter 键。

②"1>"是 sqlcmd 提示符，可以指定行号。每按一次 Enter 键，显示的数字就会加 1。

③ 现在已经使用可信连接连接到了计算机上运行的默认 SQL Server 实例。

④ 若要终止 sqlcmd 会话，请在 sqlcmd 提示符处输入 EXIT。

⑤ 若要使用 sqlcmd 连接到名为 myServer 的 SQL Server 命名实例，必须使用-S 选项启动 sqlcmd。如输入 sqlcmd -S myServer，按 Enter 键。

提示与技巧：Windows 身份验证是默认的身份验证。若要使用 SQL Server 身份验证，用户必须使用-U 和-P 选项指定用户名和密码，单击 sqlcmd -? 能得到选项说明。

提示与技巧：请使用要连接的 SQL Server 实例名称替换上述步骤中的 myServer。如 sqlcmd -S qxz-2(qxz-2 为服务器名)。

(2) 使用 sqlcmd 运行 T-SQL 脚本文件

使用 sqlcmd 连接到 SQL Server 的命名实例之后，下一步便是创建 T-SQL 脚本文件。T-SQL 脚本文件是一个文本文件，它包含 T-SQL 语句、sqlcmd 命令以及脚本变量的组合。

若要使用记事本创建一个简单的 T-SQL 脚本文件，请执行下列操作：单击"开始"按钮，选择"所有程序"→"附件"→"记事本"按钮。在记事本中输入以下 T-SQL 代码，并在 C 驱动器中保存为 C:\myScript. sql 文件。

```
USE AdventureWorks          --缺省时均认为使用 AdventureWorks 数据库
SELECT c.FirstName+' '+c.LastName AS 'Employee Name',
        a.AddressLine1, a.AddressLine2 , a.City, a.PostalCode
FROM Person.Contact AS c INNER JOIN HumanResources.Employee AS e
    ON c.ContactID=e.ContactID INNER JOIN HumanResources.EmployeeAddress ea ON
ea.EmployeeID=e.EmployeeID INNER JOIN Person.Address AS a ON a.AddressID=ea.AddressID
```

① 运行脚本文件

打开命令提示符窗口，在命令提示符窗口中，输入 sqlcmd -S myServer -i C:\myScript. sql，按 Enter 键。

AdventureWorks 员工的姓名和地址列表便会输出到命令提示符窗口。

② 将此输出保存到文本文件中

打开命令提示符窗口。在命令提示符窗口中输入 sqlcmd -S myServer -i C:\myScript. sql -o C:\EmpAdds. txt，按 Enter 键。命令提示符窗口中不会生成任何输出，而是将输出发送到 EmpAdds. txt 文件。用户可以打开 EmpAdds. txt 文件来查看此输出操作。

4. SQL Server Configuration Manager

SQL Server 配置管理器用来管理与 SQL Server 2005 相关的服务。尽管其中许多任务可以使用 Windows 服务对话框来完成，但值得注意的是，SQL Server 配置管理器还可以对其管理的服务执行更多的操作(如在服务账户更改后应用正确的权限)。使用普通的 Windows 服务对话框配置任何 SQL Server 2005 服务都可能会造成服务无法正常工作。使用 SQL Server 配置管理器可以完成下列服务任务：①启动、停止和暂停服务；②将服务配置为自动启动或手动启动，禁用服务，或者更改其他服务设置；③更改 SQL Server 服务所使用的账户的密码；④使用跟踪标志(命令行参数)启动 SQL Server；⑤查看服务的属性。

下面介绍 SQL Server 配置管理器的基本使用。

先启动 SQL Server 配置管理器，方法是选择"开始"→"所有程序"→Microsoft SQL

Server 2005→"配置工具"→SQL Server Configuration Manager，SQL Server 配置管理器启动后界面如图 7.23 所示。选中某服务后可以通过菜单或工具或右键快捷菜单实施操作。

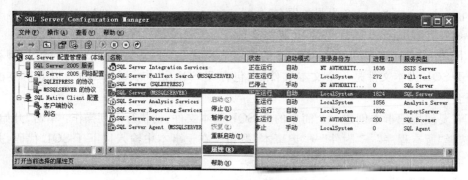

图 7.23　SQL Server Configuration Manager 主界面

如图 7.23 所示，在 SQL Server(MSSQLSERVER)服务记录上弹出快捷菜单，可以停止或暂停该服务。若单击"属性"菜单，则出现图 7.24 所示的属性对话框，可设置登录身份为"内置账户"还是"本地账户"；选择"服务"选项卡，如图 7.24 所示，可查看服务信息，能设置启动模式，在"高级"选项卡中能查看与设置高级选项。

图 7.24　SQL Server(MSSQLSERVER)属性对话框

在 SQL Server 配置服务器左边，单击"SQL Server 2005 网络配置"中的"MSSQLSERVER 的协议"，右边呈现可用协议名，右击 TCP/IP 协议，能"禁用"或"启用"该协议，单击"属性"菜单项(或双击该协议)能弹出 TCP/IP 属性对话框，从中能做一些设置工作或查看属性信息。

5. SQL Server 2005 外围应用配置器

外围应用减少操作将涉及停止或禁用未使用的组件以增加系统的安全性。对新的 Microsoft SQL Server 2005 安装，一些功能、服务和连接将被禁用或停止，以减少 SQL

Server 外围应用。对于升级的安装，所有功能、服务和连接都将保持其升级前的状态。

使用 SQL Server 外围应用配置器，可以启用、禁用、开始或停止 SQL Server 2005 安装的一些功能、服务和远程连接。可以在本地和远程服务器中使用 SQL Server 外围应用配置器。

SQL Server 外围应用配置器使用 Windows Management Instrumentation (WMI)来查看和更改服务器设置。WMI 提供了一种统一的方式，用于与管理配置 SQL Server 的注册表操作的 API 调用进行连接。

可通过 SQL Server 开始菜单使用 SQL Server 外围应用配置器：在"开始"菜单中，依次指向"所有程序"、Microsoft SQL Server 2005 和"配置工具"，再单击"SQL Server 外围应用配置器"。

显示的第一个页面为 SQL Server 外围应用配置器的起始页，如图 7.25 所示。在该起始页中，可指定要配置的服务器，默认值为 localhost。如果用户以前选择的是一个命名服务器，则将会看到该服务器名称。单击"配置外围应用"旁边的链接"更改计算机"，在"选择计算机"对话框中，执行下列操作之一：①若要在本地计算机中配置 SQL Server 2005，请单击"本地计算机"选项卡；②若要在另一台计算机中配置 SQL Server 2005，请单击"远程计算机"选项卡，然后在文本框中输入计算机名称；③若要配置故障转移群集，请单击"远程计算机"选项卡，然后在文本框中输入虚拟服务器名称。

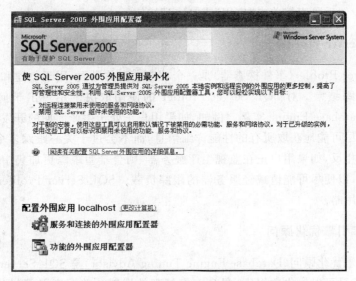

图 7.25　SQL Server 2005 外围应用配置器的起始页

单击"确定"按钮返回。选择了要配置的计算机后，可以启动以下两个工具。

(1) 服务和连接的外围应用配置器

功能的外围应用配置器工具提供了一个单一界面，在其中可以启用或禁用 Microsoft SQL Server 2005 服务以及用于远程连接的网络协议。

(2) 功能的外围应用配置器

功能的外围应用配置器工具也可以提供一个单一界面，如图 7.26 所示，用于启用或禁用多个数据库引擎、Analysis Services 和 Reporting Services 功能。

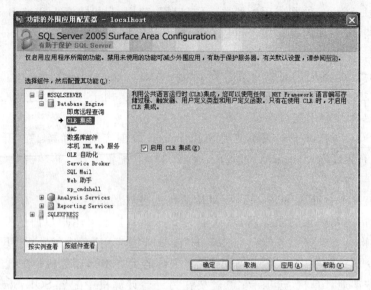

图 7.26　功能的外围应用配置器的配置

图 7.26 中左边为各组件,可"按实例查看"或"按组件查看",右边为相应某组件的功能可设置项,设置后可直接单击"应用"或"确定"按钮。

6. SQL Server Profiler

SQL Server Profiler(事件探查器)是一个功能丰富的界面,用于创建和管理跟踪,并分析和重播跟踪结果。对 SQL Server Profiler 的使用取决于用户出于何种目的监视 SQL Server Database Engine 实例。例如,如果用户正处于生产周期的开发阶段,则用户会更关心如何尽可能地获取所有的性能详细信息,而不会过于关心跟踪多个事件会造成多大的开销。相反,如果用户正在监视生产服务器,则会希望跟踪更加集中,并尽可能占用较少的时间,以便尽可能地减轻服务器的跟踪负载。SQL Server Profiler 的详细功能介绍及基本使用略。

7. 数据库引擎优化顾问

数据库引擎优化顾问(Database Engine Tuning Advisor)是 SQL Server 2005 中的新工具,使用该工具可以优化数据库,提高查询处理的性能。数据库引擎优化顾问检查指定数据库中处理查询的方式,然后建议如何通过修改物理设计结构(如索引、索引视图和分区)来改善查询处理性能。数据库引擎优化顾问的基本使用略。

8. SQL Server 联机丛书

启动方法:选择"开始"→"所有程序"→Microsoft SQL Server 2005→"文档和教程"→"SQL Server 联机丛书",SQL Server 联机丛书启动后界面如图 7.27 所示。

该帮助窗体有菜单与工具栏可直观操作,窗口区域分为左右两部分,左边是树型目

图 7.27　"SQL Server 联机丛书"帮助界面

录结构,能展开各级分类帮助项,右边为含文档链接或超链接的帮助信息,一般有帮助信息的文档页以选项卡形式呈现。

SQL Server 2005 帮助的搜索功能除了可以搜索联机丛书外,还可以搜索网站。如果启用该功能,用户就可以搜索所有 MSDN Online 以及着重于 SQL Server 的社区站点。可以通过搜索页面的"帮助选项"链接或 Management Studio 选项页面,来配置搜索引擎应访问的站点。以下是配置帮助以包括或排除 MSDN 和社区的方法。

(1) 在 Management Studio 的"工具"菜单中选择"选项"命令。

(2) 在"选项"对话框中,依次展开"环境"、"帮助",再单击"联机"按钮。

(3) 在"当载入帮助内容时"区域中,选择"先在本地尝试,然后再联机尝试",以启用该页面的其他框。

(4) 使用"搜索这些提供程序"框中的"上移"和"下移"箭头,按提供程序确定结果的优先顺序。

(5) 使用"Codezone 社区"列表,将搜索范围缩小为常用的站点,再单击"确定"按钮。

在 Management Studio 中打开 SQL Server 联机丛书时,联机丛书可作为内部文档窗口打开,也能在一个单独的文档窗口中打开,这时该窗口仍与 Management Studio 相关联,它可以对一些 Management Studio 操作做出响应,当关闭 Management Studio 时,也会关闭联机丛书。启动联机丛书的方式有以下两种。

① 在单独窗口中启动联机丛书

在默认情况下,"帮助"窗口和"联机丛书"文档窗口会在 Management Studio 的外部显示。在 Management Studio 的"帮助"菜单中,选择"目录",系统将打开一个新的窗口,并显示联机丛书的目录,使用帮助系统,接着关闭联机丛书。

② 以内部文档窗口的方式启动联机丛书

在 Management Studio 的"工具"菜单中,选择"选项"命令,在"选项"对话框中,依次展开"环境"和"帮助",再单击"常规"按钮,在"使用下列选项显示帮助"框中,单击"集成帮助查看器",再依次单击"确定"按钮,关闭并重新启动 Management Studio,在 Management Studio 的"帮助"菜单中,选择"目录"命令。现在系统将在 Management Studio 内部打开联机丛书的目录。

7.2　Transact-SQL 语言

SQL Server 2005 附带的语言有三种:Transact-SQL(T-SQL)、多维表达式(MDX)与数据挖掘扩展插件(DMX)。其中,T-SQL 语言用于管理 SQL Server Database Engine 实例,创建和管理数据库对象,以及插入、检索、修改和删除数据等操作。T-SQL 是对按照国际标准化组织(ISO)和美国国家标准协会(ANSI)发布的 SQL 标准定义的语言的扩展。对用户来说,T-SQL 是可以与 SQL Server 数据库管理系统进行交互的唯一语言。要想掌握 SQL Server 2005 的使用,则必须很好地掌握 T-SQL。下面介绍 T-SQL 语言的基本概念、语法格式、运算符、表达式以及基本语句和函数使用等内容。

7.2.1　Transact-SQL 语法约定

T-SQL 是使用 SQL Server 的核心,与 SQL Server 实例通信的所有应用程序都是通过将 T-SQL 语句发送到服务器运行(不考虑应用程序的用户界面)来实现使用 SQL Server 及其数据的,认真学习好 T-SQL 是深入掌握 SQL Server 的必经之路。

利用 T-SQL 操作 SQL Server 及其数据的各种应用程序有①通用办公效率应用程序;②使用图形用户界面(GUI)的应用程序,使用户得以选择包含要查看的数据表和列;③使用通用语言语句确定用户要查看数据的应用程序;④将其数据存储于 SQL Server 数据库中的商业应用程序,这种应用程序可以包括供应商编写的应用程序和内部编写的应用程序;⑤使用 sqlcmd 之类的实用工具运行的 T-SQL 脚本;⑥使用 Visual C++ 或 Visual J++(使用 ADO、OLE DB 以及 ODBC 等数据库 API)之类的开发系统创建的应用程序;⑦从 SQL Server 数据库提取数据的网页;⑧分布式数据库系统,通过此系统将 SQL Server 中的数据复制到各个数据库或执行分布式查询;⑨数据仓库,从联机事务处理(OLTP)系统中提取数据,以及对数据汇总以进行决策支持分析,均可在此数据仓库中进行。

构成 T-SQL 的主要内容包括标识符、数据类型、函数、表达式、表达式中的运算符、注释、保留关键字等。下面具体介绍 T-SQL 语言。

1. 语法约定

表 7.1 列出了 T-SQL 参考的语法关系图中使用的约定及说明。

表 7.1   T-SQL 参考的语法约定

约　　定	用　　于
UPPERCASE(大写)	T-SQL 关键字
Italic	用户提供的 T-SQL 语法的参数
bold(粗体)	数据库名、表名、列名、索引名、存储过程、实用工具、数据类型名以及必须按所显示的原样输入的文本
下划线	指示当语句中省略了包含带下划线的值的子句时应用的默认值
|(竖线)	分隔括号或大括号中的语法项。只能选择其中一项
[ ](方括号)	可选语法项。不要输入方括号
{}(大括号)	必选语法项。不要输入大括号
[,...n]	指示前面的项可以重复 n 次。每一项由逗号分隔
[...n]	指示前面的项可以重复 n 次。每一项由空格分隔
[;]	可选的 T-SQL 语句终止符。不要输入方括号
\<label\>::=	语法块的名称。此约定用于对可在语句中的多个位置使用的过长语法段或语法单元进行分组和标记。可使用的语法块的每个位置由括在尖括号内的标签指示：\<label\>

2. 多部分名称

除非另外指定，否则，所有对数据库对象名的 T-SQL 引用都可以是由四部分组成的名称，格式如下：

```
[server_name.[database_name].[schema_name].|
database_name.[schema_name].| schema_name.]object_name
```

其中，server_name：指定链接的服务器名称或远程服务器名称；database_name：如果对象驻留在 SQL Server 的本地实例中，则指定 SQL Server 数据库的名称，如果对象在链接服务器中，则 database_name 将指定 OLE DB 目录；schema_name：如果对象在 SQL Server 数据库中，则指定包含对象的架构的名称，如果对象在链接服务器中，则 schema_name 将指定 OLE DB 架构名称；object_name：对象的名称。

在引用某个特定对象时，明确标识对象为主，而不必总是指定服务器、数据库和架构供 SQL Server 2005 Database Engine 标识该对象。

若要省略中间节点，则应使用句点来指示这些位置。表 7.2 列出了对象名的有效格式。

提示与技巧：SQL Server 2000 中一个对象的完整名称也包括四个标识符：服务器名称、数据库名称、所有者名称和对象名称。其格式如下：

```
[[[server.][database].][owner_name.]object_name
```

比较可知 SQL Server 2005 使用对象的架构名称替代了对象的所有者名称，由此带来的好处请读者参阅系统的帮助信息。

表 7.2　对象名的有效格式

对象引用格式	说　明
Server. database. schema. object	四个部分的名称
Server. database. . object	省略架构名称
Server. . schema. object	省略数据库名称
Server. . . object	省略数据库和架构名称
database. schema. object	省略服务器名称
database. . object	省略服务器和架构名称
Schema. object	省略服务器和数据库名称
Object	省略服务器、数据库和架构名称

3. 代码示例约定

除非专门说明，否则，在 T-SQL 参考中提供的示例都已使用 Management Studio 及其以下选项的默认设置进行了测试：ANSI_NULLS、ANSI_NULL_DFLT_ON、ANSI_PADDING、ANSI _ WARNINGS、CONCAT _ NULL _ YIELDS _ NULL、QUOTED _ IDENTIFIER。

T-SQL 参考中的大多数代码示例都已在运行区分大小写排序顺序的服务器上进行了测试。测试服务器通常运行 ANSI/ISO 1252 代码页。

许多代码示例都用字母 N 作为 Unicode 字符串常量的前缀。如果没有 N 前级，则字符串被转换为数据库的默认代码页。此默认代码页可能不识别某些字符。

提示与技巧：许多代码示例使用分号(;)作为 T-SQL 语句终止符。虽然分号不是必需的，但使用它是一种很好的习惯。

7.2.2　Transact-SQL 的新增功能和增强功能

SQL Server 2005 扩展并增强 T-SQL 语法以支持新增功能和特性。本 SQL Server 版本中提供的 T-SQL 增强功能分为以下几类：①示例数据库增强功能；②T-SQL 数据类型；③数据库控制台命令(DBCC)语句；④数据定义语言语句；⑤数据操作语言语句；⑥元数据；⑦复制系统存储过程；⑧其他语句。具体介绍如下。

1. 示例数据库增强功能

SQL Server 2005 引入了新的示例数据库。T-SQL 引用主题的示例中使用了 AdventureWorks OLTP 数据库。数据库架构旨在展示 SQL Server 2005 功能。

Adventure Works Cycles、AdventureWorks 示例数据库所基于的虚构公司，是一家大型跨国生产公司。公司生产金属和复合材料的自行车，产品远销北美、欧洲和亚洲市场。公司总部设在华盛顿州的伯瑟尔市,拥有 299 名雇员,而且拥有多个活跃在世界各地的地区性销售团队。也可以下载 SQL Server 的早期版本中使用的 pubs 和 Northwind 数据库。

2. T-SQL 数据类型

SQL Server 2005 引入了新的数据类型,并增强了若干个现有的 SQL Server 数据类型。新的数据类型为 xml,用来存储 XML 数据;增强的数据类型包括①varchar(max)指示 varchar 数据类型的最大存储大小为 $2^{31}-1$ 字节;②nvarchar(max)指示 nvarchar 数据类型的最大存储大小为 $2^{31}-1$ 字节;③varbinary(max)指示 varbinary 数据类型的最大存储大小为 $2^{30}-1$ 字节。

3. 数据操作语言语句

① SQL Server 2005 提供全新的增强查询语法元素,可实现更强大的数据访问和处理。新增的 DML(数据操作语言)子句和选项如表 7.3 所示。

表 7.3　新增的 DML 子句和选项

子句或选项	说　明
OUTPUT 子句	将插入的行、更新的行或删除的行作为 INSERT、UPDATE 或 DELETE 语句的一部分返回调用应用程序
WITH common_table_expression	指定在 SELECT、INSERT、UPDATE 或 DELETE 语句作用域内定义的临时命名结果集或视图
WRITE 子句	在 UPDATE 语句中追加 varchar(max)、nvarchar(max)和 varbinary(max)数据类型列,可以进行部分更新和提高性能

② 增强的 DML 语句或子句。

4. Metadata

SQL Server 2005 在用户可以访问系统元数据(Metadata)信息的方式上做了重大更改。

① 目录视图:目录视图现在是可访问系统目录元数据的全新关系型界面。通过这些视图可以访问服务器上各数据库中存储的元数据。

② 动态管理视图:动态管理视图包含代表正在进行的服务器活动、动态更改的状态和诊断信息的非持久性元数据。通常,动态管理视图提供服务器内部内存结构的时点快照。由于动态管理视图显示动态更改的数据,因此不能保证读取的一致性。

③ 信息架构视图:包含格式为 xxx_SCHEMA 的列的信息架构视图现在返回架构名称。在 SQL Server 的早期版本中,此类信息架构视图用于返回用户名。

④ 系统表:在 SQL Server 2005 中,SQL Server 早期版本中的数据库引擎系统表已实现为只读视图以便向后兼容。不能直接使用系统表中的数据。

⑤ 复制系统表:许多现有复制系统表已经更新,可支持新的复制功能。

5. 其他语句

SQL Server 2005 提供了一些新的和增强的语句和命令。这些语句和命令可用于管理数据库和处理错误。典型的如①TRY…CATCH：用于处理事务终止错误；②EXECUTE AS：设置会话或用户定义模块（如存储过程、触发器、队列或用户定义功能）的执行上下文。

7.2.3 运算符

运算符是一种符号，用来指定要在一个或多个表达式中执行的操作。SQL Server 2005 所使用的运算符类别有算术运算符、逻辑运算符、赋值运算符、字符串串联运算符、按位运算符、一元运算符和比较运算符。

1. 算术运算符

算术运算符用于对两个表达式执行数学运算，这两个表达式可以是数值数据类型类别的一个或多个数据类型。算术运算符有＋（加）、－（减）、*（乘）、/（除）、%（取模）。

%（取模）：返回一个除法运算的整数余数。例如，12%5＝2，这是因为 12 除以 5，余数为 2。加（＋）和减（－）运算符也可用于对 datetime 和 smalldatetime 值执行算术运算。

```
SELECT getdate(),getdate()-10,cast((getdate()-cast('2006-01-18' as datetime)) as
int),cast((getdate()-('2006-01-18')) as int)
```
                              ――查询当前日期、10 天前日期、日期间隔天数等

2. 逻辑运算符

逻辑运算符用于对某些条件进行测试，以获得其真实情况。逻辑运算符和比较运算符一样，返回带有 TRUE 或 FALSE 值的 Boolean 数据类型，如表 7.4 所示。其使用详见相应章节。

表 7.4 逻辑运算符

运 算 符	含 义
ALL	如果一组的比较都为 TRUE,那么就为 TRUE
AND 或 &&	如果两个布尔表达式都为 TRUE,那么就为 TRUE
ANY 或 SOME	如果一组的比较中任何一个为 TRUE,那么就为 TRUE
BETWEEN	如果操作数在某个范围之内,那么就为 TRUE
EXISTS	如果子查询包含一些行,那么就为 TRUE
IN	如果操作数等于表达式列表中的一个,那么就为 TRUE
LIKE	如果操作数与一种模式相匹配,那么就为 TRUE
NOT 或 !	对任何其他布尔运算符的值都取反
OR 或 ‖	如果两个布尔表达式中的一个为 TRUE,那么就为 TRUE

3. 赋值运算符

等号(＝)是唯一的 T-SQL 赋值运算符。在以下示例中,将创建一个@MyCounter变量,然后赋值运算符将@MyCounter 设置为表达式返回的值。

```
DECLARE @MyCounter INT; SET @MyCounter=10;
```

也可以使用赋值运算符在列标题和定义列值的表达式之间建立关系。以下示例显示列标题 FirstColHeading 和 SecondColHeading。在所有行的列标题 FirstColHeading 中均显示字符串 xyz。然后,在 SecondColHeading 列标题中列出来自 Product 表的每个产品 ID。

```
USE AdventureWorks;        --缺省时均认为使用 AdventureWorks 数据库
SELECT FirstColHeading= 'xyz',SecondColHeading= ProductID FROM Production.Product;
```

提示与技巧:“＝”是唯一的赋值运算符,它在条件表达式中是“等于”比较运算符。

4. 字符串串联运算符

加号(＋)是字符串串联运算符,可以用它将字符串串联起来。其他所有字符串操作都使用字符串函数(如 SUBSTRING)进行处理。

在默认情况下,对于 varchar 数据类型的数据,在 INSERT 或赋值语句中,空的字符串将被解释为空字符串。在串联 varchar、char 或 text 数据类型的数据时,空的字符串被解释为空字符串。例如,'abc'＋"＋'def'被存储为'abcdef'。但是,如果兼容级别设置为 65,则空常量将作为单个空白字符处理,'abc'＋"＋'def'将被存储为'abc def'。两字符串串联时,根据排序规则的优先级设置结果表达式的排序规则。

5. 位运算符

位运算符在两个表达式之间执行位操作,这两个表达式可以为整数数据类型类别中的任何数据类型,如表 7.5 所示。

表 7.5　位运算符

运算符	含　　义	运算符	含　　义
&(位与)	位与(两个操作数)	^(位异或)	位异或(两个操作数)
|(位或)	位或(两个操作数)		

位运算符的操作数可以是整数或二进制字符串数据类型类别中的任何数据类型(image 数据类型除外),但两个操作数不能同时是二进制字符串数据类型类别中的某种数据类型。表 7.6 列出了所支持的操作数数据类型。

例如,SELECT 12 & 7,12 | 7,12 ^ 7,其查询结果为 4、15、11。

表 7.6　位运算符的操作数要求

左操作数	右 操 作 数	左操作数	右 操 作 数
binary	int、smallint 或 tinyint	smallint	int、smallint、tinyint、binary 或 varbinary
bit	int、smallint、tinyint 或 bit	tinyint	int、smallint、tinyint、binary 或 varbinary
int	int、smallint、tinyint、binary 或 varbinary	varbinary	int、smallint 或 tinyint

6. 一元运算符

一元运算符只对一个表达式执行操作,该表达式可以是 numeric 数据类型类别中的任何一种数据类型。具体为＋(正):数值为正;－(负):数值为负;～(位非):返回数字的非。其中＋(正)和－(负)运算符可以用于 numeric 数据类型类别中任一数据类型的任意表达式。～(位非)运算符只能用于整数数据类型类别中任一数据类型的表达式。如:SELECT＋(－8),－(－8),～(－8),～8,其查询结果为:－8、8、7、－9。

～8 值的说明:$(8)_{10}=(0000000000001000)_2$,$(\sim8)_{10}=(1111111111110111)_2=(-9)_{10}$。

7. 比较运算符

比较运算符用于测试两个表达式是否相同。除了 text、ntext 或 image 数据类型的表达式外,比较运算符可以用于所有的表达式。T-SQL 比较运算符有＝(等于)、＞(大于)、＜(小于)、＞＝(大于等于)、＜＝(小于等于)、＜＞(不等于)、!＝(不等于,非 SQL-92 标准)、!＜(不小于,非 SQL-92 标准)、!＞(不大于,非 SQL-92 标准)。

具有 Boolean 数据类型的比较运算符的结果,它有三个值:TRUE、FALSE 和 UNKNOWN。返回 Boolean 数据类型的表达式称为布尔表达式。

与其他 SQL Server 数据类型不同,Boolean 数据类型不能被指定为表列或变量的数据类型,也不能在结果集中返回。

当 SET ANSI_NULLS 为 ON 时,带有一个或两个 NULL 表达式的运算符返回 UNKNOWN。当 SET ANSI_NULLS 为 OFF 时,上述规则同样适用,但是两个表达式均为 NULL,则等号(＝)运算符返回 TRUE。例如,如果 SET ANSI_NULLS 为 OFF,则 NULL＝NULL,返回 TRUE。

在 WHERE 子句中使用数据类型为 Boolean 的表达式,可以筛选出符合搜索条件的行,也可以在流控制语言语句(如 IF 和 WHILE)中使用这种表达式。例如:

```
DECLARE @MyProduct int; SET @MyProduct=380;
IF (@MyProduct <>0) SELECT ProductID,Name,ProductNumber
        FROM Production.Product WHERE ProductID=@MyProduct
```

自己动手:在 SQL Server 集成管理器查询窗口中通过"SELECT 含运算符表达式"形式了解并熟悉各种运算符及其组合的使用情况,如 SELECT 180 * 3.14－100。

8. 运算符优先级和结合性

表达式计算器支持运算符集中的每个运算符在优先级层次结构中都有指定的优先级，并包含一个计算方向。运算符的计算方向就是运算符结合性。具有高优先级的运算符先于低优先级的运算符进行计算。如果复杂的表达式有多个运算符，则运算符优先级将确定执行操作的顺序。执行顺序可能对结果值有明显的影响。某些运算符具有相等的优先级。如果表达式包含多个具有相等的优先级的运算符，则按照从左到右或从右到左的方向进行运算。

表 7.7 按从高到低（从左到右）的顺序列出了运算符的优先级。同层运算符具有相同的优先级。

表 7.7　运算符的优先级与结合性

运　算　符	运算类型	结合性	运　算　符	运算类型	结合性
( )	表达式	从左到右	&	位与	从左到右
−, !, ~	一元	从右到左	^	位异或	从左到右
cast as	一元	从右到左	|	位或	从左到右
*, /, %	乘法性的	从左到右	&&	逻辑与	从左到右
+, −	加法性的	从左到右	||	逻辑或	从左到右
<, >, <=, >=	关系	从左到右	? :	条件表达式	从右到左
==, !=	等式	从左到右			

7.2.4　数据类型

在 SQL Server 2005 中，每个列、局部变量、表达式和参数都具有一个相关的数据类型。数据类型是一种属性，用于指定对象可保存的数据的类型：整数数据、字符数据、货币数据、日期和时间数据、二进制字符串等。

SQL Server 提供系统数据类型集，该类型集定义了可与 SQL Server 一起使用的所有数据类型。用户可以在 T-SQL 或 .NET Framework 中定义自己的数据类型。别名数据类型基于系统提供的数据类型。用户定义类型从使用 .NET Framework 支持的编程语言之一创建的类的方法和运算符中获取它们的特征。

当两个具有不同数据类型、排序规则、精度、小数位数或长度的表达式通过运算符进行组合时，结果的特征由以下规则确定：①结果的数据类型是通过将数据类型的优先顺序规则应用到输入表达式的数据类型来确定的；②当结果数据类型为 char、varchar、text、nchar、nvarchar 或 ntext 时，结果的排序规则由排序规则的优先顺序规则确定；③结果的精度、小数位数及长度取决于输入表达式的精度、小数位数及长度。

SQL Server 2005 提供了数据类型同义词以保持 SQL-92 兼容性。

SQL Server 2005 中的数据类型包括精确数字、Unicode 字符串、近似数字、二进制字符串、日期和时间、其他数据类型、字符串。

精确数字：bigint、decimal、int、numeric、smallint、money、tinyint、smallmoney、bit。

近似数字：float、real。

日期和时间：datetime、smalldatetime。

字符串1：char、text、varchar、Unicode。

字符串2：nchar、ntext、nvarchar。

二进制字符串：binary、image、varbinary。

其他数据类型：cursor、timestamp、sql_variant、uniqueidentifier、table、xml。

在 SQL Server 2005 中，根据其存储特征，某些数据类型被指定为属于下列各组：①大值数据类型：varchar(max)、nvarchar(max)和 varbinary(max)；②大型对象数据类型：text、ntext、image、varchar(max)、nvarchar(max)、varbinary(max)和 xml。

1. 数据类型优先级

当两个不同数据类型的表达式用运算符组合后，数据类型优先级规则指定将优先级较低的数据类型转换为优先级较高的数据类型。如果此转换不是所支持的隐式转换，则返回错误。当两个操作数表达式具有相同的数据类型时，运算的结果便为该数据类型。

SQL Server 2005 对数据类型使用以下优先级顺序：用户定义数据类型(最高)→sql_variant→xml→datetime→smalldatetime→float→real→decimal→money→smallmoney→bigint→int→smallint→tinyint→bit→ntext→text→image→timestamp→uniqueidentifier→nvarchar→nchar→varchar→char→varbinary→binary(最低)。

2. 数据类型转换

可以按以下方案转换数据类型。

(1) 当一个对象的数据移到另一个对象，或两个对象之间的数据进行比较或组合时，数据可能需要从一个对象的数据类型转换为另一个对象的数据类型。

(2) 将 T-SQL 结果列、返回代码或输出参数中的数据移到某个程序变量时，必须将这些数据从 SQL Server 2005 系统数据类型转换成该变量的数据类型。

(3) 可以隐式或显式转换数据类型：①隐式转换：SQL Server 会自动将数据从一种数据类型转换为另一种数据类型。例如，当将 smallint 与 int 进行比较时，在比较之前 smallint 会被隐式转换为 int；②显式转换：使用 CAST 或 CONVERT 函数来实现类型的显式转换。

CAST 和 CONVERT 函数可将值(局部变量、列或其他表达式)从一种数据类型转换为另一种数据类型。例如，以下 CAST 函数可将数值 $157.27 转换为字符串'157.27'。

```
CAST($157.27 AS VARCHAR(10))
```

如果希望 T-SQL 程序代码符合 SQL-92 标准，则应使用 CAST 而不要使用 CONVERT。如果要利用 CONVERT 中的样式功能，则应使用 CONVERT 而不要使用 CAST。

　　从一个 SQL Server 对象的数据类型转换为另一种数据类型时,某些隐式和显式数据类型转换不受支持。例如,nchar 值无法被转换为 image 值。nchar 只能显式转换为 binary,而不支持隐式转换为 binary。但是,nchar 既可以显式也可以隐式转换为 nvarchar。

　　在处理 sql_variant 数据类型时,SQL Server 支持将其他数据类型的对象隐式转换为 sql_variant 类型。但是,SQL Server 不支持从 sql_variant 数据隐式转换为其他数据类型的对象。在应用程序变量与 SQL Server 结果集列、返回代码、参数或参数标记之间进行转换时,支持的数据类型转换由数据库 API 定义。

7.2.5　函数

　　SQL Server 2005 提供了许多内置函数,同时也允许用户创建用户定义函数。

　　表 7.8 为函数类型分类表。其中最常用的标量函数有配置函数、游标函数、日期和时间函数、数学函数、元数据函数、安全函数、字符串函数、系统函数、系统统计函数、文本和图像函数十类。

表 7.8　函数分类表

函　　数	说　　明
行集函数	返回可在 SQL 语句中像表引用一样使用的对象
聚合函数	对一组值进行运算,但返回一个汇总值
排名函数	对分区中的每一行均返回一个排名值
标量函数	对单一值进行运算,然后返回单一值。只要表达式有效,即可使用标量函数

- 函数确定性:SQL Server 内置函数可以是确定的或不确定的。如果任何时候用一组特定的输入值调用内置函数,返回的结果都是相同的,则这些内置函数为确定的。如果每次调用内置函数时,即使用的是同一组特定输入值,也都返回不同的结果,则这些内置函数为不确定的。
- 函数排序规则:使用字符串输入并返回字符串输出的函数,对输出使用输入字符串的排序规则。使用非字符输入并返回字符串的函数,对输出使用当前数据库的默认排序规则。使用多个字符串输入并返回字符串的函数,使用排序规则的优先顺序规则设置输出字符串的排序规则。

1. 系统函数

　　下列函数用于对 SQL Server 2005 中的值、对象和设置进行操作并返回有关信息。它们是 APP_NAME、CASE 表达式、CAST 和 CONVERT、COALESCE、CURRENT_TIMESTAMP、CURRENT_USER、DATALENGTH、@@ERROR、ERROR_LINE、ERROR_MESSAGE、ERROR_NUMBER、ERROR_PROCEDURE、ERROR_SEVERITY、ERROR_STATE、fn_helpcollations、HOST_ID、HOST_NAME、@@IDENTITY、ISDATE、ISNULL、ISNUMERIC、NEWID、PARSENAME、@@ROWCOUNT、SERVERPROPERTY、SESSIONPROPERTY、SESSION_USER、SYSTEM_USER、USER_NAME 等。函数的

简单介绍如下。

(1) APP_NAME：返回当前会话的应用程序名称（如果应用程序进行了设置），如：

```
SELECT APP_NAME()
```

(2) CASE 表达式：计算条件列表并返回多个可能的结果表达式之一（请参阅 CASE 语句）。

(3) CAST 和 CONVERT：将一种数据类型的表达式显式转换为另一种数据类型的表达式。

(4) COALESCE：返回其参数中的第一个非空表达式，语法为：

```
COALESCE(expression[,...n])
```

此示例中有一个员工年薪信息表，包括三个列，hourly_wage、salary 和 commission。但一个员工只能接收一种报酬类型。若要确定支付给所有员工的工资总额，可以使用 COALESCE 函数，以便只接收 hourly_wage、salary 和 commission 三个列中的非空值。

```
SELECT CONVERT(money, COALESCE(hourly_wage * 40 * 52, salary,
commission * num_sales)) AS "Total Salary" FROM wages
```

(5) CURRENT_TIMESTAMP：返回当前的日期和时间。此函数等价于 GETDATE。使用 CURRENT_TIMESTAMP 返回当前的日期和时间的示例如下。

例 7.1　本例返回 CURRENT_TIMESTAMP 的值和一个文本说明。

```
SELECT 'The current time is: '+CONVERT(char(30),CURRENT_TIMESTAMP)
```

(6) CURRENT_USER：返回当前用户的名称。此函数等价于 USER_NAME()。语法：

```
CURRENT_USER
```

以下示例返回当前用户的名称。

```
SELECT CURRENT_USER;
```

CURRENT_USER 可作为 DEFAULT 约束使用。

(7) DATALENGTH：返回用于表示任何表达式的字节数。语法为：

```
DATALENGTH (expression)
```

以下示例查找 Product 表中的 Name 列的长度。

```
USE AdventureWorks;    --缺省时均认为使用 AdventureWorks 数据库
SELECT length=DATALENGTH(Name),Name FROM Production.Product ORDER BY Name;
```

(8) @@ERROR：返回执行的上一个 T-SQL 语句的错误号。语法：用@@ERROR 检测一个特定错误。

例 7.2　本例用@@ERROR 在 UPDATE 语句中检测约束检查冲突(错误♯547)。

```
UPDATE HumanResources.Employee SET VacationHours=241 WHERE NationalIDNumber=
509647174;
IF @@ERROR=547 PRINT N'发生了 check 约束冲突.';
```

(9) ERROR_LINE：返回发生错误的行号,该错误导致运行 TRY…CATCH 构造的 CATCH 块。

ERROR_MESSAGE：返回导致 TRY…CATCH 构造的 CATCH 块运行的错误的消息文本。

ERROR_NUMBER：返回错误的错误号,该错误会导致运行 TRY…CATCH 结构的 CATCH 块。

ERROR_PROCEDURE：返回在其中出现了导致 TRY…CATCH 构造的 CATCH 块运行的错误的存储过程或触发器的名称。

ERROR_SEVERITY：返回导致 TRY…CATCH 构造的 CATCH 块运行的错误的严重级别。

ERROR_STATE：返回导致 TRY…CATCH 构造的 CATCH 块运行的错误状态号。

例 7.3　本例的代码显示一个生成被零除错误的 SELECT 语句。错误的相关信息与发生错误的行号一同返回。

```
BEGIN TRY
    SELECT 2/0;              --产生除以零的错误
END TRY
BEGIN CATCH
    SELECT ERROR_NUMBER() AS ErrorNumber,ERROR_SEVERITY() AS ErrorSeverity,
    ERROR_STATE() AS ErrorState,ERROR_PROCEDURE() AS ErrorProcedure,ERROR_LINE()
    AS ErrorLine,ERROR_MESSAGE() AS ErrorMessage;
END CATCH;
```

(10) fn_helpcollations：返回 SQL Server 2005 支持的所有排序规则的列表。语法：

```
fn_helpcollations()
```

例 7.4　本例返回以 Chinese_PRC_CS 开头的所有排序规则记录。

```
SELECT * FROM fn_helpcollations() WHERE name like 'Chinese_PRC_CS%'
```

(11) HOST_ID：返回工作站标识号,语法为：

```
HOST_ID()
```

(12) HOST_NAME：返回工作站名。
语法为：

```
HOST_NAME()
```

返回工作站标识号与工作站名称,例如：

```
SELECT HOST_ID(),HOST_NAME()
```

（13）@@IDENTITY：返回最后插入的标识值的系统函数。

```
INSERT INTO Production.Location (Name, CostRate, Availability, ModifiedDate)
VALUES ('Damaged Goods', 5, 2.5, GETDATE());
SELECT @@IDENTITY AS 'Identity';
SELECT MAX(LocationID) FROM Production.Location;
```

（14）ISDATE：确定输入表达式是否为有效日期。语法为：

```
ISDATE(expression)
```

如果输入表达式是有效日期，那么 ISDATE 返回 1；否则，返回 0。

例 7.5　本例检查@datestr 局部变量是否为有效的日期数据。

```
DECLARE @datestr varchar(8); SET @datestr='2007-01-28'
SELECT ISDATE(@datestr)          --请问返回是 0,还是 1 呢?
```

（15）ISNULL：使用指定的替换值替换 NULL。
语法为：

```
ISNULL(check_expression,replacement_value)
```

例 7.6　本例选择 AdventureWorks 中所有特价产品的说明、折扣百分比、最小量和最大量。如果某个特殊特价产品的最大量为 NULL，则结果集中显示的 MaxQty 为 0.00。

```
SELECT Description,DiscountPct,MinQty,ISNULL(MaxQty,0.00) AS 'Max Quantity'
FROM Sales.SpecialOffer;
```

（16）ISNUMERIC：确定表达式是否为有效的数值类型。
语法为：

```
ISNUMERIC(expression)
```

如果输入表达式的计算值为有效的整数、浮点数、money 或 decimal 类型时，ISNUMERIC 返回 1；否则返回 0。返回值为 1 时，指示可将 expression 至少转换为上述数值类型中的一种。

例 7.7　本例使用 ISNUMERIC 返回所有只由数字组成的邮政编码及相应城市。

```
SELECT City,PostalCode FROM Person.Address WHERE ISNUMERIC(PostalCode)=1;
```

（17）NEWID：创建 uniqueidentifier 类型的唯一值。
语法为：

```
NEWID()
```

返回类型为 uniqueidentifier。

例 7.8　本例使用 NEWID()对声明为 uniqueidentifier 数据类型的变量赋值。在测试 uniqueidentifier 数据类型变量的值之前，先输出该值。

```
DECLARE @myid uniqueidentifier            --创建局部变量
SET @myid=NEWID(); PRINT '@myid 的值是: '+CONVERT(varchar(255),@myid)
```

（18）PARSENAME：返回对象名称的指定部分。可以检索的对象部分有对象名、所有者名称、数据库名称和服务器名称。PARSENAME 函数不指示指定名称的对象是否存在。PARSENAME 仅返回指定对象名称的指定部分。语法为：

```
PARSENAME('object_name',object_piece)
```

返回类型为 nchar。

object_name：要检索其指定部分的对象的名称，object_name 的数据类型为 sysname。此参数是可选的限定对象名称。如果对象名称的所有部分都是限定的，则此名称可包含四部分：服务器名称、数据库名称、架构名称以及对象名称。

object_piece：要返回的对象部分。object_piece 的数据类型为 int 值，可以为下列值：1＝对象名称；2＝架构名称；3＝数据库名称；4＝服务器名称。

例 7.9　本例使用 PARSENAME 返回有关 AdventureWorks 数据库中 Product 表的信息。

```
SELECT PARSENAME('AdventureWorks..Product',1) AS 'Object Name';
SELECT PARSENAME('AdventureWorks..Product',2) AS 'Schema Name';
SELECT PARSENAME('AdventureWorks..Product',3) AS 'Database Name;'
SELECT PARSENAME('AdventureWorks..Product',4) AS 'Server Name';
```

（19）@@ROWCOUNT：返回受上一语句影响的行数。语法为：

```
@@ROWCOUNT
```

例 7.10　本例执行 UPDATE 语句并使用@@ROWCOUNT 来检测是否更改了任何一些行。

```
UPDATE HumanResources.Employee SET Title=N'Exec' WHERE NationalIDNumber=987654321
IF @@ROWCOUNT=0 PRINT '警告: 没有行被修改';
```

（20）SERVERPROPERTY：返回有关服务器实例的属性信息。

语法为：

```
SERVERPROPERTY(propertyname)
```

以下示例在 SELECT 语句中使用 SERVERPROPERTY 函数返回有关当前服务器的信息。如果 Windows 服务器安装了多个 SQL Server 实例，而且客户端必须打开另一个到当前连接所使用的同一实例连接，则此方案很有用。

```
SELECT CONVERT(char(20),SERVERPROPERTY('servername'));
```

（21）SESSIONPROPERTY：返回会话的 SET 选项设置。语法为：

```
SESSIONPROPERTY(option)
```

例 7.11　本例返回 CONCAT_NULL_YIELDS_NULL 选项的设置。

```
SELECT SESSIONPROPERTY('CONCAT_NULL_YIELDS_NULL')
```

（22）SESSION_USER：返回当前数据库中当前上下文的用户名。语法为：

```
SESSION_USER
```

例 7.12　本例将变量声明为 nchar，然后将当前值 SESSION_USER 分配给该变量，再与文本说明一起打印此变量。

```
DECLARE @session_usr nchar(30); SET @session_usr=SESSION_USER;
SELECT '本会话的当前用户是:'+@session_usr;
```

（23）SYSTEM_USER：返回当前系统用户名。语法为：

```
SYSTEM_USER
```

例 7.13　本例声明变量 char，在该变量中存储 SYSTEM_USER 的当前值，然后打印该变量中存储的值。

```
DECLARE @sys_usr char(30); SET @sys_usr=SYSTEM_USER;
SELECT '当前系统用户是:'+@sys_usr;
```

（24）USER_NAME：基于指定的标识号返回数据库用户名。语法为：

```
USER_NAME([id])
```

例 7.14　本例在不指定 ID 的情况下查找当前用户的名称。

```
SELECT USER_NAME();
```

例 7.15　本例在 sysusers 中查找行，该行的名称与将系统函数 USER_NAME 应用于用户标识号 1 的结果相同。

```
SELECT name FROM sysusers WHERE name=USER_NAME(1);
```

2. 统计函数

在 SQL Server 2005 中的统计函数如下。

（1）STDEV(expression)：STDEV 函数返回给定表达式中所有值的统计标准偏差。

（2）STDEVP(expression)：STDEVP 函数返回给定表达式中所有值的填充统计标准偏差。

（3）VAR(expression)：VAR 函数返回给定表达式中所有值的统计方差。

（4）VARP(expression)：VARP 函数返回给定表达式中所有值的填充的统计方差。

3. 算术函数

算术函数（如 ABS、CEILING、DEGREES、FLOOR、POWER、RADIANS 和 SIGN）返回与输入值相同数据类型的值。三角函数和其他函数（包括 EXP、LOG、LOG10、SQUARE 和 SQRT）将输入值投影到 float 并返回 float 值。

除了 RAND 外,所有数学函数都是确定性函数。每次用一组特定输入值调用它们时,所返回的结果都相同。仅当指定种子参数时,RAND 才具有确定性。

例:请执行命令:

```
SELECT ABS(-10),sin(pi()/4),asin(1.0),exp(1.0),log(exp(1.0)),pi(),LOG10(10),
sqrt(SQUARE(3)),rand()          --查看执行结果,了解各函数功能
```

4. 字符串函数

字符串函数用于对字符和二进制字符串进行各种操作,它们返回对字符数据进行操作后得到的值。字符串函数的函数名包括 ASCII、NCHAR、SOUNDEX、CHAR、PATINDEX、SPACE、CHARINDEX、QUOTENAME、STR、DIFFERENCE、REPLACE、STUFF、LEFT、REPLICATE、SUBSTRING、LEN、REVERSE、UNICODE、LOWER、RIGHT、UPPER、LTRIM、RTRIM。

(1) ASCII(character_expression)函数:ASCII 函数返回字符表达式最左端字符的 ASCII 代码值。

(2) CHAR(integer_expression)函数:CHAR 函数将 int ASCII 代码转换为字符的字符串函数。

(3) CHARINDEX 函数:CHARINDEX 函数返回字符串中指定表达式的起始位置。其语法如下:

```
CHARINDEX(expression1,expression2[,start_location])
```

(4) DIFFERENCE(character_expression,character_expression)函数:DIFFERENCE 函数以整数返回两个字符表达式的 SOUNDEX 值之差。

(5) LOWER(character_expression)函数:LOWER 函数将大写字符数据转换为小写字符数据后返回字符表达式。

(6) STR 函数:STR 函数将数字数据转换为字符数据。其语法格式如下:

```
STR(float_expression [,length [,decimal]])
```

(7) LTRIM (character_expression)函数:LTRIM 函数删除起始空格后返回字符表达式。

(8) LEFT 函数:LEFT 函数返回从字符串左边开始指定个数的字符。其语法格式如下:

```
LEFT (character_expression , integer_expression)
```

(9) LEN(string_expression)函数:返回指定字符串表达式的字符(而不是字节)数,其中不包含尾随空格。

(10) NCHAR:根据 Unicode 标准的定义,返回具有指定的整数代码的 Unicode 字符。语法为:

```
NCHAR(integer_expression)
```

参数 integer_expression 是介于 0 与 65535 之间的正整数。如果指定了超出此范围的值,将返回 NULL。返回类型为 nchar(1)。

例 7.16　本例使用 UNICODE 和 NCHAR 函数打印 København 字符串中第二个字符的 UNICODE 值和 NCHAR(Unicode 字符),并打印实际的第二个字符。

```
DECLARE @nstring nchar(8); SET @nstr=N'København'
SELECT UNICODE(SUBSTRING(@nstr,2,1)),NCHAR(UNICODE(SUBSTRING(@nstr,2,1)))
```

(11) PATINDEX 函数：PATINDEX 函数返回指定表达式中某模式第一次出现的起始位置;如果在全部有效的文本和字符数据类型中没有找到该模式,则返回零。

其语法格式如下：

```
PATINDEX('%pattern%',expression)
```

(12) QUOTENAME 函数：QUOTENAME 函数返回带有分隔符的 Unicode 字符串,分隔符的加入可使输入的字符串成为有效的分隔标识符。

其语法格式如下：

```
QUOTENAME('character_string'[,'quote_character'])
```

(13) RIGHT 函数：RIGHT 函数返回字符串中从右边开始指定个数的 integer_expression 字符。

其语法格式如下：

```
RIGHT(character_expression,integer_expression)
```

(14) REPLACE 函数：REPLACE 函数代表用第三个表达式替换第一个字符串表达式中出现的所有第二个给定字符串表达式。其语法格式如下：

```
REPLACE('string_expression1', 'string_expression2','string_expression3')
```

(15) REPLICATE 函数：REPLICATE 函数以指定的次数重复字符表达式。

其语法格式如下：

```
REPLICATE(character_expression,integer_expression)
```

(16) REVERSE(character_expression)函数：返回字符表达式的逆向表达式。

(17) RTRIM(character_expression)函数：截断所有尾随空格后返回一个字符串。

(18) SOUNDEX 函数：SOUNDEX 函数返回由四个字符组成的代码(SOUNDEX)以评估两个字符串的相似性。其语法格式如下：

```
SOUNDEX(character_expression)
```

(19) SPACE(integer_expression)函数：SPACE 函数返回由重复的空格组成的字符串。

(20) STUFF 函数：STUFF 函数用于删除指定长度的字符并在指定的起始点插入另一组字符。其语法格式如下：

```
STUFF(character_expression,start,length, character_expression)
```

(21) SUBSTRING 函数：返回字符表达式、二进制表达式、文本表达式或图像表达式的一部分。语法为：

```
SUBSTRING(expression,start,length)
```

(22) UNICODE 函数：按照 Unicode 标准的定义，返回输入表达式的第一个字符的整数值。语法为：

```
UNICODE('ncharacter_expression')
```

(23) UPPER(character_expression)函数：返回小写字符数据转换为大写的字符表达式。

5. 数据类型转换函数

在一般情况下，SQL Server 会自动完成数据类型的转换，例如，可以直接将字符数据类型或表达式与 DATATIME 数据类型或表达式比较；当表达式中用了 INTEGER、SMALLINT 或 TINYINT 时，SQL Server 也可将 INTEGER 数据类型或表达式转换为 SMALLINT 数据类型或表达式，这种转换称为隐式转换。如果不能确定 SQL Server 是否能完成隐式转换或者使用了不能隐式转换的其他数据类型，那么需要使用数据类型转换函数做显式转换了。此类函数有两种：

(1) CAST 函数：CAST 的语法格式如下：

```
CAST (expression AS data_type)
```

(2) CONVERT 函数：CONVERT 的语法格式如下：

```
CONVERT(data_type[(length)], expression[,style])
```

data_type 为 SQL Server 系统定义的数据类型，用户自定义的数据类型不能在此使用。Length 用于指定数据的长度，默认值为 30。把 CHAR、VARCHAR 类型转换为诸如 INT 或 SAMLLINT 这样的 INTERGER 类型，结果必须是带正号（＋）或负号（－）的数值。TEXT 类型到 CHAR 或 VARCHAR 类型的转换最多为 8000 个字符，即 CHAR 或 VARCHAR 数据类型的最大长度。IMAGE 类型存储的数据转换到 BINARY 或 VARBINARY 类型，最多为 8000 个字符。把整数值转换为 MONEY 或 SMALLMONEY 类型，按定义的国家的货币单位来处理，如人民币、美元、英镑等。BIT 类型的转换把非零值转换为 1，并仍以 BIT 类型存储。如果转换到不同长度的数据类型，会截断转换值并在转换值后显示"＋"，以标识发生了这种截断。

用 CONVERT 函数的 style 选项能以不同的格式显示日期和时间。style 是将 DATATIME 和 SMALLDATETIME 数据转换为字符串时所选用的由 SQL Server 系统提供的转换样式编号，不同的样式编号有不同的格式输出（详细情况请查阅帮助）。

执行如下 SELECT 命令，体会不同日期格式形式。

```
SELECT convert(varchar(10),getdate(),101)/*美国*/,
convert(varchar(10),getdate(),102)/*ANSI*/,convert(varchar(10),getdate(),110)
```

/*美国*/,convert(varchar(10),getdate(),120)/*ODBC*/,convert(varchar(10),

getdate(),3)/*英国/法国*/

--显示的日期格式形如: 08/30/2010　2010.08.30　08-30-2010　2010-08-30　30/08/10

6. 日期函数

日期函数用来操作 DATETIME 和 SMALLDATETIME 类型的数据执行算术运算。与其他函数一样,日期函数也可以在 SELECT 语句的 SELECT 和 WHERE 子句以及表达式中使用日期函数。其使用方法如下:日期函数(参数)。其中,参数的个数随函数的不同而不同。

(1) DAY 函数:DAY 函数返回代表指定日期的天的日期部分的整数。

其语法格式如下:

DAY(date)

其返回类型为 int,此函数等价于:

DATEPART(dd,date)

例 7.17　此示例从日期 01/28/2007 中返回天数。

SELECT DAY('01/28/2007') AS '几号'

(2) MONTH 函数:MONTH 函数返回代表指定日期月份的整数。

其语法格式如下:

MONTH(date)

参数 date 表示 datetime 或 smalldatetime 值或日期格式字符串的表达式。仅对 1753 年 1 月 1 日后的日期使用 datetime 数据类型。此函数的返回类型为 int。MONTH 等价于:

DATEPART(mm,date)

例 7.18　下面的示例从日期 01/28/2007 中返回月份数。

SELECT "月份"=MONTH('01/28/2007')

(3) YEAR 函数:YEAR 函数返回表示指定日期中的年份的整数。

其语法格式如下:

YEAR(date)

参数 date 表示 datetime 或 smalldatetime 类型的表达式。其返回类型为 int。此函数等价于:

DATEPART(yy,date)

例 7.19　从日期 01/28/2007 中返回年份数。

```
SELECT "年份"=YEAR('01/28/2007')
```

（4）DATEADD 函数：DATEADD 函数表示在向指定日期加上一段时间的基础上，返回新的 datetime 值。其语法格式如下：

```
DATEADD(datepart,number,date)
```

其中，参数 datepart 用来规定应向日期的哪一部分增加新值。表 7.9 列出了 SQL Server 识别的日期部分和缩写。

表 7.9　日期函数中 datepart 参数的取值

日期部分	缩写	取值区段	日期部分	缩写	取值区段
Year	yy、yyyy	1753—9999 年份	Weekday	dw	1～7 周几
Quarter	qq、q	1～4 刻	Hour	hh	0～23 小时
Month	mm、m	1～12 月	Minute	mi、n	0～59 分钟
Dayofyear	dy、y	1～366 日	Second	ss、s	0～59 秒
Day	dd、d	1～31 日	millisecond	ms	0～999 毫秒
Week	wk、ww	1～54 周			

（5）DATEDIFF 函数：DATEDIFF 函数返回跨两个指定日期的日期和时间边界数。其语法格式如下：

```
DATEDIFF(datepart,startdate,enddate)
```

例 7.20　此示例确定在 pubs 数据库中标题发布日期和当前日期间的天数。

```
USE pubs;SELECT DATEDIFF(day,pubdate,getdate()) AS no_of_days FROM titles
```

（6）DATENAME 函数：DATENAME 函数返回代表指定日期的指定日期部分的字符串。

其语法格式如下：

```
DATENAME (datepart , date)
```

（7）DATEPART 函数：DATEPART 函数表示返回代表指定日期的指定日期部分的整数。

其语法格式如下：

```
DATEPART(datepart,date)
```

DATEPART 函数以整数值的形式返回日期的指定部分，此部分由 datepart 来指定。

DATEPART(dd,date)等同于 DAY(date)；

DATEPART(mm,date)等同于 MONTH(date)；

DATEPART(yy,date)等同于 YEAR(date)。

（8）GETDATE()函数：GETDATE 函数以 DATETIME 的默认格式返回系统当前

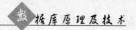

的日期和时间,它常用做其他函数或命令的参数。

(9) GETUTCDATE()函数:GETUTCDATE 函数返回表示当前的 UTC 时间(通用协调时间或格林尼治标准时间)的 datetime 值。当前的 UTC 时间得自当前的本地时间和运行 SQL Server 实例的计算机操作系统中的时区设置。

7. 用户自定义函数

从 SQL Server 2000 开始,用户可以自定义函数,在 SQL Server 2005 中,用户自定义函数作为一个数据库对象来管理,可以在 Management Studio 查询窗口中利用 T-SQL 命令来创建(CREATE FUNCTION),修改(ALTER FUNCTION)和删除(DROP FUNCTION)它。例如:

```
CREATE FUNCTION dbo.DaysBetweenDates(@D1 datetime,@D2 datetime) RETURNS INT
AS BEGIN RETURN  (SELECT cast((@d2-@d1) as int)) END              --定义
Go
SELECT dbo.DaysBetweenDates(getdate(),cast('2006-01-28' as datetime))    --使用
```

自己动手:掌握函数只有多实践,能查阅了解其参数个数、次序与类型,并利用 SELECT 命令针对不同参数值测试函数值来具体掌握各函数的使用。

7.2.6 Transact-SQL 变量

T-SQL 局部变量用来保存单个特定类型数据值的对象。批处理和脚本中的变量通常用于:①作为计数器计算循环执行的次数或控制循环执行的次数;②保存数据值以供控制流语句测试;③保存存储过程返回代码要返回的数据值或函数返回值。

某些 T-SQL 系统函数的名称以两个 at 符号(@@)开头。在 SQL Server 的早期版本中,@@functions 称为全局变量,在 SQL Server 2005 中不再这样认为。因为它们不具备变量的行为,它们的语法遵循函数的规则。为此@@functions 称为系统函数。当然,在使用@@functions 时,它们具有全局变量的某些特性。

局部变量是在批处理或过程的主体中用 DECLARE 语句声明的,并用 SET 或 SELECT 语句赋值。游标变量可使用此语句声明,并可用于其他与游标相关的语句。所有变量在声明后均初始化为 NULL。DECLARE @local_variable 的语法为:

```
DECLARE {{@local_variable [AS] data_type}|{@cursor_variable_name CURSOR}
        |{@table_variable_name <table_type_definition >}}[ ,...n]
<table_type_definition >::=TABLE ({<column_definition>|<table_constraint>}
[,...])
```

DECLARE 语句通过以下操作来初始化 T-SQL 变量:①指定名称。名称的第一个字符必须为一个@。②指定系统提供的或用户定义的数据类型和长度。对于数值变量还指定精度和小数位数。对于 XML 类型的变量,可以指定一个可选的架构集合。③将值设置为 NULL。

例 7.21 本例 DECLARE 语句使用 int 数据类型创建名为@mycounter 的局部

变量。

```
DECLARE @MyCounter int
```

若要声明多个局部变量,则在定义的第一个局部变量后使用一个逗号,然后指定下一个局部变量名称和数据类型。

例 7.22　本例 DECLARE 语句创建三个局部变量：@ last_name、@ fname 和 @state,并将每个变量初始化为 NULL。

```
DECLARE @LastName nvarchar(30), @FirstName nvarchar(20), @State nchar(2)
```

SET 或 SELECT 赋值语句的语法如下:

```
SELECT @局部变量=变量值
```

或

```
SET @局部变量=变量值
```

变量常用在批处理或过程中,作为 WHILE、LOOP 或 IF…ELSE 块的计数器。变量只能用在表达式中,不能代替对象名或关键字。若要构造动态 SQL 语句,请使用 EXECUTE。局部变量的作用域是其被声明时所在批处理。

例 7.23　本例脚本创建一个小的测试表并向其填充 26 行。脚本使用变量来执行下列三个操作：①通过控制循环执行的次数来控制插入的行数；②提供插入整数列的值；③作为表达式一部分生成插入字符列的字母的函数。

```
CREATE TABLE TestTb(cola int, colb char(3))              --创建表
DECLARE @MyCounter int; /*定义变量*/  SET @MyCounter=0  /*初始化变量*/
WHILE (@MyCounter<26)                                    --使用变量控制循环次数
BEGIN
    INSERT INTO TestTb VALUES
        (@MyCounter,CHAR((@MyCounter+ASCII('a'))))       --自动生成列值并插入行到表
    SET @MyCounter=@MyCounter+1                          --循环控制变量加 1
END
```

变量的作用域就是可以引用该变量的 T-SQL 语句的范围。变量的作用域从声明变量的地方开始到声明变量的批处理或存储过程的结尾。例如,下面的脚本存在语法错误,因为在一个批处理中引用了在另一个批处理中声明的变量。

```
USE AdventureWorks; DECLARE @MyVariable int; SET @MyVariable=1;
GO                                       --中断批处理,表示批处理结束
--@MyVariable已离开其批处理的作用域,为此使用它的 SELECT 语句将发生语法错误
SELECT * FROM HumanResources.Employee WHERE EmployeeID=@MyVariable;
```

变量具有局部作用域,只在定义它们的批处理或过程中可见。在下面的示例中,为执行 sp_executesql 创建的嵌套作用域不能访问在更高作用域中声明的变量,从而返回错误。

```
DECLARE @MyVariable int; SET @MyVariable=1;
EXECUTE sp_executesql N'SELECT @MyVariable'              --该命令产生一个错误
```

那么如何为 T-SQL 变量设置值呢？在第一次声明变量时，其值设置为 NULL。若要为变量赋值，请使用 SET 语句。这是为变量赋值的首选方法。也可以通过 SELECT 语句的选择列表中当前所引用值来为变量赋值。

若要通过使用 SET 语句为变量赋值，请包含变量名和需要赋给变量的值。这是为变量赋值的首选方法。例如，下面的批处理声明两个变量，为它们赋值并在 SELECT 语句的 WHERE 子句中予以使用。

```
USE Northwind
DECLARE @FirstNameVariable nvarchar(20),@RegionVariable nvarchar(30)
                                                        --定义两个变量
SET @FirstNameVariable=N'Anne'; SET @RegionVariable=N'WA'    --设置值
SELECT LastName,FirstName,Title FROM Employees
WHERE FirstName=@FirstNameVariable OR Region=@RegionVariable
                                                --在 WHERE 子句中使用变量
```

变量也可以通过选择列表中当前所引用的值赋值。如果在选择列表中引用变量，则它应当被赋以标量值或者 SELECT 语句应仅返回一行。例如：

```
USE Northwind; DECLARE @EmpIDVariable int
SELECT @EmpIDVariable=MAX(EmployeeID) FROM Employees
```

提示与技巧：如果在单个 SELECT 语句中有多个赋值子句，则 SQL Server 不保证表达式求值的顺序。只有当赋值之间有引用时才能看到影响。

如果 SELECT 语句返回多行而且变量引用一个非标量表达式，则变量被设置为结果集最后一行中表达式的返回值。例如，在此批处理中将 @EmpIDVariable 设置为返回的最后一行的 EmployeeID 值，此值为 1。

```
USE Northwind; DECLARE @EmpIDVariable int
SELECT @EmpIDVariable=EmployeeID FROM Employees ORDER BY EmployeeID DESC
SELECT @EmpIDVariable
```

自己动手：定义并使用局部变量与全局变量，体会变量的作用域。

7.2.7 表达式

对于符号和运算符的一种组合，SQL Server 2005 Database Engine 将处理该组合以获得单个数据值。简单表达式可以是一个常量、变量、列或标量函数。可以用运算符将两个或更多的简单表达式连接起来组成复杂表达式。语法为：

```
{constant|scalar_function|[alias.]column|local_variable|(expression)|
(scalar_subquery)|{unary_operator} expression | expression {binary_operator}
expression|ranking_windowed_function|aggregate_windowed_function}。 --语法说明略
```

如果没有支持的隐式或显式转换,则两个表达式将无法组合。

任何计算结果为字符串的表达式的排序规则都应遵循排序规则优先顺序规则。

在 C 或 Visual Basic 这类编程语言中,表达式的计算结果始终为单值结果。T-SQL 选择列表中的表达式按以下规则进行变体:结果集为结果集中的每一行分别计算表达式的结果。同一个表达式对结果集内的每一行可能会有不同的值,但该表达式在每一行的值是唯一的。

例 7.24　本例在 SELECT 语句中,对 ProductID 引用以及选择列表中的术语 1+2 都是表达式。

```
USE AdventureWorks; SELECT ProductID,1+2 FROM Production.Product;
```

结果集中的每个行的表达式 1+2 的计算结果都为 3。虽然表达式 ProductID 在结果集的每一行中产生一个唯一值,但每一行只有一个 ProductID 值。

表达式结果分为以下几种情况:①对于由单个常量、变量、标量函数或列名组成的简单表达式,其数据类型、排序规则、精度、小数位数和值就是它所引用的元素的数据类型、排序规则、精度、小数位数和值;②用比较运算符或逻辑运算符组合两个表达式时,生成的数据类型为 Boolean,并且值为下列类型之一:TRUE、FALSE 或 UNKNOWN;③用算术运算符、位运算符或字符串运算符组合两个表达式时,生成的数据类型取决于运算符;④由多个符号和运算符组成的复杂表达式的计算结果为单值结果。生成的表达式的数据类型、排序规则、精度和值由进行组合的两个表达式决定,并按每次两个表达式的顺序递延,直到得出最后结果为止。表达式中元素组合的顺序由表达式中运算符的优先级决定。

7.2.8　控制流

T-SQL 提供称为控制流语言的特殊关键字,用来控制 T-SQL 语句、语句块和存储过程的执行流。这些关键字可用于临时 T-SQL 语句、批处理和存储过程中。

如果不使用控制流语言,则各 T-SQL 语句按其出现的顺序分别执行。控制流语言使用与程序设计相似的构造使语句得以互相连接、关联和相互依存。

当用户需要 T-SQL 进行某种操作时,这些控制流关键字非常有用。例如,当在一个逻辑块中包含多个 T-SQL 语句时,请使用 BEGIN…END 语句对。使用 IF…ELSE 语句对的情况是 IF(如果)满足某条件,则执行某些语句或语句块,而如果不满足此条件(ELSE 条件)则执行另一条语句或语句块。控制流语句不能跨越多个批处理或存储过程。

下面介绍流程控制语句基本语法格式及使用。

1. BEGIN…END

BEGIN…END 语句用于将多个 T-SQL 语句组合为一个逻辑块。当控制流语句执行一个包含两条或两条以上 T-SQL 语句的语句块时,可以使用 BEGIN 和 END 语句。其语法格式如下:

```
BEGIN
    {命令行|程序块}
END
```

BEGIN 和 END 语句必须成对使用，它们均不能单独使用。BEGIN 语句行后为 T-SQL 语句块。最后，END 语句行指示语句块结束。

BEGIN 和 END 语句主要用于下列情况：① WHILE 循环需要包含语句块；②CASE 函数的元素需要包含语句块；③IF 或 ELSE 子句需要包含语句块。

BEGIN…END 语句块允许嵌套。

例 7.25 在本例中，BEGIN 和 END 定义一系列一起执行的 T-SQL 语句。如果没有包括 BEGIN…END 块，IF 条件仅使 ROLLBACK TRANSACTION 执行，而不返回打印信息。

```
USE pubs
CREATE TRIGGER deltitle ON titles FOR DELETE
AS IF (SELECT COUNT(*) FROM deleted,sales WHERE sales.title_id=deleted.title_id)>0
  BEGIN
    ROLLBACK TRANSACTION; PRINT 'You can not delete a title with sales.'
  END
```

2. IF…ELSE

IF…ELSE 的语法格式如下：

```
IF <条件表达式>{<命令行>|<程序块>}
[ELSE {<命令行>|<程序块>}]
```

IF 语句用于条件的测试。结果流的控制取决于是否指定了可选的 ELSE 语句。

（1）指定 IF 而无 ELSE：IF 语句取值为 TRUE 时，执行 IF 语句后的语句或语句块。IF 语句取值为 FALSE 时，跳过 IF 语句后的语句或语句块。

（2）指定 IF 并有 ELSE：IF 语句取值为 TRUE 时，执行 IF 语句后的语句或语句块。然后控制跳到 ELSE 语句后的语句或语句块之后的点。IF 语句取值为 FALSE 或 NULL 时，跳过 IF 语句后的语句或语句块，而执行 ELSE 语句后的语句或语句块。

例 7.26 下面的示例显示带有语句块的 IF 条件。如果 DB 原理书的平均价格不低于 15 元，那么就显示文本：DB 原理书的总价高于 15 元。

```
USE pubs
IF (SELECT AVG(price) FROM titles WHERE title='DB原理')<15
BEGIN PRINT '书价不正确！' END
ELSE PRINT 'DB原理书的总价高于 15 元'
```

3. CASE

计算条件列表并返回多个可能结果表达式之一。

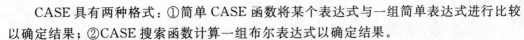

　　CASE 具有两种格式：①简单 CASE 函数将某个表达式与一组简单表达式进行比较以确定结果；②CASE 搜索函数计算一组布尔表达式以确定结果。

　　两种格式都支持可选的 ELSE 参数。CASE 的语法格式如下。

　　格式 1：

```
CASE <运算式>
    WHEN <运算式>THEN <运算式>
    …
    WHEN <运算式>THEN <运算式>
    [ELSE <运算式>]
END
```

　　该语句的执行过程是，将 CASE 后面表达式的值与各 WHEN 子句中的表达式的值进行比较，如果二者相等，则返回 THEN 后的表达式的值，然后跳出 CASE 语句，否则返回 ELSE 子句中的表达式的值。ELSE 子句是可选项。当 CASE 语句不包含 ELSE 子句时，如果所有比较失败，CASE 语句将返回 NULL。

　　例 7.27　从学生表 S 中，选取 SNO,SEX,如果 SEX 为"男"，则输出 M,如果为"女"，则输出 F。

```
USE jxgl
SELECT SNO,SEX=CASE SEX
                    WHEN '男' THEN 'M'
                    WHEN '女' THEN 'F'
                END
FROM S
```

　　格式 2：

```
CASE
    WHEN <条件表达式>THEN <运算式>
    …
    WHEN <条件表达式>THEN <运算式>
    ELSE <运算式>
END
```

　　该语句的执行过程是，首先测试 WHEN 后的表达式的值，如果其值为真，则返回 THEN 后面的表达式的值；否则测试下一个 WHEN 子句中的表达式的值。如果所有 WHEN 子句后的表达式的值都为假，则返回 ELSE 后表达式的值。如果在 CASE 语句中没有 ELSE 子句，则 CASE 表达式返回 NULL。

　　提示与技巧：CASE 命令可以嵌入 T-SQL 命令中，如 SELECT 命令。

　　例 7.28　从 SC 表中查询所有同学选课成绩情况，凡成绩为空者输出"缺考"，小于 60 分的输出"不及格"，60～69 分输出"及格"，70～89 分输出"良好"，大于或等于 90 分的输出"优秀"。

```
SELECT SNO,CNO,SCORE=CASE
```

```
            WHEN SCORE IS NULL THEN '缺考'
            WHEN SCORE < 60 THEN '不及格'
            WHEN SCORE BETWEEN 60 AND 69 THEN '及格'
            WHEN SCORE BETWEEN 70 AND 89 THEN '良好'
            WHEN SCORE >=90 THEN '优秀'
        END
FROM SC
```

自己动手：请尝试不使用 CASE 命令来实现例 7.27、例 7.28。可以通过 IF 条件语句或自定义函数来实现。

4. WHILE…CONTINUE…BREAK

如果指定的条件为真,则 WHILE 语句重复语句或语句块。BREAK 语句退出最内层 WHILE 循环,CONTINUE 语句重新开始 WHILE 循环。如果没有其他行可以处理,则程序可能执行 BREAK 语句。如果要继续执行代码,则可执行 CONTINUE 语句。

WHILE…CONTINUE…BREAK 的语法格式如下：

```
WHILE <条件表达式>
BEGIN
    {<命令行>|<程序块>}
    [ BREAK ]
    {<命令行>|<程序块>}
    [ CONTINUE ]
    {<命令行>|<程序块>}
END
```

例 7.29　判断是否有员工的奖金(规定工资的 30% 为奖金)少于 300 元,如果有,则将所有员工的工资增加 500 元,直到所有员工的奖金都多于 300 元或有员工的工资超过了 3000 元(运行本例需先创建含 SALARY 属性的表 EMPLOYEE)。

```
WHILE EXISTS(SELECT * FROM EMPLOYEE WHERE SALARY * 0.3<300)
BEGIN
    UPDATE EMPLOYEE SET SALARY=SALARY+500
    IF (SELECT MAX(SALARY) FROM EMPLOYEE) >3000 BREAK
    ELSE CONTINUE
END
```

5. WAITFOR

在达到指定时间或时间间隔之前,或者指定语句至少修改或返回一行之前,阻止执行批处理、存储过程或事务的语句如下。

```
WAITFOR {DELAY 'time_to_pass'|TIME 'time_to_execute'|(receive_statement)
[,TIMEOUT timeout]}
```

　　WAITFOR 命令用来暂时停止程序执行,直到所设定的等待时间已过或所设定的时间已到才继续往下执行。其中"时间"必须为 DATETIME 类型的数据,但不能包括日期。

　　各关键字含义如下:① DELAY:用来设定等待的时间,最多可达 24 小时;②TIME:用来设定等待结束的时间点。

　　例 7.30　等待 1 小时 3 分 24 秒后才执行 SELECT 语句。

```
WAITFOR DELAY '01:03:24'; SELECT * FROM S;
```

6. GOTO

　　GOTO 命令用来改变程序执行的流程,使程序跳到标有标识符的指定的程序行再继续往下执行。作为跳转目标的标识符可为数字与字符的组合。但必须以":"结尾。在 GOTO 命令行,标识符后不必跟":"。GOTO 语句的语法格式如下:

```
<标识符>:
    {<命令行>|<程序块>}
    GOTO <标识符>
```

　　例 7.31　如果员工的工资多于 10000 元,那么将跳过其他语句,而直接执行降低工资的语句。

```
DECREASE_SALARY:
...
IF (SELECT MAX(SALARY) FROM EMPLOYEE)>10000 GOTO DECREASE_SALARY
```

7. RETURN

　　从查询或过程中无条件退出。RETURN 的执行是即时且完全的,可在任何时候用于从过程、批处理或语句块中退出。RETURN 之后的语句是不执行的。

　　语法为:

```
RETURN [integer_expression]
```

　　RETURN 命令用于结束当前程序的执行,返回到上一个调用它的程序或其他程序。在括号内可指定一个返回值。如果没有指定返回值,SQL Server 系统会根据程序执行的结果返回一个内定值,如:

0　程序执行成功	-1　找不到对象	-2　数据类型错误
-3　死锁	-4　违反权限原则	-5　语法错误
-6　用户造成的一般错误	-7　资源错误	-8　非致命的内部错误
-9　已达到系统的极限	-10,-11　致命的内部不一致错误	-12　表或指针破坏
-13 数据库破坏	-14　硬件错误	

　　如果运行过程产生了多个错误,则返回绝对值最大的数值。

　　在执行当前过程的批处理或过程内,可以在后续 T-SQL 语句中包含返回状态值,但必须以下列格式输入:

```
EXECUTE @ return_status=procedure_name
```

8. 其他命令

(1) BACKUP：该命令用于将数据库内容或其他事务处理日志备份到存储介质上（如软盘、硬盘、磁带等）。

(2) CHECKPOINT：将当前数据库的全部脏页写入磁盘。"脏页"是已输入缓存区高速缓存且已修改但尚未写入磁盘的数据页。CHECKPOINT 可创建一个检查点，在该点保证全部脏页都已写入磁盘，从而在以后的恢复过程中节省时间。

语法为：

```
CHECKPOINT [checkpoint_duration]
```

(3) DBCC：T-SQL 编程语言提供 DBCC 语句作为 SQL Server 2005 的数据库控制台命令。数据库控制台命令语句可分为以下类别：①维护：对数据库、索引或文件组进行维护的任务；②杂项：杂项任务，如启用跟踪标志或从内存中删除 DLL；③信息：收集并显示各种类型信息的任务；④验证：对数据库、表、索引、目录、文件组或数据库页的分配进行的验证操作。

DBCC 命令使用输入参数并返回值。所有 DBCC 命令参数都可以接受 Unicode 和 DBCS 文字。只有 DBCC 命令后必须加上子命令，系统才知道要做什么。例如，①DBCC CHECKALLOC 命令检查当前数据库内所有数据页的分配和使用情况；②下面的命令将对 KCGL（库存管理）数据库执行检查操作：DBCC KCGL；③命令 DBCC HELP(?) 指定可查看其帮助信息的所有去掉 DBCC 部分的 DBCC 命令；④命令 DBCC HELP(CHECKDB) 返回 DBCC CHECKDB 的语法信息；⑤以下命令使用填充因子值 60 对 AdventureWorks 中的 Employee 表重新生成所有索引。

```
USE AdventureWorks; DBCC DBREINDEX ('HumanResources.Employee', '',60);
```

(4) DECLARE：在批处理或过程的正文中用 DECLARE 语句声明各种变量，并用 SET 或 SELECT 语句给其指派值。游标变量可通过该语句声明，并且可用在其他与游标相关的语句中。所有变量在声明后均初始化为 NULL。

```
DECLARE {{@ local_variable [AS] data_type}|{@ cursor_variable_name CURSOR}
    |{@ table_variable_name <table_type_definition >}} [,...n]
<table_type_definition>::=TABLE ({<column_definition>|<table_constraint>}
[,...])
```

变量类型可为系统定义的类型或用户定义的类型，但不能为 TEXT，NTEXT 和 IMAGE 类型。CURSOR 指明变量是局部的游标变量。如果变量为字符型，那么在 data_type 表达式中应指明其最大长度，否则系统认为其长度为 1。

(5) EXECUTE：EXECUTE 命令用来执行 T-SQL 批中的命令字符串、字符串或执行下列模块之一：系统存储过程、用户定义存储过程、标量值用户定义函数或扩展存储过程。

SQL Server 2005 扩展了 EXECUTE 语句，以使其可用于向链接服务器发送传递命令。此外，还可以显式设置执行字符串或命令的上下文。语法如下：

① 执行存储过程或函数：

```
[{EXEC|EXECUTE}]{[@return_status=]{module_name [;number]|@module_name_var}
[[@parameter=] {value|@variable [OUTPUT]|[DEFAULT]}][,...n ][WITH RECOMPILE]} [;]
```

② 执行字符串命令：

```
{EXEC|EXECUTE} ({@string_variable|[N]'tsql_string'} [+...n ])[AS {LOGIN|USER}='name']
[;]
```

③ 向链接服务器发送传递命令：

```
{EXEC|EXECUTE}({@string_variable|[N] 'command_string'} [+...n]
[{,{value|@variable [OUTPUT]}} [...n]]) [AS{LOGIN|USER}='name']
[AT linked_server_name][;]
```

(6) KILL：KILL 命令用于终止某一过程的执行。在默认情况下，sysadmin 和 processadmin 固定数据库角色的成员具有 KILL 的默认权限，KILL 权限不可转让。语法为：

```
KILL {spid|UOW} [WITH STATUSONLY]
```

(7) PRINT：向客户端返回用户定义消息。语法为：

```
PRINT msg_str|@local_variable|string_expr
```

PRINT 语句用一个字符或 Unicode 字符串表达式作为参数，并把该字符串作为一个消息返回给应用程序。

(8) RAISERROR：生成错误消息并启动会话的错误处理。RAISERROR 可以引用 sys.messages 目录视图中存储的用户定义消息，也可以动态建立消息。该消息作为服务器错误消息返回到调用应用程序，或返回到 TRY…CATCH 构造的关联 CATCH 块。语法为：

```
RAISERROR ({msg_id|msg_str|@local_variable}{,severity ,state} [,argument [,...n] ])
[WITH option [,...n]]
```

(9) READTEXT：读取 text、ntext 或 image 列中的 text、ntext 或 image 值，从指定的偏移量开始读取指定的字节数。语法为：

```
READTEXT {table.column text_ptr offset size}[HOLDLOCK]
```

(10) RESTORE：RESTORE 命令用来将数据库或其他事务处理日志备份文件由存储介质恢复到 SQL Server 系统中。

(11) SELECT：SELECT 命令可用于给变量赋值，语法为：

```
SELECT [@Local_variable=expression][,...n]
```

SELECT 命令可以一次给多个变量赋值。当表达式 expression 为列名时，SELECT 命令可利用其查询功能一次返回多个值，变量中保存的是其返回的最后一个值。如果 SELECT 命令没有返回值，则变量值仍为原来的值。当表达式 expression 是一个子查询时，如果子查询没有返回值，则变量被设为 NULL。

(12) SET：SET 命令有两种用法。

① 用于给局部变量赋值。其语法格式如下：

```
SET {{@local_variable=expression}|{@cursor_variable={@cursor_variable
|cursor_name|{CURSOR[FROWARD_ONLY|SCROLL][STATIC|KEYSET|DYNAMIC|FAST_FORWARD]
[READ_ONLY|SCROLL_LOCKS|OPTIMISTIC][TYPE_WARNING]
FOR select_statement [FOR{READ ONLY|UPDATE [OF column_name[,...n]]}]}]}}}
```

在用 DECLARE 命令声明之后，所有的变量都被赋予初值 NULL。需要用 SET 命令来给变量赋值，但与 SELECT 命令不同的是，SET 命令一次只能给一个变量赋值，不过由于 SET 命令功能更强且更严密，因此，SQL Server 推荐使用 SET 命令来给变量赋值。

② 用于用户执行 SQL 命令时，处理选项的设定。起设定方式为：

```
SET <某选项>{ON|OFF}
```

或

```
SET <某选项><选项值>
```

(13) SHUTDOWN：除非 sysadmin 固定服务器角色成员指定 WITH NOWAIT 选项，否则 SHUTDOWN 尝试关闭 SQL Server 时的顺序方式包括①禁用登录（sysadmin 固定服务器角色成员除外）；②等待当前正在执行的 T-SQL 语句或存储过程执行完毕；③在每个数据库执行 CHECKPOINT 命令；④停止 SQL Server 命令执行。

SHUTDOWN 的语法格式如下：

```
SHUTDOWN [WITH NOWAIT]
```

当使用 NOWAIT 参数时，SHUTDOWN 命令立即停止，在终止所有的用户过程并对每一现行的事务发生一个回滚后，退出 SQL Server。

停止 SQL Server 后，在 MS-DOS 命令窗口中可通过运行 net 命令来启动 SQL Server，如：

```
net start "SQL Server (MSSQLSERVER)"
```

或

```
net start MSSQLSERVER
```

(14) WRITETEXT：允许对现有的 text、ntext 或 image 列进行无日志记录的交互式更新。该语句将彻底重写受其影响的列中的任何现有数据。WRITETEXT 语句不能用在视图中的 text、ntext 和 image 列上。其语法格式为：

```
WRITETEXT {table.column text_ptr}[ WITH LOG ]{data}
```

一般使用 WRITETEXT 来替换 text、ntext 和 image 数据,而用 UPDATETEXT 来修改 text、ntext 和 image 数据。UPDATETEXT 更灵活,因为它仅需更改 text、ntext 或 image 列的某一部分,而不是整个列。

(15) USE:将数据库上下文更改为指定数据库或数据库快照。使用 USE 命令,用户必须具有该数据库的安全账户。由数据库所有者提供此数据库的安全账户。语法为:

```
USE {database_name}
```

7.2.9 保留关键字

SQL Server 2005 使用保留关键字来定义、操作或访问数据库。保留关键字是 SQL Server 使用的 T-SQL 语言语法的一部分,用于分析和理解 T-SQL 语句和批处理。尽管在 T-SQL 脚本中,使用 SQL Server 保留关键字作为标识符和对象名在语法上是可行的,但规定只能使用分隔标识符,用中括号括起来,如[USER]。

自己动手:SQL Server 2005 保留关键字约有 174 个,请读者自己从帮助中查阅。

7.2.10 批处理

批处理是包含一个或多个 T-SQL 语句的组,从应用程序一次性地发送到 SQL Server 2005 进行执行,因此可以节省系统开销。SQL Server 将批处理的语句编译为一个可执行单元,称为执行计划,批处理的结束符为 GO。

编译错误(如语法错误)可使执行计划无法编译。因此未执行批处理中的任何语句。

运行时错误(如算术溢出或违反约束)会产生以下两种影响之一:①大多数运行时错误将停止执行批处理中当前语句和它之后的语句;②某些运行时错误(如违反约束)仅停止执行当前语句,而继续执行批处理中其他所有语句。

在遇到运行时错误之前执行的语句不受影响。唯一的例外是如果批处理在事务中而且错误导致事务回滚。在这种情况下,回滚运行时错误之前所进行的未提交的数据修改。

假定在批处理中有十条语句。如果第五条语句有一个语法错误,则不执行批处理中的任何语句。如果编译了批处理,而第二条语句在执行时失败,则第一条语句的结果不受影响,因为它已经执行了。

适用于批处理的规则包括 ① CREATE DEFAULT、CREATE FUNCTION、CREATE PROCEDURE、CREATE RULE、CREATE TRIGGER 和 CREATE VIEW 语句不能在批处理中与其他语句组合使用;②批处理必须以 CREATE 语句开始,所有跟在该批处理后的其他语句将被解释为第一个 CREATE 语句定义的一部分;③不能在同一个批处理中更改表,然后引用新列。

如果 EXECUTE 语句是批处理中的第一句,则不需要 EXECUTE 关键字。如果 EXECUTE 语句不是批处理中的第一条语句,则需要 EXECUTE 关键字。

在 T-SQL 中可使用两类注释符:①ANSI 标准的注释符"--"用于单行注释;②与 C 语言相同的程序注释符号,即"/ * …… * /","/ * "用于程序注释开头,"* /"用语程序注释结尾,可以在程序中将多行文字标示为注释。

批中的注释没有最大长度限制,一条注释可以包含一行或多行。下面是一些有效注释的示例。

```
USE AdventureWorks;
--单行注释
SELECT EmployeeID,Title FROM HumanResources.Employee;
GO
/* 多行注释的第一行
   多行注释的第二行 */
SELECT Name,ProductNumber,Color FROM Production.Product;
--在调试 T-SQL 命令时使用注释
SELECT ContactID, /* FirstName, */ LastName FROM Person.Contact;
--在代码行后使用注释
UPDATE Production.Product SET ListPrice=ListPrice * 0.9;        --降低价格,赢得市场
```

自己动手:利用控制流语句,编写完成简单功能的批处理,领略 T-SQL 的编程能力。

7.2.11 Transact-SQL 游标

T-SQL 游标主要用在存储过程、触发器和 T-SQL 脚本中,它们使结果集的内容可用于其他 T-SQL 语句。在存储过程或触发器中使用 T-SQL 游标的典型过程为①声明 T-SQL 变量包含游标返回的数据。为每个结果集列声明一个变量。声明足够大的变量来保存列返回的值,并声明变量的类型为可从列数据类型隐式转换得到的数据类型。②使用 DECLARE CURSOR 语句将 T-SQL 游标与 SELECT 语句相关联。另外,DECLARE CURSOR 语句还定义游标的特性,例如,游标名称以及游标是只读还是只进。③使用 OPEN 语句执行 SELECT 语句并填充游标。④使用 FETCH INTO 语句提取单个行,并将每列中的数据移至指定的变量中。然后,其他 T-SQL 语句可以引用那些变量来访问提取的数据值。T-SQL 游标不支持提取行块。⑤使用 CLOSE 语句结束游标的使用。关闭游标可以释放某些资源,例如,游标结果集及其对当前行的锁定,但如果重新发出一个 OPEN 语句,则该游标结构仍可用于处理。由于游标仍然存在,此时还不能重新使用该游标的名称。DEALLOCATE 语句则完全释放分配给游标的资源,包括游标名称。释放游标后,必须使用 DECLARE 语句来重新生成游标。

下面举例来说明 T-SQL 游标的使用。

例 7.32 使用嵌套游标生成报表输出。

本例显示如何嵌套游标以生成复杂的报表,为每个供应商声明内部游标。

```
Use AdventureWorks; SET NOCOUNT ON;
DECLARE @vendor_id int,@vendor_name nvarchar(50),@msg varchar(80),@product nvarchar(50)
PRINT '--------供应商产品报告---------'
DECLARE vendor_cursor CURSOR FOR SELECT VendorID, Name FROM Purchasing.Vendor WHERE
PreferredVendorStatus=1 ORDER BY VendorID                    --定义外层游标
OPEN vendor_cursor                                          --打开外层游标
FETCH NEXT FROM vendor_cursor INTO @vendor_id,@vendor_name   --提取游标记录
```

```
WHILE @@FETCH_STATUS=0                                              --若提取成功则循环
BEGIN
    PRINT ' '; SELECT @msg='-----产品供应商为：'+@vendor_name; PRINT @msg
    DECLARE pr_cursor CURSOR FOR            --基于外层游标所指向的供应商号定义内游标
        SELECT v.Name FROM Purchasing.ProductVendor pv, Production.Product v
        WHERE pv.ProductID=v.ProductID AND pv.VendorID=@vendor_id
                                                              --来自外游标的变量值
    OPEN pr_cursor                                       --打开内部游标
    FETCH NEXT FROM pr_cursor INTO @product              --取内部游标的下一个
    IF @@FETCH_STATUS<>0 PRINT '          <<None>>'
    WHILE @@FETCH_STATUS=0                                --若提取成功则循环
BEGIN
        SELECT @msg='          '+@product; PRINT @msg
        FETCH NEXT FROM pr_cursor INTO @product          --取内部游标的下一个
    END
    CLOSE pr_cursor; DEALLOCATE pr_cursor                --关闭内部游标并释放资源
    FETCH NEXT FROM vendor_cursor INTO @vendor_id,@vendor_name-取下一个
END
CLOSE vendor_cursor; DEALLOCATE vendor_cursor            --关闭外部游标,并释放资源
```

　　自己动手：检验本例,并对 S、SC、C 表实现类似功能,分行显示学生名及其各选修课程名。

7.3　小　　结

　　在 SQL Server 2000 中,通过企业管理器或查询分析器及 Transact-SQL 命令等,可以完成(如数据库、数据表、存储过程、视图、触发器和约束等)多种数据库对象的管理工作(包括创建、修改、查看、删除等)。在 SQL Server 2005 & 2008 中,管理数据库对象更加便捷高效,SQL Server 2005 & 2008 系统的性能与功能等有着跨越式提高,它将会逐步替代 SQL Server 2000。

第 8 章

Oracle 数据库管理系统

Oracle 是甲骨文公司的软件产品,它是全球最优秀的数据库产品。甲骨文公司掌控着全球企业数据库技术和应用的黄金标准,它是世界领先的信息管理软件供应商和世界第二大独立软件公司。Oracle 的技术几乎遍及各个行业,财富 100 强企业中有 98 家企业的数据中心都采用了 Oracle 技术。甲骨文公司是第一家跨整个产品线(数据库、业务管理软件和管理软件开发与决策支持工具)开发和部署 100% 基于互联网的企业软件的公司。

8.1 Oracle 数据库管理系统概述

创新推动甲骨文公司走向成功。甲骨文公司是最初几家通过互联网使用其业务管理软件的公司之一,今天该观念已成为人们的共识。随着 Oracle 融合中间件的发布,甲骨文公司开始推出体现其企业目标的新产品和功能——连接各个层次的企业技术,从而帮助客户访问可以使他们快速、敏捷地响应市场变化所必需的知识。今天,Oracle 真正应用集群、Oracle 电子商务套件、Oracle 网格计算、对企业 Linux 的支持以及 Oracle 融合——所有这些都加强了甲骨文公司 30 年所坚持的对创新与成就的承诺。

甲骨文公司如今在 145 个国家和地区开展业务,全球客户达 275000 家,合作伙伴达 19500 家。公司总部设在美国加利福尼亚州的红木城(Redwood Shores),全球员工达 74000 名,包括 16000 名开发人员、7500 多名技术支持人员和 8000 名实施顾问。甲骨文公司 2007 财年(2007 年 5 月 31 日结束)销售收入达 180 亿美元。

甲骨文公司在多个产品领域和行业领域占据全球第一的位置,其中包括数据库、数据仓库、基于 Linux 系统的数据库、增长最快的中间件、商业分析软件、商业分析工具、供应链管理、人力资源管理、客户关系管理、应用平台套件第一、零售行业、金融服务行业、通信行业、公共事业行业和专业服务行业。

甲骨文公司的业务就是信息化,即如何管理信息、使用信息、共享信息和保护信息,这就是甲骨文公司是一家信息公司的原因。30 年来,甲骨文公司向企业客户提供领先的软件与服务,帮助他们以最低的总体拥有成本获得更新、更准确的信息,从而改善决策,最终取得更好的业绩。从数据库和中间件到应用产品和行业解决方案,甲骨文公司都拥有业内最广泛的企业软件。

以下是甲骨文公司 Oracle 数据库管理系统的演变历程。

- 1977 年 Oracle 公司成立,推出 Oracle 第 1 版。
- 1979 年夏季,RSI(Relational Software,Inc.)发布了 Oracle 第 2 版。
- 1983 年 3 月,RSI 发布了 Oracle 第 3 版,从现在起 Oracle 产品有了一个关键的特性——可移植性。
- 1984 年 10 月,Oracle 发布了第 4 版产品,这一版增加了读一致性这个重要特性。
- 1985 年,Oracle 发布了 5.0 版,这个版本算得上是 Oracle 数据库的稳定版本。这也是首批可以在 Client/Server 模式下运行的关系数据库管理系统(Relational DataBase Management System,RDBMS)产品。
- 1986 年,Oracle 发布了 5.1 版,该版本还支持分布式查询,允许通过一次性查询访问存储在多个位置的数据。
- 1988 年,Oracle 发布了第 6 版,该版本引入了行级锁这个重要的特性,同时还引入了联机热备份功能。
- 1992 年 6 月,Oracle 发布了第 7 版,该版本增加了许多新的性能特性,包括分布式事务处理功能、增强的管理功能、用于应用程序开发的新工具以及安全性方法。
- 1997 年 6 月,Oracle 第 8 版发布,Oracle 8 支持面向对象的开发及新的多媒体应用,这个版本也为支持 Internet、网络计算等奠定了基础。
- 1998 年 9 月,Oracle 公司正式发布 Oracle 8i,该版本添加了大量为支持 Internet 而设计的特性,同时为数据库用户提供了全方位的 Java 支持。
- 2001 年 6 月,Oracle 发布了 Oracle 9i,在 Oracle 9i 的诸多新特性中,最重要的就是 Real Application Clusters(RAC)了。
- 2003 年 9 月,Oracle 发布了 Oracle 10g,该版本的最大特性就是加入了网格计算的功能。
- 2007 年 7 月 12 日,Oracle 发布了 Oracle 11g,Oracle 11g 是甲骨文公司 30 年来发布的最重要的数据库,该版本根据用户的需求实现了信息生命周期管理等多项创新。Oracle 11g 有 400 多项功能,经过了 1500 万个小时的测试,开发工作量达到了 3.6 万人/月。

1. Oracle 9i

Oracle 9i(其中 i 代表 Internet)包括以下三部分。

(1) Oracle 9i 数据库:又分为企业版(Enterprise Edition)、标准版(Standard Edition)、个人版(Personal Edition);

(2) Oracle 9i 应用服务器:Oracle 9i 应用服务器有两种版本。企业版(Enterprise Edition):主要用于构建互联网应用,面向企业级应用;标准版(Standard Edition):用于建立面向部门级的 Web 应用;

(3) Oracle 9i 开发工具套件:Oracle 9i 开发工具套件是一整套的 Oracle 9i 应用程序开发工具。

Oracle 9i 有两种工作模式:客户机/服务器模式与浏览器/服务器模式。

Oracle 9i 的特点:该版本添加了大量为支持 Internet 而设计的特性。这一版本为数据库用户提供了全方位的 Java 支持。Oracle 9i 在集群技术、高可用性、商业智能、安全性、系统管理等方面都实现了新的突破。

2. Oracle 10g

Oracle 10g(其中 g 代表 grid 网格,网格计算的意思,是 Oracle 10g 的主要技术之一)数据库的市场推广中重点宣传的五项产品功能和价值主张：网格计算、真实应用程序集群（RAC）、管理性、商务智能和所有权总体成本。

3. Oracle 11g

2007 年 7 月 12 日,甲骨文公司在美国纽约宣布推出数据库 Oracle 11g,这是 Oracle 数据库的最新版本。甲骨文公司介绍说,Oracle 11g 有 400 多项功能,经过了 1500 万个小时的测试,开发工作量达到了 3.6 万人/月。

Oracle 11g 能方便地在低成本服务器和存储设备组成的网格上运行。而网格计算将多个服务器和存储器当作一台大型计算机协调使用,使它们在高速网络上动态地共享计算机资源,以满足不断变化的计算需求。简而言之,即将多个服务器和存储器当作一台主机协调使用。网格计算被广泛视为未来的计算方式。

Oracle 11g 扩展了 Oracle 特有的网格计算提供能力。Oracle 11g 在以下方面包含大量新特性和功能增强。基础架构网格,包括可管理性、高可用性和性能等功能;信息管理,包括内容管理、信息集成、安全性、信息生命周期管理以及数据仓库/商务智能等功能;应用程序开发,PL/SQL、Java、.NET 和 Windows、PHP、SQL Developer、Application Express 和 BI Publisher 等功能。

Oracle 的官方网站为 www.oracle.com,这里有 Oracle 的各种版本的数据库、应用工具和权威的官方文档;其次是 http://metalink.oracle.com/,这里有很多权威的解决方案和补丁;然后就是一些著名网站,如 asktom.oracle.com、www.orafaq.net、www.dbazine.com,这里有很多经验。用户遇到问题了可以在第一时间登录 tahiti.oracle.com,这里有最详细的解释。

Oracle 10g/11g 数据库都分为标准版（Standard Edition）、标准版 1（Standard Edition One)以及企业版（Enterprise Edition）。可从如下网址下载、学习或试用 Oracle。

http://www.oracle.com/technology/global/cn/software/products/database/oracle10g/index.html

http://www.oracle.com/technology/global/cn/software/products/database/index.html

http://www.oracle.com/technology/software/index.html

http://www.oracle.com/technology/software/products/database/index.html

4. Oracle 的框架

学习 Oracle,要先了解 Oracle 的框架。Oracle 的数据库服务器总体结构如图 8.1 所示。

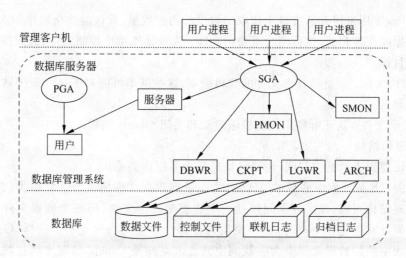

图 8.1　Oracle 的数据库服务器总体结构图

（1）物理结构

Oracle 物理上由控制文件、数据文件、重做日志文件、参数文件、归档文件、口令文件等组成。一个数据库中的数据存储在磁盘上的物理文件，在被使用时调入内存。

其中，控制文件、数据文件、重做日志文件、跟踪文件及警告日志（trace files，alert files）属于数据库文件；参数文件（parameter file）和口令文件（password file）是非数据库文件。

① 数据文件：存储数据的文件，数据文件典型地代表了根据它们使用的磁盘空间和数量所决定的一个 Oracle 数据库的容积。由于性能的原因，每一种类型的数据都放在相应的一个或一系列文件中，将这些文件放在不同的磁盘中。

② 控制文件：包含维护和验证数据库完整性的必要信息，例如，控制文件用于识别数据文件和重做日志文件，一个数据库至少需要一个控制文件。

控制文件的内容包括数据库名、表空间信息、所有数据文件的名字和位置、所有 redo 日志文件的名字和位置、当前的日志序列号、检查点信息、关于 redo 日志和归档的当前状态信息等。

控制文件的使用过程是，控制文件把 Oracle 引导到数据库文件的其他部分。启动一个实例时，Oracle 从参数文件中读取控制文件的名字和位置。安装数据库时，Oracle 打开控制文件。最终打开数据库时，Oracle 从控制文件中读取数据文件的列表并打开其中的每个文件。

③ 重做日志文件：含对数据库所做的更改记录，这样万一出现故障，可以启用数据恢复。一个数据库至少需要两个重做日志文件。

④ 跟踪文件及警告日志（Trace Files and Alert Files）：在 instance 中运行的每一个后台进程都有一个跟踪文件（trace file）与之相连。Trace file 记载后台进程所遇到的重大事件的信息。警告日志（Alert Log）是一种特殊的跟踪文件，每个数据库都有一个跟踪文件，同步记载数据库的消息和错误。

⑤ 参数文件：包括大量影响 Oracle 数据库实例功能的设定，例如，数据库控制文件

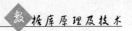

的定位、Oracle用来缓存从磁盘上读取的数据的内存数量、默认的优化程序的选择等。

和数据库文件相关,执行两个重要的功能:为数据库指出控制文件;为数据库指出归档日志的目标。

⑥ 归档文件:是重做日志文件的脱机副本,这些副本可能对于从介质失败中进行恢复很有必要。

⑦ 口令文件:认证哪些用户有权限启动和关闭 Oracle 例程。

(2) 逻辑结构

Oracle 逻辑上包括表空间、段、区、块等概念及组成关系。

表空间:是数据库中的基本逻辑结构,一系列数据文件的集合。它由类似数据文件这样的物理结构组成;每个表空间包括一个或多个数据文件,但每个数据文件只能属于一个表空间。在创建一个表时,必须说明是在哪个表空间内创建的。这样,Oracle 才能在组成该表空间的数据文件中为它找到空间。表空间是 Oracle 数据库信息物理存储的一个逻辑视图。

段:是对象在数据库中占用的空间。

区:是为数据一次性预留的一个较大的存储空间。

块:是 Oracle 最基本的存储单位,在建立数据库的时候指定。

(3) 内存分配

内存分配包括 SGA 和 PGA。

SGA:用于存储数据库信息的内存区,该信息为数据库进程所共享。它包含 Oracle 服务器的数据和控制信息,在 Oracle 服务器所驻留的计算机的实际内存中得以分配,如果实际内存不够,则往虚拟内存中写。

PGA:包含单个服务器进程或单个后台进程的数据和控制信息,与几个进程共享的 SGA 正相反,PGA 是只被一个进程使用的区域,PGA 在创建进程时分配,在终止进程时回收。

(4) 后台进程

后台进程包括数据写进程(Database Writer,DBWR)、日志写进程(Log Writer,LGWR)、系统监控(System Monitor,SMON)、进程监控(Process Monitor,PMON)、检查点进程(Checkpoint Process,CKPT)、归档进程、服务进程、用户进程。

数据写进程:负责将更改的数据从数据库缓冲区高速缓存写入数据文件。

日志写进程:将重做日志缓冲区中的更改写入在线重做日志文件。

系统监控:检查数据库的一致性,如有必要,还会在数据库打开时启动数据库的恢复。

进程监控:负责在一个 Oracle 进程失败时清理资源。

检查点进程:负责在每当缓冲区高速缓存中的更改永久地记录在数据库中时,更新控制文件和数据文件中的数据库状态信息。该进程在检查点出现时,对全部数据文件的标题进行修改,指示该检查点。在通常情况下,该任务由 LGWR 执行。然而,如果检查点明显地降低系统性能,则可使 CKPT 进程运行,将原来由 LGWR 进程执行的检查点的工作分离出来,由 CKPT 进程实现。对于许多应用情况来说,CKPT 进程是不必要的。

只有当数据库有许多数据文件,LGWR 在检查点时明显地降低性能才使 CKPT 运行。CKPT 进程不将块写入磁盘,该工作是由 DBWR 完成的。init.ora 文件中 CHECKPOINT_PROCESS 参数控制 CKPT 进程的使能或使不能。默认时为 FALSE,即为使不能。

归档进程:在每次日志切换时把已满的日志组进行备份或归档。

服务进程:用户进程服务。

用户进程:在客户端,负责将用户的 SQL 语句传递给服务进程,并从服务器端拿回查询数据。

8.2　Oracle Database 11g 第 2 版的安装

Oracle Database 11g 第 2 版(11.2.0.1.0)为 IT 提供了基础,使其能够以高质量的服务成功地提供更多信息,降低了 IT 内部变更的风险,并且更高效地利用 IT 预算。通过将 Oracle Database 11g 第 2 版部署作为数据管理的基础,企业可以充分利用世界领先数据库的强大功能。Oracle Database 11g 第 2 版(11.2.0.1.0)的下载地址:

http://www.　oracle.　com/technology/global/cn/software/products/database/index.html

适用于 Microsoft Windows(32 位)的 Oracle Database 11g 第 2 版 (11.2.0.1.0) 的下载地址:

http://www.　oracle.　com/technology/global/cn/software/products/database/oracle11g/112010_win32soft.html

1. Oracle Database 11g 的安装

Oracle Database 11g(发行版)按如上下载地址,可免费非商业应用于学习。下载 Oracle Database 11g 两压缩文件后,先解压,再运行 setup.exe 文件开始安装。安装过程要经过如下几步。

先出现加载程序的 DOS 窗口,接着出现图 8.2 所示的 Oracle 11g 安装 logo 窗口,此时安装开始了。

图 8.2　Oracle 11g 安装 logo 窗口

（1）配置安全更新，可输入自己的电子邮件信箱，单击"下一步"按钮（如图 8.3 所示）。

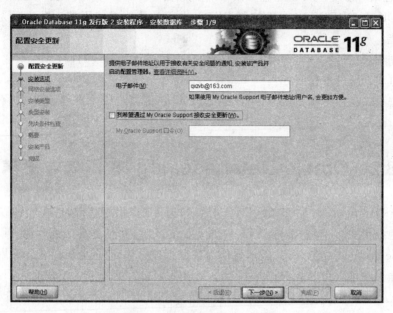

图 8.3　Oracle 11g 配置安全更新

（2）选择安装选项，首次安装一般选"创建和配置数据库"，单击"下一步"按钮，如图 8.4 所示。

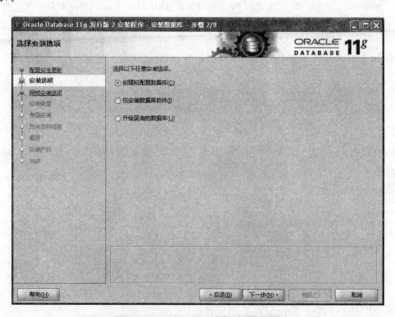

图 8.4　Oracle 11g 选择安装选项

（3）系统类选择，一般学习或应用开发时，选"桌面类"，单击"下一步"按钮，如图 8.5 所示。

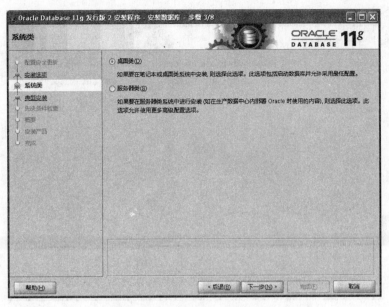

图 8.5　Oracle 11g 系统类选择

（4）典型安装配置，其设置信息非常重要，具体如图 8.6 所示，其中全局数据库名及管理口令，确定输入后一定要记录下来。管理口令指对 sys、system、sysman、dbsnmp 等系统管理类账号通用的初始口令，系统安装运行时从安全管理的需要应及时更新口令。单击"下一步"按钮继续。

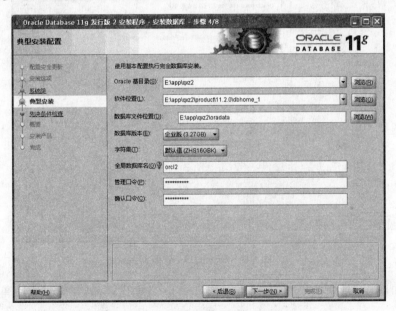

图 8.6　Oracle 11g 典型安装配置

（5）如图 8.7 所示，执行先决条件检查，看是否满足安装所需的软硬件条件要求。如果符合要求，单击"下一步"按钮。

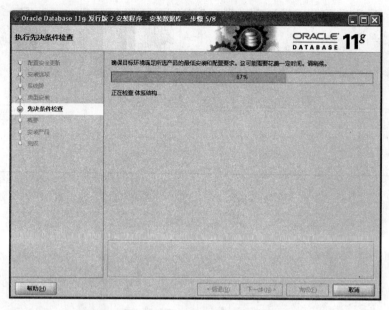

图 8.7　Oracle 11g 执行先决条件检查

（6）如图 8.8 所示，呈现安装概要，以便情况确认。单击"完成"按钮。

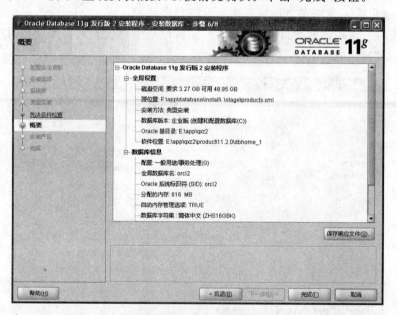

图 8.8　Oracle 11g 安装概要

（7）如图 8.9 所示，真正开始安装 Oracle 11g 数据库产品，正常结束后单击"完成"按钮。

（8）经过较长一段时间安装，顺利的话会出现安装完成的信息框（如图 8.10 所示）。

（9）在图 8.10 中单击"关闭"按钮后，在完成信息框上单击"口令管理"按钮，可查看或管理锁定账户，主要是解锁账户并设定账户口令等（操作图略）。

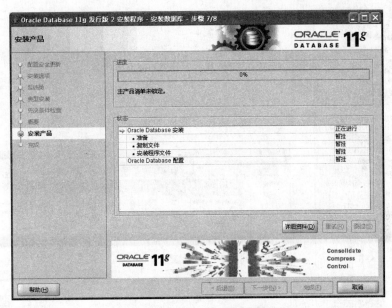

图 8.9　Oracle 11g 开始安装产品

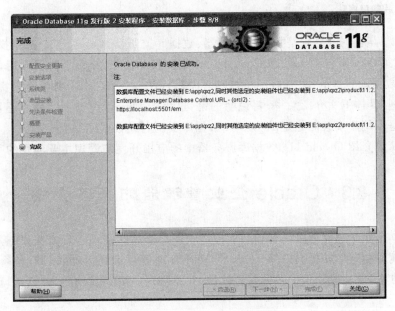

图 8.10　Oracle 11g 安装完成

2. 认识安装后的 Oracle 11g

在 Windows 7 操作系统上安装 Oracle 11g 后,选择"开始"→"所有程序"→"Oracle-OraDb 11g_home1",并逐个展开各程序组,各程序项如图 8.11 所示。

同时,选择"开始"→"控制面板"→"系统与安全"→"管理工具"→"服务"可查看到 Oracle 11g 数据库服务器安装后,各功能相关的服务项如图 8.12 所示。其中至少要启

图 8.11　Oracle 11g 安装
　　　　　后各程序项

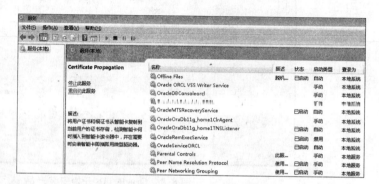

图 8.12　Oracle 11g 功能服务项

动倒数 4、6 两项服务(分别是数据库服务器、数据库监听器)Oracle 11g 基本操作才能进行,其中的第 3 项服务 OracleDBConsoleorcl 是涉及本机安装 orcl 数据库后,是否支持 Web 方式数据库管理的,只有启动了该项,才能以 Web 方式在 IE 浏览器中实现数据库的全面管理(具体下文介绍)。需要说明的是,这里的 Oracle 服务项名称不是固定的,服务项名称是据用户安装时指定的 Oracle 数据库实例名或数据库等而定的。

下面简单介绍 Oracle 11g 数据库服务器中的应用开发与管理主要涉及的程序项。

8.3　Oracle 企业管理器的基本介绍

Oracle 企业管理器通过一种独特的应用软件到磁盘的系统管理方法,使客户能够降低应用环境的复杂性并提高效率。Oracle 企业管理器是市场上唯一具有整合的管理功能的解决方案,该功能涵盖了多种管理软件,并对物理、虚拟和私有云计算环境基础架构提供支持。

Oracle 的不同版本都提供了相应的主要对数据库实现全面管理的软件,一般称为 Oracle 企业管理器,随着 Oracle 版本的发展,Oracle 企业管理器也不断发展,它呈现不同的运行方式与功能特点。例如,较新的 Oracle 企业管理器 4.0 通过一个单一的控制器,来管理和监测包括 Oracle 数据库、Oracle9iAS 及其组件等。Oracle 企业管理器 4.0 的管理功能涵盖了 Oracle 数据库 11g 第 2 版提供的许多新功能。Oracle 企业管理器 11g 的控制台与 Oracle 支持服务的集成为主动管理关键业务系统提供了方便。

下面简单介绍 Oracle 企业管理器的使用概况。

1. Oracle 11g 企业管理器

Oracle 10g 及以后版本的企业管理器的使用方法和以前的低版本有所不同，以前版本的企业管理器类似于 SQL Server 中的企业管理器，是可视化的树型管理方式，而 Oracle 10g 等较新版数据库系统含有的企业管理器采用的是基于 Web 的数据库管理工具，它是通过在客户端的浏览器中访问 OEM 控制台来实现管理功能的。

Oracle 企业管理器的数据库控制器（Oracle Enterprise Manager Database Control，OEM），可称为 Oracle 企业管理器，它是管理 Oracle 数据库的主要工具，它随安装 Oracle 11g 数据库系统一起被安装。

使用 Oracle 企业管理器的数据库控制器，至少能实现如下管理任务。

- 创建各类对象，如表、视图、索引等；
- 用户安全性管理；
- 数据库内容与存储空间管理；
- 数据库备份与恢复，数据的导入与导出；
- 监控数据库的执行性能与运行状态。

2. Oracle 11g 企业管理器的使用方法

按照规定的步骤安装好 Oracle 的基本组件和建立好全局数据库后（要保证 OracleDBConsole××××服务已启动，××××一般为数据库实例名，可见图 8.12 所示的 Oracle 11g 功能服务项），在客户端浏览器中输入 OEMDC URL。设全局数据库名为 orcl，服务器的主机名为 localhost，默认端口为 1158，则要启动与使用 OEM 的方法如下。

（1）在浏览器地址栏中输入 OEMDC URL 地址，如 http://localhost:1158/em。

（2）在进入主页面之前，要求先输入相应的用户名、密码、连接身份等信息（如图 8.13 所示）。要以 SYSDBA 的身份连接数据库，这里选择 sys 或者 system 用户登录。通过身份验证后，进入 OEM 监控与管理主操作 Web 界面，如图 8.14 所示。

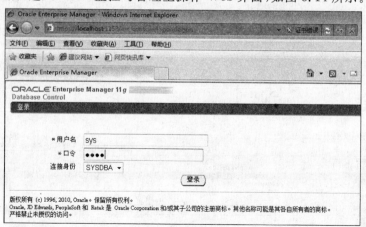

图 8.13　登录界面

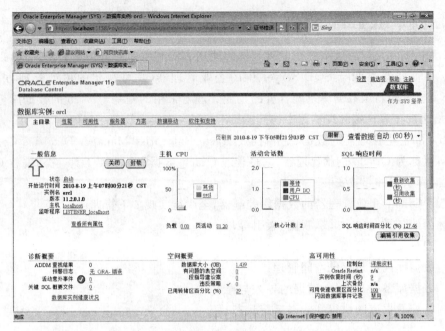

图 8.14　OEM 监控与管理主操作 Web 界面

　　依次单击"性能"、"可用性"、"服务器"、"方案"、"数据移动"、"软件和支持"等一级超链接,可浏览到各二级相应管理界面(图略)。

　　(3) 在图 8.15 中单击"相关链接"区域的"SQL 工作表"链接,可转到 SQL 命令操作界面,在此能实现类似窗口式 SQL Plus 的操作功能,如图 8.15 所示。

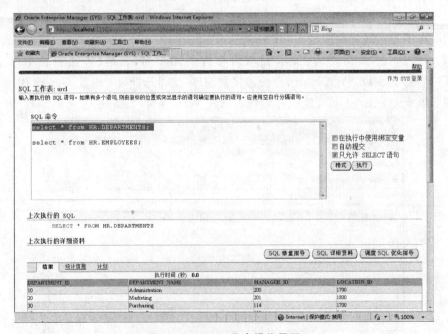

图 8.15　SQL 工作表操作界面

（4）在图 8.14 上单击"方案"链接，在出现的方案二级界面上单击"表"链接，选定 HR 方案，即可查看到 HR 方案中的所有表，选定某个表，如 EMPLOYEES，再单击"编辑"按钮，就呈现图 8.16 所示的编辑表管理界面。读者可尝试操作下拉列表框中的多种操作功能，来领略 Web 界面实现全面数据库监控与管理的操作方式。

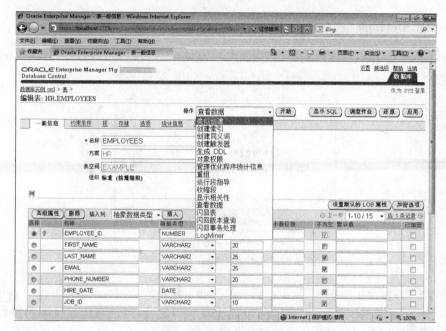

图 8.16　编辑表管理界面

8.4　Oracle SQL Developer 的基本操作

1. 什么是 SQL Developer

Oracle SQL Developer 是一个图形化数据库开发工具。使用 SQL Developer，用户可以浏览数据库对象、运行 SQL 语句和 SQL 脚本，并且还可以编辑和调试 PL/SQL 语句。还可以运行所提供的任何数量的报表，以及创建和保存用户自己的报表。SQL Developer 可以提高工作效率并简化数据库开发任务。

SQL Developer 可以连接到任何 9.2.0.1 版和更高版本的 Oracle 数据库，并且还可以在 Windows、Linux 和 Mac OSX 上运行。

SQL Developer 包括移植工作台，它是一个重新开发并集成的工具，扩展了原有 Oracle 移植工作台的功能和可用性。通过与 SQL Developer 紧密集成，使用户在一个地方就可以浏览第三方数据库中的数据库对象和数据，以及将这些数据库移植到 Oracle。

Oracle SQL Developer 与 Oracle APEX 集成，使用户可以浏览应用程序和执行其他 Application Express 活动。通过 Oracle SQL Developer，用户可以浏览、导出和导入、删除或部署应用程序。有许多 Application Express 报表可供选择，用户也可以创建自己的定制报表。

安装 Oracle 11g 数据库服务器就含有 SQL Developer，但 SQL Developer 也可以单独免费下载安装。下载地址为：

http://www.oracle.com/technology/global/cn/software/products/sql/index.html

2. SQL Developer 的启动

要启动 SQL Developer，可选择"开始"→"所有程序"→Oracle-OraDb11g_home1→"应用程序开发"→SQL Developer。其 logo 窗口如图 8.17 所示。

图 8.17　SQL Developer 的 logo 窗口

等待片刻，便会出现图 8.18 所示的 SQL Developer 操作主界面。SQL Developer 操作主界面有菜单栏与工具栏，窗体主区域分为左右两部分，左部分将连接列出操作连接点，右部分是数据库相关对象的操作区域。

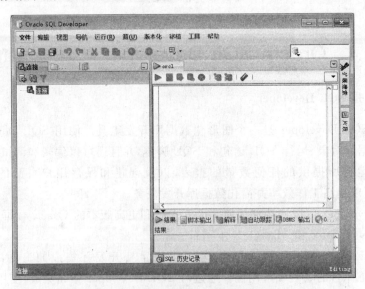

图 8.18　SQL Developer 操作主界面

先要新建一个连接，方法如下。

（1）右击连接节点，单击弹出的快捷菜单中的"新建连接"菜单项；

（2）直接按"新建连接"按钮。

在出现的新建数据库连接对话框中（如图 8.19 所示），输入连接名（自己取名）、用户名、口令、主机名、端口号（一般为 1521）、SID（安装的数据库实例名）或服务器名等信息，按"测试"按钮测试连接，成功后单击"连接"按钮来建立连接。

图 8.19　"新建/选择数据库连接"对话框

建立连接后，展开连接后的 SQL Developer 操作主界面如图 8.20 所示，其中，每个数据库分类节点（或称目录）都可通过单击"＋"或双击节点名来展开，从而能方便地找到连接用户有权查看或管理的全部各种对象。

图 8.20　建立连接后的 SQL Developer 操作主界面

　　图 8.21 是编辑 HELP 表数据的操作界面,读者从中可以领略到在该界面中实施对各种对象操作的便捷性。

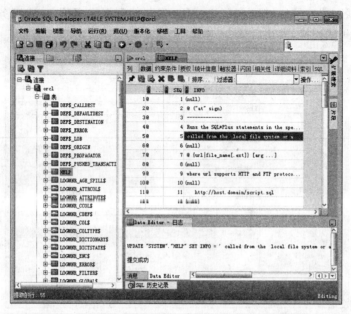

图 8.21　在 SQL Developer 中编辑表(HELP)数据操作界面

　　当要执行 SQL 命令时,单击 工具按钮,在选择连接后,SQL Developer 界面右边出现交互式 SQL 命令输入区(如图 8.22 所示),在其中输入若干命令后,单击执行语句按钮▷(或按 F9 键)或者运行脚本按钮▤(或按 F5 键)来运行,结果在 SQL 命令输入区下方呈现。

图 8.22　在 SQL Developer 中交互式执行 SQL 命令

在 SQL Developer 操作遇到问题时,可打开帮助对话框(选择"帮助"→"目录"菜单项)寻求解答。

8.5　SQL Plus 的基本操作

SQL Plus(也写成 SQL * Plus) 是 Oracle 数据库服务器最主要的接口,它提供了一个功能强大且易于使用的查询、定义和控制数据的环境。它还提供了 Oracle SQL 和 PL/SQL 的完整实现,以及一组丰富的扩展功能。Oracle 数据库优秀的可伸缩性结合 SQL Plus 的关系对象技术,允许使用 Oracle 的集成系统解决方案开发复杂的数据类型和对象。

在不同的 Oracle 版本中,SQL Plus 有多种不同的运行模式,但其功能相似,并在不断增强。

1. Oracle 9i 中的 SQLPlus Worksheet

启动 SQLPlus Worksheet,可选择"开始"→"所有程序"→Oracle-OraHome90→ Application Development 操作。在图 8.23 所示的登录窗口中输入预设用户 scott 及其密码 tiger,单击"确定"按钮,登录后便出现图 8.24 所示的 SQL * Plus 工作单,在上窗格中可输入和编辑命令,在下窗格中显示命令执行输出。

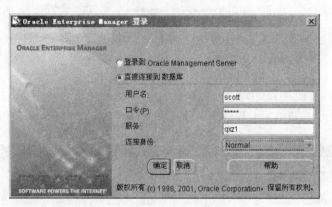

图 8.23　SQLPlus Worksheet 登录窗口

2. Oracle 10g 中的 SQL * Plus

(1) 启动组件 SQL * Plus

启动组件 SQL * Plus 的方法如图 8.25 所示。在紧接着出现的登录窗口中输入用户名、口令、主机字符串,即可登录到系统。

注意:此种登录方式不能使用 SYSDBA 或者 SYSOPER 的身份进入,可选择普通用户身份进入,如 SCOTT、HR 等。

(2) Web 页面运行 iSQL * Plus

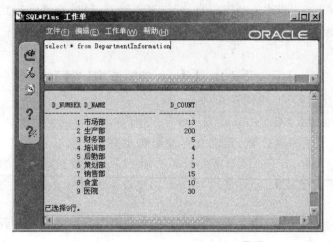

图 8.24　SQLPlus Worksheet 使用界面

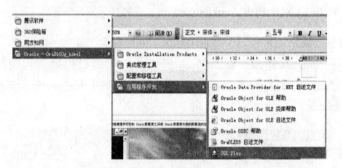

图 8.25　启动 SQL * Plus 程序项

通过 Web 页面进入 iSQL * Plus 来完成建立表空间和表及其他对象。输入 http：//abc：5560/isqlplus，进入 iSQL * Plus 登录界面，如图 8.26 所示，输入相应的用户名、密

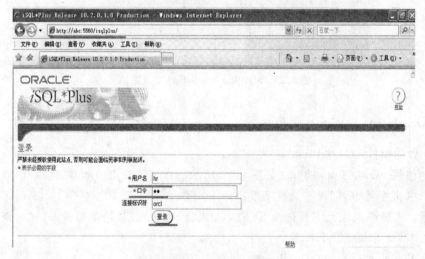

图 8.26　iSQL * Plus 登录窗口

码。在图 8.27 所示的工作区中可输入与执行 SQL、PL/SQL、SQL＊Plus 语句。

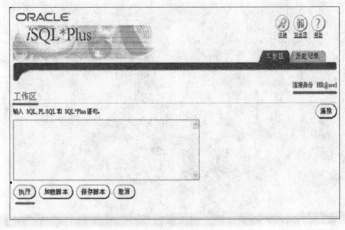

图 8.27　iSQL＊Plus 工作区

3. Oracle 11g 中的 SQL＊Plus

（1）在 DOS 环境下启动 SQL＊Plus，此种方式可以以管理员的身份登录，也可以以普通用户的身份登录，要说明的是，不同版本的 Oracle 都支持本运行方式。先启动 MS-DOS 窗口，在 DOS 提示符（"＞"）下输入 sqlplus 命令，然后按照提示输入用户名与口令，即可输入各种 SQL 命令等来运行 SQL Plus，如图 8.28 所示。

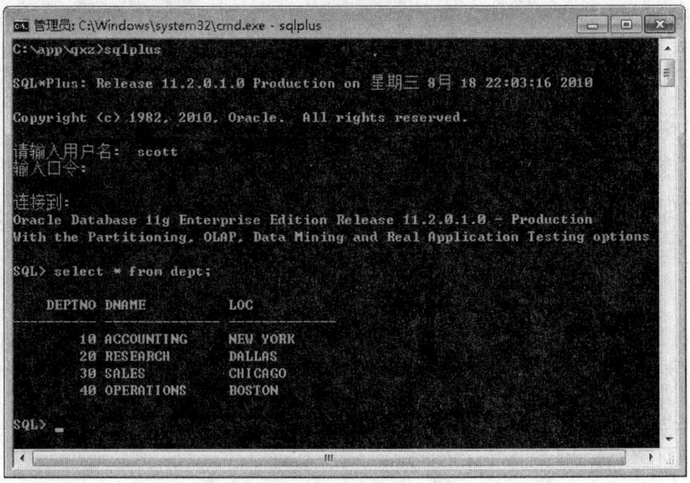

图 8.28　DOS 环境下启动 SQL＊Plus

在 DOS 下能运行 SQL Plus，是因为 Oracle 主目录的 BIN 子目录中存在 sqlplus.exe 文件。

（2）Oracle 11g SQL Plus 的启动，可选择"开始"→"所有程序"→Oracle-OraDb11g_home1→"应用程序开发"→SQL Plus 来启动 SQL＊PLUS。如图 8.29 所示，其方式基本同在 DOS 方式下启动 SQL Plus。

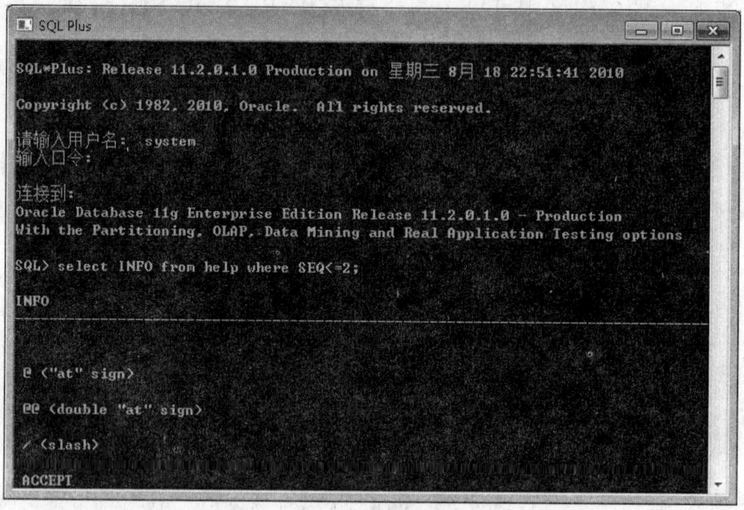

图 8.29 Oracle 11g SQL Plus 的启动

（3）SQL＊Plus Instant Client（SQL＊Plus 立即客户端，下载网址：http：//www. oracle. com/technology/global/cn/software/tech/oci/instantclient/index. html）表明 SQL＊Plus 可以以独立、短小的程序方式运行。SQL＊Plus Instant Client 使用户无须安装标准 Oracle 客户端或拥有 ORACLE_HOME 即可运行 SQL＊Plus。SQL＊Plus Instant Client 使用很少的磁盘空间（具体的下载运行请读者自己尝试，此处略）。

4. SQL＊Plus 的基本使用

Oracle 的 SQL＊Plus 是与 Oracle 进行交互的客户端工具。在 SQL＊Plus 中，可以运行 SQL＊Plus 命令与 SQL＊Plus 语句。

SQL 命令（包括 DML、DDL、DCL）及 PL/SQL 语句都是 SQL＊PLUS 语句，它们执行完后，都可以保存在一个被称为 SQL buffer 的内存区域中，可以对保存在 sql buffer 中的 SQL 语句进行修改，然后再次执行。

除了 SQL＊Plus 语句，在 SQL＊Plus 中执行的其他语句称为 SQL＊Plus 命令。它们执行完后，不保存在 sql buffer 的内存区域中，它们一般用来对输出的结果进行格式化显示，以便于制作报表。

下面介绍一些常用的 SQL＊Plus 命令。

（1）执行一个 SQL 脚本文件

```
SQL>start file_name
```

或：

```
SQL>@  file_name
```

可以将多条 SQL 语句保存在一个文本文件中，这样当要执行这个文件中的所有的 SQL 语句时，用上面的任一命令即可，这类似于 DOS 中的批处理。

（2）对当前的输入进行编辑

```
SQL>edit
```

（3）重新运行上一次运行的 SQL 语句

```
SQL>/
```

（4）将显示的内容输出到指定文件

```
SQL>SPOOL file_name
```

在屏幕上的所有内容都包含在该文件中，包括用户输入的 SQL 语句。

（5）关闭 SPOOL 输出

```
SQL>SPOOL OFF
```

只有关闭 SPOOL 输出，才会在输出文件中看到输出的内容。

（6）显示一个表的结构

```
SQL>desc table_name
```

（7）COL 命令

主要格式化列的显示形式（详细略）。

（8）屏蔽掉一个列中显示的相同的值

```
BREAK ON break_column
SQL>BREAK ON DEPTNO
SQL>SELECT DEPTNO, ENAME, SAL
```

（9）SET 命令

```
SET system_variable value
```

该命令包含许多子命令，例如，system_variable value 情况，可以通过 HELP SET 帮助获得。举例说明如下。

① 设置当前 session 是否对修改的数据进行自动提交。

```
SQL>SET AUTO[COMMIT] {ON|OFF|IMM[EDIATE]| n}
```

② 在用 start 命令执行一个 sql 脚本时，是否显示脚本中正在执行的 SQL 语句。

```
SQL>SET ECHO {ON|OFF}
```

③ 是否显示列标题。

```
SQL>SET HEA[DING] {ON|OFF}
```

当 set heading off 时，在每页的上面不显示列标题，而是以空白行代替。

④ 设置一行可以容纳的字符数。

```
SQL>SET LIN[ESIZE] {80|n}
```

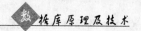

如果一行的输出内容大于设置的一行可容纳的字符数,则折行显示。

⑤ 设置页与页之间的分隔。

```
SQL>SET NEWP[AGE] {1|n|NONE}
```

⑥ 显示时,用 text 值代替 NULL 值。

```
SQL>SET NULL text
```

⑦ 设置一页有多少行。

```
SQL>SET PAGES[IZE] {24|n}
```

如果设为 0,则所有的输出内容为一页并且不显示列标题。

⑧ 是否显示用 DBMS_OUTPUT. PUT_LINE 包进行输出的信息。

```
SQL>SET SERVEROUT[PUT] {ON|OFF}
```

在编写存储过程时,有时会用 dbms_output. put_line 将必要的信息输出,以便对存储过程进行调试,只有将 serveroutput 变量设为 on 后,信息才能显示在屏幕上。

⑨ 当 SQL 语句的长度大于 LINESIZE 时,是否在显示时截取 SQL 语句。

```
SQL>SET WRA[P] {ON|OFF}
```

当输出的行的长度大于设置的行的长度(用 set linesize n 命令设置),当 set wrap on 时,输出行的多余字符会另起一行显示,否则,会将输出行的多余字符切除,不予显示。

⑩ 是否在屏幕上显示输出的内容,主要用于与 SPOOL 结合使用。

```
SQL>SET TERM[OUT] {ON|OFF}
```

在用 spool 命令将一个大表中的内容输出到一个文件中时,将内容输出在屏幕上会耗费大量的时间,设置 set termspool off 后,则输出的内容只会保存在输出文件中,不会显示在屏幕上,极大地提高了 spool 的速度。

⑪ 将 SPOOL 输出中每行后面多余的空格去掉。

```
SQL>SET TRIMS[OUT] {ON|OFF}
```

⑫ 显示每个 SQL 语句花费的执行时间。

```
set TIMING {ON|OFF}
```

(10) 修改 sql buffer 当前行中,第一个出现的字符串。

```
C[HANGE] /old_value/new_value
SQL>l
    1* select * from dept
SQL>c/dept/emp
    1* select * from emp
```

(11) 编辑 sql buffer 中的 SQL 语句。

EDI[T]

(12) 显示 sql buffer 中的 SQL 语句,list n 显示 sql buffer 中的第 n 行,并使第 n 行成为当前行。

L[IST] [n]

(13) 在 sql buffer 的当前行下面加一行或多行。

I[NPUT]

(14) 将指定的文本加到 sql buffer 的当前行后面。

A[PPEND]

(15) 将 sql buffer 中的 SQL 语句保存到一个文件中。

SAVE file_name

(16) 将一个文件中的 SQL 语句导入到 sql buffer 中。

GET file_name

(17) 再次执行刚才已经执行的 SQL 语句。

RUN

或

/

(18) 执行一个存储过程。

EXECUTE procedure_name

(19) 在 SQL * PLUS 中连接到指定的数据库。

CONNECT user_name/passwd@ db_alias

(20) 写一个注释。

REMARK [text]

(21) 将指定的信息或一个空行输出到屏幕上。

PROMPT [text]

(22) 将执行的过程暂停,等待用户响应后继续执行。

PAUSE [text]
Sql>PAUSE Adjust paper and press RETURN to continue

(23) 将一个数据库中的一些数据复制到另外一个数据库(例如,将一个表的数据复制到另一个数据库)。

```
COPY {FROM database | TO database | FROM database TO database}
{APPEND|CREATE|INSERT|REPLACE} destination_table
[(column, column, column, ...)] USING query
sql>COPY FROM SCOTT/TIGER@ orcl TO JOHN/CHROME@ orcl
    create emp_temp USING SELECT * FROM EMP;
```

(24) 不退出 SQL＊PLUS,在 SQL＊PLUS 中执行一个操作系统命令。

```
HOST
Sql>HOST hostname
```

说明: 该命令在 Windows 下可能被支持。

(25) 显示 SQL＊PLUS 命令的帮助

```
HELP
```

(26) 显示 SQL＊PLUS 系统变量的值或 SQL＊PLUS 环境变量的值。

```
SHO[W] option
```

可以通过 HELP SHOW 来获取 option 的值。下面举几个例子。

① 显示当前环境变量的值。

```
Show all
```

② 显示当前在创建函数、存储过程、触发器、包等对象的错误信息。

```
Show error
```

当创建一个函数、存储过程等出错时,便可以用该命令查看在哪个地方出错及相应的出错信息,进行修改后再次进行编译。

③ 显示初始化参数的值。

```
show PARAMETERS [parameter_name]
```

④ 显示数据库的版本。

```
show REL[EASE]
```

⑤ 显示 SGA 的大小。

```
show SGA
```

⑥ 显示当前的用户名。

```
show user
```

8.6　PL/SQL 语言

标准化的 SQL 语言对数据库进行各种操作,每次只能执行一条语句,语句以英文的分号";"为结束标识,这样使用起来很不方便,同时效率较低,这是因为 Oracle 数据库系统不像 VB、VC 这样的程序设计语言,它侧重于后台数据库的管理,因此提供的编程能力较弱,而结构化编程语言对数据库的支持能力也较弱,如果一些稍微复杂点的管理任务都要借助编程语言来实现的话,那么对管理员来讲是很大的负担。

正是在这种需求的驱使下,从 Oracle 6 开始,Oracle 公司在标准 SQL 语言的基础上发展了自己的 PL/SQL(Procedural Language/SQL,过程化 SQL 语言)语言,将变量、控制结构、过程和函数等结构化程序设计的要素引入了 SQL 语言中,这样就能够编制比较复杂的 SQL 程序了,利用 PL/SQL 语言编写的程序也称为 PL/SQL 程序块。

PL/SQL 是一种过程化语言,属于第三代语言,专门设计用于 Oracle 中无缝处理 SQL 命令。它与 C、C++、Java 等语言一样关注于处理细节,可以用来实现比较复杂的业务逻辑。PL/SQL 程序块的主要特点包括具有模块化的结构、使用过程化语言控制结构、能够进行错误处理。PL/SQL 程序块一般在[SQL Plus]、[SQLPlus Worksheet]等工具的支持下以解释型方式执行。

本章主要介绍 PL/SQL 的编程基础,以使入门者对 PL/SQL 语言有一个总体认识和基本把握。

8.6.1　编程的基础知识

1. PL/SQL 程序结构

完整的 PL/SQL 程序结构可以分为以下三个部分。

(1) 定义部分

以 declare 为标识,在该部分中定义程序中要使用的常量、变量、游标和例外处理名称,PL/SQL 程序中使用的所有定义都必须在该部分集中定义,而在有的高级语言里,变量是可以在程序执行过程中定义的。

(2) 执行部分

以 begin 为开始标识,以 end 为结束标识。该部分是每个 PL/SQL 程序所必备的,包括对数据库的操作语句和各种流程控制语句。

(3) 异常处理部分

该部分包含在执行部分里面,以 exception 为标识,对程序执行中产生的异常情况进行处理。一个完整的 PL/SQL 程序的总体结构如图 8.30 所示。

其中,执行部分是必需的,其他两个部分可选。无论 PL/SQL 程序段的代码量有多大,其基本结构都是由这三部分组成的。如下所示为一段完整的 PL/SQL 块。

```
declare
    定义语句段;
begin
    执行语句段;
exception
    异常处理语句段;
end
```

图 8.30　PL/SQL 程序的总体结构

```
set serveroutput on                  /*信息显示到屏幕*/
declare v_id integer;                /*声明部分,以 declare 开头*/
      v_name varchar(20);            /*下句定义游标*/
      cursor c_emp is select EMPNO,ENAME from SCOTT.EMP where EMPNO>=7788;
```

```
begin                                      /* 执行部分,以 begin 开头 */
    open c_emp;                            /* 打开游标 */
    loop
        fetch c_emp into v_id,v_name;      /* 从游标取数据 */
        exit when c_emp% notfound ;
        dbms_output.PUT_LINE(v_name);      /* 输出 v_name */
    end loop ;
    close c_emp;                           /* 关闭游标 */
exception                                  /* 异常处理部分,以 exception 开始 */
    when no_data_found then dbms_output.PUT_LINE('没有数据');
end ;
```

说明:EMP 是 SCOTT 用户中的一个默认表,SCOTT. EMP 数据表可通过如下 CREATE TABLE 创建:

CREATE TABLE SCOTT. EMP(EMPNO NUMBER(4) NOT NULL, ENAME VARCHAR2(10 byte),JOB VARCHAR2(9 byte),MGR NUMBER(4),HIREDATE DATE, SAL NUMBER(7, 2),COMM NUMBER(7, 2),DEPTNO NUMBER(2), CONSTRAINT FK_DEPTNO FOREIGN KEY(DEPTNO) REFERENCES SCOTT. DEPT(DEPTNO),CONSTRAINT PK_EMP PRIMARY KEY(EMPNO));

PL/SQL 程序可以在 Oracle SQL Developer 或 SQL Plus 等程序环境中运行, 图 8.31 所示为以上 PL/SQL 程序在 Oracle SQL Developer 中的运行情况,图 8.32 所示 为程序在 SQL Plus 中的运行情况。

图 8.31　PL/SQL 程序在 Oracle SQL Developer 中的运行情况

图 8.32　PL/SQL 程序在 Oracle SQL Plus 中的运行情况

在下面的例子中，PL/SQL 程序均将在 Oracle SQL Developer 中运行，限于篇幅，程序的运行状况将不一一列举出。

2. SQL 基本命令

PL/SQL 使用的数据库操作语言还是基于 SQL 的，所以熟悉 SQL 是进行 PL/SQL 编程的基础。SQL 语言的分类情况大致如下。

(1) 数据定义语言(DDL)：Create、Drop、Grant、Revoke、……

(2) 数据操纵语言(DML)：Update、Insert、Delete、……

(3) 数据控制语言(DCL)：Commit、Rollback、Savapoint、……

(4) 其他：Alter System、Connect、Allocate、……

具体的语法结构可以参阅 Oracle 其 SQL 语言的帮助资料，在此不再赘述。

8.6.2　基本语法要素

1. 常量

(1) 定义常量的语法格式

常量名 constant 类型标识符 [not null]:=值；

常量，包括后面的变量名都必须以字母开头，不能有空格，不能超过 30 个字符长度，同时不能和保留字同名，常(变)量名称不区分大小写，在字母后面可以带数字或特殊字符。括号内的 not null 为可选参数，若选用，则表明该常(变)量不能为空值。

（2）实例

执行下列 PL/SQL 程序，该程序定义了名为 pi 的数字型常量，长度为 9。

```
declare
    pi constant number(9):=3.1415926;
begin
    commit;
end;
```

2. 基本数据类型变量

PL/SQL 主要用于数据库编程，所以其所有的数据类型都跟 Oracle 数据库里的字段类型是一一对应的，大体分为数字型、布尔型、字符型和日期型。

（1）基本数据类型

PL/SQL 中常用的基本数据类型包括① Number 数字型；② Int 整数型；③ Pls_integer 整数型，产生溢出时出现错误；④ Binary_integer 整数型，表示带符号的整数；⑤ Char 定长字符型，最大 255 个字符；⑥ Varchar2 变长字符型，最大 2000 个字符；⑦ Long 变长字符型，最长 2GB；⑧ Date 日期型；⑨ Boolean 布尔型（TRUE、FALSE、NULL 三者取一）。

在 PL/SQL 中使用的数据类型和 Oracle 数据库中使用的数据类型，其含义有的是完全一致的，有的是有不同的。下面简单介绍两种常用数据类型：number、varchar2。

① number 用来存储整数和浮点数。范围为 $1e-130 \sim 10e125$，其使用语法为：

```
number[(precision, scale)]
```

其中（precision, scale）是可选的，precision 表示所有数字的个数，scale 表示小数点右边数字的个数。

② varchar2 用来存储变长的字符串，其使用语法为：

```
varchar2[(size)]
```

其中 size 为可选，表示该字符串所能存储的最大长度。

（2）基本数据类型变量的定义方法

在 PL/SQL 中声明变量与其他语言不太一样，它采用从右往左的方式声明，格式为：

变量名 类型标识符 [not null]:=值;

例如，声明一个 number 类型的变量 v_id，其形式应为：

```
v_id number;
```

如果给上面的 v_id 变量赋值，不能用"="，应该用" :="，即形式为：

```
v_id :=5;
```

（3）实例

执行下列 PL/SQL 程序，该程序定义了名为 age 的数字型变量，长度为 3，初始值为 26。

```
declare
    age number(3):=26;
begin
    commit;
end;
```

3. 复合数据类型变量

下面介绍常见的几种复合数据类型变量的定义。

（1）使用％type 定义变量

为了让 PL/SQL 中变量的类型和数据表中的字段的数据类型一致，Oracle 9i 提供了％type 定义方法。这样当数据表的字段类型修改后，PL/SQL 程序中相应变量的类型也会自动修改。

执行下列 PL/SQL 程序，该程序定义了名为 mydata 的变量，其类型和 SCOTT.EMP 数据表中的 SAL 字段类型是一致的。

```
declare
    mydata SCOTT.EMP.SAL% type;
begin
    mydata:=23.3; commit;
end;
```

（2）定义记录类型变量

很多结构化程序设计语言都提供了记录类型的数据类型，PL/SQL 也支持将多个基本数据类型捆绑在一起的记录数据类型。

下列程序代码定义了名为 myrecord 的记录类型，该记录类型由整数型的 empno 和日期型的 hiredate 基本类型变量组成，srecord 是该类型的变量，引用记录型变量的方法是"记录变量名.基本类型变量名"。

程序的执行部分从 SCOTT.EMP 数据表中提取 EMPNO 字段为 7788 的记录的内容，存放在 srecord 复合变量里，然后输出 srecord.hiredate 的值，实际上就是数据表中相应记录的 currentdate 的值。

执行下列 PL/SQL 程序，执行结果略。

```
set serveroutput on
declare
    type myrecord is record(empno int,hiredate date);
    srecord myrecord;
begin
    select EMPNO,HIREDATE into srecord from SCOTT.EMP where EMPNO=7788;
```

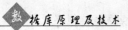

```
    dbms_output.put_line(srecord.hiredate);
end;
```

在 PL/SQL 程序中,select 语句总是和 into 配合使用的,into 子句后面就是要被赋值的变量。

(3) 使用%rowtype 定义变量

使用%type 可以使变量获得字段的数据类型,使用%rowtype 可以使变量获得整个记录的数据类型。比较两者定义的不同: 变量名 数据表.列名%typc;变量名 数据表%rowtype。

执行下列 PL/SQL 程序,该程序定义了名为 mytable 的复合类型变量,与 SCOTT.EMP 数据表结构相同。

```
declare
    mytable EMP% rowtype;
begin
    select * into mytable from SCOTT.EMP where EMPNO=7788;
    dbms_output.put_line(mytable.hiredate);
end;
```

(4) 定义一维表类型变量

表类型变量和数据表是有区别的,定义表类型变量的语法如下:

```
type 表类型 is table of 类型 index by binary_integer;
表变量名 表类型;
```

其中,类型可以是前面的类型定义,index by binary_integer 子句代表以符号整数为索引,这样访问表类型变量中的数据方法就是"表变量名(索引符号整数)"。

执行下列 PL/SQL 程序,该程序定义了名为 tabletype1 和 tabletype2 的两个一维表类型,相当于一维数组。table1 和 table2 分别是两种表类型变量。

```
declare
    type tabletype1 is table of varchar2(4) index by binary_integer;
    type tabletype2 is table of SCOTT.EMP.EMPNO% type index by binary_integer;
    table1 tabletype1; table2 tabletype2;
begin
    table1(1):='大学'; table1(2):='大专';
    table2(1):=88; table2(2):=55;
    dbms_output.put_line(table1(1)||table2(1));/* ||是连接字符串运算符 * /
    dbms_output.put_line(table1(2)||table2(2));
end;
```

(5) 定义多维表类型变量

执行下列 PL/SQL 程序,该程序定义了名为 tabletype1 的多维表类型,相当于多维数组,table1 是多维表类型变量,用来将数据表 SCOTT. EMP 中 EMPNO 为 7788 的记录提取出来存放在 table1 中并显示,运行情况略。

```
declare
    type tabletype1 is table of SCOTT.EMP% rowtype index by binary_integer;
    table1 tabletype1;
begin
    select * into table1(60) from SCOTT.EMP where EMPNO=7788;
    dbms_output.put_line(table1(60).EMPNO||table1(60).hiredate);
end;
```

在定义好的表类型变量里，可以使用 count、delete、first、last、next、exists 和 prior 等属性进行操作，使用方法为"表变量名.属性"，返回的是数字。

执行下列 PL/SQL 程序，该程序定义了名为 tabletype1 的一维表类型，table1 是一维表类型变量，在变量中插入三个数据，综合使用了表变量属性。

```
set serveroutput on
declare
    type tabletype1 is table of varchar2(9) index by binary_integer;
    table1 tabletype1;
begin
    table1(1):='成都市'; table1(2):='北京市'; table1(3):='青岛市';
    dbms_output.put_line('总记录数:'||to_char(table1.count));
    dbms_output.put_line('第一条记录:'||table1.first);
    dbms_output.put_line('最后一条记录:'||table1.last);
    dbms_output.put_line('第二条的前一条记录:'||table1.prior(2));
    dbms_output.put_line('第二条的后一条记录:'||table1.next(2));
end;
```

4. 表达式

变量、常量经常需要组成各种表达式来进行运算，下面介绍 PL/SQL 中常见表达式的运算规则。

（1）数值表达式

PL/SQL 程序中的数值表达式是由数值型常数、变量、函数和算术运算符组成的，可以使用的算术运算符包括＋（加法）、－（减法）、*（乘法）、/（除法）和 **（乘方）等。

执行下列 PL/SQL 程序，该程序定义了名为 result 的整数型变量，计算的是 $10+3*4-20+5**2$ 的值，理论结果应该是 27。

```
set serveroutput on
declare
    result integer;
begin
    result:=10+3*4-20+5**2;
    dbms_output.put_line('运算结果是:'||to_char(result));
end;
```

dbms_output.put_line 函数输出只能是字符串,因此利用 to_char 函数可将数值型结果转换为字符型。

(2) 字符表达式

字符表达式由字符型常数、变量、函数和字符运算符组成,唯一可以使用的字符运算符就是连接运算符"||"。

(3) 关系表达式

关系表达式由字符表达式或数值表达式与关系运算符组成,可以使用的关系运算符包括＜小于;＞大于;＝等于(不是赋值运算符 :=);like 类似于;in 在⋯⋯之中;＜＝ 小于等于;＞＝ 大于等于;!＝ 不等于;between 在⋯⋯之间。关系型表达式运算符两边的表达式的数据类型必须一致。

(4) 逻辑表达式

逻辑表达式由逻辑常数、变量、函数和逻辑运算符组成,常见的逻辑运算符包括 NOT:逻辑非;OR:逻辑或;AND:逻辑与。运算的优先次序为 NOT、AND 和 OR。

5. 函数

PL/SQL 程序中提供了很多函数扩展功能,主要有以下几种。

(1) 类型转化函数

① To_char:将其他类型数据转换为字符型。

② To_date:将其他类型数据转换为日期型。

③ To_number:将其他类型数据转换为数值型。

④ 转化为数字类型的:decimal、double、Integer、smallint、real。

⑤ Hex(arg):转化为参数的十六进制表示。

⑥ 转化为字符串类型的:char、varchar。

⑦ Digits(arg):返回 arg 的字符串表示法,arg 必须为 decimal。

⑧ 转化为日期时间的:date、time、timestamp。

(2) 时间日期函数

① year、quarter、month、week、day、hour、minute、second。

② dayofyear(arg):返回 arg 在年内的天值。

③ Dayofweek(arg):返回 arg 在周内的天值。

④ days(arg):返回日期的整数表示法,从 0001-01-01 以来的天数。

⑤ midnight_seconds(arg):午夜和 arg 之间的秒数。

⑥ Monthname(arg):返回 arg 的月份名。

⑦ Dayname(arg):返回 arg 的星期。

(3) 字符串函数

① length、lcase、ucase、ltrim、rtrim。

② Coalesce(arg1,arg2⋯):返回参数集中第一个非 null 参数。

③ Concat(arg1,arg2):连接两个字符串 arg1 和 arg2。

④ insert(arg1,pos,size,arg2):返回一个,将 arg1 从 pos 处删除 size 个字符,将 arg2

插入该位置。

⑤ left(arg,length)：返回 arg 最左边的 length 个字符串。

⑥ locate(arg1,arg2,pos)：在 arg2 中查找 arg1 第一次出现的位置,指定 pos,则从 arg2 的 pos 处开始找 arg1 第一次出现的位置。

⑦ posstr(arg1,arg2)：返回 arg2 第一次在 arg1 中出现的位置。

⑧ repeat(arg1 ,num_times)：返回 arg1 被重复 num_times 次的字符串。

⑨ replace(arg1,arg2,arg3)：将在 arg1 中的所有 arg2 替换成 arg3。

⑩ right(arg、length)：返回一个由 arg 左边 length 个字节组成的字符串。

⑪ space(arg)：返回一个包含 arg 个空格的字符串。

⑫ substr(arg1,pos,length)：返回 arg1 中 pos 位置开始的 length 个字符,如果没指定 length,则返回剩余的字符。

（4）数学函数

① Abs、count、max、min、sum。

② Ceil(arg)：返回大于或等于 arg 的最小整数。

③ Floor(arg)：返回小于或等于参数的最小整数。

④ Mod(arg1、arg2)：返回 arg1 除以 arg2 的余数,符号与 arg1 相同。

⑤ Rand()：返回 1 到 10 之间的随机数。

⑥ Power(arg1、arg2)：返回 arg1 的 arg2 次方。

⑦ Round(arg1、arg2)：四舍五入截断处理,arg2 是位数,如果 arg2 为负,则对小数点前的数做四舍五入处理。

⑧ Sigh(arg)：返回 arg 的符号指示符。用-1、0、1 表示。

⑨ truncate(arg1、arg2)：截断 arg1,arg2 是位数,如果 arg2 是负数,则保留 arg1 小数点前的 arg2 位。

（5）其他

nullif(arg1,arg2)：如果 2 个参数相等,则返回 null,否则,返回参数 1。

以上介绍了 PL/SQL 中最基本的语法要素,下面介绍体现 PL/SQL 过程化编程思想的流程控制语句。

8.6.3　流程控制

PL/SQL 程序中的流程控制语句借鉴了许多高级语言的流程控制思想,但又有自己的特点。PL/SQL 程序段中也有三类流程控制语句：条件控制、循环控制和顺序控制。

1. 条件控制

下面通过实例来介绍条件控制语句的使用。

（1）if…then…end if 条件控制

采用 if…then…end if 条件控制的语法结构如图 8.33 所示。

执行下列 PL/SQL 程序,该程序判断两个整数变量的大小。

```
set serveroutput on
declare
    number1 integer:=90;
    number2 integer:=60;
begin
    if number1>=number2 then
        dbms_output.put_line('number1 大于等于 number2');
    end if;
end;
```

(2) if…then…else…end if 条件控制

采用 if…then…else…end if 条件控制的语法结构如图 8.34 所示。

```
if 条件 then
    语句段;
end if;
```

图 8.33　if…then…end if 条件
控制语法结构

```
if 条件 then
    语句段1;
else
    语句段2;
end if;
```

图 8.34　if…then…else…end if 条件
控制语法结构

执行下列 PL/SQL 程序，该程序判断两个整数变量的大小，并输出不同的结果。

```
set serveroutput on
declare
    number1 integer:=80; number2 integer:=90;
begin
    if number1>=number2 then
        dbms_output.put_line('number1 大于等于 number2');
    else
        dbms_output.put_line('number1 小于 number2');
    end if;
end;
```

(3) if 嵌套条件控制

采用 if 嵌套条件控制的语法结构如图 8.35 所示。

执行下列 PL/SQL 程序，该程序判断两个整数变量的大小，并输出不同的结果。执行结果如图 8.36 所示。

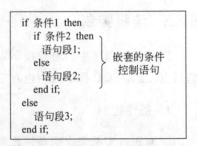

```
if 条件1 then
    if 条件2 then
        语句段1;
    else
        语句段2;
    end if;        嵌套的条件
else               控制语句
    语句段3;
end if;
```

图 8.35　if 嵌套条件控制语法结构

```
set serveroutput on
declare
    number1 integer:=80; number2 integer:=90;
begin
```

```
    if number1< =number2 then
        if number1=number2 then
            dbms_output.put_line('number1 等于 number2');
        else
            dbms_output.put_line('number1 小于 number2');
        end if;
    else
        dbms_output.put_line('number1 大于 number2');
    end if;
end;
```

图 8.36　if 嵌套条件控制的使用情况

2. 循环控制

循环结构是按照一定的逻辑条件来执行一组命令的，PL/SQL 中有四种基本循环结构，在它们的基础上又可以演变出许多嵌套循环控制，下面介绍最基本的循环控制语句。

（1）loop…exit…end loop 循环控制

采用 loop…exit…end loop 循环控制的语法结构如图 8.37 所示。

执行下列 PL/SQL 程序，该程序将 number1 变量每次加 1，一直到等于 number2 为止，并统计输出循环次数。

```
loop
    循环语句段;
    if 条件 then
        exit;
    else
        退出循环的处理语句段;
    end if;
end loop;
```

图 8.37　loop…exit…end loop 循环控制语法结构

```
set serveroutput on
declare
    number1 integer:=80; number2 integer:=90; i integer:=0;
begin
    loop
        number1:=number1+1;
        if number1=number2 then
            exit;
        else
            i:=i+1;
        end if;
    end loop;
    dbms_output.put_line('共循环次数:'||to_char(i));
end;
```

（2）loop…exit when…end loop 循环控制

采用 loop…exit when…end loop 循环控制的语法结构与图 8.37 所示的结构类似。
exit when 实际上就相当于：

```
if 条件 then
    exit;
end if;
```

执行下列 PL/SQL 程序，该程序将 number1 变量每次加 1，一直到等于 number2 为止，并统计输出循环次数。

```
set serveroutput on
declare
    number1 integer:=80; number2 integer:=90; i integer:=0;
begin
    loop
        number1:=number1+1; i:=i+1;
        exit when number1=number2;
    end loop;
    dbms_output.put_line('共循环次数:'||to_char(i));
end;
```

when 循环控制结束条件比采用 if 的条件控制结束的循环次数多 1 次。

（3）while…loop…end loop 循环控制

采用 while…loop…end loop 循环控制的语法如下。

```
while 条件 loop
    执行语句段;
end loop;
```

执行下列 PL/SQL 程序,该程序将 number1 变量每次加 1,一直到等于 number2 为止,并统计输出循环次数。

```
set serveroutput on
declare
    number1 integer:=80; number2 integer:=90; i integer:=0;
begin
    while number1< number2 loop
        number1:=number1+1; i:=i+1;
    end loop;
    dbms_output.put_line('共循环次数:'||to_char(i));
end;
```

(4) for…in…loop…end 循环控制

采用 for…in…loop…end 循环控制的语法如下。

```
for 循环变量 in [reverse] 循环下界...循环上界 loop
    循环处理语句段;
end loop;
```

执行下列 PL/SQL 程序,该程序通过循环变量 i 来控制 number1 增加次数,并输出结果。

```
set serveroutput on
declare
    number1 integer:=80; number2 integer:=90; i integer:=0;
begin
    for i in 1..10 loop
        number1:=number1+1;
    end loop;
    dbms_output.put_line('number1 的值:'||to_char(number1));
end;
```

3. 顺序控制

顺序控制实际上是 goto 的运用,不过从程序控制的角度来看,尽量少用 goto 可以使得程序结构更加清晰。

8.6.4　过程与函数

PL/SQL 中的过程和函数与其他语言的过程和函数一样,都是为了执行一定的任务而组合在一起的语句。过程无返回值,函数有返回值。

过程的语法结构为:

```
Create or replace procedure procname(参数列表) as PL/SQL 语句块
```

函数的语法结构为:

Create or replace function funcname(参数列表) return 返回值 as PL/SQL 语句块

为便于理解,举例如下。

问题:假设有一张表 T1,有 F1 和 F2 两个字段,F1 为 number 类型,F2 为 varchar2 类型,创建表的命令为:

```
CREATE TABLE "SYSTEM"."T1"
    ("F1" NUMBER NOT NULL ENABLE,
    "F2" VARCHAR2(20 BYTE), CONSTRAINT "T1_PK" PRIMARY KEY("F1"));
```

创建过程 test_procedure,要实现向 T1 表中添加两条记录。

```
Create or replace procedure test_procedure as
    V_f11 number :=1; /*声明变量并赋初值*/
    V_f12 number :=2;
    V_f21 varchar2(20) :='first';
    V_f22 varchar2(20) :='second';
Begin
    Insert into T1 values (V_f11, V_f21);
    Insert into T1 values (V_f12, V_f22);
End test_procedure; /* test_procedure 可以省略 */
```

至此,test_procedure 存储过程已经完成了,经过编译后就可以在其他 PL/SQL 块或者过程中调用了。调用命令形式如下:

```
Execute test_procedure;
```

如图 8.38 所示。

图 8.38　创建与执行存储过程

函数与过程具有很大的相似性，此处不再详述。

8.6.5　游标

游标的定义为：用游标来指代一个 DML SQL 操作返回的结果集。即当一个对数据库的查询操作返回一组结果集时，用游标来标注这组结果集，以后都通过对游标的操作来获取结果集中的数据信息。这里特别提出游标的概念，是因为它在 PL/SQL 的编程中非常重要。定义游标的语法结构如下：

```
cursor cursor_name is SQL 语句;
```

代码：

```
cursor c_emp is select * from SCOTT.EMP where EMPNO>=7788;
```

其含义是定义一个游标 c_cmp，代表 SCOTT.EMP 表中所有 EMPNO 字段为大于等于7788 的结果集。当需要操作该结果集时，必须完成三步：打开游标、使用 fetch 语句将游标里的数据取出、关闭游标。请参照本章 8.6.1 节第一段代码的注释来理解游标操作的步骤。

8.6.6　其他概念

PL/SQL 中包的概念很重要，它主要是对一组功能相近的过程和函数进行封装，类似于面向对象中名字空间的概念。

触发器是一种特殊的存储过程，其调用者比较特殊，只有当发生特定的事件时才被调用，主要用于多表之间的消息通知。

8.6.7　操作示例

为 JXGL 用户建立一个名为 testtable 的数据表，设在该表中有 recordnum 整数型字段和 currentdate 时间型字段，编制一个 PL/SQL 程序，用来完成向该表中自动输入 100条记录，要求 recordnum 字段从 1 到 100，currentdate 字段为当前系统时间。其操作步骤如下。

（1）在 Oracle SQL Developer 中以 system 或 sys 数据库管理员用户身份连接登录，如图 8.39 所示。

（2）创建数据库用户 JXGL。

创建命令为：

```
CREATE USER JXGL IDENTIFIED BY JXGL DEFAULT TABLESPACE USERS TEMPORARY
TABLESPACE TEMP;
```

（3）修改用户 JXGL 的权限，如图 8.40 所示。

授予用户 JXGL RESOURCE 角色使其能创建用户表，授予 CREATE SESSION 权限，使其能创建新连接连接到数据库。

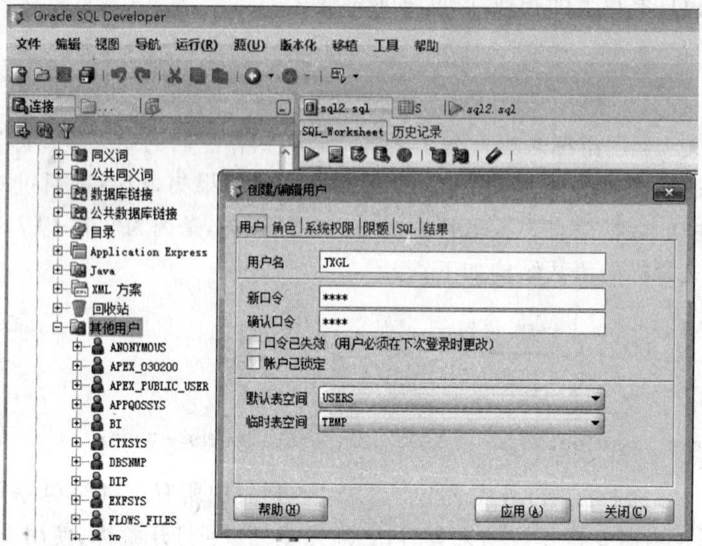

图 8.39 创建用户 JXGL

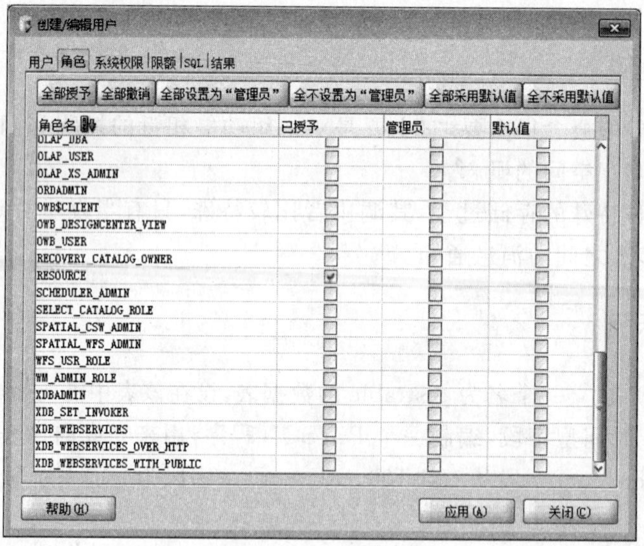

图 8.40 添加用户权限

授权命令为：

```
GRANT "RESOURCE" TO JXGL;
GRANT CREATE SESSION TO JXGL;
```

（4）创建用户 JXGL 的新连接，如图 8.41 所示。

（5）用户 JXGL 以新连接 JXGLUSER 连接以 JXGL 身份登录到数据库。展开表节点，右击表节点，选择"新建表"快捷菜单，在创建表对话框中交互式创建表 TESTTABLE，如图 8.42 所示。

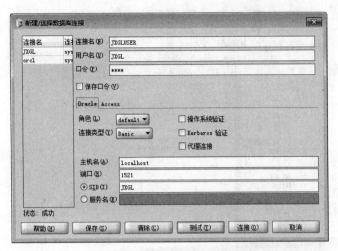

图 8.41　创建用户 JXGL 的新连接

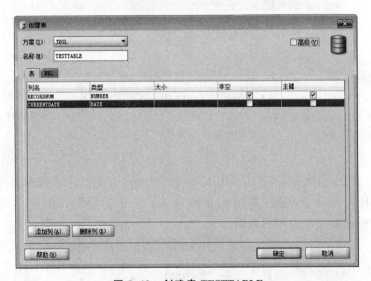

图 8.42　创建表 TESTTABLE

注意：在 PL/SQL 中执行 DDL 语句要加上 execute immediate，例如：

execute immediate 'create table ttt(name varchar2(20) default ''Army'')';

如上命令中两个单引号代表一个单引号。

（6）单击"确定"按钮创建 TESTTABLE 表后，如图 8.43 所示，打开 SQL 工作表，输入如下 PL/SQL 代码，自动向表添加 100 条记录。

```
set serveroutput on
declare
    maxrecords constant int:=100;
    i int :=1;
begin
```

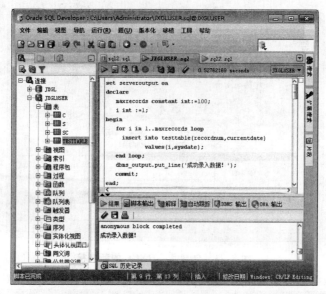

图 8.43　利用 PL/SQL 自动添加表记录

```
for i in 1..maxrecords loop
    insert into testtable(recordnum,currentdate) values(i,sysdate);
end loop;                    /*上句中 sysdate 为系统时间函数*/
dbms_output.put_line('成功录入数据！');/*dbms_output 为默认程序包*/
commit;                      /*提交所有添加操作*/
end;
```

(7) 展开表节点,在表 TESTTABLE 节点上右击,选择"打开"快捷菜单,在打开的 TESTTABLE 页面框上,单击相应的子选项卡,便可查看该表的一系列信息,包括图 8.44 所示的刚添加到表中的数据。

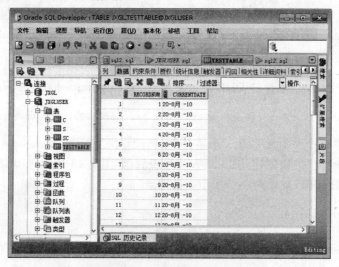

图 8.44　查看表记录等表信息

8.7　Oracle 的命名规则和数据类型

8.7.1　命名规则

Oracle 中的各种数据对象,包括表名称、视图等名称的命名都需要遵循 Oracle 的命名规则。Oracle 的命名规则分为标准命名方式和非标准命名方式。

1. 标准命名方式

标准命名方式,需要满足以下条件:①命名以字符打头;②除数据库名称长度为 1～8个字符外,其余为 30 个字符以内;③对象名中只能包含 a～Z,A～Z,0～9,_,$,And,$ 和 #;④不能和同一个用户下的其他对象重名;⑤命名不能是 Oracle 服务器的保留字。

例如:

```
Create Table Emp-Bonus( Empid Number(10),Bonus Number(10));
```

此 SQL 语句是错误的。因为表名使用了"-",这在标准命名中是不允许的。但对于某些特定对象,往往采取惯性命名方式,既采取缩写作为前缀,便于见名思义。

2. 非标准命名方式

非标准命名方式可以使用任何字符,包括中文、Oracle 中的保留字、空格等,但是需要将对象名用双引号括起来。

例如:

```
Create Table "Table"(Test1 Varchar2(10));
```

此语句用于建立一个表名为 Table 的表,没有什么语法错误。但这样命名就需要以后在使用这个对象时必须用双引号将对象括起来。

例如,对于刚才建立的表使用 select * From Table;是错误的,应使用 select * From "Table";。

8.7.2　数据类型

Oracle 数据库的数据类型可分为四类:字符数据类型、数字数据类型、日期数据类型、其他。主要数据类型的说明及其域取值范围分别见表 8.1～表 8.4。

表 8.1　字符数据类型表

数据类型	说　　明	域取值
Char	定长字符串	[0,2000b]
Varchar2	变长字符串	[0,4000b]
Nchar	根据字符集而定的定长字符串	[0,2000b]

续表

数据类型	说　　明	域取值
Nvarchar2	根据字符集而定的变长字符串	[0,4000b]
Long	超长字符串	[0,2gb]
Clob	字符数据	[0,4gb]
Nclob	根据字符集而定的字符数据	[0,4gb]

表 8.2　数字数据类型表

数据类型	说　　明	域取值
Number	格式为 number(P,S),P 为整数位,S 为小数位	P Default 38,S∈[−84,127]
Binary_Float	32 位的双精度浮点型数值	[1.17549E−38F,3.40282E+38F]
Binary_Double	64 位的双精度浮点型数值	[1.79769313486231E+308,2.22507485850720E−308]

表 8.3　日期数据类型表

数据类型	说　　明	域取值
DATE	有效的日期类型	从 January 1, 4712 BC 到 December 31,9999 AD
TIMESTAMP (fractional_seconds_precision)	时间戳类型(含秒的精度位数)	秒的精度位数为 0~9(默认为 6)
TIMESTAMP (fractional_seconds_precision) WITH {LOCAL} TIMEZONE	带{局部}时区的时间戳类型(含秒的精度位数)	秒的精度位数为 0~9(默认为 6)

表 8.4　其他数据类型表

数据类型	说　　明	域取值
Raw	定长的二进制数据	[0,2000b]
Long Raw	变长的二进制数据	[0,2gb]
Rowid	数据表中记录的唯一行号	10b
Blob	二进制数据	[0,4gb]
Bfile	存放在数据库外的二进制数据	[0,4gb]
Urowid	二进制数据表中记录的唯一行号	[0,4000b]

8.8　数据库的创建、使用和删除

8.8.1　创建数据库

在组织和管理数据库系统时,必须首先建立数据库。在 Oracle 中建库,通常有两种方法。一种方法是使用 Oracle 的建库工具 DBCA,这是一个图形界面工具,使用起来方便且容易理解,因为它的界面友好、美观,而且提示也比较齐全。在 Windows 系统中,这个工具可以通过在 Oracle 程序组中打开("开始"→"程序"→Oracle-OraDb11g_home1→"配置与移植工具"→Database Configuration Assistant),也可以在命令行("开始"→"运行"→cmd)工具中直接输入 DBCA 来打开;另一种方法是手工建库。下面简单介绍这两种方法的使用。

1. 使用 Oracle Database Configuration Assistant 建立数据库

使用 DBCA 建立数据库要经历如下 13 个步骤。

(1) DBCA 欢迎页(首页);(2)DBCA 操作选择(选择创建数据库);(3)数据库模板选择(选择一般用途或事务处理);(4)指定数据库标识(指定全局数据库名与唯一系统标识符 SID);(5)管理选项指定(选择 EM、配置 Database Control 以进行本地管理);(6)管理员口令指定(指定系统管理员口令);(7)网络配置(指定或注册监听程序);(8)数据库存储类型与存储位置指定(指定数据库存储类型与存储位置);(9)恢复配置(指定快速恢复区的位置与大小);(10)数据库内容配置(选定数据库示例方案);(11)数据库初始化参数指定(选定数据库初始化参数);(12)数据库文件位置指定(指定数据库文件位置);(13)创建数据库(完成数据库设置、开始数据库创建)。13 步设置正确即创建了一个新数据库。篇幅所限图示略。

2. 手工建库

手工建库比起使用 DBCA 建库来说,是比较麻烦的,但是如果掌握了手工建库,就可以更好地理解 Oracle 数据库的体系结构。手工建库需要经过以下几个步骤,每一个步骤都非常关键。

(1) 创建相关目录

包括数据文件和跟踪文件,假设要创建 KCGL 数据库,Oracle 已安装于 c:\app\qxz 目录中。

在 c:\app\qxz\admin 这个目录之下创建 KCGL 文件夹;

在 C:\app\qxz\admin\KCGL 这个目录之下创建 adump 文件夹;

在 C:\app\qxz\admin\KCGL 这个目录之下创建 dpdump 文件夹;

在 C:\app\qxz\admin\KCGL 这个目录之下创建 pfile 文件夹;

在 C:\app\qxz\oradata 这个目录之下创建 KCGL 文件夹。

（2）创建初始化参数文件

通过复制现有的初始化参数文件 C:\app\qxz\admin\orcl\pfile 这个目录下的参数文件 init. ora. *（*为数字扩展名）到 C:\app\qxz\product\11. 2. 0\dbhome_1\database 这个目录,修改名为 initKCGL. ora,最后用记事本打开这个参数文件,修改如下几个参数的值。

```
audit_file_dest=C:\app\qxz\admin\KCGL\adump
db_name=KCGL
control_files=("C:\app\qxz\oradata\KCGL\control01.ctl",
              "C:\app\qxz\oradata\KCGL\control02.ctl")
```

（3）打开 DOS 窗口,设置环境变量

```
Set oracle_sid=KCGL
```

（4）创建服务

```
Oradim-new-sid KCGL
```

（5）创建口令文件

```
Orapwd file=C:\app\qxz\product\11.2.0\dbhome_1\database\pwdKCGL.ora
Password=12345
```

（6）启动服务器

```
Sqlplus /nolog
Conn / as sysdba
Startup nomount
```

（7）执行建库脚本

```
CREATE DATABASE KCGL
datafile 'c:\app\qxz\oradata\KCGL\system01.dbf' size 300m
autoextend on next 10m extent management local
Sysaux datafile 'c:\app\qxz\oradata\KCGL\sysaux01.dbf' size 120m
undo tablespace undotbs1
datafile 'c:\app\qxz\oradata\KCGL\undotbs01.dbf' size 100m
    default temporary tablespace temptbs1
tempfile 'c:\app\qxz\oradata\KCGL\temp01.dbf' size 50m
logfile group 1 ('c:\app\qxz\oradata\KCGL\redo01.log') size 50m,
      group 2 ('c:\app\qxz\oradata\KCGL\redo02.log') size 50m,
      group 3 ('c:\app\qxz\oradata\KCGL\redo03.log') size 50m;
```

用记事本编辑以上内容,假定保存为 C:\CREATEKCGL. sql 文件,然后执行这个脚本。

```
Start C:\CREATEKCGL.sql
```

执行时不管出现哪种错误,都要删除 C:\app\qxz\oradata\KCGL 目录下创建的所有文件,改正错误后,重新启动实例,再执行建库脚本。

(8) 创建数据字典和包

```
Start C:\app\qxz\product\11.2.0\dbhome_1\RDBMS\ADMIN\catalog
Start C:\app\qxz\product\11.2.0\dbhome_1\RDBMS\ADMIN\catproc
```

(9) 执行 pupbld.sql 脚本文件

切换成 system 用户执行如下命令:

```
Conn system/manager
Start C:\app\qxz\product\11.2.0\dbhome_1\sqlplus\admin\pupbld
```

(10) 执行 scott 脚本创建 scott 方案

```
Start C:\app\qxz\product\11.2.0\dbhome_1\RDBMS\ADMIN\scott.sql
```

这时需要修改密码:

```
Conn / as sysdba
Alter user scott identified by tiger;
```

再连接

```
scott:Conn scott/tiger
```

(11) select * from dept;

能显示出 dept 表的结果,表示新数据库 KCGL 已安装成功了。

8.8.2　删除数据库

删除数据库可以以 DBCA(Database Configuration Assistant)作为指导来删除数据库 instance。启动 DBCA 后,选择删除数据库选项,接着按照提示进行每一步的操作即可(在此不再赘述)。

8.9　基本表的创建、修改和删除

8.9.1　创建基本表

在 Oracle 11g 中建立完数据库就可以建立基本表等实体对象,创建基本表有几种方法,一种是利用 OEM,一种可以在 SQL * PLUS 里通过 SQL 语句来实现,还有一种可在 SQL Developer 中创建。在 SQL Developer 中创建表已在 8.6 节中提到过,这里只介绍前面两种方法。

1. 使用 OEM 的方法实现

启动进入企业管理器界面,之后可以通过"方案"链接,进入方案二级操作界面,单击

"表"管理链接,进入图 8.45 所示的操作界面。接着单击界面上的"创建"按钮,进入表组织选定操作界面(省略图),表组织选用默认的标准方式,单击"继续"按钮。在出现的图 8.46 所示的创建表的操作界面上,可逐个指定列类型、大小、小数位数、为空性等列信息,在单击"确定"按钮保存前,要指定列信息上部的表名称、该表所属的方案名、表空间等信息。如果要查看生成的 SQL 语句,则可以单击显示 SQL。

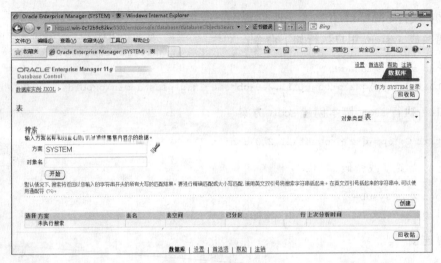

图 8.45 表管理界面

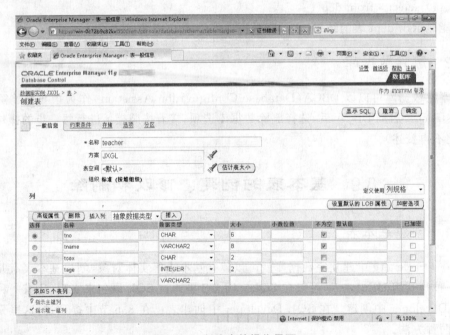

图 8.46 创建表的操作界面

2. 表空间的相关操作

创建表空间一般通过界面工具来完成,也可通过命令来实现。

(1) 如下命令创建一个由两个文件组成共 200M 的表空间 Testspace。

```
CREATE TABLESPACE Testspace DATAFILE 'c:\app\qxz\file_1.dbf' SIZE 100M,'c:\app\
qxz\file_2.dbf' SIZE 100M;
```

(2) 向表空间加入容器,命令如下。

```
alter tablespace Testspace Add DATAFILE 'c:\app\qxz\file_3.dbf' SIZE 100M;
```

注意:该操作是不可逆的。

(3) 删除表空间,命令为:

```
drop tablespace "Testspace";
```

3. 使用 SQL * Plus 方法用 SQL 命令建表

使用 SQL * Plus 方法创建表的语句语法格式为:

```
Create Table Table_Name
(Column1 Datatype [Not Null][Default Value],
 Column2 Datatype[Not Null][Default Value],
 …
 Primary Key(Columnn),Constraint 表级完整性约束…,
 …) [表空间的指定等];
```

例 8.1 创建学生、课程、选课三个表,其中:(1)"学生"表 S 由学号(Sno)、姓名(Sname)、性别(Ssex)、年龄(Sage)、系别(Sdept)五个属性组成,可记为 S(Sno,Sname,Ssex,Sage,Sdept);(2)"课程"表 Course 由课程号(Cno)、课程名(Cname)、学分(Ccredit)三个属性组成,可记为 Course(Cno,Cname,Ccredit);(3)"学生选课"表 SC 由学号(Sno)、课程号(Cno)、成绩(Score)三个属性组成,可记为 SC(Sno,Cno,Score)。

在 SQL PLUS 的启动界面输入以下代码:

```
SQL>Create Table S(Sno Varchar2(10) Primary Key,
2  Sname Varchar2(10) Not Null,
3  Ssex Char(2),
4  Sage Number,
5  Sdept Varchar2(40));
SQL>Create Table Course ( Cno Varchar2(10),
2  Cname Varchar2(50), Ccredit Number,Constraint Pk_C Primary Key (Cno));
SQL>Create Table SC ( Sno Varchar2(10), Cno Varchar2(10),
2  Score Number Default 0 Check (Score Between 0 And 100),
3  Constraint Pk_S Primary Key (Sno,Cno))
4  TABLESPACE "Testspace" ; --使用 Testspace 表空间
```

说明如下。

① 可以在 OEM、SQL Developer 和 SQL Plus 等工具环境中操作，一般选择 SQL Plus 为操作运行工具。

② 请对上面三个表添加若干记录，以便于检验后续命令的操作效果。

8.9.2　修改表

修改表包括对表空间做调整，对表结构进行相应的修改。修改表的直观简洁的方法是使用 OEM 进行相应的操作，当然也可以使用 SQL * Plus 工具修改表的相关内容，常用操作有以下几种。

1. 修改表空间的相关操作

对表空间的操作没有固定的语法格式，下面依次举例说明。

（1）增加表空间中的数据文件

```
Alter Tablespace Testspace Add Datafile 'c:\app\qxz\file_3.dbf ' size 100m;
```

（2）删除表空间中的数据文件

```
Alter Tablespace Testspace Drop Datafile 'c:\app\qxz\file_3.dbf ';
```

（3）修改表空间文件的数据文件大小

```
Alter Database Datafile 'c:\app\qxz\file_2.dbf' Resize 50m;
```

（4）修改表空间数据文件的自动增长属性

```
Alter Database Datafile 'c:\app\qxz\file_1.dbf ' Autoextend Off;
                        --Off 不能自动增长
```

2. 修改表结构的相关操作

修改表结构的相关操作包括插入、修改和删除属性，各自的语句格式分别如下。

（1）插入属性

```
Alter Table Table_Name Add (Column Datatype [Not Null][Default Value],...);
```

例 8.2　在 S 表插入新属性地址。

```
SQL>Alter Table S Add(Address Varchar(100)) ;
```

（2）修改属性

```
Alter Table Table_Name Modify (Column Datatype [Not Null][Default Value]);
```

例 8.3　对上述性别属性的数据类型进行修改，并且默认值为"男"。

```
SQL>Alter Table S Modify( Ssex Varchar2(2) Default '男');
```

（3）删除表属性

```
Alter Table Table_Name Drop (Column_Name);
```

注意：删除语句的应用范围，当以 sys 身份来建表，并执行删除语句时，系统会提示"无法删除属于 sys 的表中的列"，应该以其他的身份建表，并以相同的身份登录，来实现上面的删除语句。

例 8.4 删除上述表中的地址属性。

命令为：

```
SQL>Alter Table S Drop (Address);
```

注意：通常在系统不忙的时候删除不使用的字段，可以先设置字段为 unused；

```
Alter Table S Set Unused Column Address;
```

在系统不忙时再执行删除：

```
Alter Table S Drop Unused Column;
```

（4）表重命名

```
Rename Table_Name1 To Table_Name2;
```

例 8.5 把表 SC 改名为 Learn。

命令为：

```
SQL>Rename Sc To Learn;
```

（5）清空表中的数据

```
Truncate Table Table_Name;
```

例 8.6 清空学生表的信息。

命令为：

```
SQL>Truncate Table S;
```

（6）给表增加注释

```
Comment On Table Table_Name Is '* * * * * *';
```

例 8.7 对表 S 添加注释为 this Is A Test Table。

```
SQL>Comment On Table S Is 'This Is A Test Table';
```

（7）给列添加注释

例 8.8 对表 S 的 Sno 属性添加'学号'的注释。

```
SQL>Comment On Column S.Sno Is '学号';
```

8.9.3　删除表

对已经创建的基本表可以进行删除表操作,删除表语句的基本格式为:

Drop Table Table_Name;

例 8.9　删除 Course 表。
命令为:

SQL>Drop Table Course;

8.9.4　索引

索引是与表或视图关联的磁盘上的结构,它可以加快从表或视图中检索行的速度。Oracle 中界面方式对索引的管理与管理基本表的方法类似,这里就不赘述,主要介绍用 SQL 语句来实现索引的管理。

1. 建立索引

创建索引的基本语句语法结构如下:

Create [Unique] Index Index_Name On Table_Name(Column [Asc/Dexc],Column [Asc/Dexc],...);

例 8.10　在 S 表中的 sname 属性上建立唯一索引。

SQL>Create Unique Index I_Name On S(Sname Asc);

建立索引后就可以根据索引实行快速查询操作。如:

SQL>Select * From S Where Sname='Li' // 这里将使用索引来加快查询速度

注意:如出现"未选定行。"的提示,则说明查询结果为空,如果查询结果不为空,则会显示相应的结果记录。

2. 删除索引

删除索引的基本语句语法结构如下:

Drop Index Index_Name;

例如:

SQL>Drop Index I_Name;

8.9.5　创建和管理视图

视图是基于一个表或多个表或视图的逻辑表,它本身不包含数据,通过它可以对表里面的数据进行查询和修改。通过创建视图可以提取数据的逻辑上的集合或组合。

视图可以分为简单视图和复杂视图：简单视图只从单表里获取数据，不包含函数和数据组，可以实现 DML 操作；而复杂视图则从多表里获取数据，包含函数和数据组，不可实现 DML 操作。

视图的创建和管理可以通过 OEM、SQL Developer 和 SQL 多种方法来实现，这里仅介绍 SQL 方法管理视图。

1. 创建视图

创建普通视图的语法格式为：

```
Create [Or Replace] [Force|Noforce] View View_Name [(Alias [,Alias]...)] As
Select...[With Check Option [Constraint Constraint_Name]][With Read Only
[Constraint Constraint_Name]];
```

其中，Replace 代表如果同名视图已经存在，用新建视图定义代替已有的视图；Force 代表不管基表是否存在 Oracle 都会自动创建该视图；Noforce 代表只有基表都存在时，Oracle 才会创建该视图；Alias 代表为视图产生的列定义的别名；With Check Option 选项代表新建的视图在修改时应有的约束；With Read Only 选项代表创建的视图是只读视图。

例 8.11　在 S 表中创建以学号、姓名、系别的新视图。

```
SQL>Create Or Replace View V_S(Num,Name,Sdept) As Select Sno,Sname,Sdept
From S;
```

例 8.12　在 SC 上定义新视图，当用 update 修改数据时，必须满足视图 score>60 的条件，否则不能被改变。

```
SQL>Create Or Replace View V_SC As Select * From SC Where Score>60
1 With Check Option;
```

在视图的创建过程中，可能涉及连接、统计函数或者 group By、Check 等约束语句，实现起来相对复杂。

例 8.13　创建新视图，按照学号分组显示学生的最高、最低分和平均成绩。

```
SQL>Create View V_S_SC(Num,Smin,Smax,Savg)
2 As Select D.Sno,Min(E.Score),Max(E.Score),Avg(E.Score) From SC E,S D
3 Where E.Sno=D.Sno Group By D.Sno;
```

2. 查询视图

视图创建成功后，可以从视图中检索数据，这一点和从表中检索数据一样。还可以查询视图的全部信息和指定的数据行和列。查询视图的语法结构和查询基本表相同。

例 8.14　查询上述建立的视图。

命令为：

```
SQL>Select * From V_S_SC;
```

3. 更新视图

对建立好的视图可以使用类似下列语句来进行相应的修改,修改的不是视图的数据,而是视图对应的基本表里的数据。

例 8.15 把所有学号为 08 开头的学生的相关系别信息都改为管理系。

```
SQL>Update V_S Set Sdept='Management' Where Num like '08%';
```

注意：不是所有的视图都可以完成修改的操作,如带有 with Check Option 选项的视图、带有 group By 和 distinct 的视图、使用统计函数的视图等,删除的时候都应慎重。

4. 删除视图

当视图不再符合要求可以被删除,但是删除视图后,并不会删除对应的基本表的基本信息,删除视图的基本语法结构如下:

```
Drop View View_Name;
```

8.10 数 据 操 作

Oracle 中对数据的操作主要集中于对数据进行插入、删除、修改和求统计函数等操作,可以使用 SQL 语句来实现,其中涉及的主要操作有以下几种。

8.10.1 插入数据

当建立好基本表后,就要向基本表中插入相应的数据来不断更新表数据,插入数据的语法格式如下:

```
Insert Into Table_Name(Colname,...) Values(Expression,...);
```

例 8.16 对基本表 S 部分的字段进行插入数据的操作。

```
SQL>Insert Into S(Sno,Sname) Values('022','Lihong');
```

应当注意,Insert 语句一次只能插入一条记录,当要插入批量数据时,可使用把某个 Select 查询结果集插入到数据表中,基本语法结构如下:

```
Insert Into Table_Name(Colname,...) Select Colname,...From Table1_Name;
```

例 8.17 将 S 表中的学号、姓名、年龄属性插入到新建表 Student 中,Student 表中的属性由 num、Name、Age 构成。

首先建立表 Student:

```
SQL>Create Table Student(Num Varchar2(10) Primary Key,
  2 Name Varchar2(10) Not Null, Age Number);
SQL>Insert Into Student(Num,Name,Age) Select Sno,Sname,Sage From S;
```

注意：此种插入要求 Select 属性列表与 Insert 列的属性数量、顺序要一致，数据类型要兼容。

例 8.18 创建自动增长的序列，并添加序列值到编号字段。

```
Create Sequence tt increment by 1 minvalue 101 maxvalue 9999999 cycle;
Insert into testtable Values(tt.nextval,sysdate);
```

删除不需要的序列，命令为：

```
Drop Sequence tt;
```

8.10.2 修改数据

修改数据库中现有记录用 Update 语句来实现，可以修改一行或者多行记录，也可以使用 Where 限定修改范围，如果没有 Where 做限定，修改的范围将是表中的所有记录，修改语句的基本语法结构如下：

```
Update Table_Name Set Colname=Expression,...[Where Condition];
```

例 8.19 修改姓名为李红的系别为管理学院。

```
SQL>Update S Set Sdept='管理' Where Sname='Lihong';
```

以上修改是对一条记录进行的修改，如果是对批量的数据进行修改，就应该使用下列语法格式：

```
Update Table1 Set Column1=
(Select Column2 From Table2 Where Table1.Id=Table2.Id);
```

例 8.20 把选课表的课程号信息用课程表里的已存在课程号信息进行对应修改，保证信息的一致性。

```
SQL>Update SC Set SC.Cno= (Select Course.Cno From Course Where SC.Cno=Course.
Cno); --只是示例,实际上 SC 表的课程号没有变化
```

8.10.3 删除数据

要从数据库中删除原有的记录，可以使用 Delete 语句来实现，基本语句的语法结构如下：

```
Delete From Table_Name Where Condition;
```

同样，如果不带 Where，语句删除的将是表中所有的记录。

例 8.21 删除选课表里的考试成绩为 0 分的选课信息。

```
SQL>Delete From SC Where Score=0;
```

8.10.4　查询数据

查询数据是数据库中操作最为频繁的一类操作,Oracle 中的查询操作可以分为简单查询和复杂查询,它们的语法格式不同。

1. 简单查询

简单查询包括不带条件的查询和带简单限制条件的查询,语句由 SELECT—FROM—WHERE 构成。

例 8.22　查询年龄大于 20 的学生的姓名。

```
SQL>Select Sname From S Where Sage>=20;
```

2. 复杂查询

所谓复杂查询是指查询条件带有子查询结果或者多表连接和带有 Order By、Group By 和统计函数的查询。

例 8.23　查询学生的学号和分数,并按分数从低到高的顺序排序。

```
SQL>Select Sno, Score From SC Order By Score;
```

注意:若省略 asc 和 desc,则默认为 asc,即升序排序。

例 8.24　查询学生信息,先按年龄从小到大的顺序排序,再按学号从小到大的顺序排序。

```
SQL>Select Sno,Sname,Sage From S Order By Sage,Sno;
```

例 8.25　查询每个系里有分数的学生的个数,并且统计每个系的学生总分。

```
SQL>Select Sdept,Count(distinct S.Sno),Sum(Score) From S,SC
  2 Where S.Sno=SC.Sno Group By Sdept;
```

此例显示的是带有 group By 和统计函数限定的查询,主要用来对一组数进行分组和总和、个数的统计。

常见的统计函数有 sum()求和、Max()返回列最大、Min()返回列最小、Count()统计列个数和 avg()计算列平均值几种,可以根据需要而选择不同的统计函数。

例 8.26　查询每个系里有超过 5 个修课记录的学生的人数,并且统计每个系的学生总分。

```
SQL>Select Sdept,Count(distinct S.Sno),Sum(Score) From S,SC
2  Where S.Sno=SC.Sno and sdept in
3     ( Select Sdept From S
4       Where Sno in (select sno from sc)
5       Group By Sdept Having Count(*)>=5)
6  Group By Sdept;
```

此例显示的是分组后带有 having 对分组统计再加限制条件的查询,注意,Having 只能出现在有 group By 的子句中。

例 8.27 查询分数高于学号为 001 的学生的所有成绩的学生姓名。

```
SQL>Select Sname From S,SC Where Score >all
2 (Select Score From SC Where Sno='001') And S.Sno=SC.Sno;
```

带有子查询的查询中子查询的结构前应与关系运算符相连接,如>、<、>=、<=、<>、any、all 等。

注意:子查询中不要使用 Order By 子句。

3. 子查询间的运算符

(1) UNION 运算符

UNION 运算符(TABLE1 UNION [ALL] TABLE2)通过组合其他两个结果表(如 TABLE1 和 TABLE2)并消除表中所有重复行而派生出一个结果表(当 UNION ALL 使用时,不消除重复行)。

```
SELECT SNO FROM SC WHERE CNO='001' UNION SELECT SNO FROM SC WHERE CNO='002';
```

(2) EXCEPT 运算符

EXCEPT 运算符(TABLE1 EXCEPT [ALL] TABLE2)通过包括所有在 TABLE1 中但不在 TABLE2 中的行并消除所有重复行而派生出的一个结果表。

```
SELECT SNO FROM S EXCEPT SELECT SNO FROM SC;
```

(3) INTERSECT 运算符

INTERSECT 运算符(TABLE1 INTERSECT [ALL] TABLE2)通过只包括 TABLE1 和 TABLE2 中都有的行并消除所有重复行而派生出一个结果表(当 INTERSECT ALL 使用时,不消除重复行)。

```
SELECT SNO FROM S INTERSECT SELECT SNO FROM SC;
```

注意:使用运算符的几个子查询的行必须是一致的。

4. 选出表中若干记录编号的数据

例 8.28 例如,查出前 10 位雇员的编号。

```
SELECT * FROM (select empno,rownum as num FROM SCOTT.EMP) WHERE rownum<=10;
```

8.11 数据完整性

8.11.1 数据完整性概述

数据库的数据应该能够满足管理员和应用开发人员所定义的要求。例如在银行储蓄数据库中,规定账户的账号必须唯一,并且储蓄信息库中的账户信息必须与储户信息表中的账户信息相一致等。Oracle 利用完整性约束机制防止无效的数据进入数据库的基表,倘若任何 DML 执行结果都会破坏完整性约束,则该语句被回滚并返回一个错误。

8.11.2　完整性约束类型

Oracle 的 DBA 对列的值输入可使用的完整性约束包括 Not Null 约束、Unique 码约束、Primary Key 约束、Foreign Key 约束、Check 约束等。这些约束的含义与"5.2.4 SQL Server 完整性概述"节中介绍的相同约束的含义是一致的(在此略)。

8.11.3　完整性约束的实现

上述几类完整性约束条件的创建都可以在 OEM 中实现,也可以通过 SQL 语句来实现对约束的各种管理,使用 SQL 对约束进行管理的方法如下。

1. 创建约束

创建约束有两种方法,一种是在建表的时候一并创建,另外一种是在建表完成后添加,两种方法的语法结构分别如下。

(1) 建表时创建约束

```
Create Table Table _ Name (Column Datatype [Default Expression] [Column
Constraint],...
[Table Constraint],[...]);
```

其中,[Column Constraint]代表列级完整性约束,[Table Constraint] 代表表级完整性约束。

例 8.29　创建学生选课信息表,要求学号、课程号不为空,学生成绩默认为 0,百分制取值,另有主键约束和外键约束。

```
SQL>Create Table SC2(Sno VarChar2(10),
2  Cno Varchar2(10) Not Null,
3  Score Number Default 0,
4  Constraint Pk_S2 Primary Key (Sno,Cno),
5  Constraint Chk_SC2 Check(Score Between 0 And 100),
6  Constraint Fk_SC2_S Foreign Key (Sno) References S(Sno) );
```

注意：Not Null 约束不可在表级完整性定义,只有列级完整性定义,Foreign Key 约束只能在表级约束不可在列级约束。

(2) 建表后添加

建表后添加的约束可以分为以下两种情况。

① 使用 alter 添加约束,但是不能修改表结构

```
Alter Table Table_Name Add [Constraint Cons_Name] Type (Column);
```

其中,Type 为约束的类型。

例 8.30　对学生选课表加上对课程表的外键约束。

```
SQL>Alter Table SC2 Add Constraint Fk_SC_C
2 Foreign Key (Cno) References Course(Cno);
```

② 使用 modify 添加 not Null 约束

例 8.31　对学生表添加姓名不为空的约束。

```
SQL>Alter Table S Modify (Sdept Constraint Name_Nn Not Null);
```

2. 删除约束

删除建立好的约束,可以使用下列语法来实现。

```
Alter Table Table_Name Drop Cons_Type|Constraint Cons_Name [Cascade];
```

例 8.32　删除 SC 表上的对 Ss 表的外码约束,如有其他约束,则与之相关一并删除。

```
SQL>Alter Table SC2 Drop Constraint Fk_SC_S Cascade;
```

注意:Cascade 代表级联删除与之相关联的约束。

3. 禁用和启用约束

可以对建立好的约束进行禁用和禁用后的重新启用,语法格式分别如下。

```
Alter Table Table_Name Disable| Enable Constraint Cons_Name[Cascade];
```

例 8.33　禁用和启用例 8.32 所建立的外键约束。

```
SQL>Alter Table SC2 Disable Constraint Fk_SC_S Cascade;
SQL>Alter Table SC2 Enable Constraint Fk_SC_S Cascade;
```

注意:Cascade 代表级联禁用与之相关联的约束。

4. 删除级联约束

删除表中的属性或属性组,可以显性地使用级联约束删除该属性组上的约束条件来实现,语法格式如下:

```
Alter Table Table_Name Drop (Column,[Column1][...]) Cascade Constraint;
```

注意:这里的 Cascade 是删除属性组时做级联删除约束。

5. 查看约束

创建表以后,查看表中创建的约束,可以使用以下语句来实现。

```
Select Constraint_Name,Constraint_Type From User_Constraints
Where Table_Name='Table_Name';
```

例 8.34 查看学生表上建立的约束信息情况。

```
SQL>Select Constraint_Name,Constraint_Type From User_Constraints
2 Where Table_Name='S';
```

注意：(1)User_Constraints 是一个表，表中记录了所有约束；(2)在输入 Table_Name=之后的表名一定要使用大写；(3)Not Null 约束实际上在数据字典里被归为 check 约束，所以要对 check 约束加以理解。

8.12 存储过程和触发器

8.12.1 存储过程初步认识和应用

Oracle 允许在数据库中定义子程序，这种程序块称为存储过程(Procedure)，它存放在数据字典中，可以在不同用户和应用程序之间共享，并可实现程序的优化和重用。使用存储过程的优点如下。

(1) 过程在服务器端运行，执行速度快。

(2) 过程执行一次后，代码就驻留在高速缓冲存储器，在以后的操作中，只需从高速缓冲存储器中调用已编译代码执行，从而提高了系统性能。

(3) 确保数据库的安全。允许不授权用户直接访问应用程序中的一些表，授权用户执行访问这些表的过程。非表的授权用户除非通过过程，否则就不能访问这些表。

(4) 自动完成需要预先执行的任务。过程可以在系统启动时自动执行，不必在系统启动后再进行手工操作，大大方便了用户的使用，可以自动完成一些需要预先执行的任务。

在 Oracle 中，用户存储过程只能定义在当前数据库中，这里只介绍通过 SQL 语句来实现存储过程的建立和调用。

1. 创建存储过程

创建存储过程的语法格式为：

```
Create [Or Replace] Procedure [Schema.]Procedure_Name    /*定义过程名*/
[ (Parameter Parameter_Mode Date_Type , ...N)]      /*定义参数类型及属性*/
Is | As [定义语句]
Begin
    SQL_Statement        /*PL/SQL 过程体,要执行的操作*/
End Procedure_Name
```

其中，Procedure_Name 是过程名，必须符合标识符规则；Schema. 是指定过程属于的用户方案；Parameter 是过程的参数。参数名必须符合标识符规则，在创建过程时，可以声明一个或多个参数，执行过程时应提供相对应的参数。

Parameter_Mode 是参数的类型，其过程参数和函数参数一样，也有三种类型，分别是 In、Out 和 In Out。

In 表示参数是输入给过程的；Out 表示参数在过程中将被赋值，可以传给过程体的外部；In Out 表示该类型的参数既可以向过程体传值，也可以在过程体中赋值；SQL_Statement 代表过程体包含的 PL/SQL 语句。

例 8.35　从数据库的 SC 表中查询某学生的平均成绩，根据平均成绩写评语（对 S 表执行 ALTER TABLE S ADD "Grade" CHAR(1 BYTE)；先要添加 Grade 列）。

```
SQL >Create Or Replace Procedure Update_Info ( Name In Varchar2 )
2    As Xf Number;
3   Begin
4     Select AVG(Score) Into Xf
5     From SC,S
6     Where SC.Sno=S.Sno And Sname=Name;
7     If Xf>60 Then
8         Update S Set Grade='C' --设 S 表添加一个 Grade 等级属性
9           Where Sname=Name;
10     End If;
11   End Update_Info;
12    /
```

2. 调用存储过程

通过直接输入存储过程的名字就可以执行一个已定义的存储过程。语法格式如下：

```
Exec[Ute] Procedure_Name[(Parameter,...N)]
```

其中，Procedure_Name 为要调用的存储过程的名字，Parameter 为参数值。

例如，Update_Info 存储过程的执行：

```
SQL>Exec Update_Info('Lihong');
```

3. 存储过程的编辑修改

例 8.36　对存储过程 update_Info 进行修改（增加 A 等级）。

```
SQL >Create Or Replace Procedure Update_Info ( Name In Varchar2 )
2    As Xf Number;
3     Begin
4       Select Score Into Xf From SC,S
5       Where SC.Sno=S.Sno And Sname=Name;
6       If Xf>60 Then
7           Update S Set Grade='C' Where Sname=Name;
8       End If;
9       If Xf>90 Then
10          Update S Set Grade='A' Where Sname=Name;
```

```
11         End If;
12     End Update_Info;
```

4. 删除存储过程

当某个过程不再需要时,应将其从内存中删除,以释放它占用的内存资源。语法格式如下:

```
Drop Procedure [Schema.] Procedure_Name;
```

其中,Schema 是包含过程的用户;Procedure_Name 是将要删除的存储过程名称。

例 8.37　删除数据库中的 update_Info 存储过程。

```
SQL>Drop Procedure Update_Info;
```

8.12.2　触发器应用初步

触发器(Trigger)是一些过程,它与表关系密切,用于保护表中的数据,当一个基表被修改(Insert、Update 或 Delete)时,触发器自动执行,通过触发器可实现多个表间数据的一致性和完整性。例如,对于学生—课程数据库有 xs 表、Xs_Kc 表和 kc 表,当插入某一学号的学生某一课程成绩时,该学号应是在 xs 表中已存在的,课程号应是在 kc 表中已存在的,此时,可通过定义 insert 触发器来实现上述功能。

触发器的类型有三种,具体如下。

- DML 触发器。Oracle 可以在 DML(数据操纵语句)语句进行触发,可以在 DML 操作前或操作后进行触发,还可以在每个行或该语句操作上进行触发。
- 替代触发器。由于在 Oracle 中不能直接对有两个以上的表建立的视图进行操作,因此给出了替代触发器。它是 Oracle 专门为进行视图操作的一种处理方法。
- 系统触发器。它可以在 Oracle 数据库系统的时间中进行触发,如 Oracle 数据库的关闭或打开等。

对触发器进行的各种操作可以通过 SQL 来实现,具体的操作如下。

1. 建立触发器

一般情况下,对表数据的操作有插入、修改、删除,因而维护数据的触发器也可分为 Insert、Update 和 Delete。每张基表最多可建立 12 个触发器,分别是:

Before Insert;	Before Insert For Each Row;
After Insert;	After Insert For Each Row;
Before Update;	Before Update For Each Row;
After Update;	After Update For Each Row;
Before Delete;	Before Delete For Each Row;
After Delete;	After Delete For Each Row。

（1）创建触发器语句的语法格式。

```
Create Or Replace Trigger [Schema.] Trigger_Name         /*指定触发器名称*/
  { Before │ After │ Instead Of }
    { Delete [Or Inserte] [Or Update [ Of Column,...N ]]   /*定义触发器种类*/
    On [Schema.] Table_Name │ View_Name                   /*指定操作对象*/
      [ For Each Row [ When(Condition) ] ] SQL_Statement[...N]
```

（2）创建触发器的限制。

创建触发器的限制包括触发器代码大小必须小于 32K；触发器中有效语句可以包括 DML 语句，但不能包括 DDL 语句；Rollback、Commit、Savepoint 不能使用；但是，对于系统触发器（System Trigger）可以使用 Create、Alter、Drop Table 和 Alter...Compile 语句。

（3）触发器触发次序。

①执行 before 语句的触发器；②对于受语句影响的每一行：执行 before 语句行级触发器→执行 DML 语句→执行 after 行级触发器；③执行 after 语句级触发器。

（4）创建 DML 触发器。

触发器与过程名的名字不一样，它有单独的名字空间，因而触发器名可以和表名或过程名同名，但同一个 Schema（方案）中的触发器名不能相同。DML 触发器也称为表级触发器，因为对某个表进行 DML 操作时会触发该触发器运行而得名。

例 8.38　假设数据库中增加一新表 S_His，表结构和表 S 相同，用来存放从 S 表中删除的记录。创建一个触发器，当 S 表被删除一行，把删除的记录写到日志表 S_His 中。

```
SQL>Create Table S_His as Select * From S Where 1=2; --创建表结构与 S 相同的空表
SQL>Create Or Replace Trigger Del_S
  2  Before Delete On S For Each Row
  3  Begin
  4    Insert Into S_His
  5    Values(:Old.Sno,:Old.Sname,:Old.Ssex,:Old.Sage,:Old.Sdept,:Old.Grade);
  6  End Del_S;
```

其中，Old 修饰访问操作完成前列的值，New 修饰访问操作完成后列的值。

注意：以上创建的方式同前面讲过的删除表属性一样，不能在 sys 方案下创建触发器，要在 normal 的身份下以其他用户登录来创建触发器。

例 8.39　利用触发器在对数据库中的 S 表执行插入、更新和删除三种操作后给出相应提示。

```
SQL>Create Trigger Log_S After Insert Or Update Or Delete On S For Each Row
  2  Declare
  3    Infor Char(10);
  4  Begin
  5    If Inserting Then
  6        Infor:='插入';
```

```
7     Elsif Updating Then
8          Infor:='更新';
9     Else
10         Infor:='删除';
11    End If;
12    Insert Into SQL_Info Values(sysdate,Infor);
13    End Log_S;
```

对 S 添加一条记录：

```
SQL>Insert Into S(Sno,Sname) Values('0003','LiLi'); --会引发触发器
```

对 S 删除一条记录：

```
SQL>Delete From S Where Sno='0003'; --会引发触发器
SQL>SELECT * FROM S_His; --显示表内容检验触发效果
SQL>SELECT * FROM sql_info; --显示表内容检验触发效果
```

（5）创建替代触发器

Instead_Of（替代）用于对视图的 DML 触发。由于视图有可能由多个表进行关联（Join）而成，因而并非所有的关联都是可更新的。但是可以按如下例子来创建触发器。

例 8.40 在 JXGL 数据库中创建视图和触发器，以说明替代触发器。

```
SQL>Create Or Replace View S_SC_Avg
2     As Select Sno,Avg(Score) As Avg_Score
3          From SC Group By Sno;
```

创建替代触发器：

```
SQL >Create Trigger S_SC_Avg_Del
2     Instead Of Delete On S_SC_Avg For Each Row
3     Begin
4          Delete From SC Where Sno=:Old.Sno;
5     End S_SC_Avg_Del;
```

删除视图记录检验触发器的有效性：

```
SQL >DELETE FROM S_SC_avg WHERE sno='0002'; --查看 SC 记录变化情况
```

（6）创建系统触发器

Oracle 8i 开始提供的系统触发器可以在 DDL 或数据库系统上被触发。DDL 指的是数据定义语句，如 Create、Alter 和 Drop 等。而数据库系统事件包括数据库服务器的启动或关闭、用户登录与退出等。语法格式如下：

```
Create Or Replace Trigger [Scache.] Trigger_Name
    { Before|After }{ Ddl_Event_List|Database_Event_List }
    On { Database|[Schema.] Schema }
    [When_Clause]
```

```
    Trigger_Body
```

其中具体说明如下。

Ddl_Event_List：表示一个或多个 DDL 事件，事件间用 or 分开。

Database_Event_List：表示一个或多个数据库事件，事件间用 or 分开。

Database：表示是数据库级触发器，而 Scache 表示是用户级触发器。Schema 表示用户方案。

Trigger_Body：触发器的 PL/SQL 语句。

例 8.41　创建当一个用户 usera 登录时自动记录一些信息的触发器。

```
SQL >Create Trigger Loguseraconnects After Logon On Schema
  3  Begin
  4    Insert Into Login Values('Usera','Loguseraconnects Fired');
  5  End Loguseraconnects;
```

2. 修改触发器

和过程、视图一样，Oracle 也提供 Alter Trigger 语句，同样，该语句只用于重新编译或验证现有触发器或是设置触发器是否可用。需要修改触发器，还是使用 Create Or Replace 语句来实现，在此不在赘述。

3. 删除触发器

语法格式：

```
Drop Trigger [Schema.] Trigger_Name;
```

其中，Schema 用来指定触发器的用户方案。Trigger_Name 用来指定要删除的触发器的名称。

例 8.42　删除触发器 Del_S。

```
SQL>Drop Trigger JXGL.Del_S;
```

8.13　Oracle 的事务并发控制

数据库是多用户的共享资源，在多个用户并行地存取数据时，应对数据进行并发控制，以免用户存取不正确的数据，破坏数据库的一致性。当用户建立与数据库的会话后，用户就可以对数据库进行操作，而用户对数据库的操作是通过事务来进行的，事务确保用户对数据库逻辑操作的完整性和一致性。事务可有如下解释。

8.13.1　事务

在 Oracle 中，事务（Transaction）是数据库工作的逻辑单元，一个事务由一个或多个完成一组相关行为的 SQL 语句组成,事务是数据库维护数据一致性的单位,它将数据库从一致性状态转换成新的一致性状态,通过事务机制确保这一组 SQL 语句所做的操作要么完全成功地执行,完成整个工作单元的操作;要么不执行,它可以确保数据库的完整性。对数据库复杂修改的一连串动作序列合并起来,就是事务。例如,商业活动的中的交易,对于任何一笔交易来说,都涉及两个基本动作:一手交钱和一手交货。这两个动作构成了一个完整的商业交易,缺一不可。也就是说,如果这两个动作都成功发生,则说明交易完成;如果只发生一个动作,则交易失败。所以,为了保证交易能够正常完成,需要某种方法来保证这些操作的整体性,即这些操作要么都成功,要么都失败。

1. 事务的 acid 特性

一组 SQL 语句操作要成为事务,数据库管理系统必须保证这组操作的原子性(Atomicity)、一致性(Consistency)、隔离性(Isolation)和持久性(Durability),即事务的 acid 特性。

2. 事务的操作

在 Oracle 中,用户不可以显式地使用命令来开始一个事务。Oracle 认为第一条修改数据库的语句,或者一些要求事务处理的场合都是事务隐式的开始。但是,当用户想要终止一个事务处理时,必须显式使用 commit(提交事务)和 rollback(回滚事务)语句结束。对事务的操作包括如下几点。

(1)事务提交:即将在事务中由 SQL 语句所执行的改变永久化。数据库数据的更新操作提交以后,这些更新操作就不能再撤销。Oracle 的提交命令如下:

```
SQL> Commit;
```

(2)事务回退:事务回退是指撤销未提交事务中的 SQL 语句所做的对数据修改。Oracle 允许撤销未提交的整个事务,也允许撤销部分(需设置保存点)。回退之后,数据库将恢复事务开始时的状态或保留点状态。回退命令如下:

```
SQL> Rollback;
```

(3)保存点:保存点就是将一个事务划分成为若干更小的部分,以便在必要时,使当前事务只回退一部分,而其余工作得到保留。在事务处理过程中,如果发生了错误并用 rollback 进行回退,则整个事务处理中对数据所做的修改都将被撤销。其格式为:

```
SQL> Savepoint 保存点名;
Rollback To 保存点名;
```

注意:①可以回退整个事务,也可以只回退到某个保留点;②已经被提交的事务不能进行回退;③回退到某个保留点的事务将撤销保留点之后的所有修改,而保留点之前的所有操作都不受影响;④Oracle 系统会删除保留点之后的所有保留点,而该保留点还保留。

（4）Set Transaction 语句

Set Transaction 语句可用来设置事务的各种属性。该语句必须是事务处理中使用的第一个语句。它可让用户对事务的以下属性进行设置：①指定事务的隔离层；②规定回退事务时所使用的存储空间；③命名事务。

Set Transaction 只对当前要处理的事务进行设置，当事务终止后，对事物属性的设置也将失效。

3. 结束事务

Oracle 隐式地开始一个事务，在事务结束时必须使用相关的事务控制语句显示结束。在某些情况下，Oracle 会自动结束一个事务。对于以下情况，Oracle 认为一个事务结束：①Commit；②Rollback；③执行 DDL 语句，事务被提交；④断开和 Oracle 连接，事务被提交；⑤用户进程意外被终止，事务被回退。

8.13.2　并发控制

对于多用户数据库系统而言，当多个用户并发地操作时，会产生多个事务同时操作同一数据的情况。若对并发操作不加控制就可能会导致读取和写入不正确的数据，破坏数据库的一致性。所以数据库管理系统必须提供并发控制机制。因此，一个数据库管理系统性能的优劣，很大一部分取决于并发控制。所谓并发控制是指用正确的方式实现事务的并发操作，避免造成数据的不一致性。为了维护事务的一致性，Oracle 使用锁机制来防止其他用户修改另外一个未完成事务中的数据。

锁是用来控制共享资源并发访问的一种机制。比如，事务 t1 要访问某表，在它访问前需要对该数据表加锁。对要访问的资源加锁后，如果 t2 要访问该资源，则它必须等到事务 t1 对该资源解锁后才可访问。

锁是由 Oracle 系统自动管理的，它对用户是透明的。用户也可以间接地控制它。Oracle 中的锁可分为三类：DDL 锁、DML 锁和内部锁。

（1）DDL 锁：使用 Create、Truncate 或 Alter 语句时。

（2）DML 锁：DML 事务处理开始时被施加，事务处理完成时被释放。

（3）内部锁：由 Oracle 管理，以保护内部数据库结构，如数据文件等。

8.14　Oracle 数据库的安全性

Oracle 是多用户系统，它允许许多用户共享系统资源。为了保证数据库系统的安全，数据库管理系统配置了良好的安全机制。Oracle 数据库安全策略如下。

（1）建立系统级的安全保证：系统级特权是通过授予用户系统级的权利来实现的，系统级的权利（系统特权）包括建立表空间、建立用户、修改用户的权利、删除用户等。系统特权可授予用户，也可以随时回收。Oracle 系统特权有 80 多种。

（2）建立对象级的安全保证：对象级特权通过授予用户对数据库中特定的表、视图、序列等进行操作(查询、增、删、改)的权利来实现。

(3) 建立用户级的安全保证:用户级安全保障通过用户口令和角色机制(一组权利)来实现。引入角色机制的目的是简化对用户的授权与管理。做法是把用户按照其功能分组,为每个用户建立角色,然后把角色分配给用户,具有同样角色的用户拥有相同的特权。

8.14.1　Oracle 数据库管理员

Oracle 数据库管理员是针对特定的数据库管理人员而言的,当数据库管理员管理数据库时,可以分别以 SYSDBA 特权、SYSOPER 特权或 DBA 的身份进行管理操作。三者看似都带有管理身份,但是他们各自的作用有如下区别。

1. SYSDBA 特权

SYSDBA 特权是 Oracle 数据库中有最高级别特殊权限的,该种特权可以执行启动数据库、关闭数据库、建立数据库、备份和恢复数据库,以及任何其他的管理操作,建立了 Oracle 数据库之后,默认情况下只有 sys 用户具有 SYSDBA 特权,要注意,如果要以 SYSDBA 特权进入数据库,此人必须具有 OS 系统的管理员身份。

2. SYSOPER 特权

SYSOPER 特权也是 Oracle 数据库的一种特殊权限。当用户具有该权限时,可以启动数据库、关闭数据库,但不能建立数据库,也不能执行不完全恢复,另外,SYSOPER 特权也不具备 DBA 角色的任何权限。建立了 Oracle 数据库后,默认情况下只有 sys 用户具有 SYSOPER 特权。

3. DBA 角色

当数据库处于打开状态时,DBA 角色可以在数据库中执行各种管理操作(如管理表空间、管理用户等),但 DBA 角色不能执行 SYSDBA 和 SYSOPER 所具有的任何特权操作(如启动和关闭数据库、建立数据库等)。需要注意,当建立了 Oracle 数据库之后,默认情况下只有 system 用户具有 DBA 角色。

系统安装后,sys 默认密码为 change_on_install,system 默认密码为 manager,scott 默认的密码为 tiger。

8.14.2　用户管理

Oracle 用户管理的内容主要包括用户的建立、修改和删除。

1. 新建用户

新建用户的语法格式为:

```
Create User User_Name Identified By User_Password Default Tablespace Tablespace_
```

```
Name Quota **M On Tablespace_Name;
```

其中，Quota **M On Tablespace_Name 表示供用户使用的最大空间限额。

例 8.43　建立用户并设置供用户使用的最大空间。

```
SQL>Create User Jxzy Identified By Jxzy
  2 Default Tablespace System Quota 5m On System;
```

注意：要有相应的操作权限。

2. 修改用户口令

修改用户口令的语法格式为：

```
ALTER USER scott IDENTIFIED BY tiger2; --修改口令为 tiger2
```

3. 管理员对用户加锁与解锁

示例操作命令如下：

```
ALTER USER scott account lock; --加锁
ALTER USER scott account unlock;--解锁
```

4. 删除用户

删除用户的语法格式如下：

```
Drop User User_Name [Cascade];
```

例 8.44　删除例 8.43 建立的用户，同时删除其建立的实体。

```
SQL>Drop User Jxzy Cascade;
```

8.14.3　权限管理

除了可以建立用户外，还可以对现存的用户进行不同权限的管理，权限的管理可分为以下几种。

1. 授予系统特权

例 8.45　授予 jxzy 用户系统特权。

```
SQL>Grant Create Session,Create Table,Create User,Alter User,Drop User To Jxzy
With Admin Option;
```

2. 回收系统特权

例 8.46　回收 jxzy 用户系统特权。

```
SQL>Revoke Create User,Alter User,Drop User From Jxzy;
```

3. 修改用户权限

例 8.47　修改用户 jxzy 的权限的密码和最大允许空间。

```
SQL>Alter User Jxzy Identified By Jxzy_Pw Quota 10m On System;
```

4. 显示已被授予的系统特权

例 8.48　查询已被授予的某用户的系统级特权。

```
SQL>Select * From Sys.DBA_Sys_Privs
```

系统会通过滚动屏显示具有系统级权限的用户名,以上是最终一屏的显示。

5. 对象特权管理与控制

Oracle 对象特权是指用户在指定的表上进行特殊操作的权利。这些特殊操作包括增、删、改、查看、执行(存储过程)、引用(其他表字段作为外键)、索引等。

(1) 授予对象特权

例 8.49　授予新对象对表 S 的查询、插入、修改和授予他人权限的特权。

```
SQL>Grant Select,Insert(Sno,Sname),Update(Sdept) On S To Jxzy
   2 With Grant Option;
```

例 8.50　将对表列进行修改的权限赋予所有用户。

```
GRANT update (department_name, location_id) ON HR.departments TO PUBLIC;
```

(2) 收回对象特权

例 8.51　收回新对象的修改数据特权。

```
SQL>Revoke Update On S From Jxzy;
```

例 8.52　收回新对象的所有特权。

```
SQL>Revoke All On S From Jxzy;
```

(3) 显示已被授予的全部对象特权

例 8.53　显示已被授予的全部对象特权。

```
SQL>Select * From Sys.DBA_Tab_Privs;
```

显示的结果通过滚动屏显示,截图显示的是最后一屏的结果。

8.14.4　角色的管理

Oracle 的角色是命名的相关特权组(包括系统特权与对象特权),Oracle 用它来简化特权管理,可把它授予用户或其他角色。Oracle 数据库系统预先定义了 Connect、

Resource、DBA、Exp_Full_Database、Imp_Full_Database 五个角色。Connect 具有创建表、视图、序列等特权；Resource 具有创建过程、触发器、表、序列等特权；DBA 具有全部系统特权；Exp_Full_Database、Imp_Full_Database 具有导出与载入数据库的特权。通过查询 sys.DBA_Sys_Privs 可以了解每种角色拥有的权利。角色可以被授予给某个用户。

例 8.54　DBA 角色授予给某个新建管理员。

```
SQL>Grant DBA To Jxzy;
```

例 8.55　角色的创建、赋权、使用和收回。

```
CREATE ROLE manager;                        --创建角色
GRANT create table, create view TO manager; --权限赋予角色
GRANT manager TO SCOTT2;                     --角色赋予用户
REVOKE manager FROM SCOTT2;
```

8.15　备份和恢复

8.15.1　备份和还原概述

使用数据库时，人们总是希望数据库的内容是可靠、正确的，但由于计算机系统的故障（包括机器故障、介质故障、系统软件故障、误操作等），数据库有时可能会遭到破坏，这时如何尽快恢复数据就成为当务之急。如果平时对数据库做了备份，那么此时恢复数据就很容易。由此可见，做好数据库的备份的重要性。Oracle 数据库有三种标准的备份方法：导出/导入（Export/Import）、冷备份、热备份。导出备份是一种逻辑备份，冷备份和热备份是物理备份。

1. 逻辑备份

逻辑备份（导出备份）是指利用 Export 可将数据从数据库中提取出来，利用 Import 则可将提取出来的数据送回 Oracle 数据库中去。

（1）简单导出数据和导入数据

Oracle 支持三种类型的输出：①表方式（T 方式），将指定表的数据导出；②用户方式（U 方式），将指定用户的所有对象及数据导出；③全库方式（Full 方式），将数据库中的所有对象导出。

数据导出（Export）的过程是数据导入（Import）的逆过程，它们的数据流向不同。

（2）增量导出/导入

增量导出是一种常用的数据备份方法，它只能对整个数据库进行，并且必须作为 system 来导出。在进行此种导出时，系统不要求回答任何问题。导出文件名默认为 export.Dmp，如果用户不希望自己的输出文件定名为 export.Dmp，则必须在命令行中指出要用的文件名。

增量导出包括三个类型："完全"增量导出（Complete），即备份整个数据库；"增量型"

增量导出备份上一次备份后改变的数据;"累计型"增量导出(Cumulative),只是导出自上次"完全"导出之后数据库中变化了的信息。

2. 冷备份

冷备份发生在数据库已经正常关闭的情况下,当正常关闭时,系统会提供给用户一个完整的数据库。冷备份是将关键性文件复制到另外位置的一种说法。对于备份Oracle 信息而言,冷备份是最快和最安全的方法。

如果可以(主要看效率),应将信息备份到磁盘上,然后启动数据库(使用户可以工作)并将所备份的信息复制到磁带上(复制的同时,数据库也可以工作)。冷备份中必须复制的文件包括所有数据文件;所有控制文件;所有联机 redo Log 文件;Init. Ora 文件(可选)。

值得注意的是,冷备份必须在数据库关闭的情况下进行,当数据库处于打开状态时,执行数据库文件系统备份是无效的。

3. 热备份

热备份是在数据库运行的情况下,采用 archivelog Mode 方式备份数据的方法。所以,如果用户有昨天的一个冷备份而且又有今天的热备份文件,在发生问题时,就可以利用这些资料恢复更多的信息。热备份要求数据库在 archivelog 方式下操作,并需要大量的档案空间。一旦数据库运行在 archivelog 状态下,就可以做备份了。

8.15.2　创建备份和还原

常用的备份以逻辑备份为主,所以在这里只介绍逻辑备份(在 DOS 窗口中执行)。

1. Exp 命令方式将数据库导出

基本格式:

`Exp 用户名/口令@数据库 File=导出文件名...`

例 8.56　将数据库 orcl 完全导出,用户名 system 密码 orcl 导出到 E:\daochu. dmp 中。

`Exp system/orcl@orcl file=e:\daochu.dmp full=y`

例 8.57　将数据库中 scott 用户的表导出到 E:\daochu2. dmp 中。

`Exp system/orcl@orcl file=e:\daochu2.dmp owner=(scott)`

例 8.58　将数据库中的表 Dept、Emp 导出到 E:\daochu3. dmp 中。

`Exp system/orcl@orcl file=E:\daochu3.dmp tables=(Dept,Emp)`

2. Imp 命令方式将数据库导入新的例程中

基本格式:

Imp 用户名/口令@数据库 File=导入文件名 ...

例 8.59　将 e:\daochu.dmp 中的数据导入 orcl 数据库中。

Imp system/orcl@orcl file=e:\daochu.dmp ignore=y full=y

例 8.60　将 e:\daochu3.dmp 中的表 Dept 导入 orcl 数据库中。

imp system/orcl@orcl file=E:\daochu3.dmp tables=(Dept)

上面的语句可能有问题,因为有的表已经存在,对该表不进行导入。
请读者自我实践,需要时删除已有表再做导入操作。

3. 表间数据的复制

列举示例命令如下:

```
create table scott.test2 as (select distinct empno,ename,hiredate from scott.emp
where empno>=7000);        --满足条件的表数据复制到 scott.test2 新表中
create table scott.test3 as select * from scott.emp;
                          --复制表 scott.emp 到新表 scott.test3 中
```

8.16　常用系统信息与操作

1. 查询函数值

```
select chr(65) from dual;           --结果为:A
select ascii('A') from dual;        --结果为:65
select round(23.652,1)+1 from dual; --结果为: 24.7
select to_char(sysdate,'YYYY-MM-DD HH24:MI:SS') from dual; --HH24 可改为:HH12
```

2. 查询当前用户下所有对象

```
select * from tab;
```

3. 查看表空间名称、大小、文件位置等信息

```
col tablespace format a20
select b.file_id 文件 ID, b.tablespace_name 表空间,b.file_name 物理文件名, b.
bytes 总字节数, (b.bytes-sum(nvl(a.bytes,0))) 已使用, sum(nvl(a.bytes,0)) 剩余,
sum(nvl(a.bytes,0))/(b.bytes) * 100 剩余百分比 from dba_free_space a,dba_data_
files b where a.file_id=b.file_id group by b.tablespace_name,b.file_name,b.file
_id,b.bytes order by b.tablespace_name;
    Select * from dba_free_space; --表空间剩余空间状况
    Select * from dba_data_files; --数据文件空间占用情况
    select tablespace_name,file_id,bytes/1024/1024,file_name from dba_data_
```

```
files order by file_id;
```

4. 查看现有回退段及其状态

```
col segment format a30
SELECT SEGMENT_NAME,OWNER,TABLESPACE_NAME,SEGMENT_ID,FILE_ID,STATUS FROM DBA_
ROLLBACK_SEGS;
```

5. 查出当前用户拥有的所有表名

```
select unique tname from col;
```

6. 以 ALL_开始的数据字典视图包含 Oracle 用户所拥有的信息,查询用户拥有或有权访问的所有表信息

```
select * from all_tables;
```

7. 以 DBA_开始的视图一般只有 Oracle 数据库管理员可以访问

```
select * from dba_tables;
```

8. 查询 Oracle 数据库中的用户信息

```
conn sys/change_on_install; select * from dba_users;
conn system/manager; select * from all_users;
```

9. 以 USER_开始的数据字典视图包含当前用户所拥有的信息,查询当前用户所拥有的表信息

```
SELECT table_name FROM user_tables;            --确认用户拥有的表
SELECT DISTINCT object_type FROM user_objects;  --确认用户拥有的对象的种类
SELECT * FROM user_catalog;                    --确认用户拥有的对象修改表
desc desc scott.dept;                          --显示表结构信息
```

10. 查询某表含有的约束信息

(1) SELECT constraint_name, constraint_type, search_condition
     FROM user_constraints WHERE table_name='EMPLOYEES';
(2) SELECT constraint_name, column_name
     FROM user_cons_columns WHERE table_name='EMPLOYEES';

11. 在 DOS 窗口以数据库管理员身份登录

```
sqlplus sys/orcl as sysdba
```

12. 建一个和原表结构一样的空表

```
create table sc_bf as select * from sc where 1=2;
create table sc_bf2(xh,kch,cj) as select * from sc where 1=2;
```

13. 把 SQL * Plus 当做计算器

```
select 100 * 20 from dual;
```

8.17　小　　结

本章较为全面地对 Oracle 的基本知识和操作进行了简要阐述,包括安装与配置、Oracle 的结构、Oracle 数据类型、Oracle 常用对象的创建与管理、Oracle 的安全性、Oracle 的备份和恢复等,为读者对 Oracle 进行更深层次的学习起到引导作用。

MySQL 数据库管理系统

自 1996 年开始,从一个简单的 SQL 工具到当前"世界上最受欢迎的开放源代码数据库"的地位,MySQL 已经走过了一段很长的路。根据 MySQL AB(MySQL 的开发者)发布的信息,到 2010 年,MySQL 的装机量在全业界已经超过 1000 万台。MySQL 为 Internet 网站、搜索引擎、嵌入式应用程序、大容量存储和数据仓库提供了数据存储和程序运行的源动力。目前,MySQL 的社区版本是 5.1.48。该版本新增了约束、触发器、分区、插入式存储过程引擎的 API 函数、大批量复制等功能。使 MySQL 成为了一个更加符合 SQL-92 标准的高性能、多线程、多用户、建立在客户—服务器结构上的 RDBMS。本章主要以 5.1.48 版本为例,描述 MySQL 的安装和使用。

9.1 MySQL 数据库管理系统概述

9.1.1 MySQL 的特性

如果用户想寻找一种免费的或不昂贵的数据库管理系统,可以有几个选择,如 MySQL、mSQL、Postgres(一种免费的但不支持来自商业供应商引擎的系统)等。在将 MySQL 与其他数据库系统进行比较时,所要考虑的最重要的因素是性能、支持、特性(与 SQL 的一致性、扩展等)、认证条件和约束条件、价格等。相比之下,MySQL 具有许多吸引人之处。

(1) 速度。MySQL 运行速度很快。开发者声称 MySQL 可能是目前所能得到的最快的数据库。

(2) 容易使用。MySQL 是一个高性能且相对简单的数据库系统,与一些更大系统的设置管理相比,其复杂程度较低。

(3) 价格。MySQL 对多数个人用户来说是免费的。

(4) 支持查询语言。MySQL 可以使用 SQL(结构化查询语言),SQL 是一种所有现代数据库系统都选用的语言;MySQL 也可以通过 ODBC(开放式数据库连接)与应用程序相连。

(5) 性能。许多客户机可同时连接到服务器,也可同时使用多个数据库。可利用几种输入查询并查看结果的界面来交互式地访问 MySQL。这些界面包括命令行客户机程序、Web 浏览器或 X Windows System 客户机程序。此外,还有由各种语言(如 C、Perl、Java、PHP 和 Python)编写的界面。

(6) 连接性和安全性。MySQL 是完全网络化的,其数据库可在因特网上的任何地方访问,而且 MySQL 还能控制哪些人不能看到用户的数据。

(7) 可移植性。MySQL 可运行在各种版本的 UNIX 以及其他非 UNIX 的系统(如 Windows 和 OS/2)上。MySQL 可运行在从家用 PC 到高级的服务器上。

因此,MySQL 适合于对价格、速度和性能等方面有较高要求的用户。

9.1.2　MySQL 的体系结构

因为 MySQL 采用的是客户机/服务器体系结构,所以 MySQL RDBMS 由如下两部分组成。

- 服务器端工具:包括 MySQL 数据库服务器以及其他管理多个 MySQL 数据库服务器、优化和修改 MySQL 表、创建故障记录的工具。MySQL 数据库服务器是核心系统,负责创建和管理数据库、执行查询和返回查询结果,并且对数据库的安全性负责。
- 客户端工具:①命令行方式的 mysql 客户机,它是一个交互式的客户机程序,能发布查询并看到结果;②mysqldump 和 mysqlimport,分别导出表的内容到某个文件或将文件的内容导入某个表;③mysqladmin 用来查看服务器的状态并完成管理任务,如告诉服务器关闭、重起服务器、刷新缓存等。

如果现有的客户端工具不能满足需要,那么 MySQL 还提供了一个客户机编程库,用户可以编写自己的程序。客户机编程库可直接从 C 程序中调用。

MySQL 的客户机/服务器体系结构具有如下优点。

- 服务器提供并发控制,使两个用户不能同时修改相同的记录。所有客户机的请求都通过服务器来处理,服务器用来分类辨别谁准备做什么、何时做。如果多个客户机希望同时访问相同的表,则他们不必互相裁决和协商,只要发送自己的请求给服务器并让它仔细确定完成这些请求的顺序即可。
- 不必在数据库所在的机器上注册。MySQL 可以非常出色地在因特网上工作,因此用户可以在任何位置运行一个客户机程序,只要此客户机程序可以连接到网络上的服务器。

当然不是任何人都可以通过网络访问用户的 MySQL 服务器。MySQL 含有一个灵活而又有成效的安全系统,只允许那些有权限访问数据的人访问。而且可以保证用户只能够做允许做的事。

1. 逻辑模块组成

总的来说,MySQL 可以看成是二层架构,第一层称为 SQL Layer,在 MySQL 数据库系统处理底层数据之前的所有工作都是在这一层完成的,包括权限判断、sql 解析、执行计划优化、query cache 的处理等;第二层是存储引擎层,称为 Storage Engine Layer,也就是底层数据存取操作实现部分,由多种存储引擎共同组成。所以,可以用一张最简单的架构示意图来表示 MySQL 的基本架构,如图 9.1 所示。

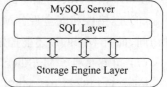

图 9.1　MySQL 的基本架构

存储引擎层由存储引擎接口模块和多种存储引擎共同组成。存储引擎接口模块是 MySQL 数据库中最有特色的结构。目前各种数据库产品,基本上只有 MySQL 可以实现其底层数据存储引擎的插件式管理。这个模块实际上只是一个抽象类,但正是因为它成功地将各种数据处理高度抽象化,才成就了今天 MySQL 可插拔存储引擎的特色。

2. 插件式存储引擎

在 MySQL 5.1 中,MySQL AB 引入了新的插件式存储引擎(也称表类型)体系结构,允许将存储引擎加载到正在运行的 MySQL 服务器中。应用程序编程人员和 DBA 通过位于存储引擎之上的连接器 API 和服务层来处理 MySQL 数据库。如果应用程序的变化需要改变底层存储引擎,则可能需要增加 1 个或多个额外的存储引擎,而不需要进行大的编码更改以支持新的需求。

(1) 选择存储引擎

与 MySQL 一起提供的各种存储引擎在设计时考虑了不同的使用情况。为了更有效地使用插件式存储体系结构,最好了解各种存储引擎的优点和缺点。最常用的存储引擎如下。

MyISAM:它是在 Web、数据仓储和其他应用环境下最常使用的存储引擎之一。作为 MySQL 的默认存储引擎,MyISAM 在性能和可用性之间达到了一个很好的平衡。MyISAM 不支持事务和行级别的锁。每个 MyISAM 的表都在磁盘上存储成三个文件。文件的名字都以表的名字开始,扩展名指出文件类型。.frm 文件存储表定义。数据文件的扩展名为.MYD(MYData)。索引文件的扩展名是.MYI(MYIndex)。MyISAM 文件的格式与平台无关,所以可以在任何平台中进行转移。

InnoDB:InnoDB 是为事务处理而设计的,特别是为处理多而生存周期比较短的事务而设计的,一般来说,这些事务基本上都会正常结束,只有少数才会回退。它是目前事务型存储引擎中最为著名的。除了高并发性之外,它的另一个著名的特性是外键约束,这一点 MySQL 服务器本身并不支持。InnoDB 提供了基于主键的极快速的查询。InnoDB 把表和索引存储在一个表空间中,表空间可以包含数个文件(或原始磁盘分区)。

Memory:将所有数据保存在 RAM 中,在需要快速查找引用和其他类似数据的环境下,可提供极快的访问。每个 Memory 表和一个磁盘文件关联起来。文件名由表的名字开始,并且由一个.frm 的扩展名来指明它存储的表定义。

Cluster/NDB:MySQL 的簇式数据库引擎,尤其适合于具有高性能查找要求的并发应用程序,这类查找需求还要求具有最高的正常工作时间和可用性。MySQL 簇是一种技术,该技术允许在无共享的系统中部署"内存中"数据库的簇。通过无共享体系结构,系统能够使用廉价的硬件,而且对软硬件无特殊要求。此外,由于每个组件有自己的内存和磁盘,因此不存在单点故障。MySQL 簇将标准的 MySQL 服务器与名为 NDB 的"内存中"簇式存储引擎集成起来。在 MySQL 中,术语 NDB 指的是与存储引擎相关的设置部分,而"MySQL 簇"指的是 MySQL 和 NDB 存储引擎的组合。

MyISAM Merge 存储引擎:MyISAM Merge 引擎是 MyISAM 的一个变种。一个 Merge 表是指将一系列完全相同的 MyISAM 表合并成为一个虚拟表。这在日志和数据仓库应用中将变得极为有用。

Archive 存储引擎:Archive 引擎只支持 INSERT 和 SELECT 语句,不支持索引。它比 MyISAM 使用更少的磁盘输入和输出,因此它会在写操作之前将数据缓存并利用 zlib 来压缩。而 SELECT 查询操作则需要一个全表扫描。因此 Archive 表是日志和数据采集的理想选择。Archive 引擎支持行级别的锁以及一个特殊的缓冲系统以期达到高并发的写操作。它在查询时会将整个表扫描一次。同时,将批量写操作屏蔽直到全部的写操作完成。这些特性模拟了事务的部分特性,但是 Archive 引擎并不是一个事务型引擎。它只是一个优化了插入操作以及压缩了数据的引擎。

CSV 存储引擎:CSV 引擎可以将以逗号分隔的 CSV 文件当作数据表来处理,但是它不支持索引。这个引擎允许在服务器运行的时候将数据文件复制进数据库或者从数据库里复制出去。CSV 表作为数据格式在转换中极为有用。

对于整个服务器或方案来说,并不一定要使用相同的存储引擎,可以为方案中的每个表使用不同的存储引擎,这一点很重要。

(2) 查看现有的存储引擎

如果需要确定目前服务器支持什么存储引擎,则可以使用 SHOW ENGINES 命令来确定。

例 9.1　确定数据库已支持的存储引擎及其目前状态。

```
mysql>show engines;
+----------+-------+------------+--------+----------+
| Engine   | Support |Transactions | XA    | Savepoints |
+----------+-------+------------+--------+----------+
| MyISAM   | YES   | NO         | NO     | NO       |
| CSV      | YES   | NO         | NO     | NO       |
| InnoDB   | DEFAULT | YES      | YES    | YES      |
| ---(省略) | ----  | --         | --     | --       |
| Memory   | YES   | NO         | NO     | NO       |
+----------+-------+------------+--------+----------+
```

其中,Support 指服务器是否支持该存储引擎;Transactions 指该存储引擎是否支持事务处理;XA 指该存储引擎是否支持分布式事务处理;Savepoints 指该存储引擎是否支持保存点。

(3) 将存储引擎指定给表

可以在创建新表时指定存储引擎,或通过使用 ALTER TABLE 语句指定存储引擎。

(1) 在创建表时指定存储引擎,可使用 ENGINE 参数来实现。

例 9.2 创建存储引擎为 MyISAM 的表。

```
mysql>CREATE TABLE engineTest(id INT) ENGINE=MyISAM;
```

（2）更改已有表的存储引擎，可使用 ALTER TABLE 语句来实现。

例 9.3 修改表的存储引擎为 ARCHIVE。

```
ALTER TABLE engineTest ENGINE=ARCHIVE;
```

9.1.3　MySQL 的安装和配置

由于 MySQL 可以在多种平台上使用，并且即使在同一平台上，也存在多种不同的安装方法，因此，MySQL 的安装存在多种方法。下面以 Linux 和 Windows 为例来讲解 MySQL 的安装和使用。

1. MySQL 及相关工具的下载

进入 MySQL 的官方下载页面：http://www. mysql. com/downloads/。在该页面中可知，MySQL 及其相关工具如下。（读者打开网页看到的可能是更高版本的安装软件信息，如果想找旧的发布版本，可进入页面：http://downloads. mysql. com/archives. php）。

MySQL Community Server 5.1 (5. 1. 48 GA)：MySQL Community Server 5. 1 是 MySQL 的免费版本，包括 MySQL 数据库服务器软件、客户端软件。

MySQL Workbench 5. 2 (5. 2. 25 GA)：MySQL Workbench（工作台）是一个专用于 MySQL 的 ER/数据库建模工具，使用它可以设计和创建新的数据表，操作现有的数据库以及执行更复杂的服务器管理功能。

MySQL Cluster 7. 1 (7. 1. 4b GA)：MySQL Cluster 具有一个灵活的分布式体系结构，它可以在性能、可靠性和安全性上提供功能。

MySQL Connectors：MySQL Connectors 提供基于标准驱动程序 JDBC、ODBC 和 . net 的连接，允许开发者选择语言来建立数据库应用程序。

MySQL Workbench 5. 2 的安装只需双击 msi 安装向导就可以完成。根据所选语言的不同，安装不同版本的 MySQL Connectors。本章所有示例都是基于 MySQL Community Server 5. 1. 48 和 MySQL Workbench 5. 2 (5. 2. 25 GA)的。

2. 选择要安装的 MySQL Community Server 版本

首先要作出决策，是使用最新的开发版本或最终的稳定版本。在 MySQL 的开发过程中，同时存在多个发布系列，每个发布都处在成熟度的不同阶段。

MySQL 5. 2 是最新开发的发布系列，是含将增强新功能的系列。不久的将来可以使用 Alpha 发行，以便让感兴趣的用户进行广泛的测试。

MySQL 5. 1 是当前稳定（产品质量）发布系列。只针对漏洞修复重新发布；没有增加会影响稳定性的新功能。

MySQL 5.0 是前一稳定(产品质量)发布系列。只针对严重漏洞修复和安全修复重新发布；没有增加会影响该系列的重要功能。

MySQL 4.0 和 MySQL3.23 是旧的稳定(产品质量)发布系列。该版本不再使用，新的发布只用来修复特别严重的漏洞(以前的安全问题)。

下面以 MySQL Community Server 5.1.48 为例，讲解 MySQL Community Server 在 Windows 和 Linux 上的安装过程。

3. 在 Windows 中安装和配置 MySQL

在网页（http://dev.mysql.com/downloads/mysql/）下载 MySQL Community Server 的安装包，该网页上有四种 MySQL Community Server 5.1 安装软件包可供选择。

基本安装：该安装软件包的文件名类似于 mysql-essential-5.1.48-win32.msi，包含在 Windows 中安装 MySQL 所需要的最少的文件。

完全安装：该安装软件包的文件名类似于 mysql-5.1.48-win32.msi，包含在 Windows 中安装 MySQL 所需要的全部文件，包括配置向导、可选组件，如嵌入式服务器和基准套件。

非自动安装文件：该安装软件包的文件名类似于 mysql-noinstall-5.1.48-win32.zip，包含完整安装包中的全部文件，不包括配置向导。该安装软件包不包括自动安装器，必须手动安装和配置。

源码文件：该软件包的文件名类似于 mysql-5.1.48.zip，包含 mysql 的所有源码文件，需要编译环境进行重新编译。

对于大多数用户，建议选择基本安装和完全安装，即下载 mysql-essential-5.1.48-win32.msi 或 mysql-5.1.48-win32.msi，本章下载安装包为 mysql-5.1.48-win32.msi，双击该安装包即可，启动安装过程如图 9.2 所示。

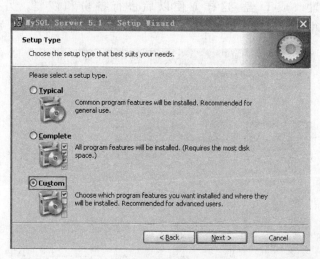

图 9.2　选择安装类型界面

MySQL Community Server 5.1 有三种安装类型：Typical(典型安装)、Complete(完

全安装)和 Custom(定制安装)。

Typical(典型安装)安装只安装 MySQL 服务器、mysql 命令行客户端和命令行实用程序。命令行客户端和实用程序包括 mysqldump、myisamchk 和其他几个工具,可以帮助用户管理 MySQL 服务器。

Complete(完全安装)安装将安装软件包内包含的所有组件。完全安装软件包包括的组件包括嵌入式服务器库、基准套件、支持脚本和文档。

Custom(定制安装)安装允许完全控制想要安装的软件包和安装路径。

选择 Custom(定制安装),进入定制安装界面(如图 9.3 所示)中进行安装。

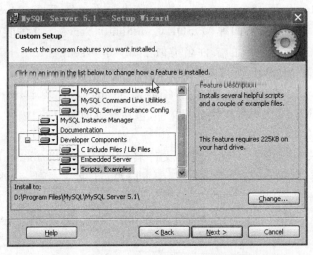

图 9.3　修改安装路径界面

在 Custom(定制安装)对话框中更改安装组件和安装路径,单击 Change(路径设置)按钮,把安装位置改成 D 盘,这样方便以后进行备份和恢复。另外,将 developer components 也选中进行安装。单击"下一步"按钮,进入准备安装界面,如图 9.4 所示。

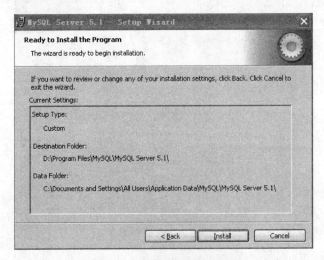

图 9.4　准备安装程序界面

单击"安装"按钮,安装完成,如图 9.5 所示。

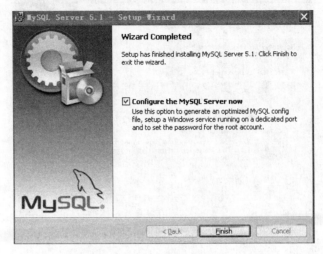

图 9.5　安装完成界面

安装完成之后,单击"完成"按钮,使用 MySQL Server Instance Configuration Wizard 进行服务器的配置。如图 9.6 所示单击"下一步"按钮。进入注册类型对话框,如图 9.7 所示。

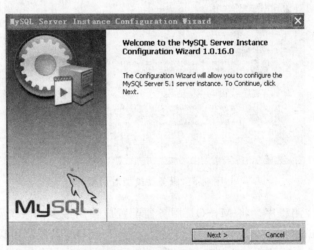

图 9.6　配置服务器欢迎界面

注册类型分为 Detailed Configuration(详细配置)和 Standard Configuration(标准配置)。

Standard Configuration(标准配置)选项适合想要快速启动 MySQL 而不必考虑服务器配置的新用户。详细配置选项适合想要更加细粒度控制服务器配置的高级用户。在此,建议选择详细配置。单击"下一步"按钮,进入服务器类型对话框,如图 9.8 所示。

可以选择 3 种服务器类型,选择哪种服务器将影响到 MySQL Configuration Wizard(配置向导)对内存、硬盘和过程或使用的决策。

Developer Machine(开发机器):该选项代表典型个人用桌面工作站。假定机器上

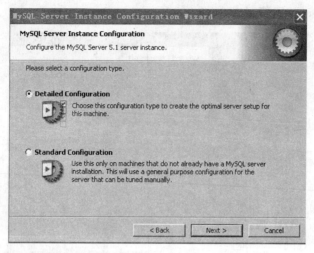

图 9.7　选择注册类型对话框

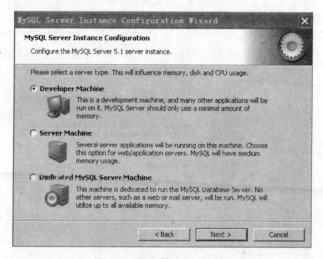

图 9.8　服务器类型对话框

运行着多个桌面应用程序。将 MySQL 服务器配置成使用最少的系统资源。

Server Machine(服务器)：该选项代表服务器，MySQL 服务器可以同其他应用程序一起运行，如 FTP、email 和 Web 服务器。MySQL 服务器配置成使用适当比例的系统资源。

Dedicated MySQL Server Machine(专用 MySQL 服务器)：该选项代表只运行 MySQL 服务的服务器。假定运行没有运行其他应用程序。MySQL 服务器配置成使用所有可用系统资源。在此，选择 Developer Machine(开发机器)，单击"下一步"按钮。进入 Database Usage(数据库使用)对话框，如图 9.9 所示。

通过 Database Usage(数据库使用)对话框，可以指出创建 MySQL 表时使用的表处理器。通过该选项，用户可以选择是否使用 InnoDB 存储引擎，以及 InnoDB 占用多大比例的服务器资源。

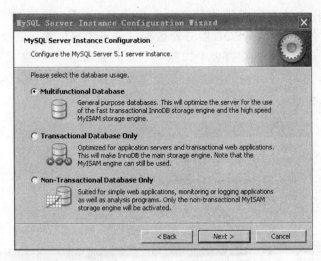

图 9.9　选择数据库使用情况对话框

　　Multifunctional Database（多功能数据库）：选择该选项，则同时使用 InnoDB 和 MyISAM 存储引擎，并在两个引擎之间平均分配资源。建议经常使用两个存储引擎的用户选择该选项。

　　Transactional Database Only（只是事务处理数据库）：该选项同时使用 InnoDB 和 MyISAM 存储引擎，但是将大多数服务器资源指派给 InnoDB 存储引擎。建议主要使用 InnoDB，偶尔使用 MyISAM 的用户选择该选项。

　　Non-Transactional Database Only（只是非事务处理数据库）：该选项完全禁用 InnoDB 存储引擎，将所有服务器资源都指派给 MyISAM 存储引擎。建议不使用 InnoDB 的用户选择该选项。

　　在此，选择 Multifunctional Database（多功能数据库），单击"下一步"按钮，进入 InnoDB 表空间设置对话框，如图 9.10 所示。

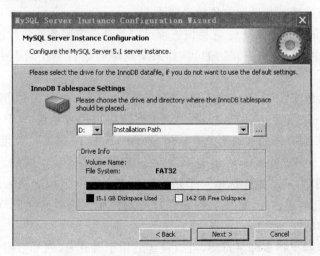

图 9.10　InnoDB 表空间设置对话框

如果系统有较大的空间或性能较高的存储设备（如 RAID 存储系统），则最好将
InnoDB 表空间文件放到和 MySQL 服务器数据目录不同的位置。更改 InnoDB 表空间
文件的默认位置，从驱动器下拉列表中选择一个新的驱动器，并从路径下拉列表中选择
新的路径。要想创建路径，单击 ··· 按钮。设置完成之后，单击"下一步"按钮，进入并发连
接数设置对话框，如图 9.11 所示。

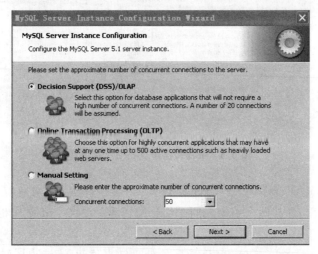

图 9.11　并发连接数设置对话框

为防止服务器耗尽资源，需要限制与服务器之间的并行连接数量。在 Concurrent
Connections（并行连接）对话框中，可以选择服务器的使用方法，并根据情况限制并行连
接的数量。

Decision Support（决策支持）（DSS）/OLAP：如果服务器不需要大量的并行连接，则
可以选择该选项。该选项假定最大连接数目设置为 100。平均并行连接数为 20。

Online Transaction Processing（联机事务处理）（OLTP）：如果服务器需要大量的并
行连接，则选择该选项。其最大连接数设置为 500。

Manual Setting（人工设置）：选择该选项可以手动设置服务器并行连接的最大数目。
从前面的下拉框中选择并行连接的数目，如果所期望的数目不在列表中，则在下拉框中
输入最大连接数。

选择完成后，单击"下一步"按钮，进入联网选项对话框，如图 9.12 所示。

在 Networking Options（网络选项）对话框中可以启用或禁用 TCP/IP 网络，并配置
用来连接 MySQL 服务器的端口号。默认情况启用 TCP/IP 网络。要想禁用 TCP/IP 网
络，将 Enable TCP/IP Networking 选项取消。默认使用 3306 端口。要想更改访问
MySQL 使用的端口，从下拉框选择一个新端口号或直接向下拉框输入新的端口号。如
果选择的端口号已经被占用，将提示确认选择的端口号。选择完成后，单击"下一步"按
钮，进入字符集对话框，如图 9.13 所示。

MySQL 服务器支持多种字符集，可以设置适用于所有表、列和数据库的默认服务器
字符集。使用 Character Set（字符集对话框）来更改 MySQL 服务器的默认字符集。

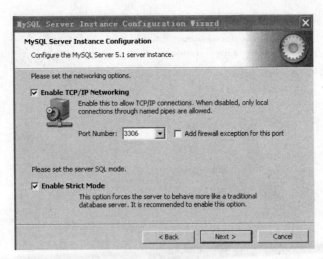

图 9.12　联网选项对话框

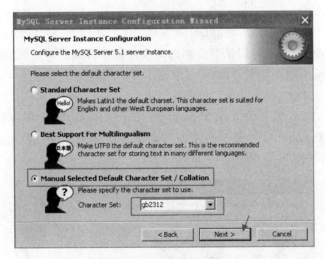

图 9.13　字符集对话框

Standard Character Set(标准字符集)：如果使用 Latin1 作为默认服务器字符集，则选择该选项。Latin1 用于英语和许多西欧语言。

Best Support For Multilingualism(支持多种语言)：如果使用 UTF8 作为默认服务器字符集，则选择该选项。UTF8 可以将不同语言的字符存储为单一的字符集。

Manual Selected Default Character Set/Collation(人工选择的默认字符集/校对规则)：如果想要手动选择服务器的默认字符集，请选择该项。从下拉列表中选择期望的字符集。

选择第三项，从下拉列表中选择 gb2312，表示默认字符集为中文。单击"下一步"按钮，进入服务选项对话框，如图 9.14 所示。

在基于 Windows NT 的平台上，可以将 MySQL 服务器安装成服务。安装成服务后，系统启动时可以自动启动 MySQL 服务器，甚至出现服务故障时可以随 Windows 自

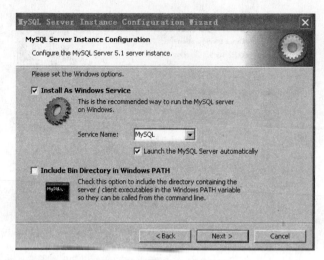

图 9.14   服务选项对话框

动启动。

在默认情况下,MySQL Configuration Wizard(配置向导)将 MySQL 服务器安装为服务,服务名为 MySQL,也可以从下拉框选择新的服务名或在下拉框输入新的服务名来更改服务名。如果不想安装服务,则可以取消 Install As Windows Service 选项旁边的选择框。

如果想将 MySQL 服务器安装为服务,但是不自动启动,则可以取消 Launch the MySQL Server Automatically 选项旁边的选择框。选择完毕,单击"下一步"按钮,进入安全选项对话框,如图 9.15 所示。

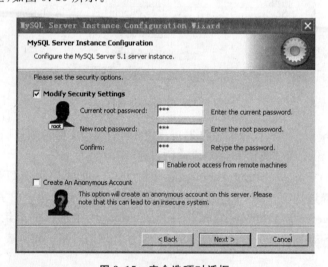

图 9.15   安全选项对话框

为 MySQL 服务器设置 root 密码,在默认情况下,MySQL Configuration Wizard(配置向导)要求设置一个 root 密码。如果想防止通过网络以 root 登录,则可以将 Enable root access from remote machines 选项取消。这样可以提高 root 账户的安全。设置完成后,单击"下一步"按钮,进入配置对话框,如图 9.16 所示。单击"执行"按钮,完成服务器配置,最后会在 MySQL 安装主目录中生成一个系统配置文件 my.ini。

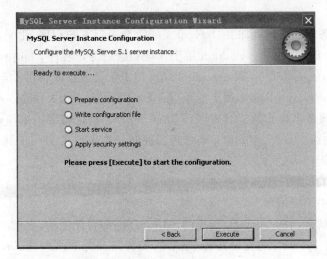

图 9.16　配置对话框

4. 在 Linux 中安装和配置 MySQL

在 Linux 中安装 MySQL 的前提条件:(1)掌握基本的 Linux 命令、基本的 HTML 语言和 SQL;(2)一个工作正常的 TCP/IP 网络;(3)一个工作正常的 Linux 系统(作为安装软件的环境);(4)系统没有安装 MySQL;(5)在 Linux 环境下编译程序所必需的一些软件包,名字应该类似于:①MySQL-5.1.48-1.i386.rpm 中包含了用于 i386 机器的服务器程序;②MySQL-client-5.1.48-1.i386.rpm 包含用于 i386 机器的客户端程序;③MySQL-devel-5.1.48-1.i386.rpm 包含用于在 i386 机器上进行开发用的包含文件和库文件(一般也可以不安装)。

在 Linux 下安装一个 MySQL 分发也不再那么困难,因为现在大多数的发行版都将 MySQL 打包成 rpm 并且集成到系统中。如果在安装系统时没有安装 MySQL,则必须成为 root 用户才能使用 rpm 安装程序,安装过程如下。

```
$ mount /dev/cdrom /mnt/cdrom
$ cd /mnt/cdrom/Redhat/RPMS
$ rpm-ihv MySQL * .rpm
```

rpm 包的安装比较简单,因为所有的事情,Linux 都处理好了。

9.1.4　MySQL 基本使用方法

1. MySQL 程序概述

MySQL 提供了以下几种类型的程序。

（1）MySQL 服务器和服务器启动脚本：①mysqld 是 MySQL 服务器相关程序。使用该程序可以启动、关闭服务器，也可以对服务器状态进行管理；②mysqld_safe、mysql.server 和 mysqld_multi 是服务器启动脚本；③mysql_install_db 初始化数据目录和初始数据库。

（2）访问服务器的客户程序：①mysql 是一个命令行客户程序，用于交互式或以批处理模式执行 SQL 语句；②mysqladmin 用于管理功能的客户程序；③mysqlcheck 用于执行表维护操作；④mysqldump 和 mysqlhotcopy 用于负责数据库备份；⑤mysqlimport 用于导入数据文件；⑥mysqlshow 用于显示信息数据库和表的相关信息。

（3）独立于服务器操作的工具程序：①myisamchk 执行表维护操作；②myisampack 产生压缩、只读的表；③mysqlbinlog 是处理二进制日志文件的实用工具；④perror 工具程序用于显示错误代码的含义。

大多数 MySQL 都分发包括上述的全部程序，只是不包含那些与平台相关的程序（例如，在 Windows 中不使用服务器启动脚本）。

下文分别讲解常用的 MySQL 程序的使用。在讲解程序之前，先做准备工作。

首先，需要将 MySQL 的安装路径（本章的安装路径为 D:\Program Files\MySQL\MySQL Server 5.1\bin）加入操作系统的环境变量中。

其次，打开 Windows 的控制台。

2. 启动或停止 MySQL 服务器命令

启动或停止 MySQL 服务器有以下几种选择方式。

（1）在 Windows 服务中启动

在默认安装 MySQL 时，启动系统就会运行 MySQL。

可以在服务下把自动启动改为手动。启动和关闭 MySQL 都可以手动完成。

（2）在命令提示符下用 net start 命令以 Windows 服务的方式启动

启动：

```
net start MySQL
```

关闭：

```
net stop MySQL
```

（3）利用 MySQLAdmin 管理工具关闭服务器

启动：

```
MySQLAdmin -u root -p reload
```

关闭：

```
MySQLAdmin-u root -p 密码 shutdowm
```

可以在-p 后面直接给出密码，将以明文显示密码。

注意：-p 后面直接加密码，不能有空格，-u 后面的用户名可以加空格也可以不加空格。

3. 连接和退出 MySQL 服务器命令

（1）连接 MySQL 服务器

格式：

```
mysql -h 主机地址 -u 用户名 -p 用户密码
```

例 9.4 连接到本机上的 MySQL。

解：打开 DOS 窗口，输入命令 mysql -u root -p，回车后提示输入密码，如果刚安装好 MySQL，终极用户 root 没有密码，则直接按回车键即可进入 MySQL 中，MySQL 的提示符是 mysql> 。

例 9.5 连接到远程主机上的 MySQL。假设远程主机的 IP 为 110.110.110.110，用户名为 root，密码为 abcd123。则输入以下命令：

```
mysql -h110.110.110.110 -u root -pabcd123
```

注意：u 和 root 能不用加空格，其他也相同。

（2）退出 MySQL 服务器

格式：

```
exit (回车)
```

4. mysql 的输入行编辑器

mysql 具有内建的 GNU Readline 库，允许对输入行进行编辑。可以对当前录入的行进行处理，或调出以前输入的行并重新执行它们（原样执行或做进一步的修改后执行）。在录入一行并发现错误时，可以在按 Enter 键前，在行内退格并进行修改。如果录入了一个有错的查询，那么可以调用该查询并对其进行编辑以解决问题，然后再重新提交它。

（1）使用 mysql 输入查询

确保连接上了服务器，如在上文讨论的。连接上服务器并不代表选择了任何数据库，但这样就可以了。知道关于如何查询的基本知识，比马上跳至创建表、给它们装载数据并且从其中检索数据更重要。本节描述输入命令的基本原则，通过使用几个查询，即可让读者了解 mysql 是如何工作的。

例 9.6 查询服务器的版本号和当前系统日期。在 mysql> 提示输入如下命令并按 Enter 键：

```
mysql> SELECT VERSION(), CURRENT_DATE;
+------------------------+----------------------+
| VERSION()              | CURRENT_DATE         |
+------------------------+----------------------+
| 5.1.48-community       | 2010-8-10            |
+------------------------+----------------------+
```

该 mysql 查询的具体说明如下。

一个命令通常由 SQL 语句组成,随后跟着一个分号(有一些不需要分号,如 exit)。

当发出一个命令时,mysql 将它发送给服务器并显示执行结果,然后显示另一个 mysql>显示它准备好接受其他命令。

mysql 用表格(行和列)方式显示查询输出。第一行包含列的标签,随后的行是查询结果。通常,列标签是取自数据库表的列的名字。如果检索一个表达式而非表列的值(如例 9.6),mysql 用表达式本身标记列。

mysql 显示返回了多少行,以及查询花了多长时间。

不必全在一个行内给出一个命令,较长命令可以输入到多个行中。mysql 通过寻找终止分号而不是输入行的结束来决定语句在哪儿结束(换句话说,mysql 接受自由格式的输入:它收集输入行,但直到看见分号才执行)。

在例 9.6 中,在输入多行查询的第一行后,要注意提示符如何从 mysql>变为一>。表 9.1 列出了可以看见的各个提示符及其含义。

表 9.1   mysql 提示符

提示符	含　义
mysql>	准备好接受新命令
一>	等待多行命令的下一行
'>	等待下一行,等待以单引号("'")开始的字符串的结束
">	等待下一行,等待以双引号('"')开始的字符串的结束
`>	等待下一行,等待以反斜点('`')开始的识别符的结束
/*>	等待下一行,等待以/*开始的注释的结束

(2) 从文本文件执行 SQL 语句

上文是采用交互式的方法使用 mysql 输入查询并且查看结果的,也可以以批处理方式运行 mysql。为了以批处理方式运行,首先,把想要运行的命令放在一个文件中;然后告诉 mysql 从文件读取它。

① 格式

```
C:\>mysql<batch-file
```

如果需要在命令行上指定连接参数,命令格式如下:

```
C:\>mysql -h 127.0.0.1 -u user -p<batch-file
Enter password: ********
```

如果正在运行 mysql,则可以使用 source 或\.命令执行 SQL 脚本文件:

```
mysql>source filename
```

例 9.7　执行一个脚本文件(test.sql),文件内容如下。

```
Show databases;
Create database test;
Use test;
Create table table_1(I int) ENGINE=MyISAM;
C:\>mysql-h localhost-u root -p<c:\test.sql
```

或

```
mysql>source c:\test.sql
```

② 使用批处理方式的优点

如果重复地运行查询(如每天或每周),把它做成一个脚本,可以使用户在每次执行它时避免重新输入。

可以通过复制并编辑脚本文件从类似的现有的查询生成一个新查询。

在开发查询时,批模式也是很有用的,特别对多行命令或多行语句序列,使用它可以散发脚本。

9.1.5   MySQL 的图形工具

除了 9.1.4 小节中介绍的程序之外,为了提高 MySQL 的开发效率,还有多款MySQL 的图形界面工具。

1. MySQL GUI Tools Bundle

MySQL(mysql-gui-tools-5.0-r17-win32.msi)官方工具(适合本地操作,管理员默认用户名:root,密码是在配置 sql 时设置的,server host 是 localhost)。下载地址为http://dev.mysql.com/downloads/gui-tools/。下载该软件的安装包。另外,再下载VS.NET 的 FRAMEWORK 第 3.5 版的安装包。安装 VS.NET 的 framework 第 3.5版之后,双击 MySQL GUI Tools 安装包进行安装。该安装包中有 3 个 GUI 客户程序供MySQL 服务器使用。

MySQL Administrator 是一个强大的图形管理工具,用户可以方便地管理和监测MySQL 数据库服务器,通过可视化界面更好地了解其运行状态。MySQL Administrator 将数据库管理和维护综合成一个无缝的环境,拥有清晰直观的图形化用户界面。

MySQL Query Browser:MySQL Query Browser 是方便图形化工具,支持创建、执行和优化 SQL 查询(MySQL 数据库服务器)。MySQL Query Browser 支持拖放构建、分析及管理查询。此外,集成环境还提供了以下工具。

(1)查询工具栏:可轻松地创建和执行查询和浏览查询历史;

(2)脚本编辑器:可控制手动创建或编辑 SQL 语句;

(3)结果窗口:可将多个查询结果进行比较;

(4)对象浏览器:可管理用户数据库、书签和历史,类似 Web 浏览器一样的界面;

（5）数据库 Explorer：可选择表和字段查询，以及创建和删除表；

（6）表编辑器：可轻松地创建、修改和删除表。

MySQL Migration：MySQL Migration Toolkit 是一个功能强大的迁移工具台，可以帮助用户从私有数据库快速迁移至 MySQL。通过向导驱动接口，MySQL Migration Toolkit 会采用可行的迁移方法，来引导您通过必要的步骤来成功完成数据迁移计划。

2. phpMyAdmin

如果使用 PHP＋MySQL 这对黄金组合，那么 phpMyAdmin（phpMyAdmin-3.2.3）比较适合（适合远程操作，服务器需 PHP 环境支持）。下载地址为：http://www.phpmyadmin.net。支持中文，管理数据库也非常方便，不足之处在于对大数据库的备份和恢复不方便。

3. MySQLDumper

MySQLDumper 使用 PHP 开发的 MySQL 数据库备份恢复程序，解决了使用 PHP 进行大数据库备份和恢复的问题，数百兆的数据库都可以方便地通过备份得以恢复，不用担心网速太慢导致中间中断的问题，使用方便。该软件是德国人开发的，还没有中文语言包。

4. Navicat

Navicat 是一个桌面版 MySQL 数据库管理和开发工具。和微软 SQLServer 的管理器相似，易学易用。Navicat 使用图形化的用户界面，可以让用户使用和管理更为轻松。支持中文，有免费版本提供。

5. MySQL Workbench 5.2 图形界面工具

MySQL Workbench（工作台）取代了 MySQL GUI Tools Bundle，MySQL Workbench 提供了支持 DBAs 和 developers 共用的集成开发工具环境，具体包括如下工具。

Database Design & Modeling：数据库设计与建模工具。

SQL Development：SQL 开发工具，取代 MySQL Query Browser。

Database Administration：数据库管理器，取代 MySQL Administrator。

6. SQL Maestro MySQL Tools Family

SQL Maestro Group 提供了完整的数据库管理、开发和管理工具，适用于所有主流 DBMS。通过 GUI 界面，可以执行查询和 SQL 脚本，管理用户以及他们的权限，导入、导出和数据备份。同时，还可以为所选定的表以及查询生成 PHP 脚本，并转移任何 ADO 兼容数据库到 MySQL 数据库。捆绑包中包括如下工具。

SQL Maestro for MySQL：专业的 MySQL GUI 管理工具，支持所有最新的 MySQL 5.0 和 5.1。功能包括预览、过程、触发器和表分区。

Data Wizard for MySQL：MySQL 的转储，以及数据导出/导入工具等。

Code Factory for MySQL：用于编辑 SQL 脚本和创建 SQL 语句的可视化工具集。

Service Center for MySQL：用于 MySQL 服务器维护。

PHP Generator for MySQL：生成高性能 MySQL PHP 脚本。配有免费版本。

9.2　介绍 MySQL Workbench 5.2

本章通过讲解 MySQL Workbench 5.2 的使用来介绍 MySQL 图形化操作的各个组成部分。

9.2.1　主界面

当打开 MySQL Workbench 时，出现的界面称为主界面（the home Screen），如图 9.17 所示，该图有两个主要部分。

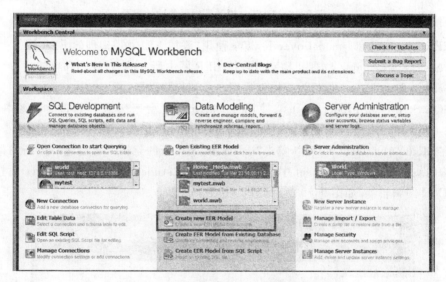

图 9.17　MySQL Workbench 启动界面

中央工作台：中央工作台使使用者能不断地获知 MySQL 工作台的新闻、活动和资源。

工作区：所设计的工作区主要是快速导航到所需的功能。为了使用方便，工作区分为三个主要领域：SQL 开发、数据库设计和建模以及服务器管理。

9.2.2　数据库设计和建模

1. 数据库建模

下面以 student 数据库为例来介绍数据库设计和建模（Database Design & Modeling）。

首先，打开 MySQL Workbench，在其主界面，单击 create new EER model，出现

"MySQL 模型编辑器"的设计界面,如图 9.18 所示,该界面包括如下选项卡。

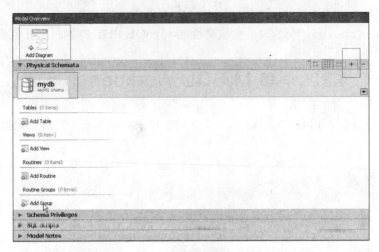

图 9.18　MySQL 模型编辑器的设计界面

EER Diagrams(即 model overviews):使用"添加 EER 图"来创建 EER 图。

Physical Schemata:物理架构平台包括 EER 图中所有的表、视图和存储过程。

Schema Privileges:包括为架构创建用户及其权限设置。

SQL Scripts 和 Model Notes:使用 sql scripts 平台来装载和修改 sql 脚本;使用 model notes 平台来编写项目笔记。Sql 脚本和 model 笔记都保存在该项目中。

在 Model Overview 工具栏,单击"+"按钮,添加新的架构。将创建一个新的架构和新架构的 tabsheet。在 tabsheet 中,更改架构名称为 student。双击 add diagram,打开数据库 EER 图编辑器,如图 9.19 所示。

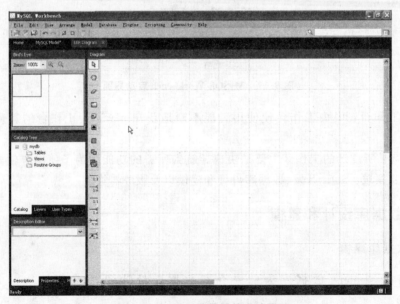

图 9.19　EER 图编辑器的设计界面

在 Diagram 窗口中,双击 place a new table 按钮,添加三个新表,输入其属性、主外键和规则,得到教学管理系统的 EER 图,如图 9.20 所示。

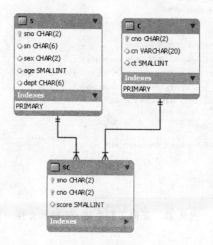

图 9.20　student 数据库 EER 图

2. 正向工程

正向工程可以从 EER 图生成数据库,也可以生成 sql 脚本文件。

支持从上文生成的 student 数据库 EER 图生成数据库,单击 database>forward engineer...,如图 9.21 所示。

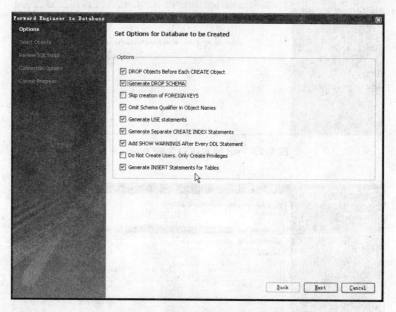

图 9.21　正向工程生成数据库

完成之后,服务器中出现了 student 数据库,如图 9.22 所示。

如果单击 file>export>forward engineer to sql script,则生成的是 sql 脚本文件,在

服务器上执行同样可得到 student 数据库。

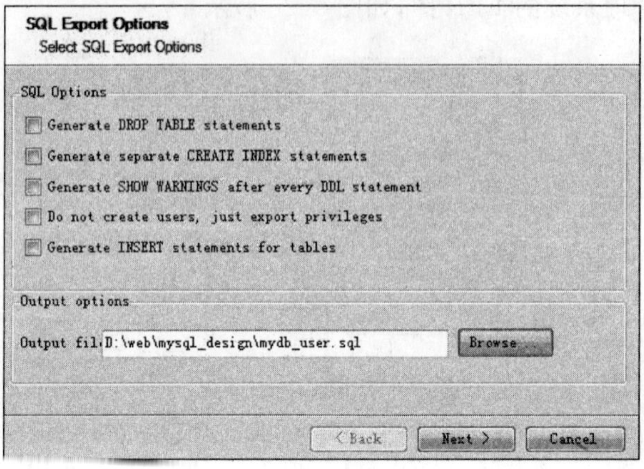

SQL Export Options
Select SQL Export Options
SQL Options
Generate DROP TABLE statements
Generate separate CREATE INDEX statements
Generate SHOW WARNINGS after every DDL statement
Do not create users, just export privileges
Generate INSERT statements for tables
Output options
Output fil
D:\web\mysql_design\mydb_user.sql
Browse
< Back
Next >
Cancel

图 9.22 正向工程生成 sql 脚本文件

3. 逆向工程

逆向工程支持根据 SQL 脚本创建 EER 图，或者根据数据库生成 EER 图。把 sql 脚本导入，通过逆向工程生成数据库文件，单击 file>import>reverse engineer to sql script，出现如图 9.23 所示的界面。

单击 database>reverse engineer...，出现如图 9.24 所示的界面。其他相关操作略。

Input and Options
Input and Options
Select the script containing the schemata to reverse engineer
Select SQL script file:
C:\Documents and Settings\Administrator\桌面\jiaoxue.sql
Browse...
File encoding:
GB2312
Place imported objects on a diagram

图 9.23 sql 脚本逆向生成 Diagram

Reverse Engineer Database
Connection Options
Connect to DBMS
Select Schemata
Fetch Object Info
Select Objects
Reverse Engineer
Results
Set parameters for connecting to a DBMS
Stored Connection:
New connection 1
Select from saved connection settings
Connection Method:
Standard (TCP/IP)
Method to use to connect to the RDBMS
Parameters
Advanced
Hostname:
127.0.0.1
Port:
3306
Name or IP address of the server host - TCP/I
Username:
root
Name of the user to connect with.
Password:
Store in Vault ...
Clear
The user's password.
Default Schema:
The schema that will be used as default schem

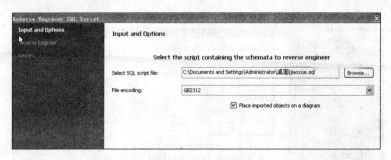

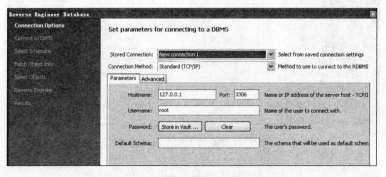

图 9.24 数据库逆向生成 Diagram

9.2.3　SQL 开发

MySQL Workbench 的功能主要是完成 MySQL 查询分析器,包括连接到已存在的数据库和运行 sql 查询、sql 脚本、编辑数据和管理数据库对象。

1. 打开连接以便查询

双击 home 界面的 open connection to start querying 中的 localhost(表示为本地服务器),打开 sql 编辑器,其界面如图 9.25 所示。在 sql 编辑器中,输入 select * from s;,单击图 9.26 所示的 sql 查询编辑器的工具栏中的"运行"按钮。

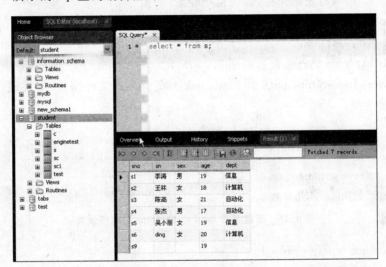

图 9.25　sql 查询编辑器

图 9.26　sql 查询编辑器——工具栏

2. 新建连接

单击 sql development 中 new connection,打开设置新连接对话框,如图 9.27 所示。在设置新连接对话框中,对相应的数据做设置:Connection name:设置连接的名字;Connection method:设置网络传输的协议,网络传输协议包括标准 tcp/ip、local socket/pipe 和 standard tcp/ip over ssh。

(1) 标准 tcp/ip 连接

标准 tcp/ip 连接如图 9.27 所示。

Hostname:设置主机名或主机 ip;

Port:设置 MySQL 服务器的侦听端口,默认为 3306;

Username:连接用户名;

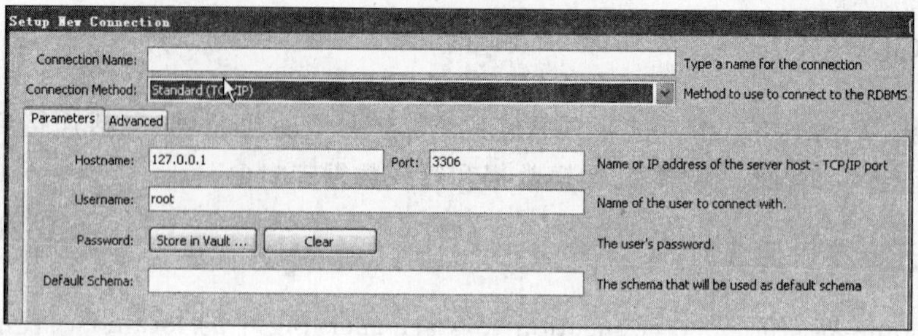

图 9.27　新建连接对话框

Password：可以将密码保存，以便自动登录；

Default Schema：设置登录的默认模式。

（2）local socket/pipe

local socket/pipe 的连接设置如图 9.28 所示。

其中，local socket/pipe path 是 local socket 或 pipe 的文件路径，如果是使用默认值的话，该路径为空。

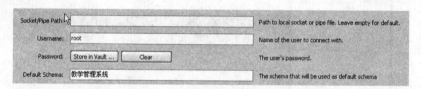

图 9.28　新建基于 local socket/pipe 的连接设置

（3）standard tcp/ip over ssh

其连接设置如图 9.29 所示。

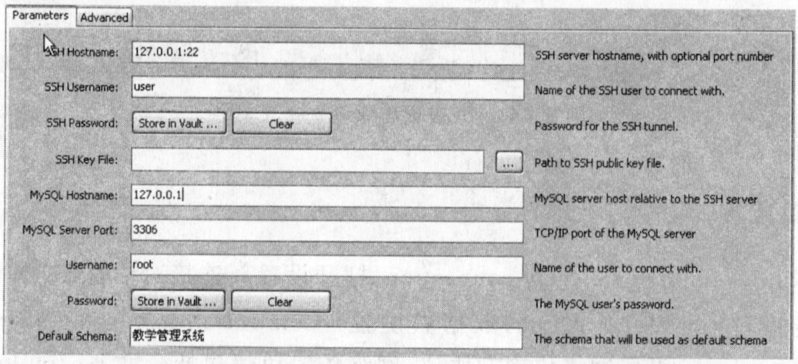

图 9.29　新建基于 standard tcp/ip over ssh 的连接设置

该连接类型是允许 MySQL Workbench 连接到 MySQL Server 时使用基于 SSH 信道之上的 TCP/IP。该连接类型比标准 TCP/IP 多些参数：①SSH Hostname：这是 SSH 服务器的名称，同时需要提供端口号；②SSH Username：这是连接的 SSH 用户的名称；③SSH Password：这是 SSH 的密码；④SSH Key File：这是 SSH 密钥文件的路径。

具体参数如图 9.29 所示。

9.2.4　服务器管理

自 MySQL Workbench 5.2.6 包含了管理服务器实例的功能之后,服务器实例都是
通过连接到需要管理的服务器来进行创建的。服务器
管理(Server Administration)模块主要提供的功能包括
创建和管理服务器实例;在服务器实例上管理和注册
函数。

在主界面上,有服务器管理模块的工作区,如
图 9.30 所示,该工作区包含服务器管理;新的服务器实
例;管理数据导入、导出;管理安全;管理服务器实例。

1. 注册新服务器实例

这部分功能主要是在管理平台注册新服务器实例,
单击图 9.30 中的 new server instance,打开注册新服务
器向导,如图 9.31 所示。

在图 9.31 中,服务器为本地服务器,所以选中
localhost,单击 next 按钮,打开数据库连接设置,如
图 9.32 所示,在该界面中,对数据库连接进行设置,单

图 9.30　数据库管理

击 next 按钮,进入测试数据库连接界面,如图 9.33 所示。在弹出对话框中,输入密码,单
击 OK 按钮,进行数据库连接测试。测试完成后,即注册了一个新服务器实例。

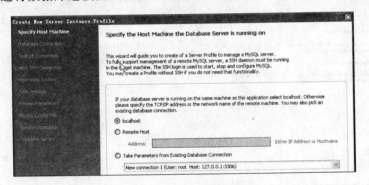

图 9.31　注册服务器向导

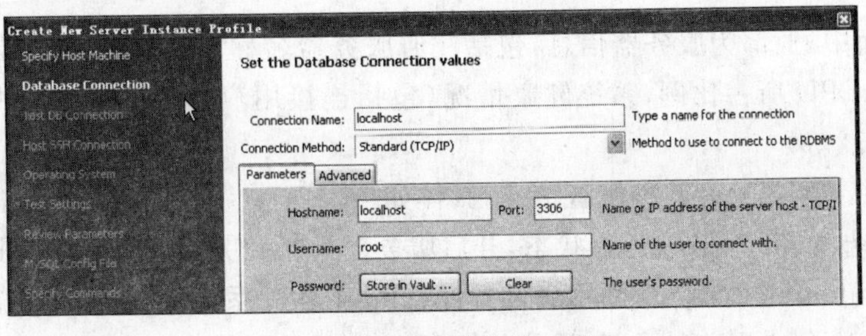

图 9.32　数据库连接设置

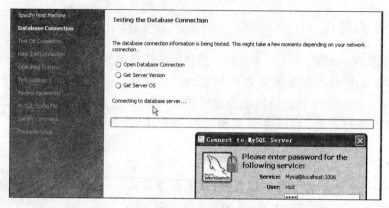

图 9.33　数据库连接测试

2. 管理服务器实例

这部分功能是对服务器实例的各个方面进行管理。双击在上文注册的服务器实例，打开管理界面，如图 9.34 所示。

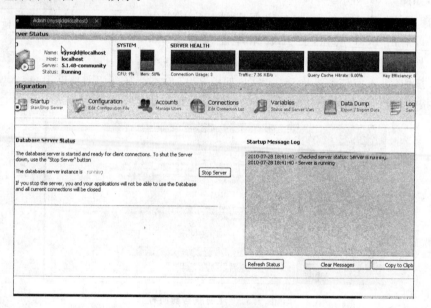

图 9.34　管理界面

在该界面中，上部为服务器信息，包括注册服务器名称、主机名、服务器版本、运行状态；以及系统 CPU 所占比例，系统健康情况（包括连接用户、速度、查询缓冲区使用率和键使用效率）。

在界面的下半部分为各种配置信息，具体如下。

Startup 选项卡：服务器运行状态，开启服务器运行和关闭服务器，如图 9.34 所示。

Configuration 选项卡：帮助用户设置 my.ini 中各种系统变量，如图 9.35 所示，在该选项卡之下又分为各种子选项卡，如 General、Advanced、MyISAM Parameters、

Performance、Log Files、Security、InnoDB Parameters、NDB Parameters、Transactions、Networking、Replication 和 Misc。其中，MyISAM Parameters、InnoDB Parameters 和 NDB Parameters 是对三种存储引擎的各种属性做管理，Replication 是对复制所用的属性做管理，Misc 是对存储磁盘做管理。

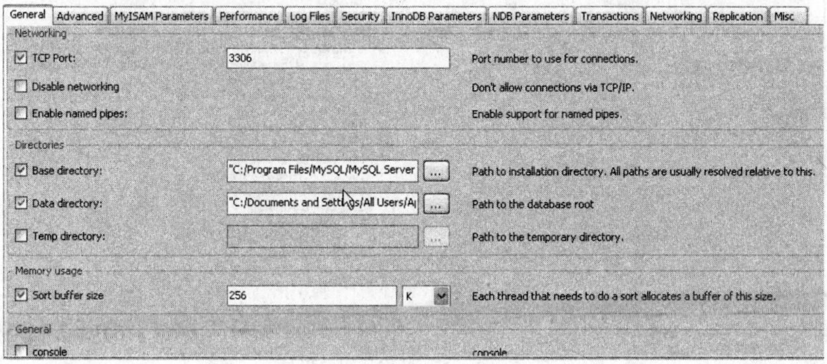

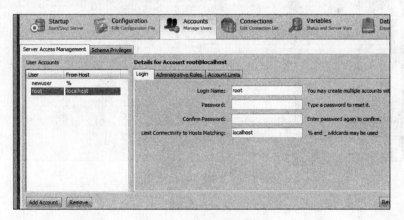

图 9.35   Configuration 选项卡

Accounts：账户选项卡包括两个子选项卡，①Server Access Management：在该子选项卡中列举已有用户、添加和删除用户、给用户设置全局权限、设置用户连接限制；②Schema Privileges：设置用户的数据库权限，如图 9.36 所示。

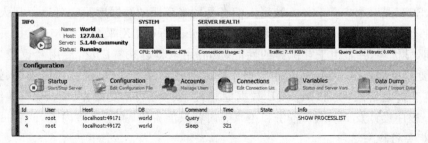

图 9.36   Accounts 选项卡

Connections：该选项卡中列举了所有当前连接，如图 9.37 所示。

图 9.37   Connections 选项卡

Variables：该选项卡中列举了所有系统变量，如图 9.38 所示。

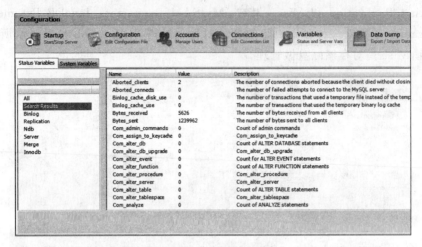

图 9.38　Variables 选项卡

Data Dump：该选项卡主要创建数据库备份和从备份中还原数据库，分为三个子选项卡：导出、导入和控制导入\导出的参数，如图 9.39 所示。

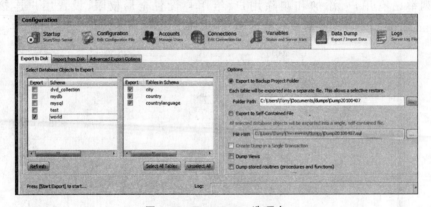

图 9.39　Data Dump 选项卡

9.3　小　　结

MySQL 是一个广受 Linux 社区人们喜爱的半商业的数据库。它可运行在大多数的 Linux 平台（如 i386、Sparc、etc）以及少许非 Linux、非 UNIX 平台上。MySQL 具有价格便宜的明显优势，并且由于它优异的性能，其应用也将越来越广泛，使用者也越来越多。本章主要简单地介绍了 MySQL 中数据库技术的基本操作实现，包括如何安装、管理、维护等，由于篇幅所限，关于 MySQL 数据完整性、安全性、并发操作、MySQL 操作优化、MySQL 程序设计及 MySQL 备份和还原等内容只能省略，关于这些内容，读者可通过查阅本书相关资料来学习。

第 3 部分

实 验 篇

第 10 章

实　验

课程实验数据库管理系统平台可选择 SQL Server、Oracle、MySQL 等主流数据库产品,如下实验内容是以 SQL Server 2005 为背景编排的,然而绝大部分实验内容与要求可方便地在其他数据库管理系统上来组织实践。

读者可参阅第 7、8、9 章中的操作示例及本书附带的相关资料等,来完成实验内容。

实验 1　数据库系统基础操作

实验目的

安装某数据库系统;了解数据库系统的组织结构和操作环境;熟悉数据库系统的基本使用方法。

实验内容

1. 选择一个常用的数据库产品,如 MS SQL Server、Oracle、MySQL、DB2、Sybase、Informix 或 Visual FoxPro 等,进行实际的安装操作,并记录安装过程。可参照实验示例(见随书光盘或网站信息),亲自安装 SQL Server 2005 的某一版本,并记录安装机器的软件、硬件平台,网络环境等内容。

2. 运行选定的数据库产品,了解数据库管理系统的启动与停止、运行与关闭等情况。了解数据库系统可能有的运行参数,启动程序所在目录,其他数据库系统文件所在目录等情况。

3. 熟悉数据库产品的操作环境,如字符界面、图形界面;熟悉数据库管理系统的基本操作方法。

(1) 参照实验示例,初步使用 SQL Server 2005 集成管理器及联机丛书等图形界面程序项,在联机丛书程序中自学 SQL Server 2005 的基本概念与知识。

(2) SQL Server 2005 也提供 DOS 字符操作界面,可以选择"开始"→"所有程序"→"附件"→"命令提示符",进入 DOS 命令提示符窗口;或选择"开始"→"运行"→输入 cmd

→"确定"按钮来启动 DOS 命令提示符窗口。在 DOS 窗口中学习使用 sqlcmd 或 osql 字符界面操作程序（sqlcmd. exe 与 osql. exe 程序一般位于 C：\Program Files\Microsoft SQL Server\90\Tools\Binn 目录中）。可以输入 sqlcmd -? 或 osql -? 先得到帮助，然后通过命令使用它们。例如，在 DOS 命令提示符窗口中输入并执行（不要输入括号内的说明）下列代码。

```
> sqlcmd - E↙
```

信任方式登录到本机的 SQL Server 服务器上，"↙"表示 Enter 键。

```
1>Use AdventureWorks↙
```

选定 AdventureWorks 数据库。

```
2> Go↙
```

执行上 Use AdventureWorks 命令。

```
1>SELECT * FROM Production.ProductCategory↙
```

从 Production. ProductCategory 表中查询所有记录。

```
2>Go↙
```

执行上 SELECT * FROM Production. ProductCategory 命令。

```
1>Exit↙
```

退出 sqlcmd 程序。

4. 了解 SQL Server 2005 中的示例数据库 AdventureWorks 或 SQL Server 2000 中的示例数据库 pubs 和 Northwind，查看其中有哪些用户表，表中有哪些记录数据，各表及其属性的含义等。

5. 了解数据库系统提供的其他辅助工具，并初步了解其功能，初步掌握其使用方法。

6. 选择若干典型的数据库管理系统产品，如 SQL SERVER、Oracle、MySQL、DB2、Sybase、Informix、VFP、Access 等，了解它们包含哪些主要模块及各模块主要功能；初步比较各数据库管理系统在功能上的异同和强弱。

7. 根据以上实验内容与要求，上机操作后组织编写实验报告。

实验 2　数据库的基本操作

实验目的

掌握数据库的基础知识；了解数据库的物理组织与逻辑组成情况；学习创建、修改、查看、缩小、更名、删除等数据库的基本操作方法。

实验内容

1. 使用 SQL Server Management Studio,按以下步骤创建 jxgl 数据库。

(1) 准备创建教学管理数据库 jxgl。

(2) 右击数据库,从弹出的快捷菜单中选择"新建数据库"命令。

(3) 输入数据库名称 jxgl。

(4) 打开"数据文件"选项卡,增加一个文件 jxgl_data,初始大小为 2MB。

(5) 打开"事务日志"选项卡,增加一个日志文件 jxgl_log,初始大小为 2MB。

(6) 单击"确定"按钮,开始创建数据库。

(7) 查看创建后的 JXGL 数据库,查看 jxgl_data.mdf、jxgl_log.ldf 两数据库文件所处在磁盘中的子目录。

(8) 删除该数据库,利用其他方法,再创建具有相同要求的该数据库。

2. 用 Transact-SQL 语句创建数据库。在 SQL Server Management Studio 中,打开一个查询窗口,按照表 10.1 所示的要求,创建数据库 Student2,要求写出相应的 CREATE DATABASE 命令,并执行创建该数据库。接着再完成下列要求。

表 10.1 数据库参数表

参　　数	参　数　值
数据库名称	Student2
数据库逻辑文件名	Student_dat
操作系统数据文件名	C:\mssql\data\student_dat.mdf
数据文件初始大小	5MB
数据文件最大值	20MB
数据文件增长量	原来的 10%
日志逻辑文件名	Student_log
操作系统日志文件名	C:\mssql\data\student_dat.ldf
日志文件初始大小	2MB
日志文件最大值	15MB
日志文件增长量	2MB

(1) 右击数据库,从弹出的快捷菜单中选择"属性"命令,打开"student2 属性"对话框,打开"选项"选择页,修改"数据库为只读"属性为 TRUE。这样数据库就变为只读数据库,接着对数据库进行改动操作(如添加表、删除表、更新表等),查看这些操作是否可行。

(2) 然后在查询窗口中,使用 T-SQL 语句更改数据库选项,如更改只读属性。

```
ALTER DATABASE AdventureWorks SET READ_WRITE;
```

再进行同样的数据库更新操作,看是否可行。

(3) 收缩数据库:在 SQL Server Management Studio 中交互方式收缩某数据库,方法为:右击数据库,从弹出的快捷菜单中选择"任务"→"收缩"→"数据库"菜单命令,在出现的"收缩数据库"对话框中,单击"确定"按钮来完成数据库收缩(也可以同时指定文件的最大可用空间)。

使用 T-SQL 语句压缩数据库。在打开的某数据库查询窗口中,输入 DBCC SHRINKDATABASE(student2,10),使 student2 数据库有 10%的自由空间。

(4) 更改数据库:在打开的某数据库查询窗口中,利用 ALTER DATABASE 命令实现更改数据库 Student2,参数如表 10.2 所示。

表 10.2　要更改的参数要求

参　　数	参　数　值
数据库名	Student2
增加的文件组名	Studentfg
增加的文件 1 的逻辑名	Student2_dat
文件 1 在磁盘中的目录	C:\student2_dat. ndf
文件 1 初始大小	2MB
文件 1 最大值	20MB
文件 1 增长量	2MB
增加的文件 2 的逻辑名	Student3_dat
文件 2 磁盘中的目录	C:\student3_dat. ndf
文件 2 初始大小	2MB
文件 2 最大值	20MB
文件 2 增长量	2MB
新增日志逻辑文件名	Student2_log
日志文件在磁盘中的目录	D:\student2_log. ldf
日志文件初始大小	2MB
日志文件最大值	30MB
日志文件增长量	2MB

3. 请分别使用交互方式和 T-SQL 语句创建数据库 Student3,创建的数据库的要求如下所示:数据库名称为 Student3,包含三个 20MB 的数据库文件,两个 10MB 的日志文件,创建使用一个自定义文件组,主文件为第一个文件,主文件的后缀名为. mdf,次要文件的后缀名为. ndf;要明确地定义日志文件,日志文件的后缀名为. ldf;自定义文件组包含后两个数据文件,所有的文件都放在目录 C:\DATA 中。

4. 请使用交互方式完成对某用户数据库的分离与附加操作。

大致方法：右击某数据库,查看弹出的快捷菜单,通过选择分离与附加菜单项来完成操作。

5. 创建库存管理系统使用的数据库 KCGL

可以在 SQL Server Management Studio 中交互方式创建,也可以利用 CREATE DATABASE 命令创建。根据该数据库数据容量的估算,其文件初始大小要求是：①"数据文件"名为 KCGL_Data.mdf,初始大小为 100MB,以后按 5% 自动增长,大小不限；②"事务日志"名为 KCGL_log.ldf,初始大小为 50MB,以后按 5% 自动增长,最大不超过 200MB。

实验 3 表与视图的基本操作

实验目的

掌握数据库表与视图的基础知识；掌握创建、修改、使用、删除表与视图的不同方法；掌握表或与视图的导入或导出方法。

实验内容

1. 创建数据库及表

应用掌握的某种方法,创建订报管理子系统的数据库 DingBao,在 DingBao 数据库中用交互式界面操作方法或 CREATE TABLE 命令创建表 10.3、表 10.4、表 10.5 所示的表结构(表名及字段名使用括号中给出的英文名),并完成其中所示内容的输入,根据需要可自行设计输入更多的表记录。

创建表结构时要求满足：

(1) 报纸编码表(PAPER)以报纸编号(pno)为主键；

(2) 顾客编码表(CUSTOMER)以顾客编号(cno)为主键；

(3) 报纸订阅表(CP)以报纸编号(pno)与顾客编号(cno)为主键,订阅份数(num)的默认值为1。

表 10.3 报纸编码表(PAPER)

报纸编号(pno)	报纸名称(pna)	单价(ppr)
000001	人民日报	12.5
000002	解放军报	14.5
000003	光明日报	10.5
000004	青年报	11.5
000005	扬子晚报	18.5

表 10.4　报纸订阅表(CP)

顾客编号(cno)	报纸编号(pno)	订阅份数(num)
0001	000001	2
0001	000002	4
0001	000005	6
0002	000001	2
0002	000003	2
0002	000005	2
0003	000003	2
0003	000004	4
0004	000001	1
0004	000003	3
0004	000005	2
0005	000003	4
0005	000002	1
0005	000004	3
0005	000005	5
0005	000001	4

表 10.5　顾客编码表(CUSTOMER)

顾客编号(cno)	顾客名称(cna)	顾客地址(adr)
0001	李涛	无锡市解放东路 123 号
0002	钱金浩	无锡市人民西路 234 号
0003	邓杰	无锡市惠河路 270 号
0004	朱海红	无锡市中山东路 432 号
0005	欧阳阳文	无锡市中山东路 532 号

创建一个 Access 数据库 DingBao(DingBao. MDB 文件),把在 SQL SERVER 中创建的三个表导出到 Access 数据库中。

2. 创建与使用视图

(1) 在 DingBao 数据库中,创建含有顾客编号、顾客名称、报纸编号、报纸名称、订阅份数等信息的视图,视图名设定为 C_P_N。

(2) 修改已创建的视图 C_P_N,使其包含报纸单价信息。

(3) 通过视图 C_P_N,查询"人民日报"被订阅的情况,能通过视图 C_P_N 实现对数据的更新操作吗？请尝试各种更新操作，例如，修改某人订阅某报的份数、某报的名称等。

(4) 删除视图 C_P_N。

实验 4　SQL 语言——SELECT 查询操作

实验目的

表数据的各种查询与统计 SQL 命令的编写与操作，具体分为了解查询的概念和方法；掌握 SQL Server 集成管理器查询子窗口中执行 SELECT 操作的方法；掌握 SELECT 语句在单表查询中的应用；掌握 SELECT 语句在多表查询中的应用；掌握 SELECT 语句在复杂查询中的使用方法。

实验内容

下面的实验中要使用到包括如下三个表的简易"教学管理"数据库 jxgl。

(1) 学生表 Student，由学号(Sno)、姓名(Sname)、性别(Ssex)、年龄(Sage)、所在系(Sdept)五个属性组成，记作：Student(Sno, Sname, Ssex, Sage, Sdept)，其中主码为 Sno。

(2) 课程表 Course，由课程号(Cno)、课程名(Cname)、先修课号(Cpno)、学分(Ccredit)四个属性组成，记作：Course(Cno, Cname, Cpno, Ccredit)，其中主码为 Cno。

(3) 学生选课 SC，由学号(Sno)、课程号(Cno)、成绩(Grade)三个属性组成，记作：SC(Sno, Cno, Grade)，其中主码为(Sno, Cno)。

首先，在 SQL SERVER Management Studio 的查询子窗口中(要以具有相应操作权限的某用户登录)执行如下命令创建数据库。需要说明的是，不同数据库系统其创建数据库的命令或方式有所不同。

```
CREATE DATABASE jxgl
```

然后，刷新数据库目录，选择新出现的 jxgl 数据库，在 SQL 操作窗口中，创建 Student、SC、Course 三个表及表记录插入命令如下：

```
USE jxgl
Create Table Student
( Sno CHAR(5) NOT NULL PRIMARY KEY(Sno),
  Sname VARCHAR(20),
  Sage SMALLINT CHECK(Sage>=15 AND Sage< =45),
  Ssex CHAR(2) DEFAULT '男' CHECK (Ssex='男' OR Ssex='女'),
  Sdept CHAR(2));
Create Table Course(Cno CHAR(2) NOT NULL PRIMARY KEY(Cno),Cname VARCHAR(20),Cpno
CHAR(2),Ccredit SMALLINT);
Create Table SC ( Sno CHAR(5) NOT NULL CONSTRAINT S _F FOREIGN KEY REFERENCES
Student(Sno),Cno CHAR(2) NOT NULL,Grade SMALLINT CHECK ((Grade IS NULL) OR (Grade
```

BETWEEN 0 AND 100)), PRIMARY KEY (Sno, Cno), CONSTRAINT C_F FOREIGN KEY (Cno) REFERENCES Course(Cno));

INSERT INTO Student VALUES('98001','钱横',18,'男','CS');
INSERT INTO Student VALUES('98002','王林',19,'女','CS');
INSERT INTO Student VALUES('98003','李民',20,'男','IS');
INSERT INTO Student VALUES('98004','赵三',16,'女','MA');
INSERT INTO Course VALUES('1','数据库系统', '5',4);
INSERT INTO Course VALUES('2','数学分析',null,2);
INSERT INTO Course VALUES('3','信息系统导论','1',3);
INSERT INTO Course VALUES('4','操作系统原理','6',3);
INSERT INTO Course VALUES('5','数据结构','7',4);
INSERT INTO Course VALUES('6','数据处理基础',null,4);
INSERT INTO Course VALUES('7','C 语言','6',3);
INSERT INTO SC VALUES('98001','1',87);
INSERT INTO SC VALUES('98001','2',67);
INSERT INTO SC VALUES('98001','3',90);
INSERT INTO SC VALUES('98002','2',95);
INSERT INTO SC VALUES('98002','3',88);

请有选择地实践以下各大题。

1. 基于"教学管理"数据库 jxgl,试用 SQL 的查询语句表达下列查询。

(1) 检索年龄大于 23 岁的男学生的学号和姓名。

(2) 检索至少选修一门课程的女学生姓名。

(3) 检索王同学没有选修的课程的课程号。

(4) 检索至少选修两门课程的学生学号。

(5) 检索全部学生都选修的课程的课程号与课程名。

(6) 检索选修了所有 3 学分课程的学生学号。

2. 基于"教学管理"数据库 jxgl,试用 SQL 的查询语句表达下列查询。

(1) 统计有学生选修的课程门数。

(2) 查询选修 4 号课程的学生的平均年龄。

(3) 查询学分为 3 的每门课程的学生平均成绩。

(4) 统计每门课程的学生选修人数(超过 3 人的课程才统计)。要求输出课程号和选修人数,查询结果按人数降序排列,若人数相同,则按课程号升序排列。

(5) 检索学号比王非同学大,而年龄比他小的学生姓名。

(6) 检索姓名以王打头的所有学生的姓名和年龄。

(7) 在 SC 中检索成绩为空值的学生学号和课程号。

(8) 查询年龄大于女同学平均年龄的男学生姓名和年龄。

(9) 查询年龄大于所有女同学年龄的男学生姓名和年龄。

(10) 检索所有比"王华"年龄大的学生姓名、年龄和性别。

(11) 检索选修"2"课程的学生中成绩最高的学生的学号。

(12) 检索学生姓名及其所选修课程的课程号和成绩。

（13）检索选修 4 门以上课程的学生总成绩（不统计不及格的课程），并要求按总成绩的降序排列出来。

实验 5　SQL 语言——更新操作命令

实验目的

掌握利用 INSERT、UPDATE 和 DELETE 命令实现对表数据插入、修改与删除等更新操作。

实验内容

学生表 Student、课程表 Course、选课表 SC 的表结构等信息同实验 4，请实践以下命令式更新操作。

（1）在学生表 Student（如表 10.6 所示）和学生选课表 SC（如表 10.7 所示）中分别添加如下两表中的记录。

（2）备份 Student 表到 TS 中，并清空 TS 表。

（3）给 IS 系的学生开设 7 号课程，建立所有相应的选课记录，成绩暂定为 60 分。

（4）把年龄小于等于 16 的女生记录保存到表 TS 中。

（5）在表 Student 中检索每门课均不及格的学生学号、姓名、年龄、性别及所在系等信息，并把检索到的信息存入 TS 表中。

（6）将学号为"98011"的学生姓名改为刘华，年龄增加 1 岁。

（7）把选修了"数据库系统"课程而成绩不及格的学生的成绩全改为空值（NULL）。

（8）将 Student 的前 4 位学生的年龄均增加 1 岁。

（9）学生王林在 3 号课程考试中作弊，该课成绩改为空值（NULL）。

（10）把成绩低于总平均成绩的女同学成绩提高 5%。

（11）在基本表 SC 中修改课程号为"2"号课程的成绩，若成绩小于等于 80 分时降低 2%，若成绩大于 80 分时降低 1%（用两个 UPDATE 语句实现）。

（12）利用 SELECT INTO... 命令来备份 Student、SC、Course 三个表，备份表名自定。

（13）在基本表 SC 中删除尚无成绩的选课元组。

（14）把"钱横"同学的选课情况全部删除。

（15）能删除学号为"98005"的学生记录吗？若一定要删除该记录，该如何操作？给出操作命令。

（16）删除姓"张"的学生记录。

（17）清空 Student 与 Course 两个表。

（18）从备份表中恢复三个表。

表 10.6　学生表 Student

学号（Sno）	姓名（Sname）	年龄（Sage）	性别（Ssex）	所在系（Sdept）
98010	赵青江	18	男	CS
98011	张丽萍	19	女	CH
98012	陈景欢	20	男	IS
98013	陈婷婷	16	女	PH
98014	李　军	16	女	EH

表 10.7　学生选课表 SC

学号（Sno）	课程号（Cno）	成绩（Grade）	学号（Sno）	课程号（Cno）	成绩（Grade）
98010	1	87	98011	3	53
98010	2		98011	5	45
98010	3	80	98012	1	84
98010	4	87	98012	3	
98010	6	85	98012	4	67
98011	1	52	98012	5	81
98011	2	47			

实验 6* 　嵌入式 SQL 应用

实验目的

掌握第三代高级语言（如 C 语言）中的嵌入式 SQL 的数据库数据操作方法，能清晰地领略到 SQL 命令在第三代高级语言中操作数据库数据的方式，这种操作表达方式在今后各种数据库应用系统开发中将被广泛采用。

掌握嵌入了 SQL 语句的 C 语言程序的上机过程，包括编辑、预编译、编译、连接、修改、调试与运行等内容；学习编写嵌入 SQL 的 C 语言程序。

实验内容

参阅 main. sqc 源程序（读者自行到出版社网站 www. tup. com. cn 下载）给出的嵌入 SQL 的 C 语言示例系统程序，自己实践设计并完成如下功能。

1. 模拟 create_student_table()实现创建 SC 表或 Course 表。即实现 create_sc_table()或 create_course_table()子程序的功能。

2. 模拟 insert_rows_into_student_table()实现对 SC 表或 Course 表的记录添加。即实现 insert_rows_into_sc_table()或 insert_rows_into_course_table()子程序的功能。

3. 模拟 current_of_update_for_student( )实现对 SC 表或 Course 表的记录修改。即实现 current_of_update_for_sc( )或 current_of_update_for_course( )子程序的功能。

4. 模拟 current_of_delete_for_student( )实现对 SC 表或 Course 表的记录删除。即实现 current_of_delete_for_sc( )或 current_of_delete_for_course( )子程序的功能。

5. 模拟 using_cursor_to_list_student( )实现对 SC 表或 Course 表的记录查询。即实现 using_cursor_to_list_sc( )或 using_cursor_to_list_course 子程序的功能。

6. 模拟 using_cursor_to_total_s_sc( )实现对各课程选修后的分析统计功能,即实现分课程统计出课程的选修人数、课程总成绩、课程平均成绩、课程最低成绩与课程最高成绩等。即实现 using_cursor_to_total_c_sc( )子程序的功能。

7. 利用 Pro * C+Oracle 来实现"学生学习管理"示例系统。

Pro * C 与 SQL Server 支持的嵌入式 ANSI C 非常相似,特别与嵌入式 SQL 命令的操作表示非常相近。可尝试利用 Pro * C 来改写学生学习管理系统程序(main. sqc 源程序)。

可选用嵌入式 SQL 技术来设计其他简易管理系统,以此作为数据库课程设计任务。用嵌入式 SQL 技术实践数据库课程设计,能更清晰地体现 SQL 命令操作数据库数据的要点或真谛。

实验 7* 索引、数据库关系图等的基本操作

实验目的

掌握对数据库对象(如索引、数据库关系图等)进行基本操作;重点掌握交互式界面操作方法;对每一种对象都要知道其作用与意义,都要能对其进行创建、修改、使用、删除等核心操作。

实验内容

1. 创建与删除索引

(1) 对 DingBao 数据库(参阅实验 3)中 CUSTOMER 表的 pna 字段降序建立非聚集索引 pna_index。

(2) 修改非聚集索引 pna_index,使其对 pna 字段升序建立。

(3) 删除索引 pna_index。

2. 创建与使用数据库关系图

(1) 创建含有 CUSTOMER、CP、PAPER 三个表的数据库关系图,取名为 DB_Diagram。

(2) 在关系图 DB_Diagram 中,通过快捷菜单实现对三个表的多项操作,如查看表与字段属性、查看表间关系、浏览表内容等。

（3）删除不需要的数据库关系图。

实验 8* 数据库存储及效率

实验目的

了解不同实用数据库系统数据存放的存储介质情况、数据库与数据文件的存储结构与存取方式（尽可能查阅相关资料及系统联机帮助等）；实践索引的使用效果；实践数据库系统的效率与调节。

实验内容

实验总体要求

1. 列出多种数据库系统，如 Access、MS SQL Server、Oracle 等，了解其数据库存放的存储介质情况及文件组织方式等。

2. 列出常用数据库系统数据文件的存储结构与存取方式等。

3. 测试索引的使用效果。

4. 了解数据库系统效率相关的参数，并测试这些参数的调节效果。

实验内容

1. 参照实验示例（读者自行在清华大学出版社网站 www. tup. com. cn 上下载）上机操作；增大表 itbl 的记录到 8 万或更大，重做实验。多次实验记录耗时，并作分析比较。

2. 自己找一个较真实的含较多记录的表，参照示例做类似实验，分别测试不使用索引或使用索引的效果。多次实验记录耗时，作分析比较。

3. 新建一个数据库，含有自定义文件组，自定义文件组包含的次要文件存放于不同于主文件的分区或磁盘上。然后，创建索引指定到自定义文件组中，通过类似实验示例的上机实验，检验数据与索引分区或分盘并行存取的效果。请记录对比效果，并做简单分析。

新建数据库命令类似如下：

```
CREATE DATABASE test
ON PRIMARY ( NAME=test1_dat,FILENAME='C:\test1_dat.mdf',
  SIZE=10,MAXSIZE=50,FILEGROWTH=15% ),
FILEGROUP fileGroupl ( NAME=test2_dat,FILENAME='D:\test2_dat.ndf',
  SIZE=15,MAXSIZE=50,FILEGROWTH=5),
FILEGROUP fileGroup2 ( NAME=test3_dat,FILENAME='E:\test3_dat.ndf',
  SIZE=15,MAXSIZE=50,FILEGROWTH=5)
LOG ON (NAME='test_log',FILENAME='C:\test_log.ldf',SIZE=50MB,
        MAXSIZE=100MB,FILEGROWTH=5MB)
```

带指定文件组的索引创建命令如下：

```
CREATE NONCLUSTERED INDEX indexname1 ON itbl(id) ON fileGroup1
```

其他索引创建命令类似地在最后加上 ON fileGroup1 或 ON fileGroup2 来指定文件组。

4. SQL Server 中影响数据存取效率的因素还包括以下几个。

(1) 不同数据库表分布创建于不同分区或磁盘上。

(2) 在创建数据表或索引时指定 fillfactor 选项。

例如,下面的示例使用 FILLFACTOR 子句,将其设置为 80。FILLFACTOR 为 80 将使每一页填满 80%,该选项对索引的创建也有影响。

```
CREATE CLUSTERED INDEX indexname1 ON itbl(id) ON fileGroup1 WITH FILLFACTOR=80
```

(3) DBCC 作为 SQL Server 的数据库控制台命令。它能对数据库的物理和逻辑一致性进行检查,并能对检测到的问题进行修复。为此对数据存取有影响。

例如,DBCC INDEXDEFRAG(test,itbl) 能整理 test 数据库中 itbl 表上的聚集索引和辅助索引碎片。可通过帮助查看 DBCC 的不同功能。

(4) 在了解相关参数意义的基础上,通过实践可调节数据库服务器或某数据库的性能相关的调节参数。例如,在 SQL Server 某数据库服务器目录上,右击"属性"菜单项,可见 SQL Server 服务器属性(配置)窗口(图略);在 SQL Server 某数据库上右击"属性"菜单项,可见某数据库的属性窗口(图略)。

通过以上这些影响数据存取效率的因素(还有一些其他因素,本书没有介绍)的调节,能在实践中寻求数据库数据的最优操作性能。

实验 9* 存储过程的基本操作

实验目的

学习与实践对存储过程的创建、修改、使用、删除等基本操作。

实验内容

本实验(及实验 10)中要用到"学生—课程"数据库 jxgl2,S、SC 与 C 三个表的关系图,如图 10.1 所示(包括字段名及其含义)。其创建与添加记录 SQL 命令如下:

```
CREATE DATABASE jxgl2
USE jxgl2
CREATE TABLE S(SNO CHAR(5) NOT NULL PRIMARY KEY,SN VARCHAR(8) NOT NULL,SEX CHAR
(2) NOT NULL CHECK (SEX IN ('男','女')) DEFAULT '男',AGE SMALLINT NOT NULL CHECK
(AGE>7),DEPT VARCHAR(20),CONSTRAINT SN_U UNIQUE(SN));
CREATE TABLE C(CNO CHAR(5) NOT NULL PRIMARY KEY,CN VARCHAR(20),CT SMALLINT CHECK
(CT>=1))
CREATE TABLE SC(SNO CHAR(5) NOT NULL CONSTRAINT S_F FOREIGN KEY REFERENCES S
(SNO),CNO CHAR(5) NOT NULL,SCORE SMALLINT CHECK ((SCORE IS NULL) OR (SCORE
BETWEEN 0 AND 100)),CONSTRAINT S_C_P PRIMARY KEY(SNO,CNO),CONSTRAINT C_F FOREIGN
```

KEY(CNO) REFERENCES C(CNO))

可以利用如下的添加语句生成各表的记录：

```
INSERT INTO S VALUES('S1','李涛','男',19,'信息');      --插入 1 学生记录,其他略
INSERT INTO C VALUES('C1','C 语言',4);               --插入 1 选课记录,其他略
INSERT INTO SC VALUES('S1','C1',90);                --插入 1 课程记录,其他略
```

图 10.1　"学生—课程"数据库三表关系图

1. 创建存储过程

① 利用 SQL Server Management Studio 创建存储过程

在对象资源管理器中，依次展开数据库服务器→数据库→某数据库→可编程性→存储过程，右击"存储过程"节点，从弹出的快捷菜单中选择"新建存储过程"菜单项，在出现的"新建存储过程"的创建对话框中，可直接输入存储过程代码。

② 利用模板创建存储过程

在模板资源管理器中，展开 Stored Procedure→双击某创建存储过程项，如 Create Procedure Basic Template。经过正确连接后，在模板代码窗口中修改完成存储过程的创建。

③ 利用 create procedure 语句能创建存储过程

例 10.1　在 JXGL2 数据库中，创建一个名称为 Select_S 的存储过程，该存储过程的功能是从数据表 S 中查询所有女同学的信息，并执行该存储过程。

```
USE jxgl2 --以下略本命令
CREATE PROCEDURE Select_S AS SELECT * FROM S WHERE sex='女'
GO
Execute Select_S --执行该存储过程
```

例 10.2　定义具有参数的存储过程。在 JXGL 数据库中，创建一个名称为 InsRecToS 的存储过程，该存储过程的功能是向 S 表中插入一条记录，新记录的值由参数提供，如果未提供值给@sex 时，则由参数的默认值代替。

```
CREATE PROCEDURE InsRecToS(@sno char(5),@sn varchar(8),@sex char(2)='男',@age
int,@dept varchar(20)) AS INSERT INTO S VALUES(@sno,@sn,@sex,@age,@dept)
GO
Execute InsRecToS @sno='S8',@sn='罗兵',@age=18,@dept='信息' --执行该存储过程
```

例 10.3 定义能够返回值的存储过程。在 JXGL 数据库中创建一个名称为 Query_S 的存储过程。该存储过程的功能是从数据表 S 中根据学号查询某一学生的姓名和年龄，并返回。

```
CREATE PROCEDURE Query_S(@Sno char(5),@SN varchar(8) OUTPUT,@Age smallint
OUTPUT) AS SELECT @sn=sn,@age=age FROM S WHERE Sno=@Sno
```

2. 执行存储过程

Query_S 存储过程可以通过以下方法执行（如图 10.2 所示界面中输入命令来执行）。

```
Declare @SN VARCHAR(8),@AGE SMALLINT
execute Query_S 'S1',@SN OUTPUT,@AGE OUTPUT
SELECT @SN,@AGE
--执行语句还可以是：
--execute Query_S 'S1',@SN=@SN OUTPUT, @AGE =@AGE OUTPUT --或
--execute Query_S 'S1',@AGE =@AGE OUTPUT,@SN=@SN OUTPUT --或
--exec Query_S 'S1',@SN OUTPUT,@AGE OUTPUT。
--如果该过程是批处理中的第一条语句，则可使用:Query_S 'S1',@SN OUTPUT,@AGE OUTPUT
--或 Query_S 'S1',@SN=@SN OUTPUT, @AGE =@AGE OUTPUT 等方法执行
```

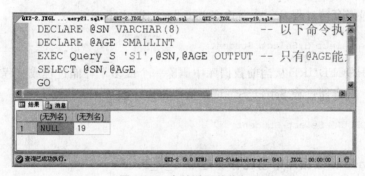

图 10.2 存储过程的执行

3. 查看和修改存储过程

在对象资源管理器中，依次展开数据库服务器→数据库→某数据库→可编程性→存储过程，在某存储过程，如右击 InsRecToS，从弹出的快捷菜单中，选择各功能菜单操作。单击"编写存储过程脚本为"或"修改"可以查看并修改存储过程（如图 10.3 所示）；单击"重命名"能修改存储过程名；单击"删除"按钮能删除不需要的存储过程；其他操作功能包括新建存储过程、执行存储过程、查看存储过程、查看存储过程属性等。

例 10.4 使用 ALTER PROCEDURE 命令，修改存储过程 InsRecToS。

```
ALTER PROCEDURE [dbo].[InsRecToS] (@sno char(5),@sn varchar(8),@sex char(2)='女
',@age smallint,@dept varchar(20)) AS INSERT INTO S VALUES(@sno,@sn,@sex,@age,@
dept)
```

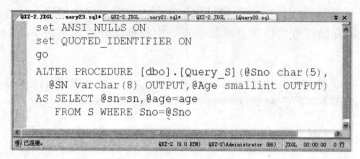

图 10.3　存储过程修改窗口

4. 查看、重命名和删除存储过程

查看、重命名和删除存储过程交互式操作类似查看和修改存储过程",这里通过命令来举例说明并操作。

例 10.5　查看数据库 S 中存储过程 Select_S 的源代码。

```
exec sp_helptext Select_S
```

如果在创建时使用了 WITH ENCRYPTION 选项,则使用系统存储过程 sp_helptext 是无法查看到存储过程的源代码。

例 10.6　将存储过程 Select_S 改名为 Select_Student。

```
sp_rename Select_S,Select_Student
```

DROP PROCEDURE 从当前数据库中删除一个或多个存储过程或过程组。

例 10.7　将存储过程 Select_Student 从数据库中删除。

```
DROP PROCEDURE Select_Student
```

5. 在 DingBao 数据库中创建存储过程 C_P_Proc

实现参数化查询顾客订阅信息,查询参数为顾客姓名,要求能查询出参数指定顾客的顾客编号、顾客名称、订阅报纸名及订阅份数等信息。

6. 执行存储过程 C_P_Proc

实现对"李涛"、"钱金浩"等不同顾客的订阅信息的查询。

7. 删除存储过程 C_P_Proc

8. 存储过程的功能

参阅"企业库存管理及 Web 网上订购系统"之数据库 KCGL(本书相关资料中能找到)中的 p_refresh_tccpsskc、p_sc_tccpjdkc、p_tccprck_day_dlggcz 等存储过程,了解其各自完成的功能

实验 10* 触发器的基本操作

实验目的

学习与实践对触发器创建、修改、使用、删除等的基本操作。

实验内容

1. 创建触发器

① 利用 SQL Server Management Studio 创建与修改触发器

在对象资源管理器中,依次展开数据库服务器→数据库→某数据库→表→某表,例如,S 表→展开点击触发器→右击某触发器,如图 10.4 所示。单击"新建触发器"选项卡。在出现的模板代码窗口中,修改或输入触发器脚本,如图 10.5 所示,触发器脚本准备完成后。单击 执行(X)工具按钮或按 F5 键运行完成创建触发器。

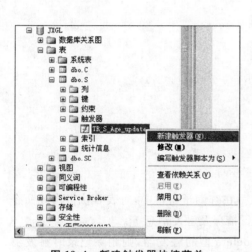

图 10.4 新建触发器快捷菜单

图 10.5 新建触发器代码窗口

从弹出的快捷菜单中,选择各功能菜单能完成:单击"编写触发器脚本为"或"修改"可以查看并修改触发器;单击"删除"按钮能删除不需要的触发器;单击"禁用"或"启用"按钮能控制触发器是否生效;其他操作功能还有查看依赖关系、刷新等。

② 利用 create trigger 语句创建触发器

例 10.8 对表 S 创建 update 触发器 TR_S_Age_update。

```
create trigger TR_S_Age_update on S
for update as
    declare @iAge int; select @iAge=age from deleted
    if @iAge< 8 or @iAge>45
```

```
        begin
            raiserror ('学生年龄应该大于等于 8,并小于等于 45',16,1)
            rollback transaction
        end
```

当对表 S 进行 update 操作时,会自动触发 TR_S_Age_update 触发器,若入学日期与出生日期年份之差小于 8,则取消该次修改操作。

例 10.9 创建一个触发器,当向 S 表中更新一条记录时,自动显示 S 表中的记录。

```
CREATE TRIGGER Change_S_Sel ON S FOR INSERT,UPDATE,DELETE AS SELECT * FROM S
```

2. 触发器的引发

对课程 C 表创建插入触发器 TR_C_insert。

```
if exists(select name from sysobjects where name='TR_C_insert' and type='TR')
  drop trigger TR_C_insert
go
create trigger TR_C_insert on C
for insert as
    declare @iCT int; select @iCT=CT from inserted
    if @iCT<1 or @iCT>10
    begin
        raiserror ('课程学分应大于等于 1,小于等于 10。',16,1)
        rollback transaction
    end
```

当对 C 表插入一条记录,例如:

```
insert into C(Cno,CN,CT) values('C8','运筹学',0.5)
```

则引发触发器 TR_C_insert,取消该记录的插入。在查询子窗口中,对表 S 执行修改命令操作时,引发了修改触发器,实验中特别注意执行情况及触发消息等。

还能对表创建 delete 触发器,如果此表有 delete 型的触发器,则删除记录时触发器将被触发执行。被删除的记录存放在 deleted 表中,可据此作其他处理。如下代码是在 S 表上创建的 TR_S_delete 触发器。

```
create trigger TR_S_delete on S
  for delete as
    declare @icount int
    select @icount=count(*) from deleted,sc where deleted.sno=sc.sno
    if @icount>=1
    begin
        raiserror ('该学生在表 SC 中被引用,暂不能被删除! ',16,1)
        rollback transaction
    end
```

当执行删除命令：delete from S where Sno='S1'时，由于 SC 表中有对学号为'S1'的学生选课记录，因此删除未能成功。

3. 查看、修改和删除触发器

利用 SQL Server Management Studio 查看、修改和删除触发器的操作此略。这里通过命令来举例说明与操作。

① 修改触发器

ALTER TRIGGER 命令能修改触发器，其语法略。例如，修改触发器 TR_S_Age_update 的语句为：

```
ALTER trigger [TR_S_Age_update] on [dbo].[S] for update as
declare @iAge int; select @iAge=age from inserted
if @iAge< 8 or @iAge>45
begin
    raiserror ('学生年龄应该大于等于 8,并小于等于 45',16,1)
    rollback transaction
end
```

② 使用系统存储过程查看触发器

- 使用系统过程 sp_depends、sp_helptext。

例 10.10　查看已建立的 Change_S_Sel 触发器所涉及的表。

```
sp_depends 'Change_S_Sel'
```

例 10.11　查看已建立的 Change_S_Sel 的命令文本。

```
sp_helptext 'Change_S_Sel'
```

- sp_helptrigger：返回指定表中定义的当前数据库的触发器类型。

其语法格式如下：

```
sp_helptrigger [@tabname=]'table'[,[@triggertype=] 'type']
```

例如：

```
EXEC sp_helptrigger S
```

列出表 S 中触发器的相关信息。

- 使用系统过程 sp_help。

例 10.12　查看已建立的 Change_S_Sel 触发器。

```
Exec sp_help 'Change_S_Sel'
```

③ 删除触发器

DROP TRIGGER 能从当前数据库中删除一个或多个触发器，其语法为：

```
DROP TRIGGER { trigger }[,...n]
```

例 10.13 删除前面创建的触发器 TR_S_Age_update。

```
DROP TRIGGER TR_S_Age_update
```

4. 触发器在 DingBao 数据库中的应用

在 DingBao 数据库中针对 PAPER 创建插入触发器 TR_PAPER_I、删除触发器 TR_PAPER_D、修改触发器 TR_PAPER_U。具体要求如下。

① 对 PAPER 的插入触发器：插入的报纸记录，单价为负值或空时，则设定为 10 元。

② 对 PAPER 的删除触发器：要删除的记录，若正被订阅表 CP 参照时，级联删除订阅表中相关的订阅记录。

③ 对 PAPER 的修改触发器：当把报纸的单价修改为负值或空时，提示"输入单价不正确!"的信息，并取消修改操作。

5. 对 PAPER 的操作

对 PAPER 表作插入、修改、删除的多种操作，关注并记录三种触发器的触发情况。

6. 创建 DDL 触发器

通过它能阻止对 DingBao 数据库表结构的修改或表的删除。

7. 创建与使用 DDL 触发器

①在 JXGL 数据库中创建 DDL 触发器，拒绝对库中表的任何创建、修改或删除操作；②在 JXGL 数据库中创建 DDL 触发器，记录对数据库的任何 DDL 操作命令到某表中。

8. 查看、修改、删除以上已创建的触发器

9. 其他内容

参阅"企业库存管理及 Web 网上订购系统"之数据库 KCGL(本书相关资料中能找到)中使用到的触发器，如表 weborders 上的 AFTER 触发器 tr_weborders_d、tr_weborders_i；表 weborderdetails 上的 AFTER 触发器 tr_weborderdetails_d、tr_weborderdetails_i；表 tccprck 上的 Instead of 触发器 tr_tccprck_i_instead_of、tr_tccprck_u_instead_of；表 tccprck 上的 AFTER 触发器 tr_tccprck_d、tr_tccprck_i、tr_tccprck_u等，能说明它们实现的触发功能。

实验 11* 数据库安全性

实验目的

熟悉不同数据库的保护措施——安全性控制，重点实践 SQL Server 2005 的安全性

机制；掌握 SQL Server 中有关用户、角色及操作权限等的管理方法。

实验内容

1. SQL Server 的安全模式

设置 SQL Server 的安全模式可以在安装 SQL Server 时完成，也可以在安装后以系统管理员的身份注册，然后在 SQL Server Management Studio 中进行设置。

（1）设置 SQL Server 的安全认证模式

要设置安全认证模式，用户必须使用系统管理员账号。步骤如下：①展开服务器组，右击需要设置的 SQL 服务器，从弹出的快捷菜单中选择"属性"命令。②在弹出的"SQL Server 服务器属性"对话框中，单击左上角"安全性"选项，右边显示安全性相关设置项目。③选中"Windows 身份验证模式"或"SQL Server 和 Windows 身份验证模式"（混合模式）单选按钮。

提示与技巧：设置改变后，用户必须停止并重新启动 SQL Server 服务新设置才能生效。

（2）添加 SQL Server 账号

如果用户没有 Windows NT/2000 账号，则只能建立 SQL Server 账号，可以在 SQL Server Management Studio 中设置，也可以直接使用 T-SQL 语句完成设置。

① 在 SQL Server Management Studio 中添加 SQL Server 账号

其过程为展开服务器，选择"安全性"→"登录名"文件夹；右击"登录名"文件夹，出现图 10.6 所示的快捷菜单；在弹出的快捷菜单中选择"新建登录名"选项，出现图 10.7 所示的登录属性对话框；在"登录名"文本框中输入一个不带反斜杠的用户名，选中"SQL Server 身份验证"单选按钮，并在"密码"与"确认密码"文本框中输入相同口令，如图 10.7 所示；单击"确定"按钮，完成创建。

图 10.6 "登录名"目录的快捷菜单

提示与技巧：选中"Windows 身份验证"单选按钮时，能创建 Windows 登录账号，此时登录名通过搜索来指定某 Windows 登录名，由它映射到 SQL Server。

提示与技巧：在创建 SQL Server 登录名时，除如上指定"常规"选项外，可以通过图 10.7 所示的对话框左上其他选项卡来设置登录名是否属于某服务器角色、登录名要映射到哪些数据库、登录名安全对象、登录名状态等。

② 利用 T-SQL 添加 SQL Server 账号

为用户 qh 创建一个 SQL Server 登录名，密码为 qh，默认数据库为 JXGL，默认语言为 english。命令为：

```
EXEC sp_addlogin 'qh','qh', 'jxgl','english'
```

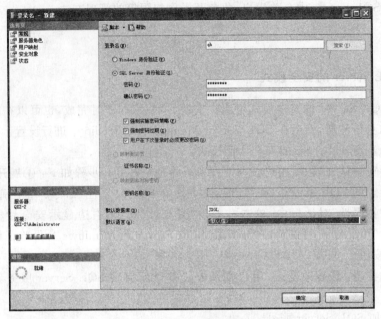

图 10.7 新建登录名属性对话框

（3）修改登录账号的属性

① 在 SQL Server Management Studio 中修改 SQL Server 登录账号的属性

双击要修改属性的登录账号，在其属性对话框中进行修改。

② 利用 T-SQL 修改 SQL Server 登录账号的属性

使用 T-SQL 语句修改登录账号的属性涉及以下几个系统存储过程。

sp_password：修改账号口令；sp_defaultdb：修改账号默认数据库；Sp_defaultlanguage：修改账号默认语言。其中，系统存储过程 sp_password 的格式为：

```
sp_password [[@old=]'old_password',]{[@new =]'new_password'}[,[@loginame=]'
login']
```

例 10.14 以 sa 身份登录服务器，启动 SQL Server 集成管理器查询子窗口来修改 SQL Server 账号 qh 的口令，所示命令为：

```
sp_password 'qh','qhqxzsly','qh' --请用 ALTER LOGIN 来改写
```

（4）删除登录账号

① 在 SQL Server Management Studio 中删除登录账号

右击要删除的账号，从弹出的快捷菜单中选择"删除"命令，在确认对话框中单击"是"按钮，这个登录账号就永久被删除了。

② 利用 T-SQL 删除 SQL Server 登录账号

使用系统存储过程 sp_droplogin 来删除 SQL Server 登录账号。

如：

```
sp_droplogin qh     --请用 DROP LOGIN 命令改写本命令
```

2. 管理数据库用户

新建数据库后,一般只有两个用户,一个是 sa(系统管理员),另一个是 guest(系统安装时创建的一个可以对样板数据库做最基本查询的用户)。sa 作为系统管理员或数据库管理员,具有最高的权力。在 SQL Server 中添加登录用户后,可以在数据库中添加数据库用户。

（1）添加数据库的用户

① 在 SQL Server Management Studio 中添加 SQL Server 用户

其过程为在对象资源管理器中展开服务器中的数据库文件夹,再展开要添加用户的某数据库(如 JXGL 数据库),再展开安全性,右击用户目录,从弹出的快捷菜单中选择"新建数据库用户"命令;打开"数据库用户"新建对话框;单击"登录名"文本框右边的"三点"按钮,选择一个登录账号;在"用户名"文本框中输入用户名,默认情况下它被设置为登录账号名;若需要可以指定数据库用户拥有的架构,数据库角色成员身份等;还可以选择"安全对象"、"扩展属性"来指定这些数据库用户属性,单击"确定"按钮完成数据库用户的创建。

② 利用 T-SQL 添加 SQL Server 用户

sp_grantdbaccess 为 SQL Server 登录或 Windows NT 用户或组在当前数据库中添加一个安全账户,并使其能够被授予在数据库中执行活动的权限。

例 10.15　添加一个 Windows 2005 账户 qh 到 JXGL 数据库用户中。

```
Use jxgl; Exec sp_grantdbaccess 'qxz2005\qh','qh' --请用 CREATE USER 来改写
```

（2）删除数据库用户

删除一个数据库用户相当于删除一个登录账号在这个数据库中的映射。

① 在 SQL Server Management Studio 中删除 SQL Server 用户:右击要删除的用户,从弹出的快捷菜单中选择"删除"命令,在提示对话框中单击"确认"按钮,该用户就被删除了。

② 利用 T-SQL 删除 SQL Server 用户:可以利用系统存储过程 sp_revokedbaccess 来删除一个数据库用户:如:

```
sp_revokedbaccess qh      --请用 DROP USER 来改写
```

3. 管理数据库角色

在数据库中,除了有固定数据库角色外,还可以自定义数据库角色,同时根据需要,可以为数据库角色添加成员和删除自定义角色。

（1）创建自定义数据库角色

① 在 SQL Server Management Studio 中创建数据库角色

其过程为在对象资源管理器中展开服务器中的数据库文件夹,再展开要添加用户的某数据库(如 JXGL 数据库),再展开安全性,右击角色目录,从弹出的快捷菜单中选择"新建数据库角色"命令(图略);打开"数据库角色"新建对话框;单击"所有者"文本框右

边的"三点"按钮来选择一个数据库用户;在"角色名称"文本框中输入角色名 db_ operator;若需要可以指定数据库角色拥有的架构,此数据库角色的成员信息等;还可以选择"安全对象"、"扩展属性"等来指定这些数据库角色拥有的属性,单击"确定"按钮完成数据库角色的创建。

② 使用 T-SQL 创建数据库角色

使用系统存储过程 sp_addrole 可以创建数据库新角色,使用系统存储过程 sp_ addrolemember 和 sp_droprolemember 可以分别向角色中增加或从角色中删除成员。例如,在 JXGL 数据库中创建 newrole 新角色,并且将用户 qh 添加到该角色中,代码如下:

```
Use jxgl; Exec sp_addrole 'newrole' --请自己使用 CREATE ROLE 命令改写
Exec sp_addrolemember 'newrole','qh'
```

(2) 删除用户自定义角色

不能删除一个有成员的角色,在删除这样的角色之前,应先删除其成员。只能删除自定义的角色,系统的固定角色不能被删除。

① 在 SQL Server Management Studio 中删除用户自定义角色:右击要删除的用户自定义角色,从弹出的快捷菜单中选择"删除"命令,在提示对话框中单击"确认"按钮,该用户自定义角色就被删除了。

② 利用 T-SQL 删除用户自定义角色:可以使用系统存储过程 sp_droprole 删除用户自定义角色,如:

```
sp_droprole 'newrole'        --使用 DROP ROLE 命令改写
```

4. 权限管理

SQL Server 上的权限管理分为语句权限管理和对象权限管理两类。语句权限管理是对用户执行语句或命令的权限的管理;对象权限管理是系统管理员、数据库拥有者、数据库对象拥有者对数据库及其对象的操作权限的控制。

(1) 在 SQL Server Management Studio 中管理权限

① 在 SQL Server Management Studio 中管理语句权限:在对象资源管理器中展开服务器中的数据库文件夹,右击要修改权限的数据库(如 JXGL 数据库),从弹出的快捷菜单中选择"属性"命令,打开 JXGL 数据库属性对话框;单击"权限"标签,打开数据库属性对话框之"权限"选项卡;"权限"选项卡中列出了数据库中所有的用户和角色,以及所有的语句权限,可以单击用户或角色与权限交叉点上的方框来选择权限;设置完毕后,单击"确定"按钮使设置生效。

② 在 SQL Server Management Studio 中管理对象权限:在对象资源管理器中展开服务器中的数据库文件夹,再展开要进行角色对象权限管理的数据库(如 JXGL 数据库),选中"角色"目录,在右窗格的角色列表中双击 db_operator 角色,打开角色属性对话框;单击"安全对象"选项卡,添加安全对象并设置各自权限;设置完毕后,单击"确定"按钮,使设置生效。

(2) 利用 T-SQL 管理权限

SQL Server 的授权包括语句授权和对象授权两类,语句授权决定被授权的用户可以执行哪些语句命令,对象授权决定被授权的用户拥有在指定的数据库对象上的操作权限。

① 语句授权

SQL Server 对每类用户都有特定的默认语句执行权限,如果要想执行默认语句权限之外的语句,则必须获得授权。

例 10.16 系统管理员授予注册名为 qh 的用户 CREATE DATABASE 的权限。

```
GRANT CREATE DATABASE TO qh
```

例 10.17 数据库拥有者 qh 将创建表和创建视图的权限授予用户名为 qxz 的用户。

```
GRANT CREATE TABLE,CREATE VIEW TO qxz
```

② 对象授权

例 10.18 将对 S 表的查询权限授予用户名为 qh、qxz 和 sly 的用户。

```
GRANT SELECT ON S TO qh,qxz,sly
```

例 10.19 将对 S 表的插入和删除的权限授予用户名为 shen 的用户。

```
GRANT INSERT,DELETE ON S TO shen
```

例 10.20 将对 S 表的 Age 和 DEPT 列的修改权限授予用户名为 shen 的用户。

```
GRANT UPDATE ON S(Age,DEPT) TO shen
```

例 10.21 将执行存储过程 SP_ins_S 的权限授予用户名为 shen 的用户。

```
GRANT EXECUTE ON SP_ins_S TO shen
```

③ 收回权限

授权是为了使被授权者能够执行某些命令或操作某些数据库对象,授权者在任何时候都可以收回对其他用户的授权,收回授权是数据库安全性控制的重要内容。其命令是 REVOKE,同样分为收回语句授权和收回对象授权。

例 10.22 从用户名为 sly 的用户收回创建表和创建视图的权限。

```
REVOKE CREATE TABLE,CREATE VIEW FROM sly
```

例 10.23 从用户名为 qxz 和 sly 的用户收回对 S 表的查询权限。

```
REVOKE SELECT ON S FROM qxz,sly
```

实验 12* 数据库完整性

实验目的

熟悉数据库的保护措施——完整性控制;选择若干典型的数据库管理系统产品,了解它们所提供的数据库完整性控制的多种方式与方法；上机实践并加以比较。

实验内容

1. 选择若干常用的数据库管理系统产品，通过查阅帮助文件或相关书籍，了解产品所提供的控制数据库完整性措施。

2. 针对某一具体应用，分析其数据库的完整性需求，及具体实现途径，并结合具体的数据库管理系统，全面实现并保障数据库数据的完整性。

3. 实践 SQL Server 2008/2005、Oracle 或 MySQL 等数据库系统的完整性控制机制。

4. 实践本实验示例中陈述的各题，在掌握命令操作的同时，也能掌握界面操作的方法，即在 SQL Server 集成管理器中实践各种完整性的创建与完整性的约束验证。

5. 创建一个教工表 teacher，将其教工号 tno 设为主键，在查询分析器中输入以下语句，同时为性别字段创建 DEFAULT 约束，默认值为"男"。

```
CREATE TABLE teacher(tno INT CONSTRAINT PK primary key,
    tname VARCHAR(20),tadd CHAR(30),telephone char(8),
    tsex CHAR(2) DEFAULT '男')
```

6. 根据前面已经创建好的 teacher 表，完成下面的任务。

（1）用 T-SQL 创建默认的对象 phone。

```
CREATE DEFAULT phone AS '00000000'
```

（2）这个默认对象 phone 绑定到教工表的电话字段 telephone 上。

（3）取消默认对象 phone 的绑定并删除默认对象。

[注意]请使用如下命令：

```
sp_bindefault [@defname=]'default',[@objname=]'object_name' [,[@futureonly=]'
futureonly_flag']
sp_unbindefault [@objname=] 'object_name' [, [@futureonly=] 'futureonly_flag']
DROP DEFAULT { default } [ ,...n ]
```

（4）利用 T-SQL 创建规则 rule_name，教工姓名 tname 的长度必须大于等于 4。

（5）把规则 rule_name 绑定到教工表的教工姓名 tname 上。

（6）取消规则 rule_name 的绑定并删除规则，并在 SQL Server 集成管理器上命令或交互方式完成上述规则操作。

注意：可使用如下命令：

```
sp_bindrule [ @rulename=] 'rule',[ @objname=] 'object_name' [ , [ @futureonly=]
'futureonly_flag' ]
sp_unbindrule [@objname=] 'object_name' [, [@futureonly=] 'futureonly_flag']
DROP RULE { rule } [ ,...n ]
```

7. 设有订报管理子系统数据库 DingBao 中的表 PAPER，如表 10.8 所示。

表 10.8 报纸编码表(PAPER)

报纸编号(pno)	报纸名称(pna)	单价(ppr)
000001	人民日报	12.5
000002	解放军报	14.5
000003	光明日报	10.5
000004	青年报	11.5
000005	扬子晚报	18.5

请在掌握数据库完整性知识的基础上,根据表内容,设定尽可能多的完整性规则约束于该表,用于保障该表的正确性与完整性。

实验 13* 数据库并发控制

实验目的

了解并掌握数据库的保护措施——并发控制机制,重点以 SQL Server 2005 或 2008 为平台加以操作实践,要求认识典型并发问题的发生条件与发生现象,并掌握对并发问题的解决方法。

实验内容

1. 选择若干常用的数据库管理系统产品,通过查阅帮助文件或相关书籍,了解产品所提供的并发控制机制。

2. 针对某一具体应用,分析其数据并发存取的程度,并针对性地施以并发控制措施。

3. 实用并发控制技术在不同数据库系统中加以实践。对 SQL Server 2005 或 SQL Server 2008 加以重点操作实践。

4. 分析各典型数据库管理系统在数据库并发控制方面的异同及控制能力的强弱优劣。在 SQL Server 2005 中,并发控制问题及其解决的测试与实验情况可参阅实验示例(从清华大学出版社网站 www.tup.com.cn 上下载)。

5. 把以上事务处理技术,应用到熟悉的应用系统开发工具编写的程序中,以实践应用系统中并发事务的处理,编写程序模拟两个以上事务的并发工作,观察并记录并发事务并发问题的发生与处理情况。

实验 14* 数据库备份与恢复

实验目的

熟悉数据库的保护措施之一——数据库备份与恢复。在掌握备份和恢复基本概念的基础上,掌握在 SQL Server 等数据库管理系统中进行各种备份与恢复的基本方式与方法。

实验内容

实验总体要求

(1) 选择若干常用的数据库管理系统产品,通过查阅帮助文件或相关书籍,了解产品所提供的数据库备份与恢复措施的实施细节;(2)针对某一具体应用,考虑其备份与恢复方案、措施等;(3)针对 SQL Server、Oracle 或 MySQL 等数据库管理系统,具体学习其备份与恢复操作步骤与操作方式方法。

实验内容

1. 备份数据库

(1) 在 SQL Server Management Studio 中对 JXGL 数据库进行完整备份

创造了完成备份设备后便可以进行数据库的备份。若没有创建任何备份设备,则打开备份数据库程序时会提醒用户必须先创建备份设备。备份过程如下:①在某备份设备的快捷菜单中选择"备份数据库"命令;②打开"SQL Server 备份"对话框,选择所要备份的数据库 JXGL;③选择完全数据库备份的方式;④单击"目的"区中的"添加"按钮,进入"选择备份目标"对话框;⑤更改"磁盘上的目标"的方式,选择所创建的备份设备 JXGL_1;⑥单击"确定"按钮,回到"备份数据库"对话框;⑦在"备份数据库"对话框单击左上的"选项"选项卡(图略),在此可选择"备份到现有媒体集"或"备份到现新媒体集并清除所有现有备份集"等;⑧备份信息设置完成后,单击"确定"按钮,正式开始备份。

提示与技巧:在 SQL Server Management Studio 中,展开数据库服务器,展开"数据库"文件夹,右击要备份的数据库名,如 JXGL,将鼠标指针指向弹出的快捷菜单中的"任务(T)"选项,单击"备份(B)"按钮,也能打开"备份数据库"对话框。

(2) 使用 T-SQL 命令执行备份

在 T-SQL 命令中,使用不同形式的 backup 命令能实现不同形式的备份。

例 10.24 完成以下备份操作:①创建用于存放 JXGL 数据库完整备份的逻辑备份设备,然后备份整个 JXGL 数据库。

```
use master
exec sp_addumpdevice 'disk','jxgl_1','c:\Program Files\Microsoft SQL Server\
MSSQL\backup\jxgl_1.dat'
backup database jxgl to jxgl_1
```

② 创建了一个数据库和日志的完整备份。将数据库备份到称为 jxgl_1 的逻辑备份设备上,然后将日志备份到称为 jxglLog1 的逻辑备份设备上。

```
use master;
exec sp_addumpdevice 'disk','jxgl_1','c:\Program Files\Microsoft SQL Server\
MSSQL\backup\jxgl_1.dat'
exec sp_addumpdevice 'disk','jxglLog1','c:\Program Files\Microsoft SQL Server\
```

```
MSSQL\backup\jxglLog1.dat'
backup database jxgl to jxgl_1
backup log jxgl to jxglLog1
```

③ 创建了一个文件备份。

```
backup database [JXGL] file=N'jxgl' to disk=N'c:\Program Files\Microsoft SQL
Server\MSSQL\backup\jxgl 备份.bak' with init,nounload,name=N'jxgl 备份',noskip,
stats=10,noformat
```

2. 还原数据库

还原与备份是两个互逆的操作,包括还原系统数据库、数据库备份以及顺序还原所有事务日志等。SQL Server 支持自动还原和手工还原。

(1) 自动还原

自动还原实际上是一个容错功能。SQL Server 在每次发生故障或关机后重新启动时都执行自动还原。自动还原用来检查是否需要还原数据库。如果需要还原数据库,每个数据库使用事务日志信息被还原成最近的一致状态。

(2) 手工还原

① 在 SQL Server Management Studio 中执行还原的过程为在 SQL Server Management Studio 中,展开数据库服务器,展开“数据库”文件夹,右击要还原的数据库名,如 JXGL,将鼠标指针指向弹出的快捷菜单中的“任务(T)”选项,单击“还原(R)”→“数据库(D)…”项;系统打开“还原数据库”对话框;选择要还原的数据库 JXGL,并选定某种还原的源,选定某种还原的源后,右下会显示出备份集;在“还原数据库”对话框单击左上的“选项”选项卡(图略),在此可指定还原选项,可指定还原的数据库文件等;还原选项设置完成后,单击“确定”按钮正式开始还原操作;单击“确定”按钮,SQL Server 开始进行还原数据库的操作;最后会出现“还原已成功完成”对话框。

② 使用 T-SQL 命令执行还原,还原使用 backup 命令所做的备份。

例 10.25 下面举例说明(所有的示例均假定已执行了完整数据库备份)。

• 从还原设备 JXGL_1 中还原完整数据库。

```
restore database JXGL from JXGL_1
```

• 下例还原完整数据库备份后还原差异备份。另外,下例还说明如何还原媒体上的另一个备份集。差异备份追加到包含完整数据库备份的备份设备上。

```
restore database JXGL from JXGL_1 with norecovery
restore database JXGL from JXGL_1 with file=2
```

• 下例使用 RESTART 选项重新启动因服务器电源故障而中断的 restore 操作。

```
restore database JXGL from JXGL_1 --假设还原因服务器电源故障而中断
restore database JXGL from JXGL_1 with restart --重新开始还原操作
```

• 下例还原完整数据库和事务日志,并将已还原的数据库移动到 c:\Program Files

\Microsoft SQL Server\MSSQL\Data 目录下。

```
restore database JXGL from JXGL_1 with norecovery, move 'JXGL' to 'c:\Program
Files\Microsoft SQL Server\MSSQL\Data\NewJXGL.mdf', move 'JXGL_Log' to 'c:\
Program Files\Microsoft SQL Server\MSSQL\Data\NewJXGL.ldf'
restore log JXGL from JXGLLog1 with recovery
```

- 从一个文件备份中还原。

```
restore database [JXGL] file=N'JXGL' from DISK=N'f:\Program Files\Microsoft SQL
Server\MSSQL\backup\JXGL备份.bak'
```

3. 对数据库 JXGL 的备份与还原操作

其过程为将 JXGL 数据库的故障还原模型设为"完整"；②建立一个备份设备 JXGL_dev，对应的物理文件名为 c:\JXGL_dev.bak；③为 JXGL 数据库做完全备份至备份设备 JXGL_dev；④向 student 表中插入一行数据；⑤为 JXGL 数据库做差异备份至备份设备 JXGL_dev；⑥再向 student 表中插入一行数据；⑦为 JXGL 数据库做日志备份至备份设备 JXGL_dev；⑧删除 JXGL 数据库；并创建新数据库 JXGL，为新数据库 JXGL 进行完全备份的恢复，查看 student 表的内容；⑨为 JXGL 数据库进行差异备份的恢复，查看 student 表的内容；⑩为 JXGL 数据库进行事务日志备份的恢复，查看 student 表的内容。

4. 创建一个 Access 数据库 JXGL

把在 SQL SERVER 中创建的 JXGL 数据库(JXGL.MDB 文件)导出到 Access 数据库 JXGL 中。

实验 15*　数据库应用系统设计与开发

实验目的

掌握数据库设计的基本方法；了解 C/S 与 B/S 结构应用系统的特点与适用场合；了解 C/S 与 B/S 结构应用系统的不同开发设计环境与开发设计方法；综合运用前面实验掌握的数据库知识与技术设计开发出小型数据库应用系统。

实验内容

实验总体内容

从应用出发，分析用户需求，设计数据库概念模型、逻辑模型、物理模型，并创建数据库，优化系统参数，了解数据库管理系统提供的性能监控机制，设计数据库的维护计划，了解并实践 C/S 或 B/S 结构应用系统开发。

实验具体要求

1. 结合某一个具体应用，调查分析用户需求，画出组织机构图、数据流图、判定表或

判定树,编制数据字典;

2. 设计数据库概念模型及应用系统应具有的功能模块;

3. 选择一个数据库管理系统,根据其所支持的数据模型,设计数据库的逻辑模型(即数据库模式),并针对系统中的各类用户设计用户视图;

4. 在所选数据库管理系统的功能范围内设计数据库的物理模型;

5. 根据所设计的数据库的物理模型创建数据库,并加载若干初始数据;

6. 了解所选数据库管理系统允许设计人员对哪些系统配置参数进行设置,以及这些参数值对系统的性能有何影响,再针对具体应用,选择合适的参数值;

7. 了解数据库管理系统提供的性能监控机制;

8. 在所选数据库管理系统的功能范围内设计数据库的维护计划;

9. 利用某 C/S 或 B/S 结构开发平台或开发工具开发设计并实现某数据库应用系统。

实验报告的主要内容

1. 数据库设计各阶段的书面文档,说明设计的理由;

2. 各系统配置参数的功能及参数值的确定;

3. 描述数据库系统实现的软件、硬件环境,说明采用这样的环境的原因;

4. 说明在数据库设计过程碰到的主要困难,所使用的数据库系统在哪些方面还有待改进;

5. 应用系统试运行情况与系统维护计划。

实践应用系统设计(或称课程设计)之参考题目及其基本要求(时间约两周)

邮局订报管理子系统

设计本系统模拟客户在邮局订购报纸的管理内容包括查询报纸、订报纸、开票、付钱结算、订购后的查询、统计等处理情况,简化的系统需要管理的情况如下。

1. 可随时查询出可订购报纸的详细情况,如报纸编号(pno)、报纸名称(pna)、报纸单价(ppr)、版面规格(psi)、出版单位(pdw)等,这样便于客户选订。

2. 客户查询报纸情况后即可订购所需报纸,可订购多种报纸,每种报纸可订若干份,交清所需金额后,就算订购处理完成。

3. 为便于邮局投递报纸,客户需写明如下信息:客户姓名(gna)、电话(gte)、地址(gad)及邮政编码(gpo),邮局将即时为每一客户编制唯一代码(gno)。

4. 邮局对每种报纸订购人数不限,每个客户可多次订购报纸,所订报纸亦可重复。

根据以上信息完成如下要求。

1. 请认真做系统需求分析,设计出反映本系统的 E-R 图(需求分析、概念设计)。

2. 写出相应你设计的 E-R 图的关系模式,根据设计需要也可增加关系模式,并找出各关系模式的关键字(逻辑设计)。

3. 在你设计的关系模式基础上利用 C♯ 等＋SQL Server 等开发设计该子系统,要求子系统能完成如下功能要求(物理设计、设施与试运行):(1)在 SQL Server 中建立各关系模式对应的库表,并确定索引等;(2)能对各库表进行输入、修改、删除、添加、查询、打印等基本操作;(3)能根据订报要求订购各报纸,并完成一次订购任务后汇总总金额,模拟付钱、开票操作;(4)能明细查询某客户的订报情况及某报纸的订出情况;(5)能统计出某报纸的总订数量与总金额及某客户订购报纸种数、报纸份数与总订购金额等;(6)具有其他你认为子系统应具有的查询、统计功能;(7)要求子系统设计界面友好,功能操作方便合理,并适当考虑子系统在安全性、完整性、备份、恢复等方面的功能要求。

4. 子系统设计完成后请书写课程设计报告,设计报告要围绕数据库应用系统开发设计的步骤来考虑书写,力求清晰流畅。最后根据所设计子系统与书写报告(报告按数据库开发设计六个步骤的顺序逐个说明表达,并说明课程设计体会等)的好坏评定成绩。

其他可选子系统

1. 图书销售管理系统

调查新华书店图书销售业务,设计的图书销售点系统主要包括进货、退货、统计、销售功能,具体要求:(1)进货:根据某种书籍的库存量及销售情况确定进货数量,根据供应商报价选择供应商。输出一份进货单并自动修改库存量,把本次进货的信息添加到进货库中;(2)退货:顾客把已买的书籍退还给书店。输出一份退货单并自动修改库存量,把本次退货的信息添加到退货库中;(3)统计:根据销售情况输出统计的报表。一般内容为每月的销售总额、销售总量及排行榜;(4)销售:输入顾客要买书籍的信息,自动显示此书的库存量;如果可以销售,打印销售单并修改库存,同时把此次销售的有关信息添加到日销售库中。

2. 人事工资管理系统

考察某中小型企业,要求设计一套企业工资管理系统,其中应具有一定的人事档案管理功能。工资管理系统是企业进行管理的不可缺少的一部分,它是建立在人事档案系统之上的,其职能部门是财务处和会计室。通过对职工建立人事档案,根据其考勤情况以及相应的工资级别,计算出其相应的工资。为了减少输入账目时的错误,可以根据职工的考勤、职务,部门和各种税费自动求出工资。

为了便于企业领导掌握本企业的工资信息,在系统中应增加各种查询功能,包括个人信息、职工工资、本企业内某一个月或某一部门的工资情况查询,系统应能输出各类统计报表。

3. 医药销售管理系统

调查从事医药产品的零售、批发等工作的企业,根据其具体情况设计医药销售管理系统。主要功能包括(1)基础信息管理:药品信息、员工信息、客户信息、供应商信息等;(2)进货管理:入库登记、入库登记查询、入库报表等;(3)库房管理:库存查询、库存盘点、退货处理、库存报表等;(4)销售管理:销售登记、销售退货、销售报表及相应的查询等;(5)财务统计:当日统计、当月统计及相应报表等;(6)系统维护。

4. 宾馆客房管理系统

具体考察本市的宾馆,设计客房管理系统,要求:(1)具有方便的登记、结账功能,以及预订客房的功能,能够支持团体登记和团体结账;(2)能快速、准确地了解宾馆内的客房状态,以便管理者决策;(3)提供多种手段查询客人的信息;(4)具备一定的维护手段,有一定权利的操作员在密码的支持下才可以更改房价、房间类型、增减客房;(5)完善的结账报表系统。

5. 汽车销售管理系统

调查本地从事汽车销售的企业,根据该企业的具体情况,设计用于汽车销售的管理系统。主要功能包括(1)基础信息管理:厂商信息、车型信息和客户信息等;(2)进货管理:车辆采购、车辆入库;(3)销售管理:车辆销售、收益统计;(4)仓库管理:库存车辆、仓库明细、进销存统计;(5)系统维护:操作员管理、权限设置等。

6. 仓储物资管理系统

经过调查,对仓库管理的业务流程进行分析。库存的变化通常是通过入库、出库操作来进行的。系统对每个入库操作均要求用户填写入库单,对每个出库操作均要求用户填写出库单。在出入库操作的同时可以进行增加、删除和修改等操作。用户可以随时进行各种查询、统计、报表打印、账目核对等工作。另外,也可以用图表形式来反映查询结果。

参 考 文 献

[1] 萨师煊,王珊. 数据库系统概论. 3 版. 北京:高等教育出版社,2000.

[2] 施伯乐,丁宝康. 数据库技术. 北京:科学出版社,2002.

[3] 徐洁磐. 现代数据库系统教程. 北京:北京希望电子出版社,2003.

[4] 李俊山,孙满囤,韩先锋,等. 数据库系统原理与设计. 西安:西安交通大学出版社,2003.

[5] 王能斌. 数据库系统教程. 北京:电子工业出版社,2002.

[6] 陈志泊,李冬梅,王春玲. 数据库原理及应用教程. 北京:人民邮电出版社,2002.

[7] 钱雪忠,李京. 数据库原理及应用. 3 版. 北京:北京邮电大学出版社,2010.

[8] 钱雪忠,陈国俊. 数据库原理及应用实验指导. 2 版. 北京:北京邮电大学出版社,2010.

[9] 钱雪忠,黄建华. 数据库原理及应用. 2 版. 北京:北京邮电大学出版社,2007.

[10] 钱雪忠,黄学光,刘肃平. 数据库原理及应用. 北京:北京邮电大学出版社,2005.

[11] 钱雪忠,陶向东. 数据库原理及应用实验指导. 北京:北京邮电大学出版社,2005.

[12] 钱雪忠,罗海驰,钱鹏江. 数据库系统原理学习辅导. 北京:清华大学出版社,2004.

[13] 钱雪忠,周黎,钱瑛,等. 新编 Visual Basic 程序设计实用教程. 北京:机械工业出版社,2004.

[14] 钱雪忠,罗海驰,钱鹏江. SQL Server 2005 实用技术及案例系统开发. 北京:清华大学出版社,2007.

[15] 钱雪忠. 数据库与 SQL Server 2005 教程. 北京:清华大学出版社,2007.

[16] 钱雪忠,罗海驰,陈国俊. 数据库原理及技术课程设计. 北京:清华大学出版社,2009.

[17] Alex Kriegel,Boris M Trukhnov 著. SQL 宝典. 陈冰,译. 北京:电子工业出版社,2003.

[18] 周志逵,江涛. 数据库理论与新技术. 北京:北京理工大学出版社,2001.

[19] 李昭原. 数据库技术新进展. 北京:清华大学出版社,1997.

[20] David Hand,Heikki Mannila,Padhraic Smyth 著. 数据挖掘原理. 张银奎,廖丽,宋俊,等译. 北京:机械工业出版社,2002.

[21] 贾焰,王志英,韩伟红,等. 分布式数据库技术. 北京:国防工业出版社,2000.

[22] 陈建荣,等. 分布式数据库设计导论. 北京:清华大学出版社,1992.

[23] 李平安,等. 分布式数据库系统概论. 北京:科学出版社,1992.

[24] 邵佩英. 分布式数据库系统及其应用. 北京:科学出版社,2000.

[25] Patrick O'Neil,Elizabeth O'Neil. DATABASE Principles,Programming,and Performance. 2nd. 北京:高等教育出版社,2001.

[26] Ramez Elmasri. 数据库系统基础. 3 版. 北京:人民邮电出版社,2002.

[27] Abraham Silberschatz. 数据库系统概念. 北京:机械工业出版社,2000.

[28] David M Kroenke. 数据库处理——基础、设计与实现. 7 版. 北京:电子工业出版社,2001.

[29] Raghu Ramakrishnan. 数据库管理系统. 2 版. 北京:清华大学出版社,2002.

[30] C J Date. 数据库系统导论. 北京:机械工业出版社,2000.

[31] 卫红春. 信息系统分析与设计. 北京:清华大学出版社,2009.

[32] 路游,于玉宗. 数据库系统课程设计. 北京:清华大学出版社,2009.

[33] 单建魁,赵启升. 数据库系统实验指导. 北京:清华大学出版社,2004.

[34] Rickgreemwald,Robert Stackowiak,Jonathan Stern 著. Oracle 精髓. 4 版. 龚波,冯军,徐雅丽

译. 北京：机械工业出版社，2009.

[35]　Rickgreemwald, Robert Stackowiak, Jonathan Stern 著. Oracle Essentials[M]. 北京：机械工业出版社，2009.

[36]　张晓林，吴斌. Oracle 数据库开发基础教程. 北京：清华大学出版社，2009.

[37]　Kevin Owens 著. Oracle 触发器与存储过程高级编程. 3 版. 欧阳宇译. 北京：清华大学出版社，2004.

[38]　施瓦茨著. 高性能 MySQL. 2 版. 中文版. 王小东，等译. 北京：电子工业出版社，2010.

[39]　(美)迪布瓦著. MySQL Cookbook. 2 版. 瀚海时光团队译. 北京：电子工业出版社，2008.

[40]　简朝阳. MySQL 性能调优与架构设计. 北京：电子工业出版社，2009.

[41]　唐汉明，等. 深入浅出 MySQL 数据库开发、优化与管理维护. 北京：人民邮电出版社，2008.

[42]　(美)贝尔著. 深入理解 MySQL. 杨涛，等译. 北京：人民邮电出版社，2010.

[43]　http://dev.mysql.com/doc/refman/5.1/en/index.html.